新时代
技术
新未来

深入浅出人工智能

AI入门的第一本书

张　川　陈海林　朱振宇　编著

清華大學出版社
北　京

内 容 简 介

人工智能（Artificial Intelligence，AI）技术正在席卷全球，大家都希望能快速掌握 AI 的基本技术，参与到这个充满前景的领域，但是苦于缺乏相关的基础，对 AI 行业的术语难以快速理解。本书从基本的概念出发，以日常生活和工作中的实例为基础，深入浅出地阐述 AI 技术的原理，读者即便没有任何相关的技术基础，也能快速掌握主要的概念，从而完成 AI 的入门学习。

本书内容涵盖 AI 基本原理、机器学习、神经网络等核心技术，适合 IT 技术人员、企业管理者、大学生等读者群体阅读。

图书在版编目（CIP）数据

深入浅出人工智能 : AI 入门的第一本书 / 张川 , 陈海林 , 朱振宇编著 .
北京 : 清华大学出版社 , 2025. 4.
(新时代 • 技术新未来). -- ISBN 978-7-302-68675-0
Ⅰ . TP18
中国国家版本馆 CIP 数据核字第 20259YN765 号

责任编辑：刘　洋
封面设计：徐　超
版式设计：方加青
责任校对：王荣静
责任印制：丛怀宇

出版发行：清华大学出版社
网　　址：https://www.tup.com.cn，https://www.wqxuetang.com
地　　址：北京清华大学学研大厦 A 座　　**邮　　编：**100084
社 总 机：010-83470000　　**邮　　购：**010-62786544
投稿与读者服务：010-62776969，c-service@tup.tsinghua.edu.cn
质 量 反 馈：010-62772015，zhiliang@tup.tsinghua.edu.cn
印 装 者：涿州市般润文化传播有限公司
经　　销：全国新华书店
开　　本：185mm×260mm　　**印　　张：**20　　**字　　数：**535 千字
版　　次：2025 年 4 月第 1 版　　**印　　次：**2025 年 4 月第 1 次印刷
定　　价：89.00 元

产品编号：107836-01

前言

随着科技的飞速发展，人工智能（Artificial Intelligence，AI）技术已经成为当今社会无法忽视的一股力量。它正在逐步地渗透到我们生活的每一个角落，从智能家居到自动驾驶，从医疗诊断到金融服务，AI 无处不在地改变着我们的世界。然而，面对这一强大且不可逆转的趋势，许多人却因为对 AI 知识的匮乏而感到迷茫、恐惧甚至抗拒。本书正是为那些渴望了解 AI 知识，但基础薄弱、时间有限的读者编写的。我们力求从日常生活中的例子出发，用通俗易懂的语言解释 AI 技术的原理，避免过多的公式和复杂的数学推导，让拥有初中数学基础的读者也能轻松理解 AI 的基本概念。我们希望通过这种方式，让读者完成 AI 技术的入门，最终拥抱这个将要改变全人类的新技术。

本书面向的读者群体广泛，包括但不限于以下读者。

（1）原本从事 IT 行业，想要转行从事 AI 的技术人员。本书将帮助读者快速理解 AI 专业术语，建立起完整的知识框架，从而为进一步学习 AI 打下良好的基础。

（2）各行业的企业管理者。本书将让读者了解到 AI 的最新能力，帮助其评估本企业如何与 AI 相结合，为企业决策提供参考。

（3）在校大学生。本书将让读者在轻松愉快的阅读中理解 AI 的基本原理和发展前景，为其学习和择业提供方向。

在内容结构上，本书分为 4 篇。第 1 篇，前两章通过生活中的实例，深入浅出地介绍 AI 的发展历史和机器学习的基本概念。第 2 篇，第 3 章和第 4 章详细讲解了人工智能的底层逻辑，包括传统的 AI 算法和当下得到广泛应用的神经网络。第 3 篇，第 5 章至第 11 章，以神经网络为基础，讲解了几个非常重要的大模型，它们是生成式对抗神经网络、卷积神经网络、扩散模型、Transformer、Sora 等。第 4 篇，最后 3 章，我们将探讨人工智能发展的历史、现状及未来，让读者对 AI 有一个全面而深入的认识。

为了能让读者在实践中加深理解，本书还提供了许多完整而简短的 AI 应用代码，读者可以在自己的 PC 上直接运行这些代码，亲身体验 AI 的神奇魅力。

在本书编写过程中，我们得到了来自各方的宝贵帮助与支持。

首先，我们要向家人致以最深切的感激，他们的鼓励和支持是我们持之以恒并最终完成本书的坚实后盾。

其次，我们衷心感谢北京邮电大学的艾波教授、王柏教授、廖启征教授，以及西安建筑科技大学的赵文静教授、李柏龄教授。他们高尚的品行和对学术的钻研精神始终激励着我们，是我们不断追求的目标和榜样。

再次，我们还要特别感谢多年的挚友王君珂、黄启峰、周朝霞、张源海、高永峰、贺鹏、李繁毓、杨慧娟。与他们深入的交流与讨论，不仅拓宽了我们的视野，还深化了我们对新技术的理解与掌握。

北京邮电大学的钟义信教授从人工智能方法论的高度给予我们很多具体的指导，在此表示深切的敬意和感谢。

西安电子科技大学的赵宇教授在本书的编写过程中给予了我们很多宝贵的帮助和支持，我们对此表示由衷的感谢。

从次，我们要特别提及帅勇先生，他为本书绘制的精美插图，不仅极大地丰富了本书的内容，更为本书增添了艺术价值和观赏性。

最后，我们要感谢清华大学出版社的刘洋老师。在本书的出版过程中，他给予了我们专业的指导和认真的帮助，使得本书在内容和质量上都得到了显著提升。他的辛勤付出使得本书能够顺利地出版，从而能够使我们与更多读者分享我们的知识和见解。

希望本书能成为读者了解 AI 的良师益友，让我们一起迎接这个充满无限可能的 AI 时代。

为了方便读者下载本书的示例源代码，我们提供了一个二维码（见本书封底），扫描后即可获得书中所有的源代码及数据文件。此外，为了能使读者更容易地理解本书内容，我们也会制作并发布本书的培训视频，敬请关注。

编者

目录

第1篇　每个人都能懂的人工智能

第2篇　人工智能的底层逻辑

第 3 篇 煮酒论模型

每个人都能懂的人工智能

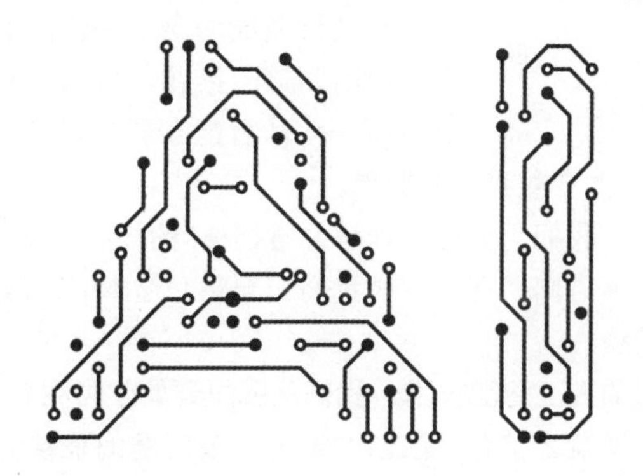

人工智能，作为一股科技洪流，正席卷全球，令许多人感到茫然和无所适从。然而，人工智能并非由神仙赐予世人，也非外星文明带来的神秘力量，而是科学家们经过多年不懈的探索、尝试和修正而产生的智慧结晶。它是我们人类科学从基础到复杂、从简单到高级的逐步演进的见证。科学家们在这条道路上，不断地探索新方法，尝试不同思路，历经无数次的试错，最终凝结成一个个精确的公式，构建出一个个复杂的模型，为世人呈现出一幅幅令人惊叹的智能图景。

我们期望在大家领略人工智能魅力的同时，能够消除对这项技术的神秘感，让大家明白，许多令人叹为观止的成就其实都源于一些朴素而深刻的思考。因此，接下来，我们将从最基础的知识讲起，使每个人都能理解人工智能的基本原理。

第 1 章 人工智能很简单——从初中数学到专家系统

近期，有一则人工智能相关的新闻让人深感震撼，OpenAI 的 CEO 山姆·奥特曼竟豪迈地宣称，公司计划筹集高达 7 万亿美元的巨资以建设人工智能芯片工厂，与业界巨头 NVIDIA 展开一场激烈的竞争。

7 万亿美元！这是一个怎样的概念？如果将这笔巨额资金换算成黄金，那么它能够买下 9 万多吨黄金，这就像打开了一座堆满黄金的宝库，如图 1-1 所示。

图 1-1　价值 7 万亿美元的黄金，占世界黄金开采量的近一半

如果把这些黄金铸造成一个立方体，那么它将是一个边长为 17 米的巨大金块。要知道，迄今为止，全球黄金的开采总量也不过才 20 万吨。换句话说，建设一家生产人工智能芯片的工厂，竟然要耗费世界上将近一半的黄金。

我们暂且不论这个计划是否能够真正推行，但这个新闻至少说明了 AI 产业是一个“吸金”能力极强的领域，并且日益成为全球关注的焦点。随着技术的不断进步和应用场景的拓展，AI 技术已经渗透到我们生活的方方面面——从智能家居到自动驾驶，从医疗诊断到金融风控，无处不在的 AI 正在改变着我们的世界。

面对这场深刻的变革，我们需要尽快理解并掌握 AI 的核心技术，将其与我们的工作和生活相结合，找到未来的发展方向。现在，让我们一同翻开这本书，深入探索 AI 的奥秘，了解它的原理、应用和未来趋势。

那么，面对浩如烟海的人工智能技术，我们从哪里开始学习呢？

艾伦·图灵（“人工智能之父”）说过：“解决复杂问题的最佳方法是通过简单性思考。”其实我们只要理解了人工智能的基本思想，就能轻松掌握各种炫目的人工智能产品背后的奥秘。比如人脸识别、ChatGPT、Stable Diffusion、Sora 等，它们的实现都是基于一些基本的原理。所谓万变不离其宗，就像《射雕英雄传》里的郭靖在大漠里经过马钰的指点，练了全真教的心法之后，再练其他高深的武功就有了很好的基础，做到事半功倍了。

1.1 用初中数学知识来理解人工智能

让我们首先思考一下为什么我们需要人工智能。我们可能希望它可以帮我们写作文、绘制图画，甚至帮我们追求心仪的女神。此外，许多人也希望人工智能可以帮我们进行预测，就像古代的周文王一样具有预知未来的能力，我们希望借助它可以预测天气、房价或者股市。

OK，我们以预测房价为例，开始认识人工智能背后的技术原理。

要让机器拥有智能，首先得教会它学习人类的知识，也就是经常提到的“机器学习”。那么，如何向机器传授这些知识呢？或者说，机器是怎么去学习的呢？下面回忆一下简单的函数。

我们在初中二年级的数学课堂中曾学习过简单的线性函数方程式，如 $y = 2x + 1$ 等，它的图像如图 1-2 所示。这个方程式揭示了 y 与 x 之间的直接关联，其中 2 和 1 是这一方程式的关键参数，分别是斜率和截距。这个方程式的图像就是一条直线，想象一下，如果我们微调这些参数，那么这条直线的斜率或截距就会随之改变，从而呈现出不同的线性关系。

如今，当谈及机器学习时，其实质就是训练机器如何根据不同情境进行自我调整。这与我们根据题目要求调整方程式的参数，以获得预期结果的过程是非常类似的。在机器学习中，模型其实就是更复杂的参数方程式。它通过大量的数据学习来确定方程中的各个参数，从而建立起数据之间的关系模型。

这就好比让机器通过大量的例子学习，逐渐调整自己的认知模式，最终形成对数据的理解和应用的能力。这种方式让机器能够像我们人类一样，通过学习不断提升自己的智能水平。

好，按照这个思路，当谈论机器学习模型时，可以把它想象成是一个方程式，就像预测房价的例子一样。

$$房价 = a \times 房屋面积 + b \times 房屋楼层 + c \times 房屋年限$$

在这个方程式中，a、b、c 就是模型要学习的参数。机器通过分析大量的房屋数据，确定这些参数，从而建立了房价和房屋特征之间的关系模型。

当然，在实际应用中，模型也许会更加复杂，可能包含数百甚至上千个参数。每个参数都会对房价产生意想不到的影响，因此房价曲线可能会是曲曲折折的，类似图 1-3 所示。

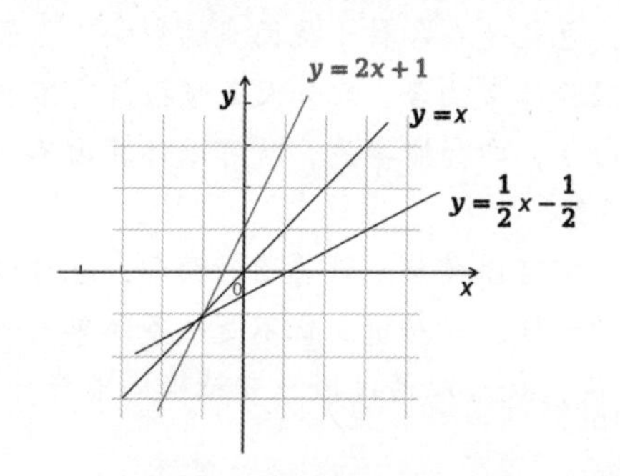

图 1-2　初中学到的函数就是人工智能的技术基础

图 1-3　预测房价要考虑多个参数的影响

无论影响房价的参数有多少，我们研究问题的基本方法是相同的——通过统计学习找到最合适的参数，建立起数据之间的关系模型。

这样，机器就能够通过学习大量的数据，逐渐调整自己的认知模式，形成对数据的理解和应用的能力。例如想预测未来的房价，这个模型可以通过学习市场上大量的历史房价数据，了解不同的因素对房价的影响。然后，它可以应用这些知识，根据新的输入数据，用最简单的方式来预测未来房价，这在数学上叫作“线性回归预测”。

由此可见，理解机器学习的关键，就是回到初中二年级学过的简单线性方程式。机器学习只不过是把简单方程拓展到更高维度、加入更多的参数而已。这就是人工智能背后的基础数学原理。

1.2 人工智能四大基础心法

在各种科幻电影里，人工智能总让人想到《终结者》里的 T-800、《黑客帝国》中的 Matrix 或者《钢铁侠》里的贾维斯。它们看起来既高大上又神秘。那么，他们背后的原理也能用我们理解的数学知识来解释吗？

当然可以！人工智能的本质就是一个基于数据处理、帮助我们理解世界的工具！听起来很简单是吧？在刚才预测房价的例子中，我们运用了最基本的线性回归预测方法，这实际上是对历史数据先进行统计，进而再完成预测。但这只能算是人工智能的入门级技巧，如果要真正步入人工智能的殿堂，我们需要掌握哪些关键技能呢？答案是：现代数学的 4 个基础科目——统计学、概率论、微积分和线性代数，如图 1-4 所示。

图 1-4　人工智能四大基础科目

这 4 门学科是人工智能的理论基石，让我们来一探究竟。

- 统计学：主要教会我们如何从海量的数据中挖掘出隐藏的规律。它提供了诸如平均数、中位数、标准差等实用工具，以及假设检验和回归分析等高级方法，帮助我们更好地理解数据背后的故事。
- 概率论：研究的是随机性事件出现的可能性，也就是在各种干扰因素的影响下，最有可能发生什么事情。这个和我们的日常生活经验非常吻合，比如天气预报总有不准的时候；去车站赶火车，可能会碰到堵车。一句话，学会概率论，就可以计算出不同答案出现的可能性，从而找出最有可能出现的答案。
- 微积分：是一门研究变化率和累积量的科学。它可以精确地计算圆的面积，也可以无限逼近一个复杂的模型，例如研究房价趋势的时候，当房价变化不是一条简单的一次函数直线，而是复杂的曲线甚至是曲面的时候，就可以通过微积分精确地进行计算，从而给出最靠谱的预测。
- 线性代数：提供了处理向量和矩阵计算等工具。向量和矩阵在人工智能中非常重要，机器借助于向量来理解我们这个世界，使用矩阵计算向量间的距离。可以说，向量化的思想加上矩阵运算能力，就等于机器智能。

这 4 门基础科目构成了研究人工智能的数学基础，为后续的高级技巧的实现打下坚实的基础。如果你是专业人员，那么还需要深入研究和掌握“全信息理论”“辩证逻辑”“因素空间理论”“思维科学 / 认知科学”等。但是，对于初涉人工智能领域的探索者来说，缺乏相关的数学理论也不会影响对人工智能的理解。在本书中，当涉及相关知识时，都会有通俗易懂的说明，以帮助我们更好地理解人工智能的整体概念。

说到底，人工智能虽然长得高大上，但其实可以把它看作一种数据分析和统计的高级工具，所以不要被它神秘的外表吓倒。我们只要掌握了基本的数学知识，就可以开启理解人工智能的第一步了。

1.3 追求女神这件事，技术宅男搞不定

前文提及，人工智能的核心本质就是一个基于数据处理、帮助人们理解世界的工具，那么它是如何逐步获得类似人类思维的能力，并实现各种强大功能的呢？对于早期的人工智能，

答案很简单，就是“计算机编程＋数学算法”。但是对于发展到现在的高级智能，就不能简单地用算法求解了，而需要涉及更加复杂的信息处理和转换。

好吧，我们就先说说早期的人工智能。这里一提到“计算机编程”和“数学算法”，我们大多数普通人恐怕就要被劝退了。为了让不懂编程的小白也能真正理解人工智能，我们来看一个简单的示例。

比如，我们有个追求女神的技术宅男小明，见图1-5。他想根据女神的问题来即时回答，赢得女神的好感，从而达到自己不可告人的羞涩目的。应该怎么做呢？小明说这个简单，只需通过逻辑判断来实现。

图1-5　愈挫愈勇的宅男小明

If 女神：最近我压力好大啊，经常睡不好觉。

Then 小明：睡不好觉的话，可以喝点热牛奶，能帮助睡眠质量提高37%。

If 女神：也不是全靠喝牛奶就可以的吧，主要是最近遇到一些烦心事……

Then 小明：多思考正面内容，可以减轻烦恼情绪达21%。我可以推荐一些正能量微信公众号给你。

If 女神：我今天不太舒服。

Then 小明：多喝热水。

If 女神：我好累呀。

Then 小明：多喝热水。

If 女神：我简直无语了。

Then 小明：多喝热水。

Else 退出程序

然后，基本上小明就退出女神的朋友圈了，见图1-6。

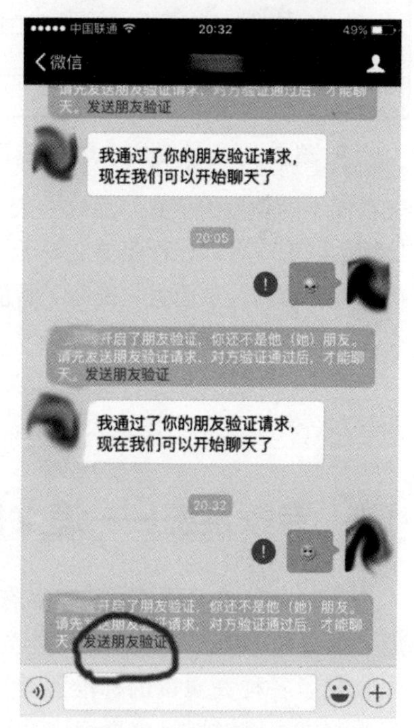

图1-6　只会写固定程序的话，被退圈只是个时间问题

由此可见，这种If-Then的代码其实没多深奥，只要懂一点基本编程语法，再加上点正常人的逻辑，就可以写出来了。实际上，现在世界上运行的绝大部分程序都是按照这个套路来写的。就是说，如果发生什么情况，就作相应的处理。然而，这样的代码有个很大的问题，就是程序里的逻辑是固化的。这也就意味着，程序所表现出的智能就是写代码的人当时的思考能力。比如我们刚才的追女神程序，一旦写死了，就无法灵活地应对多变的实际情况了。假如女神直接说：“嗯，要不我们在一起吧”，程序还会回复“多喝热水”，这关系就结束了。为了避免这种“备胎”的下场，我们必须改进一下程序结构。

怎么改进呢？具体可以通过如下方法：让程序具备自学习能力，不断从新的经验中优化升级；增加语境感知模块，能主动感知对话走向；连接外部知识图谱，获得更丰富的信息等方法。其实就是想办法让机器变成大聪明，变得嘴甜一些，女神都是感性动物，喜欢能说的！

1.4 同样是尬聊，带点智慧结果就不一样了

原先让程序直接包含聊天逻辑和内容，这确实有问题——一旦写死，回应就不能改变了。为了应对不同的问题，应该有更灵活的回答。我们可以把聊天内容单独存成数据，放在数据库的表格里，问题放在一列，答案放在一列。然后程序只需要根据不同的问题，从数据库中查询相应的聊天内容即可。比如数据库有一张表，第一列是"问题"，第二列是"答案"。程序只需要判断用户问了什么问题，然后从表里找到对应的答案，这样就可以回复用户了。如果要增加新的知识，则只需在数据库表里添上一组问答，就不需要改程序了，见表1-1。

表1-1　追女仔基本语言技能示例

问　　题	答　　案
你喜欢狗还是猫	我喜欢狗，因为它们忠诚可爱。不过，如果你喜欢猫，我也会喜欢的
你有过几个女朋友	你是最后一个
我和你妈掉到水里，先救谁	我妈是游泳冠军，她会救你，我帮你人工呼吸
做梦吧你	连我做梦你也知道，看来我俩真是心有灵犀一点通
你欺负我	那我就让你咬我一口，作为补偿吧
晕	没事，哥张开怀抱托住你
我都无语了	此时无声胜有声，让我俩的心靠得更近吧

若上述这几个问题太少，则我们还可以扩展。数据库里还可以包含多张类似这样的表，每张表存储不同类型的信息，而这些表之间可以建立关联关系，这样的设计使得查询变得非常方便。使用数据库，可以让程序更加灵活，也更容易进行扩展。只要将知识以数据的形式存储，程序就可以随时访问，从而大大提高了智能对话的能力。这种将逻辑与知识分离的设计思路，为构建后续各种智能系统提供了有力的参考。我们可以从中获得灵感，设计出更具学习能力的程序。

在20世纪，人工智能专家也是这样想的。他们设想通过构建一个包含大量知识的数据库，将各种情况都考虑进去，然后利用这个大知识库来实现我们的思路。

1.5 专家系统——追女仔，我们是专业的

有时候我们不只是要回答"有空吗"，女神可能还会问许多情感、美容、减肥等方面的问题。如果程序随意应付，很可能会出糗。这时候，我们可以创建一个"女生问题知识库"，里面收集了各种高质量的标准答案，把所有可能的女生问题以及贴心的答案整理得井井有条。然后程序可以根据问题查询这个知识库，找到标准答案并予以回答。这些问题和答案可以是多种多样的，类似于图1-7所示。

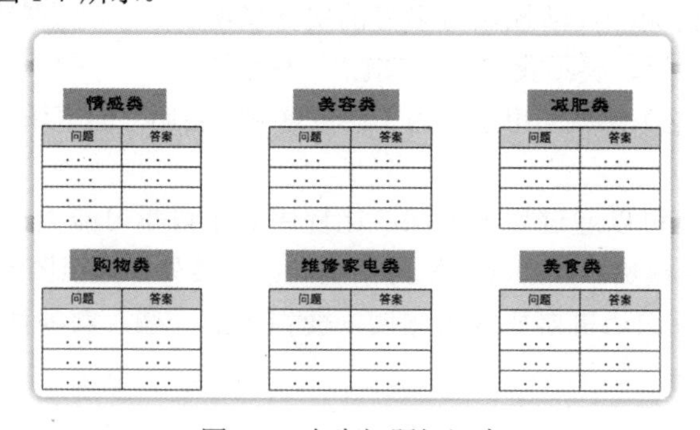

图1-7　女生问题知识库

有了这样的存储架构，结合大量的专业知识，程序的回答质量将会得到显著提升，也更能展现对女神的细致关怀。这就是我们所说的专家系统。

专家系统的理念就是将最具有专业知识的专家头脑系统化，使得程序能够直接用来解决问题。例如在追求女神的过程中，一个专业知识库可以成为我们最强有力的支持！

好吧，追求女神的事情先暂时放一放，其实专家系统在许多领域都有着广泛的应用。比如医学领域，可以帮助医生诊断疾病；在法律领域，可以辅助律师寻找相关案例和法律条文；在工程领域，可以协助工程师解决复杂的设计问题……看来无论是追求女神，还是解决复杂的实际问题，专家系统都是一把利器。

遥望1997年，发生了一件震惊世界的大事，IBM公司有一个叫“深蓝”的机器，战胜了当时的国际象棋大师卡斯帕罗夫，见图1-8。

图1-8 “深蓝”打败卡斯帕罗夫，人工智能第一次战胜人类冠军

“深蓝”之所以能够战胜人类国际象棋大师，是由于它具备一个庞大的专家知识库。它将大量的棋谱知识存储在内部，这些棋谱知识已经被转化成对每一种棋局进行评估的评估函数，也就是能够评估在某一种情况下，动哪个棋子对整体局势有好的影响还是坏的影响。

换句话说，在对弈的时候，“深蓝”依靠其强大的计算能力，能够针对每一步棋，把之后的所有可能性都找出来进行比较，然后根据当前棋局下的评估函数对每一步棋进行评估，计算得出分数最高的一步棋。说白了，就是暴力穷举法，通过穷举所有分支，再加上对各种分支的评估函数，计算出最佳路线。其实我们人类下棋也是一样的思路，能提前看出五六步的人就是象棋高手了。而“深蓝”的硬件优势非常明显，它可以对每个分支计算更多的步数，找到人类可能忽略的最强棋路。

当然，需要说明的是，“深蓝”并不完全依靠暴力穷举法，它还结合了许多高级的搜索、评估和优化技术，才能够成为一个强大的棋力对手。

在“深蓝”中，最关键的是那个专家知识库，里面存储着大量的评估函数，这些评估函数其实就是一堆类似下面这样的规则。

（1）“在西班牙开局中，白方通常会有更好的控制权。”

（2）“控制第七行，使对方的兵难以前进。”

机器以这些规则为基础，推导出更多、更详细的规则，这样，整个知识库的规则就会很长，很复杂，形成一个长长的推理链条，最后得出结论。再比如，用于法律上的专家系统，就是根据一条条的法规形成一个知识库，对于每一个案件，将案件的要素自动地与法规知识库对比，然后进行推理而形成判案文档。

专家系统知识库需要人工专家编写输入，这个工作量还是挺大的。特别是在一些比较复杂的领域，需要很多规则，知识库的人工录入是一项极其烦琐的工作。还有，如果仅仅依靠穷举分析所有的可能性，在一定程度上可实现智能。但当问题空间极其庞大时，这种方法就力不从心了，例如围棋，如图 1-9 所示。

围棋棋盘线条交叉点达 361 个，每一个点都可以落子，这就是 361 种起手可能。每落一子，就会产生更多下一子的新可能。这种排列组合的数量会呈指数级增长。棋局过程中需要考虑各种开局、布局、打劫、生死等情况，这又给下法增加了数倍的复杂度。不同的棋手风格也会导致不同的下法选择。布局和顺序的微小变化，都会形成新的下法。根据统计估算，19 路棋盘上的总下法数量级可达 10^{700} 种之多，这个数量级的运算以目前人类的算力水平，大约需要运算 2.89 的 156 次方年，要是算出具体数字就是：

794 444 330 406 865 573 002 665 538 081 709 261 656 923 394 830 324 730 443 068 092 291 481 600 年

类似的例子还有很多，比如正在走进千家万户的自动驾驶技术，也对计算的实时性要求非常高，如图 1-10 所示。

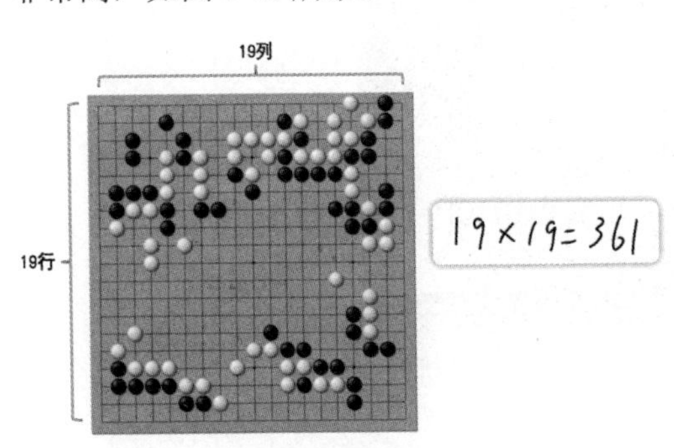

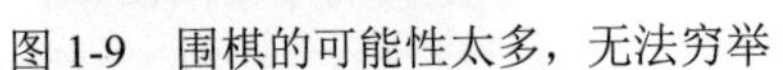

图 1-9　围棋的可能性太多，无法穷举

图 1-10　自动驾驶要求快速反应，也不能依靠穷举法

一辆车行驶在马路上，道路情况千变万化，无法穷尽。哪怕能穷举所有可能性，计算的时间成本也太高。当遇到变化时，在电光石火的瞬间也无法即时计算出最优解，不能保证行车的安全。所以自动驾驶不能简单依靠预先定义的知识库和规则。它需要在复杂、动态的环境中作出正确的判断和应对。这需要机器能模拟人的眼睛和耳朵，并且像人类一样能迅速分析、果断决策，在速度和精确度上都需要达到人脑的水平。这需要强大的模型构建和模拟能力，不能停留在暴力穷举层面。

但是靠人力输入所有的规则，并且蛮力搜索、全面穷举，不仅会把人累死，机器也会累得风扇狂转、气喘吁吁。我们需要让机器模拟人类的思维方式，像人类一样主动去学习，然后通过经验判断局势，而不是简单地列举所有的可能性。这需要在评估函数、搜索算法等方面下大功夫，才能在复杂的场景中实现真正的智能。

第 2 章
机器学习是实现人工智能的必经之路

在现实工作或生活中，我们经常会遇到一些难以言传的技巧，这些技巧往往依赖于个人的直觉和经验。以中式菜肴的烹饪为例，其中的技巧往往难以量化，比如“放盐‘少许’”这样的表述，到底是多少才算“少许”？其具体数量因人而异，难以精确界定。在传统人工智能看来，这类问题的解决依赖于人类专家来梳理和定义规则，随后这些规则被转化为机器可理解和执行的形式。这相当于师父制定规则，徒弟则按照这些规则进行操作。然而，这种方法的局限性在于，无论徒弟如何努力，其表现仍然受限于师父所制定的规则范围，无法超越或创新。

因此，虽然传统人工智能在某些特定领域，如医疗专家系统，能够根据医学专家的规则为病人提供专业的诊断和治疗方案，但在追求更高级别的智能和适应性时，却显得力不从心。

机器学习就解决了这类问题。机器学习程序允许机器直接从数据中学习，总结经验，而无需人类事先制定明确的规则。以烹饪为例，机器学习程序不会要求师父明确“少许”是多少克，而是让徒弟自己去反复做菜，师父只是给出评价:“咸了”或“淡了”。经过大量的实验和调整，徒弟最终能够准确地理解“少许”是多少，尽管他也无法用语言明确地描述。

从本章开始，我们将围绕机器学习，深入讨论它的基本原理和在人工智能领域的应用。

2.1 机器能帮我们做什么

前面的例子只是简单地预测了房价，还帮助了羞涩的程序员实现追求女神的美好愿望，这些显然不是我们所最终期望的，人工智能的能力远远不止于此。从更广泛的角度来说，我们希望人工智能可以做下面这些事。

1. 模式识别

模式识别就是通过学习，找出数据中的规律，然后从中提取有用的信息，作出相应的判断和决策。

比如说，假如你每天早上 7 点起床，晚上 11 点睡觉，通过手机记录了大量这样的作息数据，人工智能就可以学习到你的生物钟规律，建立起你的作息模式。如果你的作息变得混乱了，它会及时提醒你，帮助你恢复正常。

另外，模式识别还可以用来提取物体的外部特征信息，从而支持对物体的分类，大家都熟悉的人脸识别技术就是一个模式识别的应用，图 2-1 所示就是一个人脸识别的示意图。

图 2-1　模式识别能提取人的脸部特征

机器可以从人脸照片中提取眼睛大小、鼻子位置等特征数据。通过收集大量的人脸数据，就可以得到每个人独特的脸部特征模式。这样，当你出现在监控摄像头前时，系统可以将你的脸部特征与存储的模式进行比对，从而实现人脸识别。

2. 分类

分类可以看作模式识别的一个后续工作，它将不同的数据归类到特定的类别中。

举个例子，假设我们输入一张新的图片，模式识别技术会提取出图片的特征，然后通过分类算法与已有的猫、狗等类别的图像进行对比，计算相似度，最终将新图片判定为猫或者狗。这样就实现了动物类别的图像分类。还有，刚才提到的人脸识别技术也是一种典型的分类方法。

再如，对于零售行业，可以利用分类技术降低成本。目前大街小巷随处可见的无人售货柜给大家提供了极大的便利，它的背后就是分类技术，图 2-2 所示是一种常见的无人售货柜。

我们可以收集不同类型商品的特征数据，让机器依据特征对商品进行分类练习。当遇到一个新商品时，人工智能会判断它与已有类别的相似度，并将其分类到最可能的商品类型中，从而实现商品的自动分类。在无人零售行业，对商品的自动分类和识别技术已经非常成熟，机器可以根据一小段视频准确地识别出你拿了几瓶可乐，从而自动推送账单完成扣款。国内的几家人工智能公司已经在大规模地使用计算机视觉技术进行商品识别，准确率能达到 98% 以上。

3. 预测

古人最喜欢“未卜先知”，动不动就拿出几根草棍算上一卦。现代科学中，的确能够做到科学预测，方法是依照过去的数据模式推断未知数据的可能结果。

比如，收集过去一年的天气数据，人工智能可以分析出气温随日期变化的规律，建立起温度预测模型。有了这个模型，只要输入一个日期，就能预测出那一天的气温。

还有，对于不同用户，人工智能可以预测出他们的喜好，从而推送不同的信息，实现精准营销，例如图 2-3 中的客户，他最需要的是什么广告呢？

图 2-2　人工智能已经在无人零售行业落地

图 2-3　人工智能会了解用户的需求，精确地推送广告

原来，人工智能可以通过收集用户的浏览记录，分析出用户喜好的变化模式。根据这种模式，即使是新用户，也可以根据他最近的浏览数据，来预测他未来可能喜欢的商品。图中的脱发深度患者一开机就能看到满屏的植发广告，大概率是因为系统已经通过分析，发现他经常浏览植发或假发的信息，充分理解了他的个人关注点所在，然后用最贴心的服务来迎合他！

4. 最优决策

最优决策是指在复杂环境下确定最佳解决方案。比如说，围棋高手 AlphaGo，它可以通过深度学习和强化学习结合的方法学习棋局的规律和策略，评估每一步棋的可能性和整个棋局的价值，并模拟未来的棋局，找到当前的最佳走法，从而制定最优策略。

再比如，无人驾驶汽车面临复杂多变的道路环境，它需要模拟每一种方向的结果并及时选择最优路径以避开障碍物。这就需要具备最优决策的能力，如图 2-4 所示。

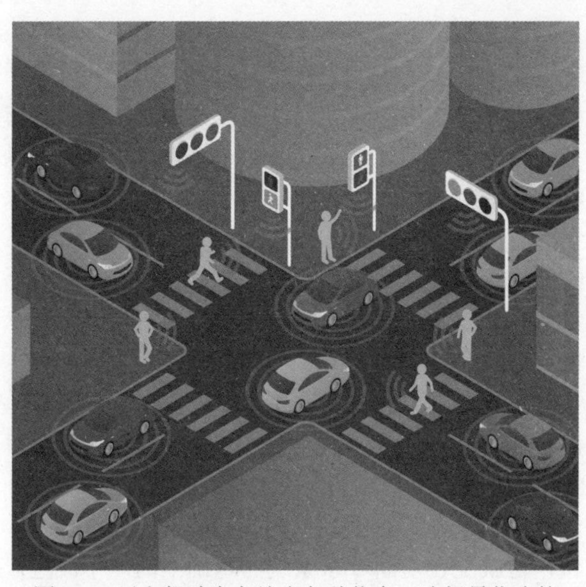

图 2-4　无人驾驶汽车综合各种信息，选择最优决策

上述这些技术并不是单独使用的，它们经常相互交织在一起，共同用于解决复杂的实际问题。用无人驾驶技术举例，无人驾驶汽车需要结合实时交通标志的检测和分类技术，对道路标识进行识别。同时，它还需要利用算法，通过感知和预测其他交通参与者的意图，进行决策规划。这种感知和预测能力，使得无人驾驶汽车能够更好地理解并应对复杂的交通状况。

综上所述，模式识别、分类、预测及最优决策等技术是相互依赖、相互增强的，它们共同构成了一个复杂的系统。

2.2 机器学习修炼手册

无论一台机器承担何种任务，它都需要具备一定的“智能”，那么，这种所谓的“智能”究竟是什么呢？

我们通常对智能的理解，是希望机器能够像人类一样，拥有丰富的知识储备，并具备强大的判断和推理能力。那么，如何实现这一目标呢？

想象一下，孩子们是如何学习成长的。他们通过接触和学习人类的知识宝库（例如我们手中的课本），逐渐积累起一定的知识基础。但学习并不止于此，孩子们还需要有自主探索的空间，去发现生活中的规律，去尝试，去实践。

机器的学习过程就像人类的孩子一样，也需要先从各种渠道接收大量的信息进行学习，包括书籍、互联网等，如图 2-5 所示。

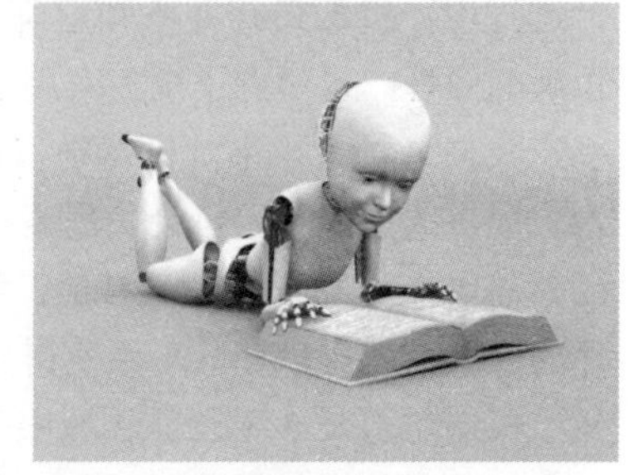

图 2-5　机器也需要像人类一样学习，才能掌握知识

通过大量的学习，掌握了丰富的知识之后，我们应该给予它们一定的自由度，让它们去自主探索，去发现新的规律。而在这个过程中，机器还需要有评估自己行为的能力。如果它的行为是正确的，应该得到奖励（就像孩子得到一颗糖一样）；如果行为是错误的，也应该有相应的惩罚（比如“打脸”或“扣钱”，也可以是其他形式的负面反馈）。

通过这样不断的学习、探索、评估、修正的过程，机器将能够逐渐积累起丰富的知识，形成强大的判断和推理能力。最终，我们可能会得到一个不仅拥有知识，还能进行推理和决策的硅基生命。

那么具体是怎么做的呢？人工智能专家们首先需要构建一个知识库，其中包括问题和对应的答案。然后，他们让机器在知识库中进行随机选择，以模拟人类的对话。于是，女神和程序的对话就变成了以下形式：

女神：你今晚有空吗？

专家：没空，有空也不陪你吃饭。（打脸）

女神：你今晚有空吗？

专家：有空（给糖），只有 3 分钟（打脸）。

女神：你今晚有空吗？

专家：有空（给糖），一起去健身房吧（打脸）。

女神：你今晚有空吗？

专家：有点忙，但你需要的话，我可以抽出时间来陪你（给糖）。

看出来了吗？没错，这就是在前面专家系统的基础上的一个改进，通过不断的实践，鼓励正确的回答（给糖），惩罚错误的回答（打脸），从而持续地改进回答问题的水平。一开始肯定回答得很离谱，不近人情，但经过大量的对话实践，它可以统计出哪些回复更合适，正确率就会越来越高，最终达到专家级水平。虽然整个“碰瓷”过程比较费脸，但是如果专家不怕疼，还有足够多的女神可以换，最后还是大概率地能找到正确的回答，从而像图 2-6 那样，获取女神的芳心。

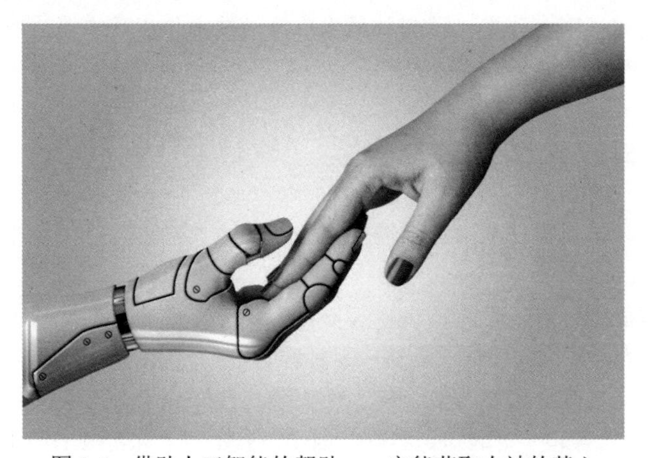

图 2-6　借助人工智能的帮助，一定能获取女神的芳心

这种让机器自主学习的思路，突破了人工知识库的局限，是真正实现智能的关键。在这个过程中，机器最初并不知道确切的答案，但通过女神的逐步教导和实践经验，最终找到了正确的回答，也学到了很多有用的知识。这种处理方式称为机器学习。

我们可以看出来，机器学习的核心思想就是将机器视作一个像孩子一样的学习者。我们为它提供大量的学习机会，用专业术语来说就是“喂数据”。机器通过不断的学习，提高了自己的思维能力和语言交流技能。我们只需给它足够的学习机会和一个评估体系，而非绝对正确的答案，就可以使其对话变得更加智能和灵活。

机器学习是人工智能领域中一个极为重要的分支，它起源于 20 世纪，如今已经成为实现人工智能最为普遍的方法之一。因此，一般来说，当我们提到人工智能时，通常指的就是机器学习。

2.3 来来来，围观人家机器是怎么学习的

讲到这里，我们先来一起理解几个人工智能领域的专有名词：有监督学习、无监督学习和强化学习。我们在对它们有了简单了解之后，再继续理解人工智能的各种算法就更加容易了。

2.3.1　有监督学习——给出标准答案的学习

简单地说，有监督学习就像学生在老师的指导下学习写字一样，在这个过程中，老师为学生准备了字帖和笔，这相当于有监督学习中的训练数据输入，见图 2-7。

图 2-7　有监督学习

在学习的过程中，老师会展示标准的字体，并要求学生按照这些标准字体进行模仿书写。这里的标准字体就相当于标准答案，在有监督学习中被称为“**标签**”。

标签在有监督学习中是一个核心的概念，它指的是与每个输入样本相关联的期望输出或标准答案。对于分类任务，标签可能是一个表示特定类别的整数或字符串；对于回归任务，标签可能是一个连续的数值。这些标签通常由人类专家提供，用于指导机器的学习过程。

在学习书法的过程中，学生总是从模仿老师的标准字体开始。老师在一旁，仔细地观察学生们的每一个笔画，每一个动作，确保学生们都能按照标准进行学习。这个过程其实与有监督学习中的模式非常相似。想象一下，在机器学习的世界里，模型就是那位严谨的老师，而预测结果则是学生仿照练习的书法作品。模型会根据其预测结果与实际标签之间的差异来进行调整和优化。

换句话说，每一次的预测结果与实际标签的差异，都像是老师对学生字迹的评价。如果差异过大，说明字迹还不够标准，模型就会根据这些差异，调整其内部的参数和权重，就像老师会指导学生如何改进一样。通过这样的不断调整和优化，模型能够逐渐提高其预测的准确性，就像学生在书法练习中逐渐提高字迹的规范度一样。

在模型训练完成后，为了检验模型是否真的掌握了从数据中学习到的规则，我们会使用模型未见过的数据让模型进行预测，以观察其在新数据下的预测准确程度。这个过程体现了模型的“**泛化**”能力。如果模型的预测结果准确，那就意味着模型成功地进行了泛化。但如果预测不准确，开发者会调整模型参数，通过继续训练和优化学习算法来提升模型的性能，直到模型在新数据上达到理想的预测准确度。

因此，有监督学习需要充足的“带答案的习题”，即带有输入输出对应关系的标签数据。这些标签数据为模型提供了明确的学习目标，使得模型能够通过学习标签与输入数据之间的关系来不断地提升自己的预测能力。最终，模型能够独立地对新数据进行预测，并输出相应的预测结果。

后面要介绍的线性回归、逻辑回归、K 近邻、决策树、朴素贝叶斯算法、支持向量机等算法，都属于有监督学习。

有监督学习过程中成本最高的环节就是生成标签的步骤，以一个视觉识别模型来说，它想要看得更清楚，就需要老师给它各种各样的图片，告诉它图片是人脸、汽车、动物还是房子等等。假如训练数据有 10 万张图片，那就需要花很长时间一个一个地去说明每张图是什

么，这部分标注工作既枯燥又费力，可能要几十个人工作很长时间才能完成。

再比如，语音助手想要听得更清楚，也需要老师给它一段段的语音，并且告诉它这个说的是“早上好”，那个说的是“今天天气不错”等等。要训练一个像样的语音助手模型，就需要准备几十万段语音样本。这些语音都需要由人工逐一去听和标注。

可想而知，当模型需要学习的内容更多时，它就像一个贪心的学生，老是大声喊着：“我还要做更多的题目！”（啧啧，看看人家这学习态度！）对老师来说，工作量是巨大的。

所以我们想，如果机器能够自觉地学习，不需要我们进行大量的标注，那么机器学习的速度和效率就不依赖于人工标注的结果，也就不需要这么大的工作量了，这就引出了另外两种新的机器学习模型——无监督学习和强化学习。

2.3.2 无监督学习——“别人家的孩子”

无监督学习大多应用在神经网络里，是指在没有老师提供答案的情况下，让机器自己识别数据的特点，并根据特点把数据归类，相似特点的归到一类，不同的予以分开。这样自觉地学习，就像图 2-8 中爱学习的孩子。

注意，这里的关键是机器自己就能识别数据的特点，主动地去学习。这像极了“别人家的孩子”——不用家长催促，不用老师鞭策，只要给他一个小目标，自己就知道努力学习的那种。

为了简单地理解无监督学习的机制，可以想象一下小时候在海边捡贝壳的场景，假设我们到了一个新的海滩，上面有许多不同形状的贝壳，见图 2-9。

图 2-8　无监督学习的孩子

图 2-9　贝壳可以按照大小、颜色、形状等分类

但是没有人告诉我们该如何对贝壳进行分类，这时可以根据贝壳的大小、颜色、形状等进行观察和比较。首先，可以把大小相似的贝壳放在一起，这是一种按照大小分类的方式。或者，可以根据贝壳是圆形还是椭圆形来分组，这是另一种按照形状分类的方式。

通过多次尝试不同的组合，最终我们可以总结出，按照大小这个特点进行分组是最合理的，可以分为大、中、小 3 类。这就是无监督学习的结果。现在，如果出现了一批新的贝壳，则可以根据之前的模式将它们分为大、中、小 3 类。

上面这个贝壳分类的例子解释了无监督学习的基本思想，但是在实际的业务需求中，有时候还是需要先确定一些初始化参数，这些参数通常是根据问题的性质、数据的特点或分析者的经验来确定的。如果参数选择得合适，那么算法的性能就会有比较大的提升。

下面我们介绍一下最常见的无监督学习方法——**聚类分析**。聚类分析的目标是将数据集按照某种特定标准分割成不同的类或簇，使得同一簇内的数据对象尽可能相似，而不同簇中的数据对象尽可能不同。换句话说，聚类分析试图将数据集中的对象按照其内在相似性进行分组，也就是物以类聚。

举个形象的例子，如果把人和其他动物放在一起作比较，你可以很轻松地找到一些判断特征，比如肢体、嘴巴、耳朵、皮毛等，根据判断指标之间的差距大小划分出某一类为人，某一类为狗，某一类为鱼。

说到这里，可能有人会觉得聚类不就是分类嘛，其实严格来说，聚类与分类并不是一回事，两者有着很大的差异。

分类是按照已定的程序模式和标准进行判断划分，比如老师给学生打分，60 分及格，那么 60 分及以上都是及格，60 分以下的统统不及格，属于简单粗暴的那种。也就是说，在进行分类之前，我们事先已经有了一套数据划分标准，只需要严格地按照标准进行数据分组就可以了。

而聚类则不同，我们并不知道具体的划分标准，要靠算法来判断数据之间的相似性，把相似的数据放在一起，也就是说聚类最关键的工作是：探索和挖掘数据中的潜在差异和联系。这意味着，在聚类的结论出来之前，我们完全不知道每一类有什么特点，一定要根据聚类的结果，通过人的经验来分析，看看聚成的这一类大概有什么特点。

具体如何进行聚类分析呢？***K*-means 算法**是聚类分析中一种非常经典且广泛应用的方法。它的核心思想是通过迭代的方式，将数据点划分到最接近的类簇中心点所代表的类簇中，然后根据每个类簇内的所有点重新计算该类簇的中心点（取平均值），再不断重复此过程，直至类簇中心点的变化很小或达到指定的迭代次数。在这个过程中，*K*-means 算法需要事先确定簇的个数 *K*，这也是该算法的一个重要参数。

这么讲太抽象，还是用例子演示一遍更容易理解，比如有下面 6 个数据：*A*、*B*、*C*、*D*、*E*、*F*，见图 2-10。

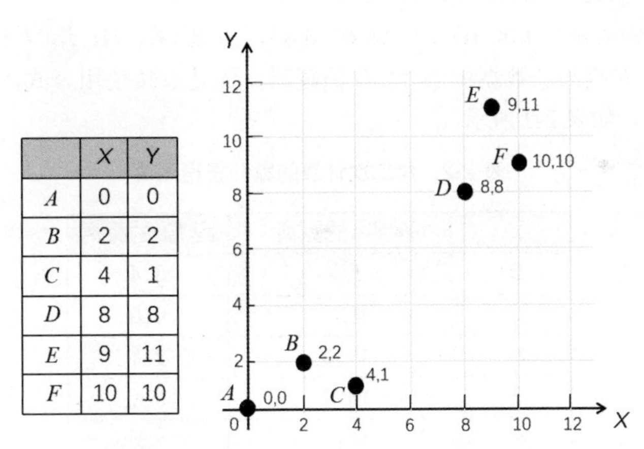

	X	Y
A	0	0
B	2	2
C	4	1
D	8	8
E	9	11
F	10	10

图 2-10　用聚类分析方法对 6 个数据进行划分

现在，我们的目标是将这些数据分为两类，因此设定簇数 *K* 为 2。因此在聚类分析完成后，数据将被划分为两个独立的组。接下来详细解释分组的步骤。

第一步，需要随机选择 *K* 个初始点作为数据中心。这些数据中心的选择是随机的，但它们的选取对于后续的聚类过程至关重要。在这个例子中，由于 *K*=2，我们随机选取两个点，假如分别是 *A* 和 *B*，作为初始的数据中心。

第二步，需要计算数据集中其他每个点到这两个数据中心的距离。这里，我们采用欧几里得距离作为衡量相似性的标准。欧几里得距离是多维空间中两点之间的直线距离，它能够

反映两点之间的相似程度。其公式为

$$欧几里得距离：z=\sqrt{(x_1-x_2)^2+(y_1-y_2)^2+\cdots}$$

可以看到，对于二维数据，欧几里得距离的计算公式与勾股定理相似。

第三步，根据计算出的距离，我们将每个点分配到距离它更近的数据中心所在的组。具体来说，如果一个点离 A 更近，那么它就被分配到以 A 为中心的那一组；如果离 B 更近，则分配到以 B 为中心的那一组。通过这个过程，我们最终将数据分为了两个类别，每个类别内的数据点都相对接近，而不同类别之间的数据点则相对较远。分组的情况见表 2-1。

表 2-1　第一次计算的欧几里得距离

	距离A的距离	距离B的距离
C	4.1	2.2
D	11.3	8.5
E	14.2	11.4
F	14.1	11.3

所以，我们可以看出，$C \sim F$ 距离 B 的距离都比距离 A 更近，所以第一次分组如下。

第一组：A。

第二组：B、C、D、E、F。

然后重复第二步和第三步。重新选择每一组数据的数据中心，第一组只有 A，所以 A 仍然是数据中心；第二组有 5 个点，将这个 5 个点坐标的平均值作为新的数据中心，我们将其命名为 U，计算 U 的平均坐标如下。

U 的 x 轴坐标：[（2+4+8+9+10）/5]=6.6。

U 的 y 轴坐标：[（2+1+8+11+10）/5]=6.4。

于是新的数据中心是 A（0，0），U（6.6，6.4），而 B、C、D、E、F 还要继续分组。

再次计算 $B \sim F$ 点与新数据中心 A、U 的距离，还是直接使用公式，计算出其他数据与 A 和 U 的欧氏距离，如表 2-2 所示。

表 2-2　第二次计算的欧几里得距离

	距离A的距离	距离U的距离
B	2.8	6.4
C	4.1	6.0
D	11.3	2.1
E	14.2	5.1
F	14.1	5.0

我们可以看出这些点有的距离 A 近，有的距离 U 近，于是第二次分组如下。

第一组：A、B、C。

第二组：D、E、F（虚拟的 U 点不用参与分组，就没有写出来）。

下面，重新选择数据中心，还是老办法，继续重复前面的操作，将每一个点坐标的平均值作为数据中心。

用同样的方法选出新的数据中心：V（1.33，1），W（9，8.33）。

再次计算其他数据与新数据中心的距离，见表 2-3。

表 2-3　第三次计算的欧几里得距离

	距离 V 的距离	距离W的距离
A	1.7	12.3
B	1.2	9.4
C	2.7	8.9
D	9.7	1.1
E	12.6	2.7
F	12.5	1.9

这时候我们发现，A、B、C 距离 V 的距离更近，D、E、F 距离 W 更近，因此第三次分组如下。

第一组：A、B、C。

第二组：D、E、F。

接下来，我们对此次分组的结果进行检查。经过仔细比对，我们发现分组情况并未发生任何变化。这一发现意味着我们的分组计算已经收敛，即达到了一个稳定的状态，无须再进行进一步的分组操作。最终，我们成功地将数据按照其相似性分为了两组。

愉快地回顾一下，这一结果的取得，得益于我们不断重复“选择数据中心→计算距离→分组”的流程，直至所有数据在分组后均保持稳定，从而得到了最终的聚合结果。

上述例子中的聚类只关注了两个特征：X 坐标和 Y 坐标。当特征变得非常多时，比如对贝壳的分类，要关注大小、形状、生长年份、是否稀有等等，这种情况下，直接对这类高维数据进行聚类非常困难，毕竟要考虑的因素太多，这时就需要通过降维来减少特征数量。降维可以在保留主要信息的前提下，减少特征的维度，使数据更加直观和易于处理。无监督学习中的降维技术有很多，例如主成分分析等，这里就不详细展开了。

总结一下：无监督学习需要从没有标签的数据中自行发现知识，不依赖于标准答案，自己能寻找数据中的规律，实现聚类分析。当特征复杂时，降维能够减少聚类的难度并保留主要信息。

2.3.3　强化学习——真的学霸，能自己探索最优策略

前面讨论了有监督学习和无监督学习。在有监督学习中，需要人工提供大量的样本及对应的标准答案，让机器学习。无监督学习则没有标准答案，它依赖于机器自身去发现数据中的规律和模式。而本节将聚焦于强化学习，它更像是一个导师指导学生的过程。这个导师并不直接提供答案，而是通过设定评分标准来引导学生去探索和学习。学生根据这个标准去尝试不同的解决方案，并根据导师的反馈不断调整和优化自己的策略。

这个过程与马戏团训练动物有着异曲同工之妙。以训练小狗坐下为例，训练师并不会直接示范正确的动作，而是当小狗尝试坐下时给予小饼干作为奖励，如图 2-11 所示。

图 2-11　强化学习类似训练动物

随着时间的推移，小狗会逐渐意识到坐

下这一动作与获得奖励之间的关联，因此会不断重复这个动作，最终完成训练。

强化学习的魅力在于它不需要精确的样本输入和输出，而是通过奖励机制激发算法自主探索最优解的能力。这种学习方式更接近人类和动物的自然学习过程，因此可以应用于更多需要自主决策的场景。

以 AlphaGo 为例，它采用了神经网络与强化学习的结合。神经网络作为 AlphaGo 的“大脑”，能够记忆和分析海量的棋谱，推断各种棋势走向，如图 2-12 所示，一开始，AlphaGo 可以被视为一个在围棋领域刚刚起步的初学者，从最基础的布局开始学起。

图 2-12　在围棋领域，强化学习已经将人类彻底征服

在掌握了基本的技巧之后，AlphaGo 在强化学习的支持下快速进步，通过自我对弈和不断优化策略，它提升了自己的棋艺，最终达到了世界顶尖水平。

它的学习历程大致可以分为两个阶段。

在第一阶段，AlphaGo 利用基于强化学习和有监督学习的方法，分析了大量的人类棋谱，从中学习围棋的基本规则和策略，了解怎样走棋可以提高赢棋的可能性。这个阶段为 AlphaGo 奠定了坚实的棋艺基础，为后续的自我强化学习提供了重要支持。

进入第二阶段，AlphaGo 开始了自我强化过程，它通过与自身不同版本的对弈来进行自我强化训练。也就是说，在这个过程中，无须人类的指导，甚至都不用参考围棋的棋谱。通过无数次的对弈实践，AlphaGo 不断优化自身的算法，逐渐提升了自己的围棋水平。

具体来说，AlphaGo 在走每一步棋后都会给自己一个奖励或惩罚分数。例如，若能成功杀死对方的棋子，分数便会相应提高；而若不慎堵死了自己的活眼，分数则会降低。通过这样的积累，那些得分高的策略被 AlphaGo 保留下来，并逐步融入其棋艺中。这样，随着自我对弈训练的持续进行，AlphaGo 的棋艺水平得到不断地提升。

您可能要问了，下围棋的时候，不是每一步都能杀死对方棋子或者堵死自己活眼的，下了一步棋，根本不知道这是一步好棋还是臭棋，要等下了 N 多步之后输了或者赢了，才能反推回来，知道这步棋是好棋还是臭棋。也就是，你要基于未来 N 多步之后的结局，来判断现在要怎么做。

这怎么办呢？解决方法也很简单，通俗地讲，就是不断地反推：假设你在下了 100 步棋以后输了，在复盘的时候知道第 99 步下得不好，然后通过第 99 步反推第 98 步，从而发现第 97 步下得也不好……直到反推到第一步。当然这么说并不严谨，因为可能是第 50 步下错了，其他棋都下得没问题，但是在不确定到底是哪一步下错的时候，就只能这么反推，反推了足够多次数之后，就能找到下错的是哪一步了。

与有监督学习相比，强化学习的优势在于它能够考虑更长远的影响。有监督学习通常只关注当前的输入和输出，比如识别出当前输入的照片或文本，立马就对照答案。而强化学习则更加注重长期的收益和损失，它基于未来多步之后的奖励来优化当前的决策。这也正是 AlphaGo 能够在围棋这一复杂领域取得突破性进展的关键所在。

强化学习涉及众多抽象的概念和复杂的公式，因此入门确实存在一定的难度。如果大家对逻辑推理部分不感兴趣，也可以暂时不去了解强化学习的具体原理，只要理解到强化学习是通过设置奖励和惩罚项，让机器根据不同策略得到的奖励和惩罚的多少来不断学习、进步，最终完成模型的训练即可。

下面简单介绍一下强化学习的基本原理，为了更直观地解释，我们可以借助一个具体的例子来加以说明，那就是“阿里巴巴找宝藏”，请参见图 2-13 所示的宝藏地图。

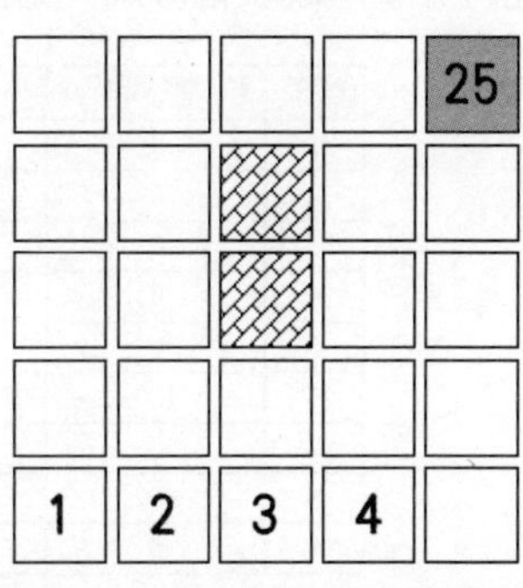

图 2-13　阿里巴巴的宝藏地图

在这个例子中，我们设想一个 5×5 的格子地图，阿里巴巴从初始位置（假设是格子 1）出发，他在每个位置都可以选择向上、下、左、右 4 个方向（不考虑边界和砖墙的话）中的一个来移动。他的目标是走到终点格子找到宝藏（假设是格子 25）。其中部分格子代表着危险的砖墙，阿里巴巴一旦碰到砖墙就会头破血流，因此在整个过程中要巧妙地避开那些砖墙格子。我们的任务是为阿里巴巴规划一条尽可能短的路径，帮助他安全、高效地到达终点，找到宝藏。

万事开头难，为了便于研究，我们先把格子地图简化一下，如图 2-14 所示。

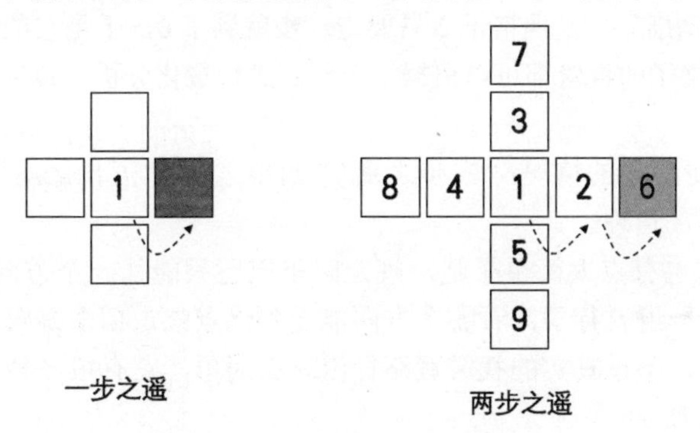

图 2-14　从最简单的格子地图开始

首先我们想：最好只走一步就到终点，这样我们分别朝上、下、左、右 4 个方向试一下就行了。比如上面左图的“一步之遥”，向右边走一步就找到了宝藏。你说这太简单了，那我们看右图，需要走两步才能找到宝藏，就是“两步之遥”。我们分别向上、下、左、右走一步都找不到宝藏，于是再往前走一步，发现从 2 可以走到 6，找到了宝藏，所以这才醒悟到第一步从 1 走到 2 是最英明的决策。

也就是：因为第二步从 2 走到 6 找到了宝藏，所以第一步应该从 1 走到 2。

但是你又说了，这还是太简单，一眼就看出来了，还需要机器帮我吗？没错，但是如果格子多，路径复杂，就无法用肉眼看出来了，这时候要找到一种能量化推理的方法，让机器来帮我们找到路径。

首先，为了能量化推理，我们需要给每一个格子设置一个价值（Quality）。例如上面的“两步之遥”可以这么看：设想终点是格子 6，由于它直接关联到任务的完成，所以格子 6 的价值被设定得很高，例如 100 分，而其他格子的初始价值都设为 0 分。当我们分析格子之间的关系时，发现从格子 2 往右走可以直接到达格子 6，这就意味着格子 2 距离终点很近，因此格子 2 的价值也随之提升，例如仅次于格子 6，给它 99 分。

在阿里巴巴处于初始位置（格子 1）时，他面临 4 个可选的移动方向，分别对应着 4 个格子：2、3、4、5。根据我们之前对格子价值的评估，阿里巴巴为了更高效地到达终点，显然会选择价值最高的格子 2 作为下一个移动目标。

为了更清晰地展现每个格子的价值，我们可以将“两步之遥”的所有格子的价值进行量化，并整理成表格形式，见图 2-15 中的两张表格。

格子	价值(Quality)	备注
1	0	0
2	0	0
3	0	0
4	0	0
5	0	0
6	100	宝藏所在地价值最大
7	0	0
8	0	0
9	0	0

初始状态

格子	价值(Quality)	备注
1	0	0
2	99	离宝藏最近，价值也很大
3	0	0
4	0	0
5	0	0
6	100	宝藏所在地价值最大
7	0	0
8	0	0
9	0	0

从终点倒推一步

图 2-15　Q 表的雏形

因为表中主要信息是每个格子的价值（Quality），因此这张表格也被称为“Q 表”。图 2-15 中的左表是初始状态的 Q 表，可以看到，格子 6 的价值最高，假设为 100，其他格子价值为 0。经过一步倒推后，发现格子 2 只要走一步就到了 6，于是它的价值也比较高，可以设计 100 减 1。其他格子的价值都可以根据这个原则进行量化分析，最终可以得到一张倒推到起点的 Q 表。

OK，我们考虑更复杂的情况：“三步之遥”“四步之遥”“五步之遥”，等等。推而广之，“*n* 步之遥”也是同样的道理。

你又要说了，这也有点太简单了吧，规定阿里巴巴只能往一个方向走，只要往上、下、左、右 4 个方向都走一遍就行了，看哪个方向能走到终点就走哪个方向，根本没必要搞什么表格。嗯，您说得对，不过真实的找宝藏路径没这么简单，它有很多种走法。我们看最开始的宝藏图，如图 2-16 所示。

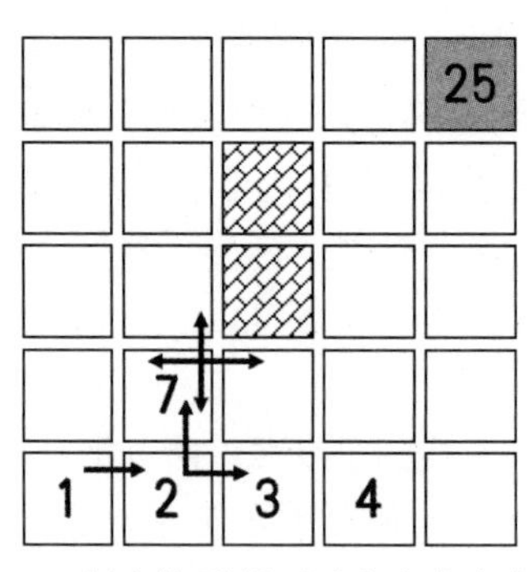

图 2-16　每个格子都可以有多个方向选择

阿里巴巴第一步往右走，走到格子 2 以后还可以往上或往右走，走到 3 之后还可以继续选择往上或者往右走……甚至走到中间格子，例如 7，他还可以上、下、左、右都选择一遍。这样如果不考虑边缘位置格子和禁止通行路径的话，每多一个格子，就会总的走法数量 ×4。

这个计算量一下子就指数级增加了。

怎么办呢？有一个办法就是，先评估出来每一个格子的价值，然后每次都选择往价值更高的格子处走，这样显然会减少计算量。那么每个格子的价值如何确定呢？我们按照前面“*n* 步之遥”的原则来定就 OK 了，请看图 2-17。

21	22	23	24	25
16	17		19	20
11	12		14	15
6	7	8	9	10
1	2	3	4	5

格子	价值(Quality)	备注
25	100	终点
24	99	走一步到终点
20	99	走一步到终点
23	98	走两步到终点
19	98	走两步到终点
15	98	走两步到终点
22	97	走三步到终点
14	97	走三步到终点
10	97	走三步到终点
...	...	...

图 2-17　给每个格子赋予一个价值，离宝藏越近，价值越高

首先，我们需要给整个地图的每个格子编上编号，这样我们可以清晰地标识它们的位置。“*n* 步之遥”的核心思想在于通过反向推理，确定宝藏所在地的价值最高，其次是邻近宝藏的格子，依此类推。基于这一思路，我们可以为地图上的每个格子着色，不同颜色代表不同的价值，颜色越深表示价值越大。随着探索的进行，所有格子都将被标注上不同深浅的颜色。

假设我们的探索者是阿里巴巴，他只需从起点开始，观察周围 4 个格子中哪个颜色最深，然后朝着那个方向前进，直至找到宝藏。

然而，一个关键问题是，为了给每个格子着色，我们首先需要让机器知道终点在哪里，以及在路径上哪些地方是容易通行的，哪些地方有障碍物。这就需要在每个格子中预先设置好奖励信号。这些奖励信号就像指南针一样，指引着阿里巴巴逐步接近目标。

那么，如何设置这些奖励信号呢？这需要我们根据任务目标进行人为设定。一种方法是使用**稀疏奖励**（Sparse Reward），即只有在达到特定目标时才给予奖励，这可以激励阿里巴巴进行探索并找到有效的解决策略。另一种方法是使用**形状奖励**（Shaped Reward），即根据阿里巴巴在达到目标过程中的表现给予不同程度的奖励，就像给小狗不停地投喂食物，以促使它更快地学会好的策略。设置奖励后的宝藏地图见图 2-18。

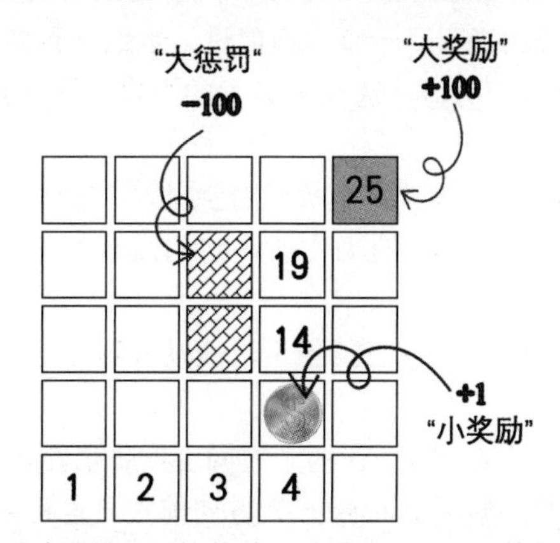

图 2-18　通过设置不同的奖励，引导阿里巴巴尽快找到最优路径

值得注意的是，这两种奖励方式并不是孤立的，它们可以相辅相成。比如，在“阿里巴

巴找宝藏”的游戏中，我们既可以在他找到宝藏时给予一个大奖励，也可以根据他在寻找过程中的表现给予小奖励，在禁止入内的格子上设置一个大惩罚（负值奖励）。这样既能确保他有一个明确的目标导向，又能让他更快地学习到好的策略。

还有一个问题，每个格子的价值高低，还要看它的不同方向，比如说 19 这个格子，它只有朝右或者朝上走的时候才体现出“98”的价值，如果向下走到 14 的位置，或者干脆向左撞向砖墙，都不是价值高的方向。也就是说，19 这个格子价值高不高，要看朝哪个方向走，朝不同方向走，它的价值也不一样。

所以，我们还需要改造一下 Q 表，不再是简单的一个格子对应一个价值，而是一个（格子，方向）组合对应一个价值。改造后的 Q 表见图 2-19。

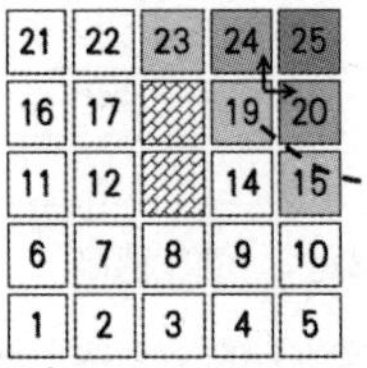

21	22	23	24	25
16	17		19	20
11	12		14	15
6	7	8	9	10
1	2	3	4	5

格子 \ 方向	上	下	左	右
24	X	X	X	99
20	99	X	X	X
23	X	X	X	98
19	98	X	X	98
15	98	X	X	X
22	X	X	X	97
...	...	...	...	...

图 2-19　带方向的 Q 表

如图 2-19 的右边，一开始的时候，它的所有值都初始化为 0 或 0 以下的值，具体是多少要根据实际场景来定，我们这里统一用 X 代替。而且这张 Q 表里没有列出终点 25，因为处在 25 的时候已经找到了宝藏，游戏结束，它的 4 个方向的值已经没意义了。表中的每个格子都有对应方向的价值，例如 19 号格子，向上和向右的价值都是 98，但是向左和向下的价值就不高，因此可以保持为一个 X。

经过多步迭代后，Q 表中的这些值会趋于稳定。一旦 Q 表稳定下来，阿里巴巴就可以依据这张表来规划出找到宝藏的路径。那么，具体该如何行动呢？

首先，我们从初始状态（格子 1）开始。查看 Q 表中格子 1 对应的 4 个动作（上、下、左、右）所得到的值，比较这 4 个值的大小，选择值最大的那个方向作为下一步的行动方向（假设是往右）。于是，阿里巴巴按照这一策略，往右走，来到了格子 2。

接着，在格子 2 处，我们再次查看 Q 表中格子 2 对应的 4 个动作的值，同样比较它们的大小，选择值最大的方向（假设还是往右）。于是，阿里巴巴继续往右走，来到了格子 3。

这样，阿里巴巴根据 Q 表的指引，一步步地前进。当他来到格子 19 时，我们再次查看 Q 表，比较格子 19 对应的 4 个动作的值，选择值最大的方向（这次是往上）。于是，阿里巴巴往上走，来到了格子 24。

最后，当阿里巴巴到达格子 25 时，他其实已经到达了宝藏所在的位置。但按照我们的策略，仍然需要查看 Q 表中格子 25 对应的动作值，我们发现 Q 表中已经没有 25 对应的 Q 值了，说明已经找到了宝藏，可以结束了。

通过这样的方式，阿里巴巴根据 Q 表的指引，成功找到了一条通往宝藏的路径，并顺利到达了终点。

这里有个问题需要说明，当某个格子在两个方向上的价值相等时，例如格子 19 向上和向右的价值都是 98，这时候模型可以随机选择一个方向前进，也可以考虑其他因素来帮助作出决策。例如，可以加入一些启发式信息，如距离终点的距离、已知障碍物的位置等，来辅助选择方向。

此外，模型还可以采用 ε—**贪心算法**来平衡价值最大的方向与其他方向之间的关系。也就是说，在大多数情况下，模型选择当前已知最优的动作（即 Q 值最大的动作），但在一定概率 ε 下，模型会随机选择其他动作。这样可以确保模型在探索过程中不会一直陷入局部最优解，而是有机会发现更好的路径。

最后，我们可以采用不同的强化学习算法，就像阿里巴巴可能会有不同的性格一样，有的保守，有的激进，这都会影响到阿里巴巴的行为选择，从而导致 Q 表中的 Q 值有所不同。例如比较保守的 **SASAR 算法**，它生成的找宝藏路径都会远远地离开砖墙，但很可能不是最优的路径；还有 **Q 学习（Q-learning）算法**，它比较大胆，更容易找到最优的路径，但是也有可能撞到墙上。这就好比不同的性格会影响我们的决策和行为一样。因此，在设计强化学习模型时，选择合适的算法也是非常重要的。

此外强化学习还有几个重要的术语，这里简单说明一下。

- **Agents（智能体）**：是在强化学习环境中进行行动和操作的实体。它们通过与环境交互来学习如何执行任务，以便最大化地累积奖励。它就是例子里的阿里巴巴本尊。
- **State（状态）**：是用于标识智能体在环境中的当前位置或情况的变量。它可以是单个变量，也可以是包含多个特征的向量。就像例子中的阿里巴巴在地图上的当前格子编号。
- **Actions（动作）**：是智能体在特定状态下可以采取的操作。对于阿里巴巴来说，动作可以是向上、下、左、右 4 个方向中的任意一次移动。
- **Rewards（奖励）**：是强化学习中的一个核心概念，它是对智能体行为的正面或负面响应。奖励信号由环境（也就是人为）给出，用于指导智能体的学习过程。在例子中是设置为成功到达宝藏的正奖励和碰到砖墙的负奖励。
- **Episodes（回合）**：是指智能体从初始状态开始，通过连续采取动作与环境交互，直到达到某个终止条件（例如完成任务或遇到无法继续的情况）为止的整个过程。例子中每个从起始位置到终点的完整旅程构成一个回合。
- **Q-values（Q 值）**：Q 值（也称为动作值函数）用于衡量在特定状态下采取特定动作的预期奖励。它包括当前动作的即时奖励以及未来可能获得的奖励。Q 表则用于存储每个“状态 - 动作”对的 Q 值。

OK，我们介绍完了机器学习的 3 种方法，简单归纳如下。

- **有监督学习**：有样本，有标注。在传统机器学习和神经网络里都有使用，可用于商品识别的场景。
- **无监督学习**：有样本，无标注。主要应用在神经网络里，可用于商品推荐的场景。
- **强化学习**：无样本，有规则，但是前期会利用有监督学习来建立规则，即预训练。主要应用在神经网络中，可用于围棋对弈的场景。

2.4 认识几个专业术语——AI 界的“切口”

每个行业都有自己的专业术语，俗称“切口”。

那么在进一步介绍人工智能的各大算法之前，让我们先了解几个 AI 界的“切口”。

前面提到了机器学习的一个重要环节，即让机器自己学习人类已经总结出来的知识。那么，机器是如何学习知识的呢？在前面的例子中，我们看到要让机器学会和女神聊天，就必须面对足够多的女神，回答女神们的问题，接受她们的评判，这个回答和评判结果就叫作**训**

练集，也就是我们在机器学习中使用的教材。这其中答对就“给糖”，答错就“打脸”的过程，就是对每一次回答的评估，目的是让机器接受教训，下次给出靠谱的答案。

机器根据各种被打脸和被给糖的经验，慢慢地发现规律，预测到女神满意答案的方法被称为**预测函数**，而根据评判的结果来计算打脸力度的方法叫作**损失函数**。打脸的过程叫**反向传播**，为了逐渐降低被打脸的力度，让回答越来越准确的过程叫作**收敛**。

专业地说，机器学习其实就是在一堆已经标记好的数据基础上，训练出一个能够准确找到答案的方法，并最终通过这个能够不断修正、找到最佳答案的数学方法来确定这个答案。翻译成人话就是：不断地通过打脸和给糖，训练机器令其变得越来越聪明。

还有一个**“熵”**的概念非常重要。在热力学和人工智能领域里都有这个概念，它们虽然应用的领域不同，但是都有共同点，就是衡量“混乱度”或者“无序度”。我们用一些简单的生活案例来通俗易懂地说明这个概念。

举个例子，对于一堆任意堆积的沙子，我们可以随意地更改沙堆的形状，甚至可以组成数万亿种形状，这是因为沙堆本身没有内在的规律，纯粹是胡乱地堆在一起而已，所以这种类型的沙堆系统，可以叫它“随意堆积沙堆系统”，它可以有无数种可能。从熵的意义上讲，这个沙堆的熵值就很高，它是随便摆成的沙堆，缺乏规则，不确定性很强。图 2-20 所示就是这样自然堆积的沙堆。

但是，我们也可以把沙堆弄成如图 2-21 所示的沙雕。

图 2-20　自然堆积的沙堆，熵值很高

图 2-21　稍具形状的沙雕，熵值就很低

这个时候，让一堆沙组成图中这种有 4 个尖顶形状的沙雕的组合，不确定性就会骤降，甚至只有几种组合能让一堆沙看起来和图中的沙雕特别相似。从熵的意义上讲，这个沙雕的熵值很低，这是因为有了规则，它的不确定性就很弱。

可以看到，生活中处处都存在着不同程度的“无序性”，而“熵”这一概念可以定量地描述系统的无序性。越是自然形成的系统，熵越大，系统越混乱；经过人为或者其他能量注入的系统，熵越小，系统越有序。

有了“熵”的概念，我们就可以轻松地理解**“信息增益”**这个名词了。当按照某一个特征对集合进行区分时，如果区分后得到的两个新集合的熵值都很小，也就是元素划分比较规整，那么就说这个特征的“信息增益”很大；反之则称“信息增益”很小。

再举一个例子，我们给用户推荐电影，需要先对电影分类。当使用“电影时长”这个特征分类时，分出来的电影集合仍然很杂，很少有人会专门喜欢 90 分钟或者 120 分钟的电影，因此无法精准地推荐给用户；而如果使用“电影类型”分类，则可以分成“动作片”“爱情片”“爱情动作片”，等等，就可以准确地推荐给不同类型的用户。因此“电影时长”这个特征的“信息增益”很小，“电影类型”的“信息增益”很大。

人工智能的底层逻辑

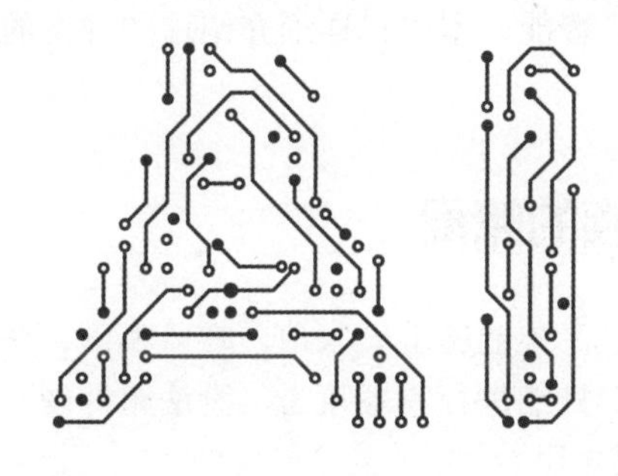

在前面的章节中，我们已经初步探究了机器学习的基本原理与核心概念。现在，是时候展现真正的技术了，让我们一起探究那些赋予机器“智能”的底层逻辑——机器学习算法。

机器学习算法的发展历程可谓波澜壮阔，众多研究者们如同八仙过海般各显其能，从不同的应用场景和需求出发，对海量数据进行细致入微、多角度、多层次的剖析，以期发现数据背后的规律与奥秘。接下来，就让我们一起踏上这段探索之旅，了解他们是如何实现这一伟大目标的。

第 3 章 风起云涌的人工智能战国时代

机器学习算法，就如同为机器装备了智慧的双眼和灵活的头脑，它们能够在庞大的数据海洋中捕捉微妙的规律，挖掘隐藏的模式，从而辅助机器完成预测、分类、决策等一系列复杂的任务。

想象一下，在金融市场这个充满变数的舞台上，机器学习算法能够协助投资者精准分析海量的数据，预测股票价格走势，为投资决策提供有力的支持。再比如，在网购的世界里，机器学习算法能够根据我们的喜好和购物历史，为我们推荐最符合口味的商品或最喜爱的电影，让我们的购物体验更加个性化、便捷化。

不仅如此，机器学习算法在决策制定、图像识别等领域也发挥着重要作用。它们能够辅助人们作出更加明智的决策，准确识别图像中的物体，让机器具备更强大的感知和理解能力。这些技术的广泛应用，不仅极大地改变了我们的生活方式，也为各行各业带来了前所未有的便利和可能性。

总之，机器学习算法的能力强大而广泛，它们正在逐步渗透到我们生活的每一个角落，让我们的生活变得更加便捷、智能。本章将详细介绍这些神奇的算法，让读者对机器学习有更深入、更全面的了解。

3.1 一个神族和人族的赌局

人和神之间的差别可大了，神能够上天入地、呼风唤雨、变化无穷、魔法攻击，相当于多维生物；人作为三维生物，只能进行物理攻击，没法跟神硬刚。不过在历史传说中，有一个人族还真把神族玩得团团转。

话说大唐贞观年间，作为神族的泾河龙王本来自由自在地生活在美丽的泾河里，每天下下雨、洒洒水，生活乐无边，见图 3-1。

图 3-1　无忧无虑的龙王

但是某一天他突然犯了浑，带着满满的负能量，与人族的袁守诚打赌降雨量和降雨时间。这实际上就是在进行预测，从科学的角度看，作为龙王，他拥有绝对的历史数据优势，往年下雨的时间、地点、雨量，在龙宫数据库里保存得妥妥的；他还能把控全面的客户需求，东边的老张家要种莲藕，想要多下点雨，西边的李大婶刚收割了麦子，这两天要赶紧晒晒干，都得到他的龙王庙里备个案；而且他是下雨的唯一执行部门，玉皇大帝也得先通知他，才能把下雨这件事落实下去，所以这么多年了，玉帝心情如何，什么时候发通知，他心里早就有数。

对泾河龙王来说，他多年来总结出了一个多维的预测函数：

$$预测降雨=f（民众需求，以往下雨间隔，玉帝心情）$$

但是，大家都知道结局了，这次龙王输得很惨，他的预测函数完全失效，然后听了馊主意，在下雨时间和雨量上作弊，被抓住小辫子，下场是被魏征斩于梦中，从而引发了唐僧师徒四人轰轰烈烈的西游事业。

我们替龙王反思一下，在摸了双王四个二的情况下，是如何把一手好牌打个稀烂的。实际上他是没有了解人类的套路，见图3-2。

图3-2　泾河龙王的反思

具体地说，他的失误在于，试图用一个预测函数覆盖住所有的预测和分类任务，全然不顾是否有新的重要变量加入、加入的新变量会对结果产生多大的影响，甚至是否需要更改成新的预测函数。事实上，佛界和仙界已经达成共识，那就是筹划西天取经，至于如何让李世民主动发起取经请求，就是在这个预测下雨赌局里新加入的一个重要变量了。而龙王没有获取这个信息的渠道，导致预测结果的损失值过大，误了卿卿性命。

这个预测下雨的例子实际上告诉我们，在人工智能领域，对于不同维度的变量，以及不同的任务目标，我们所需要的预测或者分类的方法是不一样的，至少要根据实际情况调整一下最终的预测函数。

那么，人工智能有哪些预测及分类方法呢？有很多，比如回归预测、逻辑回归、K近邻、决策树、支持向量机等等。在人工智能发展的近几十年里，这些方法不断涌现、更新迭代，在各个领域都得到广泛的应用。

3.2　回归预测——未卜先知不是梦

下面一同来深入探索人工智能算法的世界。首先，我们要从最基本的回归预测算法入手。**回归预测**，简而言之，就是通过对数据的分析预测或估计未来某一数值进行的过程。而在回归预测的多种策略中，线性回归无疑是最基础且被广泛应用的。它凭借简洁的模型和直观的解释性，成为许多预测问题的首选算法。

3.2.1　线性回归——做股市里最靓的仔

线性回归是一种统计学方法，它通过建立线性模型来拟合数据点，并基于这个模型来预测因变量的未来值。简单来说，线性回归就是利用历史数据来估计未来的数值。更具体地说，我们通过绘制一条线（可能是直线也可能是曲线，取决于数据的特性）来穿过已知的数据点，然后根据这条线的延伸方向来预测未来的数据点可能会落在哪个位置。

关于线性回归，一个生动的日常生活例子就是我们在小时候常常会在墙上画身高线，见图 3-3。

图 3-3　预测身高是每个人童年的共同回忆

通过记录过去的身高数据，我们可以尝试预测自己未来的身高。这样的活动往往伴随着家庭的欢乐和期待，同时也蕴含着线性回归预测的基本原理。

线性回归在经济生活中具有广泛的应用。举例来说，商场可以利用线性回归模型，基于过去的销量数据来预测未来的季度业绩，从而更加精准地规划库存，避免出现积压或缺货的情况。

同样地，股市投资者也可以利用这一工具来预测股票价格，进而制定更为明智的投资策略。无论是预测商场销量还是股市价格，其核心都是寻找一条最优的预测线（在复杂情况下，可能是一个最优预测曲面），以实现对特定值的精准预测，从而洞察未来的发展趋势。

值得注意的是，预测的准确率在很大程度上取决于我们所拥有的历史数据量和算法的效能。如果积累的历史数据足够丰富，同时我们的算法足够强大，能够高效地处理这些数据并给出精确的分析结果，那么预测的准确率将会大大提高。以股市为例，股市指数的变化受到众多因素的影响，包括公司经营状况、人事变动、政府政策、天气变化等，甚至可能受到一些难以预测的黑天鹅事件的影响。然而，只要能够收集到足够多的相关信息，并运用强大的算法进行处理分析，你就能做股市里最靓的仔！

我们以股市指数预测为例，讲解一下线性回归的具体技术。为了便于理解，我们假定要预测的股市起始指数是 0，之后 5 年指数数据如表 3-1 所示。

表 3-1　过去 5 年的股市指数

第×年	股市指数
起始	0点
第一年	2000点
第二年	6500点
第三年	4000点
第四年	6200点
第五年	9500点

现在你很想知道第六年的股市指数能达到多少，请问该如何预测？

根据这组数据，我们可能立即有了主意，有了 5 年的数据，以起始的 0 点为基准值，计算一下过去 5 年的平均增幅，结果是 1900，然后在基准值上，加上这个平均增幅乘以 6，就

得到下一年的股市指数，即 11 400。将这些数据画在一个坐标图中，横轴表示“年份”，纵轴表示“股市指数”，如图 3-4 所示。

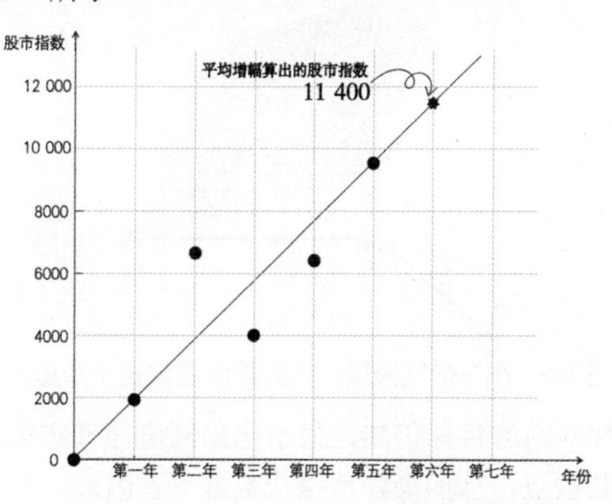

图 3-4　用平均增幅来预测未来的股市指数

通常在面对类似问题时，人们直觉上会采用这种平均增幅的方法进行计算。然而，这种算法存在一些问题。首先，它并不十分精确，只能给出一个大致的估计；其次，当问题变得复杂时，比如股市的波动不仅仅与经过的时间有关，还受到经济发展、社会动荡等多方面因素的影响，也就是说，股市指数的变动不仅仅依赖于年份这一个变量，而是依赖多个变量，此时，简单的平均增幅计算方法就显得力不从心了。

好了，既然直接用平均增幅来预测不靠谱，那么看看机器学习算法是如何解决这个问题的，如图 3-5 所示。

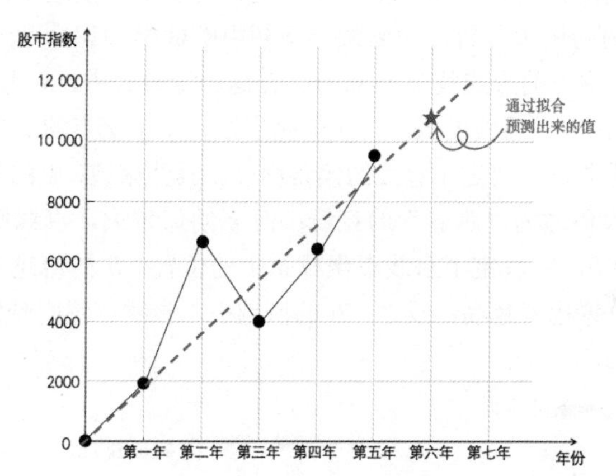

图 3-5　在二维空间里，试图用一条直线拟合所有的点

观察过去几年的股市指数图，会发现这些点高高低低，无法找到一条直线完美地穿过所有的点，因此，只能找到一条尽可能接近或重合于这些点的直线，这个过程叫作**拟合**。然后，在这条直线上找到“第六年”对应的 y 值，这就是要预测的股市指数。

在数学领域，通过拟合数据来进行预测的方法被称为**“回归分析”**。在二维平面上，可以将回归分析形象化为寻找一条直线的过程，其目标是最大程度地接近所有的数据点，以反映数据之间的内在关系。回归分析的一种常见形式是线性回归，其数学表达式为 $y=\beta_0x_0+\beta_1x_1+\beta_2x_2+\cdots+\beta_nx_n$，其中 y 是因变量（预测目标），$x_0, x_1, x_2, \cdots, x_n$ 是自变量，$\beta_0, \beta_1, \beta_2, \cdots, \beta_n$ 是回归系数。因为线性回归模型是基于自变量的线性组合进行预测的，所以称为线性回归。

然而，线性回归并不意味着其图像一定是一条直线。当我们将线性回归扩展到三维空间时，回归线通常是一个平面，我们叫作“超平面”，如图 3-6 所示。

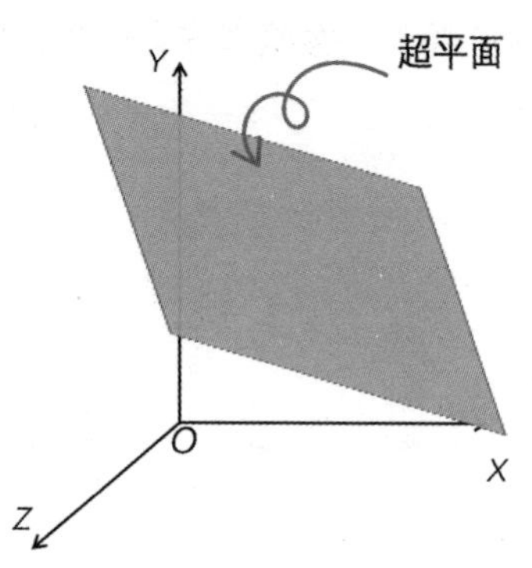

图 3-6　在三维空间里，回归界面通常是一个超平面

在三维空间中，线性回归的目标仍然是最小化预测值与真实值之间的误差，使得回归界面尽可能地穿过所有的数据点，从而最好地拟合数据集。因此，在三维空间中，我们的任务是找到一个平面，使得所有数据点尽可能地靠近这个平面，以建立更加精确的预测模型，进而更好地理解数据的内在规律并预测其趋势。

但是，当维度增加至四维、五维甚至更多时，我们便难以直观地想象出这样的“超平面”或“超曲面”具体是什么形状。但幸运的是，数学为我们提供了解决办法。通过数学工具，我们能够找到一个函数，这个函数的图像便能够描绘出这个“超平面”和“超曲面”在多维空间中的形状和位置。这个函数图像会尽可能地贴近所有已知的数据点，一旦得到了这个函数，便可以利用它来预测其他位置上的值。

用数学能解决的问题，对机器来说都不是问题。为了更方便地说明线性回归的原理，我们以最简单的二维空间为例来分析。先回顾一下初中的数学知识，对于一条直线，我们通常使用函数式来表达它，常见的形式就是 $y=kx+b$。在这个函数式中，x 代表自变量，y 代表因变量，k 是直线的斜率，而 b 是直线的截距，也就是直线与 y 轴交点的 y 坐标值。

这个斜率 k 至关重要，它决定了直线的倾斜程度。具体来说，k 的值越小，直线就越趋于水平，我们可以形象地称之为“趴着”的直线；而 k 的值越大，直线则越陡峭，我们可以说它“立着”。至于截距 b，它决定了直线在坐标系中的位置。b 的值越大，直线在 y 轴上的截点越高，因此直线的位置也就越高；反之，b 的值越小，直线位置则越低。不同 k 和 b 的取值对直线的影响见图 3-7。

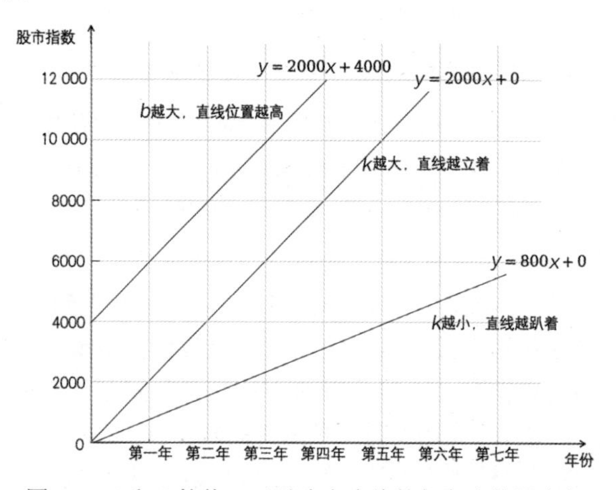

图 3-7　k 和 b 的值，可以决定直线的仰角和位置高低

根据 k 和 b 值的不同，这条直线就像孙悟空的金箍棒，可以在任意位置，摆成任意的姿

势。我们的目的就是找到合适的 k 和 b，让直线离所有的点的位置最近。k 和 b 一旦确定，那么令 x=“第六年”，看看对应的 y 值是多少，就能预测出 2024 年的股市指数了。

利用函数 $y = kx + b$ 可以来预测股市指数，因此，这个函数被称为**“预测函数”**。然而，如何确定 k 和 b 的具体数值成了一个关键问题。因为实际的数据点并不完美地分布在同一条直线上，我们不能简单地将数据点的坐标代入函数中求解，所以需要寻找其他方法来估计这两个参数的数值。

前面追女神的经验告诉我们，机器解决这类问题的终极大法就是一个字：“蒙”。因此，我们现在继续蒙：

（1）尝试 k=20，b=1345，显然不对（打脸）。

（2）再试试 k=100，b=200，显然也不对（打脸）。

（3）咱们换个思路，试试 k=0.1，b=0.2，结果显然还是不对（再次打脸）。

像这样漫无目的、毫无章法地“乱蒙”，显然在我们有生之年很难算出靠谱的股市指数。那么该怎么办呢？我们需要找到一些窍门，让每次蒙的时候都比上一次要靠谱一点，只有这样，才能逐渐地接近真相。

看图 3-8，我们画一条直线当作预测结果，它与各个点的距离，就是预测的结果与真实数据的差距。那么在这个图形里，要判断直线是否正确的方法是什么呢？那就是让直线上的每一个点到已知的所有点的距离要尽可能小。这个距离我们叫作**“误差”**。

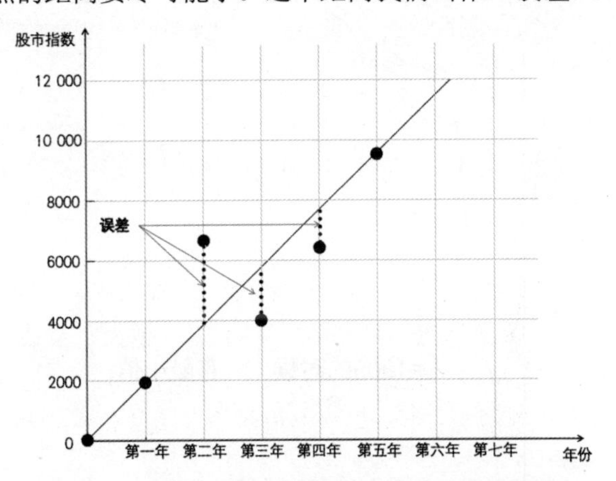

图 3-8　图中虚线是预测值与真实值之间的误差

那么，如果在画线的过程中不断尝试，努力使这个误差逐渐减小，是不是就能逐渐接近想要的那条直线，也就是真相呢？答案是肯定的。通过不断减小误差，可以逐步逼近那条最能代表数据点的直线，从而得到更准确的预测或结论。

如何来计算并减小这个误差呢？最简单的办法就是把每个已知点的坐标代入到原来的函数里去计算。

我们的函数是：$y=kx+b$，回到初始的数据。

（1）起始的误差：x=0，误差为 $0-(0\times k+b)$。

（2）第一年的误差：x=1，误差为 $2000-(1\times k+b)$。

（3）第二年的误差：x=2，误差为 $6500-(2k+b)$。

（4）第三年的误差：x=3，误差为 $4000-(3k+b)$。

（5）第四年的误差：x=4，误差为 $6200-(4k+b)$。

（6）第五年的误差：x=5，误差为 $9500-(5k+b)$。

其中，b 作为截距，它的值只会影响直线的高低，不影响对误差的讨论，因此先只考虑 b 等于 0 的情况。把这几年的误差加起来，得到总体的误差如下。

$$误差的和 =(2000-k)+(6500-2k)+(4000-3k)+(6200-4k)+(9500-5k)$$

所以现在要做的就是通过不断地蒙，让上面这个式子的结果越来越小，也就是我们要画的那根直线与给出来的已知点的距离和越来越小。

等等，有个问题！我们可以看到，有的点在直线上面，算出来的差值就是正值，有的点在直线下面，算出来的差值就是负值，这样就会导致正负抵消，看不出真实的距离远近。

这里我们又要回忆一个初中数学的小概念：方差。

之所以要用方差，是因为我们要想办法把所有的距离都取成正数，而负值全部取正有两种方法，第一是取绝对值，第二是直接平方。我们知道，取绝对值这个事情，要根据不同的取值范围对应不同的计算公式，交给计算机来实现比较困难。所以这里采用直接平方的办法，这就是取方差，取方差以后，刚才那个公式就变成下面的样子。

$$误差的方差和 =(2000-k)^2+(6500-2k)^2+(4000-3k)^2+(6200-4k)^2+(6=9500-5k)^2$$

这个误差的方差加起来，就叫损失函数，它代表使用预测函数得出的值与实际值的差距。稍微整理一下，用 w 代替损失函数，去括号，合并同类项之后，公式变成：

$$损失函数\ w= 误差的方差和 =55k^2-198\ 600k+190\ 940\ 000$$

这个式子看起来似曾相识吧，中考必考的大名鼎鼎的“二次函数”！见图 3-9。

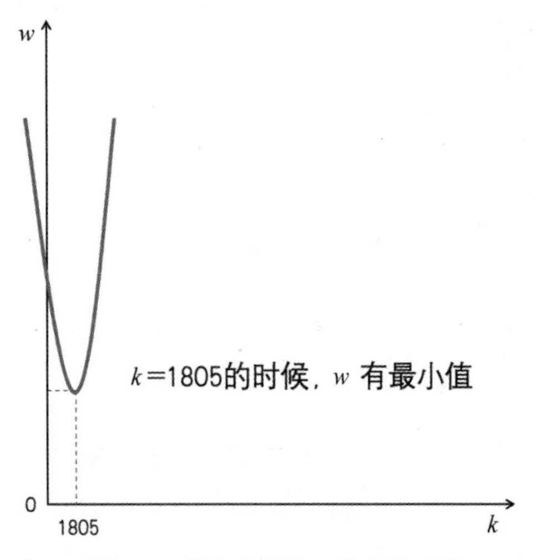

图 3-9　损失函数是一个二次函数

它的图像是一个开口向上的抛物线。由于这里的损失函数 w 代表每一年的实际值与预测函数的预测值的差距，这个差距越小越好，对吧？所以后面的工作就是把这个抛物线下面顶点（也就是损失值取最小值）的横坐标求出来。我们利用初中求解一元二次方程的知识，进一步计算，可以得到 k=1805。从而得到了预测函数：$y = 1805\times x$。当 x=6 时，y=10 830，这就预测了第六年的股市指数。这样就得到了如图 3-10 所示的结果。

用五角星把第六年的预测值标出来，与第一年的股市指数点连线可得图 3-10，同时保留之前用平均增幅算出的股市指数。可以看出来，利用科学的算法得出来的预测值（虚线）是 10 830，凭借直觉用平均增幅猜出来的值（实线）是 11 400。从图形上直观地看，差距虽然不是很大，但是如果数据量进一步增加，样本的复杂性变大，使用科学方法预测出来的结果就会越精确，相比平均增幅方法的优势就越明显。

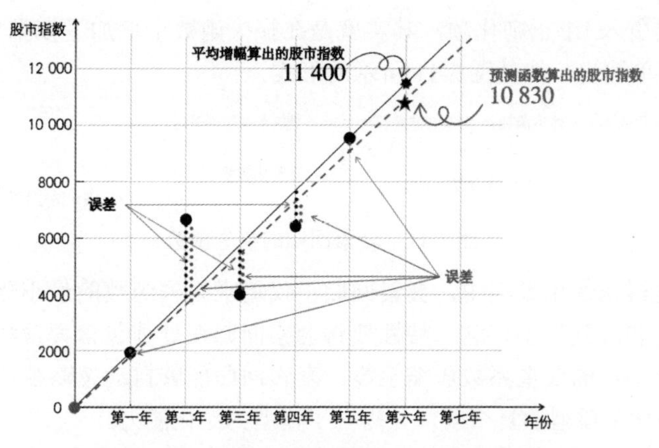

图 3-10　预测函数算出第六年的股市指数

实际上，这种通过最小化误差的方差和来确定与数据最为匹配的最佳函数的方法，在数学上称之为“最小二乘法”。它通过计算公式中的系数，如 k 和 b 等，来寻找最能拟合给定数据集的函数。尽管最小二乘法的原理相对简单，但它在自然科学研究中的应用却极为广泛且深入。

举例来说，早在 1801 年，意大利天文学家朱赛普・皮亚齐成功发现了第一颗小行星——谷神星。然而，在对其进行了短暂的连续观测后，由于谷神星运行至太阳的背后，皮亚齐失去了对它的追踪。全球的科学家们纷纷利用皮亚齐的观测数据来尝试重新定位谷神星，但大多数人的计算结果都未能成功。这时，年仅 24 岁的高斯站了出来，他利用最小二乘法计算出了谷神星的轨道，这一结果后来得到了奥地利天文学家海因里希・奥尔伯斯的观测证实。自此，天文学家们得以精确地预测谷神星的位置，而最小二乘法也因此在天文学界名声大噪。

此外，这种方法还被广泛应用于其他科学研究领域，如物理学、化学、生物学等，为科学家们提供了强大的数据分析和预测工具。在人工智能领域，最小二乘法同样扮演着举足轻重的角色。尤其是在线性回归预测中，它经常被用来确定最佳拟合直线，从而实现对未来数据的预测。

3.2.2　套索回归 & 岭回归——线性回归的改良版

在使用最小二乘法对人工智能模型进行训练的过程中，我们常常会遇到**欠拟合**和**过拟合**这两个核心问题。

欠拟合，简而言之，就是模型训练效果不好，导致在训练数据和测试数据上的表现都不尽如人意。这通常是因为模型的结构太简单了，无法有效地拟合数据的复杂特征。要解决这个问题，我们可以尝试采用更复杂的模型，如用多项式回归代替线性回归，或者通过增加新的训练数据，创建新的特征来增强模型对数据的理解能力，从而提升其预测性能。

而过拟合则是另一个需要警惕的问题。它表现为模型对训练数据的微小变化非常敏感，虽然在训练数据上表现出色，但在新数据或测试数据上却表现不佳。就像有的学生平时表现优秀，一上考场换个题目就掉链子一样。这往往是因为模型过于复杂，以至于过度拟合了训练数据中的噪声和细节，而忽视了数据的内在规律和模式。为了解决这个问题，我们可以采用正则化的方法。正则化是指通过在模型的损失函数中添加一个与模型复杂度相关的小扰动，也叫作惩罚项，来防止过拟合。

其中，**L1 正则化**和 **L2 正则化**是两种常用的正则化方法。它们分别对应于**套索回归**（**LASSO 回归**）和**岭回归**（**Ridge 回归**）分析方法。

套索回归通过引入 L1 正则化项，其实就是在损失函数里增加了模型参数绝对值的总和，来防止过拟合。简单地说，就是图 3-11 所示的形式。

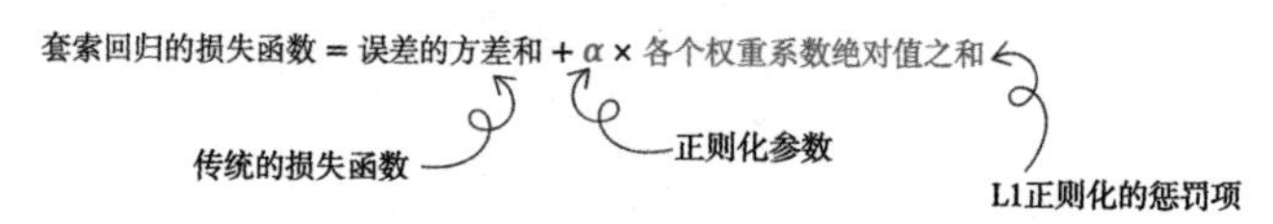

图 3-11　套索回归的损失函数

这样的设计使得在优化过程中，套索回归不仅追求损失函数的最小化，同时也努力将模型参数的绝对值之和降到最小。这一特性使得套索回归在处理包含大量特征的数据集时特别有效。通过将某些特征的权重系数压缩至零，套索回归能够自动忽略那些对预测结果贡献较小的特征，从而简化了模型的复杂度，并提升了模型的泛化能力。

此外，还有一个重要的正则化参数 α，它用于调节正则化的强度。当需要强调降低权重系数以进一步简化模型时，我们可以增加 α 的值；反之，如果希望模型保留更多的特征信息，则可以减小 α 的值。通过调整 α，我们可以根据具体问题的需求来平衡模型的复杂度和预测性能。

而岭回归则是通过在损失函数里添加 L2 正则化项，即模型参数的平方和，来防止过拟合，见图 3-12。

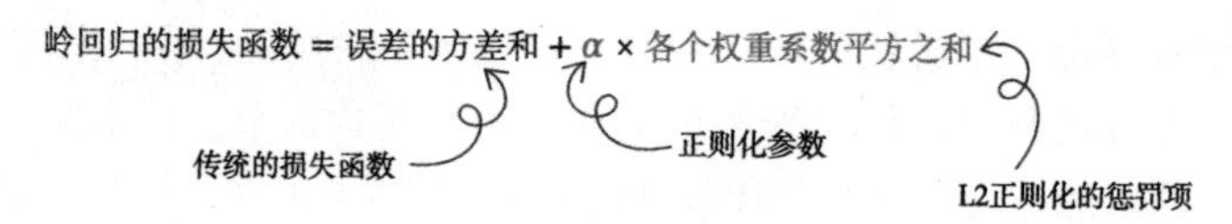

图 3-12　岭回归的损失函数

它与套索回归思路类似，只是惩罚项从绝对值之和变成了平方之和，而且也不会导致权重系数被压缩至零。这意味着岭回归能够保留所有的特征，但会减小特征的影响程度，从而防止模型过于复杂。

需要强调的是，欠拟合和过拟合问题并不局限于回归分析，它们在所有人工智能模型的训练中都是普遍存在的。因此，在训练每一个模型时，我们都需要仔细考虑这两个问题，并采取相应的措施来加以解决。在后续的介绍中，我们将继续探讨这两个问题，并根据需要讨论相应的解决方法。

3.3.3　让损失函数最小化的方法——梯度下降

经过上面的简单数学推导，我们小结如下：

（1）为了求出未来的股市指数，需先拿到过去几年的实际指数值。

（2）利用预测函数 $y=kx+b$（一条直线）来描述这个股市的变化规律，关键就是求出直线的斜率 k，至于 b 作为截距，与预测原理无关，所以为了简化设为 0。

（3）为了求得最准确的斜率，需要算出每年的实际指数与这条直线对应预测指数的差值，称为误差。这些误差越小，说明预测越准确。

（4）怎样让误差变小呢？不能让机器去蒙答案，瞎蒙是不行的，所以通过一系列推导和化简，得出这个误差与斜率 k 的函数关系，这个函数就叫损失函数。在这个例子中，它们的关系正好（因为简单嘛）是二次函数的关系（图像是开口向上的抛物线），那么根据初中数学知识，实质上，求最小误差就是求这个一元二次函数的最小值。

（5）剩下的事情就是找一个优秀的初中毕业生，让他帮助算出 k 的值，然后就能得到预测函数了。最后，将 x 设为 6，就能轻松地完成这个股市预测任务了。

在上面的例子中使用了最简单的数据，只考虑了单一维度（经过的时间），所以预测函数 $y=kx+b$ 很简单，况且甚至把 b 都看作 0，因此计算得到的损失函数呈现出一个简单的开口向上的抛物线，很容易用二次函数顶点公式找到最低点，也就是误差最小的情况，从而实现了完美的预测。

看到这里，可能会发现一点规律，就是先构建了一个预测函数，通过将预测值和真实值进行比较，用比较的结果构建出损失函数，通过不断地“蒙”，找到损失函数的最小值，将此时的值重新放回预测函数，求解预测函数来给出结果。上面这个例子是忽略了实际情况的简化处理，然而，除了时间，还有许多其他更重要的因素对股市指数产生影响，比如经济政策、国家安全，甚至天气变化等等。这些因素混合在一起，每一个都可以看作一个维度，这样计算得到的损失函数可能会呈现出各种各样奇特的曲面。它可能是图 3-13 所示这样，还可能是图 3-14 所示那样。

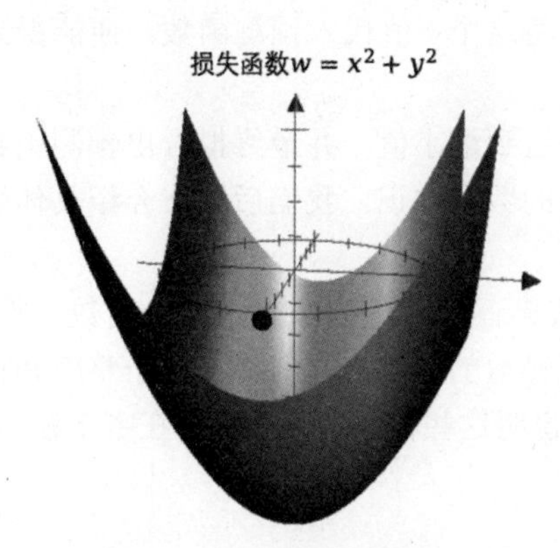

图 3-13　平方和的函数图像

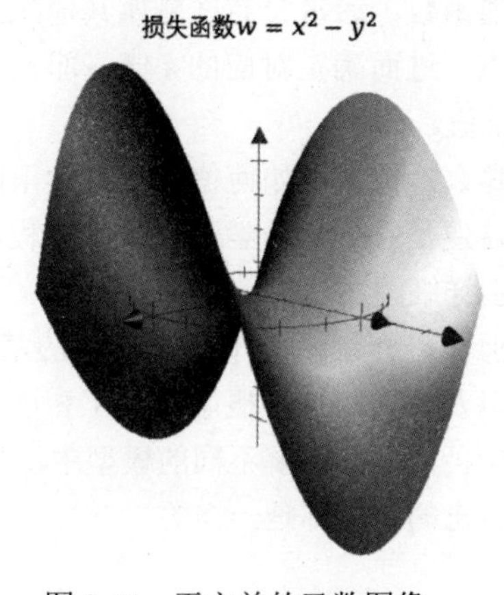

图 3-14　平方差的函数图像

上述仅仅是三个维度的变量，如果是四维、五维、……、n 维，恐怕连图形是什么样都想象不出来。那么在这种情况下，该如何计算损失函数的最小值呢？

n 维空间难以想象，下面来看看不那么高深的，来讲一个简单的概念——**“梯度”**。可以把它想象成游乐园里那种滑梯的坡度，请看图 3-15。

图 3-15　滑梯就是梯度的直观呈现

有时候滑梯是平缓的，有时候又很陡，但不管咋样，你总能一路滑到底，对吧？想象一下有个小朋友在滑梯上一蹭一蹭地往下滑，其实，他就是在用屁股去感受那个滑梯的坡度，也就是咱们说的梯度。他会一直滑，一直滑，直到滑到一个地方，感觉屁股下面突然平了，不往下滑了。那时候，他屁股底下那个地方的梯度就是 0 了，也就是他找到了滑梯的最低点，那个让他尖叫不已的终点。

所以，梯度就是这么个东西，它告诉我们函数曲面在哪个方向最陡，在哪个方向最平。找损失函数的最小值，其实就跟小屁孩找滑梯的最低点一样，都是顺着梯度的方向去找，直到找到那个梯度为 0 的地方，也就是我们要找的答案。

用更为学术的表达来说，寻找曲线或曲面上的最低点，本质上是一个梯度逐渐趋近于零的过程。换言之，我们通过反复试验，持续计算各点上的微分，寻找一条能够使得曲线或曲面函数值持续下降的路径，直到梯度逐渐逼近零。这个过程称之为**“梯度下降”**。在现实中，这可能只是小朋友一屁股滑下去即可完成的任务，但在数学中，我们则需要借助微积分的精妙技巧，逐步逼近最低点，这个过程被称为**“收敛”**。

然而，若某个损失函数无论如何都无法逼近最低点，则称这个函数为**“不收敛”**。对于这样的函数，通常会尝试更换其他的损失函数进行试验。通过微积分的方法可以找到函数的最低点，进而确定对应的 k 值，即预测函数的斜率。将这个 k 值代入预测函数，便能得到所需的 y 值。

那么，机器是如何使梯度持续下降，令损失函数达到最小值，并最终拟合出预测函数的呢？这便是整个机器学习的核心过程，它涉及更深入的数学知识。我们后续在介绍具体算法时，会详细阐述这一过程。

前面已介绍了几个至关重要的基本概念：训练集、评估、预测函数、损失函数、收敛、误差以及梯度。这些概念在人工智能领域中具有举足轻重的地位，它们将贯穿于整个知识体系之中。后面在讲解不同的模型中，我们会经常重复说明这些概念，但是无论在哪个模型中，这些概念的本质都是一样的。

3.3 逻辑回归——1912 年 4 月 15 日

逻辑回归虽然名为“回归”，但实际上它与前面讲的线性回归预测有很大的不同，它是一种用于解决分类问题的算法，所以叫“逻辑分类”其实更恰当。它们的区别是，线性回归预测算法的主要目标是预测连续的值，例如预测房价、股票价格等；而逻辑回归则关注的是将数据分为不同的类别，实质上是一种分类算法。逻辑回归进行分类的基本思路是将数据通过某种方式转换成一个概率，这个概率表示数据属于某一类的可能性有多大。然后，根据这个概率来判断数据应该属于哪一类。

举个例子，前面已根据前几年的股市指数，预测了第六年的股市指数，得到一个预测数值 10 830 点，到此为止，用的是“线性回归”方法。那么这个指数算是牛市还是熊市，需要有一个分界线，例如 10 000 点以上是牛市，以下是熊市，这就是“逻辑回归”，见图 3-16。

怎么样，简单吧？！我们只是简单地介绍了概念，其实逻辑回归也有很多的数学理论，例如正则化技术、交叉熵误差等，后面讲到相应的内容时，会对这些概念进行详细的介绍。

说到分类，如果只有一个参数变化，那么用一条直线就很容易地把数据集分成两类，但是如果参数多了，情况就会复杂一些。尤其是有的参数不是连续变化的，而是一些定性的值，例如性别，用 0 或 1 代表男或女，还有地址，干脆就是一些字符，你没法计算误差，所以用线性连续的方法去计算就搞不定了，怎么办？来看下面这个例子。

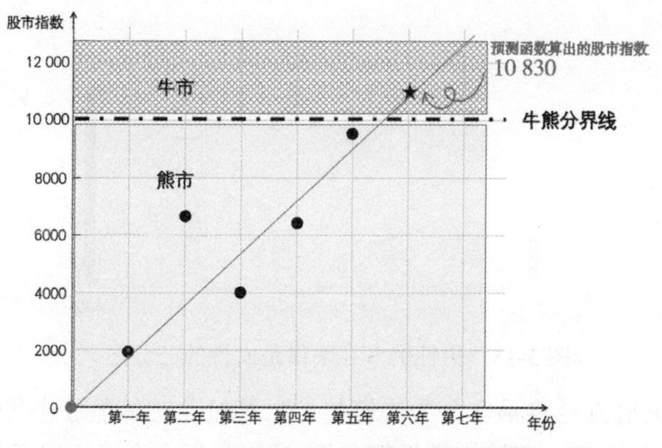

图 3-16　逻辑回归其实就是“逻辑分类”

1912 年 4 月 10 日，当时世界上最大的客运轮船泰坦尼克号从英国南安普顿出发。它途经法国瑟堡、爱尔兰的昆士敦，然后载着 1324 名乘客和 892 名工作人员驶向纽约，最终于 1912 年 4 月 15 日撞上冰山沉入大西洋，请看图 3-17。2216 名船员和旅客，仅 705 人生还，这是和平时期最大的一起海难，让人匪夷所思，同时也为世界敲响了海上航行的警钟。

图 3-17　1912 年 4 月 15 日，北大西洋，泰坦尼克号

虽然泰坦尼克海难已经过去一百多年了，但是关于这次海难的反思依然在继续，其中讨论的热点之一就是幸存人群的特征，也就是说，什么样的人在泰坦尼克号上存活的概率更大？如果每个人都能被抽象出若干个特征，不同的特征值对应不同的幸存可能性，这其实可以归纳为一个根据不同特征值进行分类的问题。下面就通过这个例子介绍一下逻辑回归的基本思想。

首先，根据泰坦尼克号幸存者的信息数据，分析一下有哪些特征是对幸存可能性有影响的，把这些有用的特征值挑出来提供给机器，那些没有影响或影响很小的数据就被舍弃掉。

经过分析，以下 3 个特征对能否幸存影响比较大。

性别：泰坦尼克上的乘客以男性为主，约为女性的两倍，但是从统计结果（见图 3-18）看出，男性幸存率大约 19%，也就是每 100 位男性，只有 19 位幸存；女性 71%，是男性的 3 倍还多。这是因为那是个绅士的年代，发生船难时，很多男士放弃逃生机会，让女士和儿童优先逃生，有的甚至在混乱的甲板上从容演奏，然后慷慨赴死。其中不乏很多有着很高社会地位和丰厚财富的男人，包括泰坦尼克号的船长 Edward J. Smith。因此，作为一位男性，在泰坦尼克号发生海难时是不占优势的。

图 3-18　男性的幸存率仅是女性的三分之一

船舱等级：泰坦尼克号将乘客分为头等舱、二等舱、三等舱 3 个等级。其中三等舱当年的票价为 7 ～ 9 英镑，当年一英镑相当于现在 70 英镑，折合今天人民币约为 4400 ～ 5600 元。三等舱主要是来自英国、爱尔兰等国的移民，一点也不夸张，这张船票几乎要花光他们所有的积蓄，当年 Jack 也是靠运气赌赢了钱才买到最后一张船票的。二等舱当年的票价是 13 英镑，折合今天的人民币约为 8100 元。乘客主要是英美的中产阶级，比如律师、教师、医生、作家等精英，以及头等舱乘客的服务人员。头等舱的票价最低是 30 英镑，折合今天的人民币至少是 1.9 万元，相当于飞机头等舱的价格。当然还有更贵的，带私人阳台的套房票价高达 87 英镑，折合今天的人民币至少是 6 万元！这里的乘客是妥妥的大富豪！可以明显看出来，船舱等级不同决定了安全设施、娱乐设施、餐饮等的不同，从而对信息的掌握和逃生设施的使用优先权也不一样，因此对幸存率有很大的影响。统计下来，每 100 位头等舱乘客幸存 51 名，幸存率为 51%；同样方法统计出二等舱幸存率为 28%，三等舱幸存率 21%，见图 3-19。

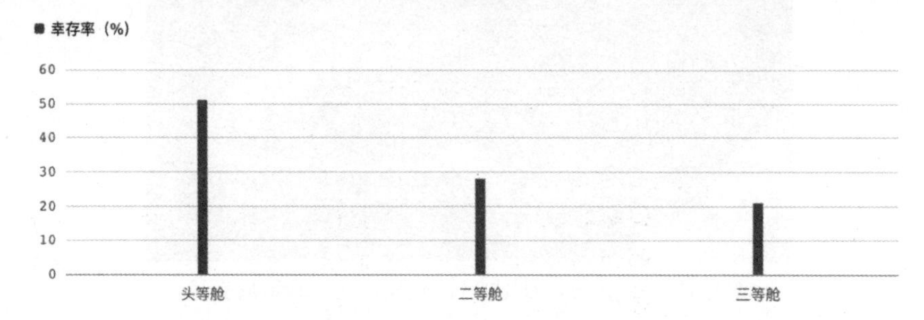

图 3-19　各个舱位幸存率的对比，头等舱显然占优势

家庭体量：家庭体量中等（2 ～ 4 人）的幸存率最高，达到 58%；单身人士幸存率是 30%；家庭体量大（5 人以上）的幸存率最低，约 15%。家庭体量大的幸存率最低的原因，可能是这类人群拖家带口去移民，大部分选择三等舱，而且一旦出现危急情况，由于互相寻找和等待也会错过一些求生机会，因此幸存率很低。而 2 ～ 4 人的小家庭容易集合，且比单身人士获得信息的渠道要多，因此幸存率最高，统计结果见图 3-20。

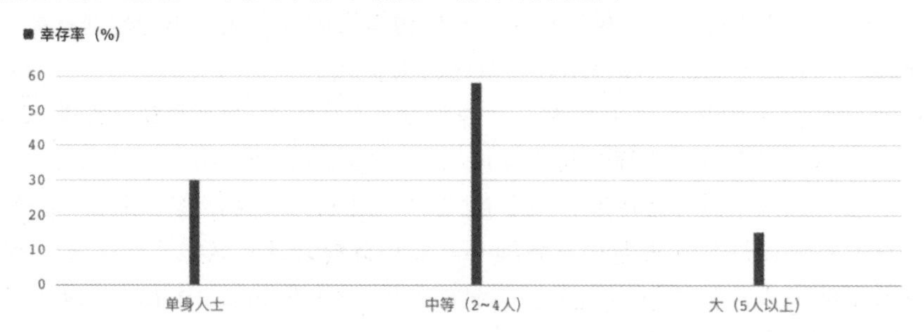

图 3-20　各个家庭体量幸存率的对比，2 ～ 4 人家庭幸存率最高

这 3 个特征对乘客最终是否能幸存（幸存指数）的特征如图 3-21 所示。

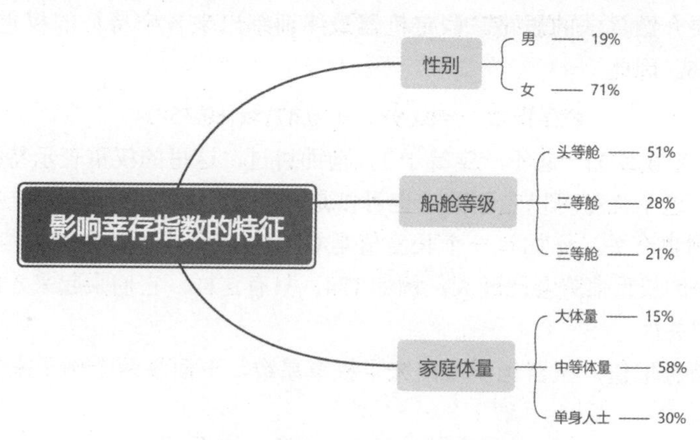

图 3-21　泰坦尼克号幸存指数影响因子

根据上述分析，我们得到了每个特征值对应的统计概率。但是由于上述这些特征并不是完全独立的，例如一个男人，可能买头等舱，也可能买三等舱，他也许一个人去旅行，也有可能带着妻儿和父母一起。那么，当这些特征重叠交错之后，哪个特征对幸存指数影响最大？最终如何判断他是否能幸存呢？

我们分别用 w_1、w_2、w_3 来代表“性别”“船舱等级”“家庭体量” 3 个特征对幸存指数的影响大小，用 x_1、x_2、x_3 分别代表某个人在这 3 个特征上的得分。那么可以得到他的幸存指数 $z=w_1x_1+w_2x_2+w_3x_3$。

好了，根据数据的初步分析，具体划分一下各个特征得分的取值范围：

性别分值设定：我们设男性分值为 0 分，女性为 1 分。

船舱等级分值设定：头等舱 1 分，二等舱 2 分，三等舱 3 分。

家庭体量的分值设定：大体量家庭 1 分，单身 2 分，中体量家庭 3 分。

分值设定好之后，主要任务就是确定每个特征的权重，这就需要把样本数据喂给机器，让机器基于逻辑回归模型确定最合适的权重。在这个过程中，开始可以根据经验为每个特征赋予一个初始权重，这些权重在机器学习的过程中会通过优化算法进行调整，最终让机器预测出来的值与实际结果的差距最小。

需要明确的是，在人工智能的模型中特征的权重并不等同于概率值（如 0 ～ 100% 的概率），而是反映了该特征对模型预测结果的影响程度。具体来说，一个正权重意味着当该特征的值增加时，预测结果倾向于向正方向变化；反之，负权重则意味着该特征值增加时，预测结果会倾向于向负方向变化。

举个例子，假设在性别特征上，我们为男性赋值为 0，女性赋值为 1。在模型训练过程中，如果数据表明女性在相同条件下有更高的幸存概率，那么机器学习算法就会为性别特征学习出一个正权重，因为这一特征对预测结果具有正面影响。

然而，也需要考虑到另一种情况。有时候，我们可能会人为设定某个特征的值，使得其值越大意味着越不利于某个结果。以舱位等级为例，假设设定头等舱的值为 1 分，三等舱的值为 3 分。由于数据表明三等舱明显比头等舱更危险，因此舱位得分越高，对幸存率的预测影响就越是负面的。在这种情况下，机器学习算法就会为舱位等级这一特征学习出一个负的权重，以反映其对预测结果的负面影响。

对于家庭体量的分值，可以设定为一个正相关的特征，因为越是安全的家庭，分值越高。

机器训练的代码及过程，这里先略去，在后面代码实战的时候，会展示一份实际的完整代码，我们先主要介绍算法的思路。假定机器最终训练出来各个特征的权重如下：w_1=0.69，w_2= –0.47，w_3=0.35。因此

$$\text{幸存指数：}z=0.69\times x_1+(-0.47)\times x_2+0.35\times x_3$$

可以看到这 3 个权重加一起不一定等于 1，前面讲过，这里的权重表示特征与输出结果之间相关性的强度，这个强度可以是正数，也可以是一个很小的负数。它的值的大小和对应的特征值设定的范围也有关，比如有一个长度值是 0.001m，而这个长度对最终结果影响很大，那么机器学习出来的权重值就会比较大，例如 124，只有这样，它们乘起来才能体现这个长度与输出结果的强相关性。

既然设定了特征取值，机器也学习出来了权重系数，下面举两个例子来看一下这个权重系数是不是靠谱。

在经典影片《泰坦尼克号》里，Rose 是位美女，家庭条件还不错，买了个头等舱，和母亲两人一起搭乘泰坦尼克号去美国旅行。因为 Rose 是位女性，性别特征值取 1，确定买了头等舱，舱位值取 1，而且已知她是两个人，家庭体量值取 3，那么她的幸存指数：$z=0.69\times1+(-0.47)\times1+0.35\times3=1.27$。

最终得到结果 1.27。等等，算出来 1.27，难道是 127%？美女的幸存率都超过 100% 了！别急，无论怎样也不会让 Rose 的幸存率超过 100% 的，这里算出来的只是幸存指数，我们还有一个重要步骤没有进行，还要使用一个 **Sigmoid 函数（也称为逻辑函数）**将刚才这个 z 值映射到 0 ～ 1 之间，这个函数的图像如图 3-22 所示。

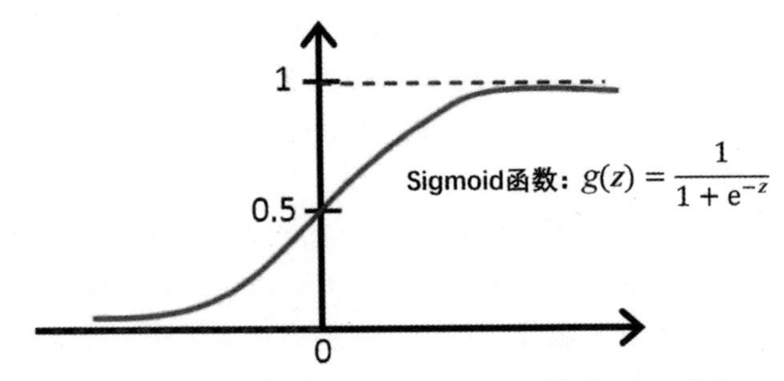

图 3-22　Sigmoid 函数将任意值都映射到 0 ～ 1 之间

这个 Sigmoid 是形似 S 的函数，别看它简单，里面也有比较复杂的数学原理，这里不进行深入讨论，只要知道它能把任意值都映射到 0 ～ 1 之间，给出一个可以理解的概率值就可以了。这个 Sigmoid 函数在神经网络中也发挥着重大作用，后面介绍神经网络的时候，它又会出现，那时的它叫作激活函数。

用 Sigmoid 函数映射一下 Rose 的幸存概率，把 z=1.27 代入 Sigmoid 函数，得到 g（z）= 78.1%。

反观 Jack，他的性别得分为 0，买的三等舱，得分为 3，孤身一人，得分为 2，最终的幸存概率计算得到 g（z）=44.5%。

这个结果与詹姆斯·卡梅隆的想法一致，Rose 有比较大的概率幸存，而 Jack 幸存的可能性就很小了。可是逻辑回归的最终目的是要得出一个“幸存”还是“遇难”的结果。要得到其结果，最简单的方法是以 50% 为阈值，高于 50% 的判为幸存，低于 50% 的判为遇难。按照这个标准，Jack 的宿命就是沉入大海，而 Rose 可以幸存下来，可见，最终让两人分开的，不只是那艘泰坦尼克号，还有两人各自不同的特征取值。

好了，让我们从沉重的心情里走出来，看一下逻辑回归在实际生活中能给我们带来什么。

逻辑回归作为一种成熟的分类技术，在各类应用中已经展现出了强大的功能。以邮件分类为例，逻辑回归能够通过识别如“发票”“五折”“借贷”等关键字，并根据这些关键字对判断结果的不同影响权重，将邮件有效地分类为垃圾邮件或正常邮件，见图 3-23。

图 3-23　逻辑回归在垃圾邮件识别中得到应用

具体来说，逻辑回归在邮件分类中的应用过程如下。

首先，系统会对邮件内容进行解析，提取出其中的关键字或短语。这些关键字或短语可能是与垃圾邮件相关的特征，例如常见的欺诈词汇、促销用语等。这些特征将作为逻辑回归模型的输入。

接下来，逻辑回归模型会根据这些输入特征，为每个特征分配一个权重。这些权重是通过训练过程学习得到的，反映了不同特征对邮件分类结果的影响程度。例如，“发票”和“借贷”这类与财务相关的词汇可能在判断垃圾邮件时具有较高的权重，因为这类词汇常常出现在诈骗邮件中。而一些常见的促销词汇如“五折”可能在判断商业推广邮件时具有更高的权重。

在分配了权重之后，逻辑回归模型会利用这些权重和特征值，通过 Sigmoid 函数计算出一个概率值。这个概率值表示邮件属于垃圾邮件的可能性。通常，我们会设定一个阈值，当计算出的概率值超过这个阈值时，就将邮件分类为垃圾邮件；否则，将其分类为正常邮件。

逻辑回归在邮件分类中的优势在于其能够处理多种特征，并根据这些特征的权重进行综合考虑，从而作出准确的分类判断。同时，逻辑回归模型具有较好的解释性，可以清晰地展示每个特征对分类结果的影响程度，有助于理解模型的工作原理和作出决策的依据。

还有一个实际的知名产品例子，即谷歌的广告投放平台——Google Ads（谷歌广告系统）。该平台利用了逻辑回归等机器学习算法来估计用户点击特定广告的概率。通过分析用户的性别、搜索历史、行为等信息，Google Ads 可以预测哪些广告对特定用户更具吸引力，从而提高广告的点击率和投放效果。这样一来，广告主可以更有效地将广告投放给潜在的目标用户群体，提升广告的曝光和转化率。

然而，在实际应用中，问题往往远比我们想象的要复杂得多。仅凭几个简单的特征权重往往无法准确地区分样本数据，这时就需要综合考虑来自多个不同维度的特征来进行决策。以医学影像识别为例，仅凭肿瘤的大小和形状来判断其是否为良性或恶性是远远不够的，还需要深入剖析影像中的密度、血管构造等更多细微信息。为了精确判别病灶，需要构建一个高维度的复杂分类模型，将各种特征信息有效整合。

要实现这一目标，需要建立一个多维度的复杂决策模型。这个模型能够将不同特征的组合映射到相应的类别上，从而进行精确的分类。在面对这种多特征、高维度的复杂决策问题时，简单的逻辑回归算法往往显得捉襟见肘。因此，需要借助更先进的分类技术，如 K 近邻算法、决策树、支持向量机、贝叶斯分类器，以及强大的神经网络等。这些高级模型能够更好地处理复杂的数据，提高分类的准确性和效率。在后面的章节中，将会逐个介绍这些令人炫目的科技成果。

3.4 K 近邻——圈子对了，事就成了

在竞争激烈的好莱坞，流传着这样一句箴言："Whom you know is whom you are。"（圈子对了，事就成了。）这句话不仅揭示了电影工业中人际网络的重要性，更是人类社会普遍适用的真理。

这句话可以这么理解：一根稻草扔在路边，它就一文不值，如果和大白菜绑在一起，那么它就可以卖到大白菜的价格；如果和大闸蟹绑在一起，那么它就可以卖到大闸蟹的价格。所以，你是谁并不重要，重要的是你和谁绑在一起。看你是混哪个圈子的，"圈子对了，事就成了"，见图 3-24。

图 3-24 圈子对了，事就成了

这并不是叫人不去学习专业知识，而是强调"人脉，是一个人通往财富、成功的入场券"。

人工智能有一种分类方法：K 近邻（K Nearest Neighbors）算法，通常简称为 KNN。这是一种非常实用而简单的分类算法，其核心思想源自我们日常生活中的一条经验法则："物以类聚，人以群分"。也就是说，通过观察最接近的邻居样本，我们可以推断出某个新的未知样本属于哪一类别。这其实反映在社交领域，就是强调"圈子"的重要性。那么在分类算法中，也可以利用所谓的圈子文化来给数据分类。

举个例子来说，在草原上，假如要判断一只未知的动物是牛还是羊（见图 3-25），可以观察它周围最接近的动物，如果大多数都是羊，那么我们就可以猜测这只未知的动物也是羊。

图 3-25　草原上，牛群和羊群也是分开的

还有，如果打算新开一家餐馆，正在犹豫餐馆的口味是偏向中餐赚钱多还是偏向西餐来钱快，那么可以查看它周围 3 家最相近的餐馆。如果有 2 家是中餐馆，1 家是西餐馆，那么就可以判断新餐馆最好也偏向中餐口味。

KNN 算法也是一样的，具体做法是，首先收集用类别标注过的样本数据，构成训练数据集，对模型进行训练，相当于准备好了一本“参考书”。然后针对新样本，计算它与参考书中每一个样本的距离，选择 K 个（K 一般大于等于 3）最近邻居，最后，看这 K 个样本中哪个类别出现的次数最多，就将新样本判定为那个类别。图 3-26 所示就是一个利用 KNN 对样本进行分类的例子。

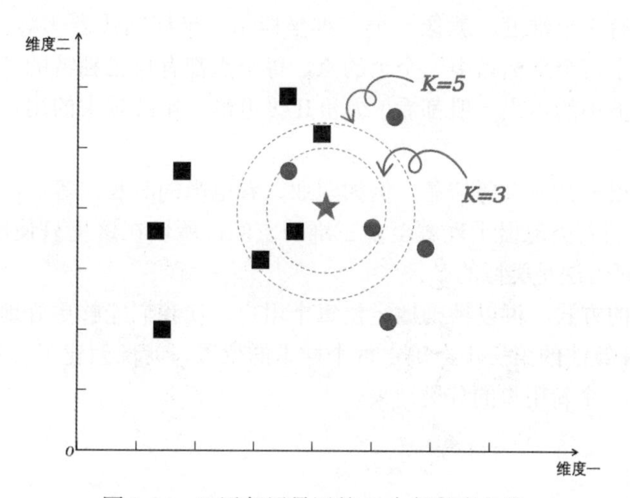

图 3-26　K 近邻用最近的 K 个邻居来分类

可以把整个 KNN 过程划分为以下两个简单的步骤。

第一：确定每一个已知样本点的位置，就是形成“参考书”，图 3-26 中的方块和圆点代表两类样本数据。

第二：对于加入的一个新数据（五角星），计算新数据与原有样本点之间的距离，其中距离最近的 K 个样本，就是新数据的 K 近邻。为了便于投票表决，K 的取值一般是奇数，最少是 3，当 K=3 时，新数据属于圆点类的；当 K=5 时，新数据就又归属于方块类了。因此 K 的取值在 K 近邻算法中非常重要，要根据任务的目标和样本数据进行斟酌。

好了，看到这里，相信您已经发现了，KNN 算法的关键是这本“参考书”是怎么形成的，也就是说，是怎么确定每个点在空间中的位置的。

可以来看一个简单的例子：假设我们正在努力为一个在线电影网站创建用户画像，以更好地理解用户的特点和兴趣。首先收集了大量的用户数据，比如年龄、性别以及喜欢看的电影级别等信息。其中电影级别参考香港电影分级制度，分为 I 级（任何年龄观看）、IIA 级（12 岁以下儿童不宜）、IIB 级（16 岁以下青少年及儿童不宜）、III 级（18 岁以下不宜）。

接着，将这些信息以一种可视化的方式进行整理，就好像将它们放入了一个特殊的“空间”中，如图 3-27 所示。

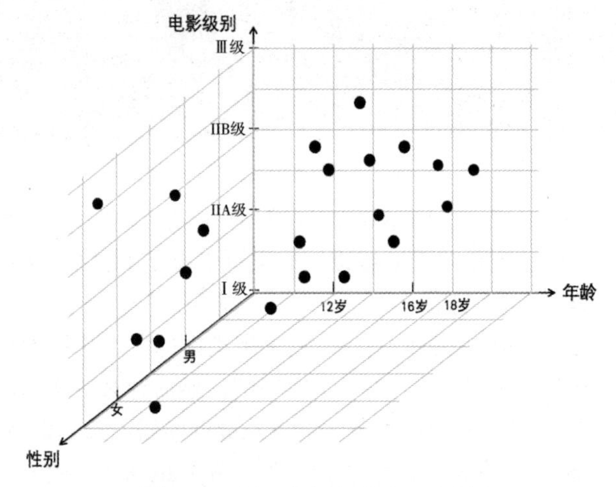

图 3-27　每一个黑点代表一个用户

这个“空间”有 3 个维度，就像一个三维坐标系，坐标轴代表年龄、性别和电影级别。所有的用户都变成了这个坐标系中一个个的点，每个点都有自己独特的三维坐标。从图中可以直观地看到，年龄小的用户一般都看 I 级和 II 级电影，年龄越大的用户，尤其是男性，看 III 级电影的比例越大。

尽管用户还有很多其他重要信息，例如职业、看电影的时长，等等，还需要更多的维度来表示，但由于我们人类习惯于理解至多三维的空间，所以在这里只使用了三维作为例子，更高维度的信息处理方法是类似的。

通过这种打点的方式，可以精确地定位每个用户，让我们能够更好地理解他们的特点和需求。这也是 KNN 算法的第一步，确定每个样本的位置，就像创建了一本“参考书”一样。图 3-28 就表示了对一个新用户的分类结果。

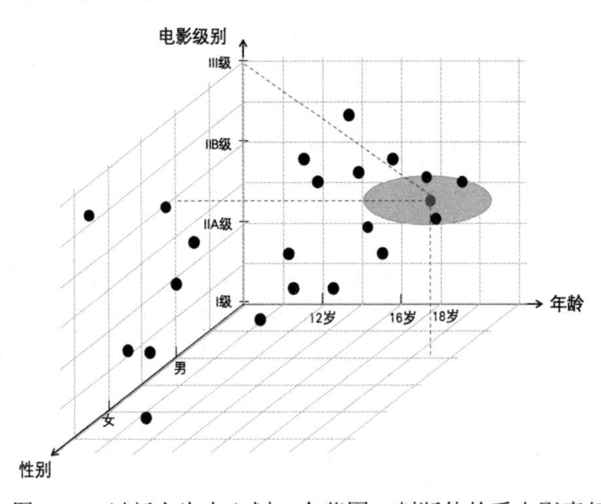

图 3-28　以新人为中心划一个范围，判断他的看电影喜好

当需要判断一个新人的喜好时，计算他与数据集中其他每一个人的“距离”，这里的距离可以是所谓的“欧几里得距离”，也就是以年龄的差值为 x，以性别的差值为 y，计算这个距离。

$$\text{欧几里得距离：} z = \sqrt{(x_1 - x_2)^2 + (y_1 - y_2)^2}$$

以一定的距离为半径画个圈，圈中数据集中最近的 3 个人（当然可以是 5 个人、7 个人），看这 3 个人都喜欢看什么电影。我们发现在 z 轴上，这 3 个黑点的坐标都指向了 III 级，所以给这个新人推荐 III 级电影就 OK。

KNN 算法中一个关键的参数就是 K 值，它表示在作出决策时要考虑的最近邻居的数量。K 值的选择对于算法的性能有重要影响。较小的 K 值可能导致模型复杂度较高，容易过拟合；而较大的 K 值可能导致模型复杂度较低，容易欠拟合。因此，在实际应用中，需要根据具体情况选择合适的 K 值。

关于距离的计算，有许多方法可以选择。最简单的是刚才提到的欧几里得距离，如果需要，还可以为不同的维度赋予不同的权重，以表示它们在样本相似度中的不同贡献程度。此外，针对不同的场景，还有其他的距离度量方式，如曼哈顿距离、马氏距离等，可以根据具体情况选择最适合解决问题的方法。

KNN 算法简单易懂，不需要进行复杂的模型构建。它只需找到新成员附近的邻居，然后依靠邻居们的“意见投票”，就能快速准确地将新成员分类。虽然 KNN 算法的思路很直观易懂，但是它的计算量较大，需要遍历整个训练集（也就是整个样本空间）以找到最近的邻居。因此在技术上，可以通过使用 KD 树等方法来优化搜索过程，不过这属于更高级的优化技巧，在本书中不进行深入讨论。

社交媒体平台 LinkedIn 就是一个应用了 K 近邻算法的知名产品例子。LinkedIn 利用 K 近邻算法分析用户的连接关系、共同兴趣等信息，推荐可能认识的人，从而扩展用户的社交网络。这种推荐系统帮助用户在职业领域找到潜在的合作伙伴或者同行，提升了用户的社交互动体验。

3.5　决策树——选择比努力更重要？

人们常说，“选择比努力更重要”，此言非虚。在人生的漫长旅途中，我们时刻面临各种选择，而这些选择往往比后续的努力更能决定我们的命运。如同航行在大海上的船只，若一开始就选择了错误的航向，即便船身再坚固、船员再努力，也难以抵达理想的彼岸。

那么，当我们将目光转向机器，这个由人类智慧和科技结晶所创造的产物，它们又是如何在一次次的选择中，作出精准而又正确的决策呢？决策树能够模拟人们决策过程的心路历程，并且清晰地展示判断的流程，让人们能够理解决策的依据。

举个例子：当我们在网购时，会经历一番内心挣扎来决定最终是买还是不买。比如说，你想买一部手机，可能会有图 3-29 所示的决策过程。

首先，看价格。这手机价格是 2000 多元，没有超过我的预算 3000 元，所以在可接受范围内。

接着，看品牌。虽然不是名牌，但也是满大街都能看得到的，一般来说不会出现质量问题，所以相对可靠。

然后，看配置。处理器速度还行，内存 256G，不太大，但是也够用了，这关也过了。

最后，看评价。天呐，看到了一堆差评，什么“用不到一天，就收不到短信”“充电 3 小时，电池 75 摄氏度，我这是买了个电烙铁吗”。这差评率也太高了，算了算了，再见。

图 3-29 选择总是要经历一番内心挣扎

你看，刚刚这个过程就是一个决策树。我们通过考虑品牌、价格、配置、评价等属性，最终作出了“To Buy”还是“Not To Buy”的决定。这就是我们日常生活中常用到的决策树思维。

决策树算法就是通过一系列类似的问题，逐步推导出一个分类结果。在推导的过程中，决策树可以参考决策成功或失败的案例，通过不断的学习，调整这些问题的先后次序及对最终答案影响的权重，从而完成决策树模型的训练。

3.5.1 用决策树选出心中的女神

再举一个更加贴心的例子：怎样确定心目中的女神。

相信每个人都有自己的女神标准，长得好看、性格温柔、家里有钱，甚至爱穿连衣裙都有可能作为判断女神的标准。这些标准，就像一个个“标签”，构成了我们心目中女神的特征。

好吧，那么怎样让机器来判断一位女生是否是女神呢？很简单，就让机器按照上面几个标准，挨个打分，最后谁的分数高就让谁当女神。话虽然如此，但是问题来了，长得好看，多少分算是好看？性格温柔，要是磨磨叽叽的就一定好吗？家里有钱一定很重要吗？爱穿连衣裙就更离谱了，基本上是个女生就爱穿连衣裙吧？

不要急，决策树就可以帮你解答上面这些问题。

我们采用了几个关键特征来进行分析，包括“长相”“性格”“财富状况”以及“是否喜欢穿连衣裙”。在收集了大量的问卷样本后，我们发现了一个有趣的共识：大多数女生只要长得好看，就能被普遍认为是“女神”，而其他特征相对而言则显得不那么重要。基于这一发现，在构建决策树时，会将“长相”作为首个判断特征。这是因为“长相”是一个能最大程度区分数据集的特征，正如之前提到的“信息增益”概念所描述的那样。换句话说，“长相”就是信息增益最大的特征。通过这样的首次判断，可以显著降低识别样本集合的熵值，后续的判断过程将更为高效和精确，从而最大限度地减少后续的判断工作量，这样就可以确定如图 3-30 所示的决策树的根节点。

然后继续根据收集的样本，判断其他几个特征的信息增益，依次排序，例如“性格”排名第二，“有钱”排名第三。发现“爱穿连衣裙”对判断是否是女神基本不重要，那么它的信息增益就是最小的，排序自然也就排在末尾。最后，我们生成了一棵图 3-30 这样的二叉树（这个例子很简单，如果碰到复杂的，可能是三叉、四叉……n 叉树），这就是我们的决策树了。

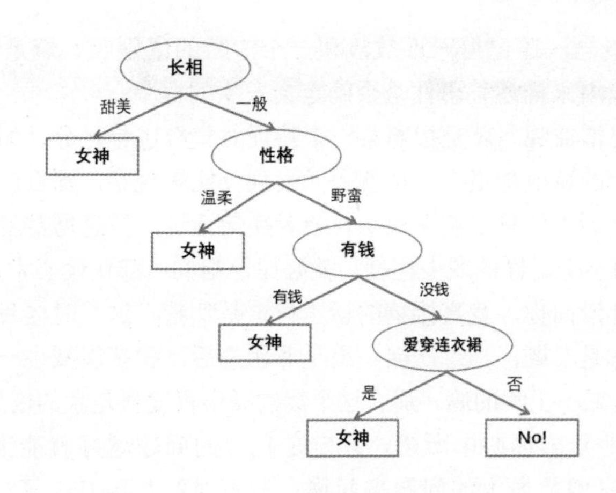

图 3-30　筛选女神的过程

3.5.2　ID3、C4.5 和 CART 算法——不断提高决策的效率

有了决策树的基本概念，就可以构造一棵决策树了。构造决策树有 3 种主要算法，见图 3-31。

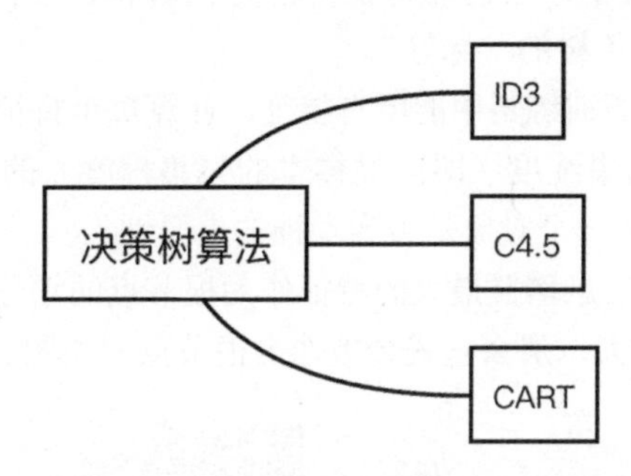

图 3-31　决策树算法常用的有 3 种：ID3、C4.5 和 CART

一般来说，构造决策树的时候都会遵循一个指标，有的是按照信息增益来构建，叫 **ID3 算法**；有的是基于信息增益比率来构建，叫 **C4.5 算法**，有的是按照基尼系数来构建的，叫 CART 算法。

1. ID3 算法

为了深入理解 ID3 决策树算法，我们需要先明确几个核心概念。ID3 算法的核心原理是基于信息增益来进行特征选择，但在进一步探讨信息增益之前，先复习一下“熵”这个基础概念，见图 3-32。

熵值很高　　**熵值很低**

图 3-32　熵值描述系统不确定性的大小

前面介绍过熵的概念，还记得一堆散沙和一个沙雕的区别吗？熵是描述一个系统不确定性大小的概念，也可以用来描述某事件是否确定会发生的概率。

那么，什么是信息增益呢？就是按照某一个特征对集合进行区分，如果区分后得到的两个新集合，这两个新集合的熵值都很小，也就是元素划分比较规整，那么就说这个特征的“信息增益”很大；反之则称为“信息增益”很小。或者换句话说，信息增益就是当某一个条件特征 X 满足之后，信息 Y 的不确定性的减少程度。就好比，咱们一起玩读心术，你心里想一件东西，我来猜。刚开始什么都没问你，我直接猜的话，肯定是瞎猜。这个时候我的熵就非常高。然后我接下来会去试着问你是非题，当每次问一道是非题之后，我就能减小一圈你心中想到的东西的范围，这样其实就是减小了我的熵。那么这个熵的减小程度就是我的信息增益。

为了能更加准确地猜出你心中所想，肯定是我问的问题越好就能猜得越准。换句话说，肯定是要想出一个信息增益最大的问题来问你，对不对？其实ID3算法也是这么想的。ID3算法的思想是从训练集中计算每个特征的信息增益，然后看哪个最大就选哪个作为当前节点，然后继续重复刚刚的步骤来构建决策树。

下面，用判定女神的例子来说明ID3算法是如何构建出一棵决策树的。

首先，需要收集一些历史数据，即之前被认为能代表女神特征的数据。这些数据将作为训练集，用于构建决策树模型，它们的特征可能包括长相、性格、家庭背景、穿着偏好等，也就是ID3算法用来构建决策树的“标签”。

接下来，ID3算法会遍历训练集中的所有特征，计算每个特征的信息增益。它表示了使用某个特征进行划分后，数据集纯度（即同类样本的聚集程度）的提升程度，也就是某个特征（如长相、性格等）对于判断一个对象是否为女神的重要性。

然后，ID3算法会选择信息增益最大的特征作为根节点的划分标准。在本例中，假设“长相”这一特征的信息增益最大，那么它就会被选为根节点，如图3-33所示。

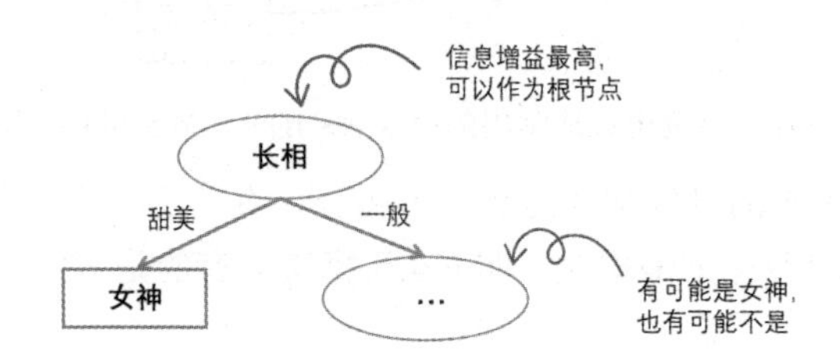

图3-33　选择信息增益最高的作为根节点

接下来，算法会根据“长相”这一特征将训练集划分为几个子集，每个子集对应一个不同的长相类别，左边的子集因为长相甜美，已经被划分到“女神”集合，右边集合里有可能还有大家心目中的女神，需要进一步分类，见图3-34。

对于每个子集，算法会递归地执行上述过程，继续选择剩余特征中信息增益最大的特征进行划分，直到满足停止条件（例如所有样本都属于同一类，或没有剩余特征可用等）。这样，一棵完整的决策树就被构建出来了。

最后，当遇到一个新的对象时，就可以通过这棵决策树来判断她是否为心目中的女神。具体过程是，从根节点开始，根据对象的特征依次遍历决策树的节点，直到到达一个叶子节点。该叶子节点所代表的类别，就是算法对该对象的分类结果。

通过ID3算法构建的决策树，可以清晰地看到每个特征在判断女神标准中的重要性，以及它们之间的逻辑关系。这有助于更加理性地分析和确定心目中的女神，而不是仅凭个人主观感受或偏见作出判断。

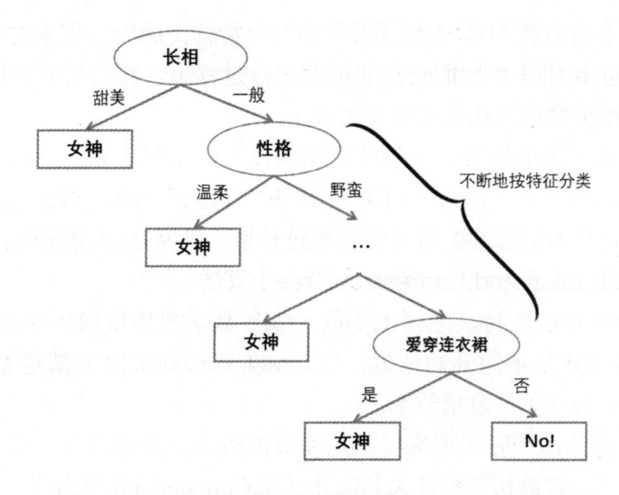

图 3-34　不断地选择信息增益最大的特征进行分类

2. C4.5 算法

通过对 ID3 的学习，可以知道 ID3 存在一个问题，那就是越细化地分割分类，错误率越小，所以为了追求更小的错误率，ID3 会越分越细。分割很细之后，训练数据的分类可以达到 0 错误率，但是一旦遇到新的数据，与训练数据略有不同，模型的分错率反而会上升。

比如给人做衣服，叫来 10 个人作为参考，做出一件 10 个人都能穿的衣服，然后叫来另外 5 个人和前面 10 个人身高体重差不多的，这件衣服也能穿。但是当你为 10 个人每人做一件正好合身的衣服，那么这 10 件衣服除了那个量身定做的人，别人都穿不了。因此，这种对数据的分割显然只对训练数据有用，对于新的数据则没有意义，这就是所说的**过拟合（Overfitting）**。

所以为了避免分割太细，C4.5 对 ID3 进行了改进。C4.5 中计算优化项的时候，要用信息增益的值除以将数据集分割太细的代价，这个比值叫作**信息增益率**，显然，分割太细分母会增加，信息增益率就会降低。除此之外，其他方面的原理和 ID3 相同。

还是以刚才的判断女神为例。数据集包含以下特征：长相、性格、家庭背景、学历和收入。现在使用 C4.5 算法来构建决策树。

首先，算法会计算每个特征的信息增益。假设长相的信息增益最高，但这并不意味着 C4.5 会直接选择长相作为划分特征，如果按照图 3-35 所示划分长相特征的话。

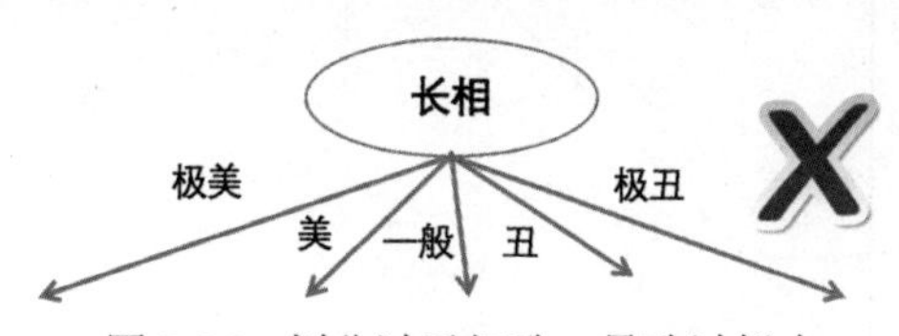

图 3-35　划分过于细致，导致过拟合

当将数据集基于长相这一特征进行细致划分，例如分为“极美”“美”“一般”“丑”“极丑”5 个等级，虽然这种划分可能使每个子集中的样本纯度很高，即它们都属于同一类别，但这种过度的细分也会导致一些问题。首先，这种过于细致的划分容易导致过拟合现象，即模型在训练集上表现出色，能够精确分类，但在面对实际分类任务时，却可能因为样本特征值的微小波动而分类错误，从而失去了模型的泛化能力。就像一位挑剔的男士择偶时，如果标准过于严苛，可能会白白丧失很多大好机会。

此外，由于分割过于细致，即使长相这一特征的信息增益很高，但由于算法中分割信息的代价也很大，例如计算复杂度大大增加，导致最终计算出的信息增益率可能并不高。因此，长相这一特征可能并不会被选为 C4.5 算法最优的划分特征，因为它带来的收益与引入的复杂性不成正比。这进一步说明了在特征选择和模型构建过程中，我们需要权衡特征的区分能力与过拟合风险，以获得更好的泛化性能和分类效果。

相反，另一个特征（比如性格）虽然信息增益没有长相那么高，但它能将数据集划分为几个相对较大的、均匀的子集（比如“温柔”“开朗”“内向”等），那么它的分割信息代价就会相对较小。这样，性格的信息增益率可能会超过长相，成为 C4.5 算法的首选划分特征。

3. CART（Classification And Regression Tree）算法

CART 算法与 C4.5 算法在特征选择上不同。C4.5 算法主要依赖信息增益率来评估特征，以确定其是否适合作为数据集的分割依据。而 CART 算法则采用了**基尼系数（Gini Index）**作为特征选择的标准，替代了信息增益率。

为了理解 CART 算法，首先需要探讨基尼系数的概念。基尼系数，这个词可能大家在一些新闻报道中经常听到，它最初是由意大利统计学家 Corrado Gini 提出的。在社会、经济和环境等多个领域中，基尼系数被广泛应用，主要用于衡量收入分配的不平等程度。它可以帮助我们了解社会财富或收入的分布情况，判断是否存在严重的贫富差距。

然而，需要注意的是，虽然社会经济学中的基尼系数和 CART 算法中的基尼系数在名称上相似，并且都涉及了对某种分布不均等程度的度量，但它们的具体计算公式和应用背景则有所不同。在 CART 算法中，基尼系数被用来衡量数据集的纯度或不确定性，帮助算法选择最佳的划分特征，以构建高效的决策树模型。

这里稍微发散一下，给大家先简单介绍一下社会经济学中基尼系数的含义，然后再详细讲解 CART 算法中基尼系数的含义和用法。先来看一个收入分配绝对平等的高度理想的社会状态，如图 3-36 所示。

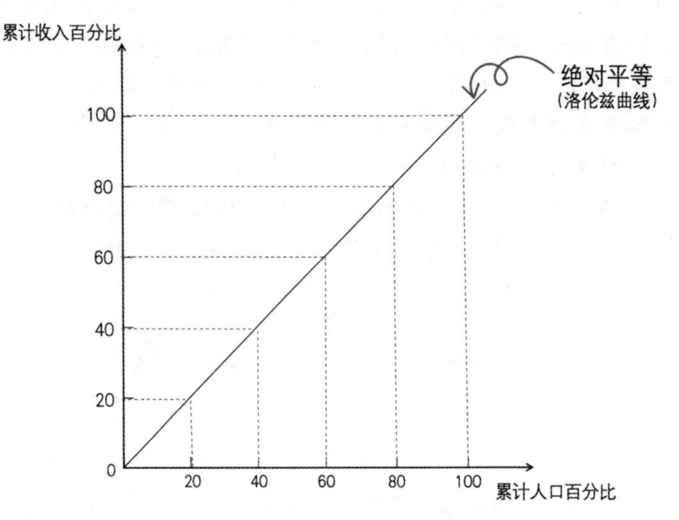

图 3-36　理想社会实现的绝对平等

图 3-36 中的实线称为洛伦兹曲线，横坐标表示累计人口百分比，纵坐标表示累计收入百分比。当累计人口百分比和累计收入百分比呈 1 ∶ 1 的线性关系时，洛伦兹曲线为一条直线，即表示前 20% 的人获得 20% 的收入，前 40% 的人获得前 40% 的收入……而这种“绝对平等”的状态在现实生活中是不可能存在的。

接着来看真实世界的情况，见图 3-37。

图 3-37 中弯曲的洛伦兹曲线表示 80% 的人获得 20% 的收入，而 20% 的人则获得 80% 的

收入，这显然是不平等的。

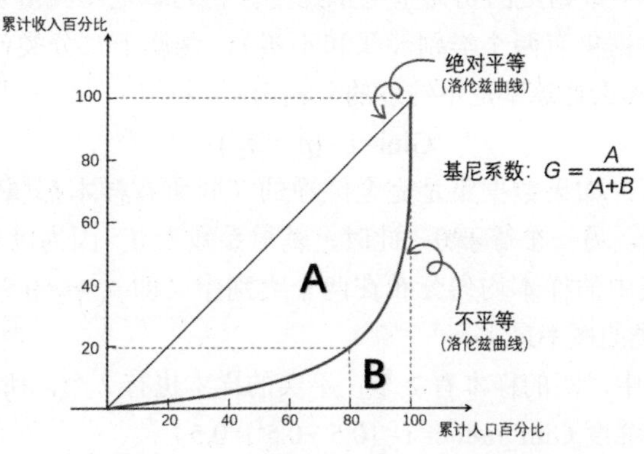

图 3-37　现实社会永远是不平等的

那么基尼系数和洛伦兹曲线是什么关系呢？如图，直观地说，基尼系数的计算公式为 $G=\dfrac{A}{A+B}$，其中 A 和 B 分别表示洛伦兹曲线两侧的面积。可以看出来，基尼系数其实就是用来量化洛伦兹曲线内凹程度的量。

简单地举个例子，如果洛伦兹曲线内凹程度很小，那么就是一条直线了，也就是“绝对平等”的状态，这时候面积 A=0，$A+B$ 是右下方整个三角形的面积，所以基尼系数计算结果为 0。如果洛伦兹曲线内凹程度很大，就是图中“不平等”的状态，此时 A 的面积大了很多，而 $A+B$ 还是右下方三角形的面积，因此计算出的基尼系数也很大。而且随着内凹程度的加大，最终可能基尼系数的值会变成 1，那就是“完全不平等”状态。因此，基尼系数是介于 0 ～ 1 之间的数，其中 0 表示完全相等的收入分配，而 1 表示完全不相等的收入分配。

介绍完社会经济学中的基尼系数，回到正题，看看它在决策树算法中的作用。其实此“基尼系数”非彼“基尼系数”，它们除了名称一样，实际上是两个不同的概念。简单地说，基尼系数在决策树中主要用于评估数据集的纯度或者不确定性。因此在 CART 算法里，我们叫它**基尼不纯度**（Gini Impurity）更为确切。

具体来说，在 CART 算法中，基尼不纯度表示一个随机选中的样本在子集中被分错的可能性。通过计算依据每个特征划分后的基尼不纯度，CART 算法可以选择出最优的划分特征，使得划分后数据集的基尼不纯度最小，也就是样本在子集中被分错的可能性最小，从而构建出高效的决策树模型。

以一个简单的例子来说明，假设我们有一个销售数据集，包含了一些人的年龄、性别和是否购买某种产品的信息，如表 3-2 所示。

表 3-2　根据销售数据构建决策树

样本	年龄(岁)	性别	是否购买
1	25	男	买
2	30	女	不买
3	35	男	不买
4	40	女	买

我们的目标是构建一个决策树，用于预测一个人是否会购买产品。

首先，需要计算整个数据集的初始基尼不纯度。初始基尼不纯度是整个数据集的纯度度量。在这个例子中，数据集有两个类别（买和不买），这属于二分类问题，假设买的概率为 p_1，不买的概率为 p_2，那么计算基尼不纯度的公式为

$$\text{Gini}=1-(p_1^2+p_2^2)$$

可以简单地算一下：如果数据集是完全纯净的（即所有样本都属于同一类别），那么 p_1 或 p_2 中的一个将等于 1，另一个等于 0，此时，基尼系数为 0，因为没有任何错误分类的可能性。反之，如果数据集中的样本均匀分布在两个类别中（即 $p_1=p_2=0.5$），基尼不纯度达到最大值 0.5，表示错误分类的概率最大。

在这个销售数据集中，买的样本有 2 个，不买的样本也有 2 个，所以 $p_1=p_2=0.5$。

因此，初始基尼不纯度 $\text{Gini\_initial}=1-(0.5^2+0.5^2)=0.5$。

接下来，计算按照年龄划分后的基尼不纯度。假设我们选择年龄 30 岁作为划分点，那么数据集被划分为两部分。

- 年龄小于 30 岁的：样本 1（买）。
- 年龄大于或等于 30 岁的：样本 2（不买）、样本 3（不买）、样本 4（买）。

对于年龄小于 30 岁的组，只有一个样本，所以它的基尼不纯度为 0（完全纯净）。对于年龄大于或等于 30 岁的组，包含一个买和两个不买，其基尼不纯度计算如下：

$\text{Gini\_age\_geq\_30}=1-(0.33^2+0.67^2)=0.442\ 2$。

现在需要计算加权基尼不纯度，也就是说，需要考虑到每个子组的大小。在这个例子中，年龄小于 30 岁的组有 1 个样本，年龄大于或等于 30 岁的组有 3 个样本，所以加权基尼不纯度为：

$\text{Gini\_age}=\frac{1}{4}\times 0+\frac{3}{4}\times 0.442\ 2=0.332$。

类似地，我们可以计算按照性别划分后的基尼不纯度。在这个例子中，由于男性和女性样本各有两个，并且各自的购买决策也是平衡的，所以按性别划分的基尼不纯度是 0.5。

最后，CART 算法会选择基尼不纯度最小的划分方式作为最优划分。在这个例子中，按照年龄划分可以得到一个更低的基尼不纯度（0.332 vs 0.5），因此 CART 算法会选择按照年龄进行划分。

3.5.3 解决过拟合问题——剪枝

在实际工作中，采集训练数据有时间和空间的限制，例如很可能集中在一个学校，或者几天之内完成数据的采集，因此数据集中经常会出现某一类样本数量占多数而其他种类的样本很少，甚至根本采集不到的情况。这种数据不平衡问题会导致样本中噪声过多，在训练的时候很容易对模型准确性产生负面影响。当噪声数据干扰过大时，模型可能会过分记住这些噪声特征，反而忽略了真实的输入输出间的关系，导致过拟合。

具体表现是，模型在训练数据上表现得非常好，几乎可以完美地拟合训练数据中的每一个细节，包括那些可能只是偶然出现的噪声。然而，这样的模型在面对新的、未见过的数据时，效果往往会大打折扣，因为它过于复杂，以至于无法泛化到新的情况。

举个例子，前面的决策树中，如果在训练数据里，有多位面容姣好的女性被标记为“女神”，而她们正好都身着连衣裙。这样，模型就过度拟合了训练数据中“连衣裙”的这个特定细节，最后的结果就是，哪怕是一名男性，就因为穿了连衣裙，也成了女神！如图 3-38 所示。

你肯定要连声大呼，这不科学！我心中的女神怎么是这样？这个世界还有审美标准吗？

穿个连衣裙就是女神了，你考虑过连衣裙的感受吗？

莫急，如果在实际的机器学习中，觉得“爱穿连衣裙”这个特征真的不重要，甚至导致决策树变得预测不准确了，机器也可以把这个分支剪去，这个过程叫**“剪枝”**。剪枝可以分为“预剪枝”和“后剪枝”两种方法。

1. 预剪枝 (Prepruning)

预剪枝是在决策树构建过程中进行的一种优化策略。在每次划分节点之前，预剪枝会评估这次划分是否能够提升模型的性能。如果划分不能带来明显的性能提升，或者可能导致过拟合，那么预剪枝就会停止这次划分，并将当前节点标记为叶节点。

图 3-38　穿连衣裙的不一定都是女神，也可能是清洁工

简单地说，在上面的例子中，如果采用预剪枝策略，那么在考虑将“是否爱穿连衣裙”作为划分依据时，如果模型评估发现并不能显著地提高预测性能，或者可能导致过拟合，那么预剪枝就会阻止这次划分，从而避免决策树过于复杂。

具体地说，预剪枝的主要方法包括以下几种。

预设最大高度：事先预设一个决策树的最大高度，当决策树达到预设的高度时就停止生长，强行限制决策树的复杂度，这个方法简单、直接、粗暴，但是可以有效降低复杂度。

无法再细分时，停止生长：当达到某个节点的实例具有相同的特征向量时，即使这些实例不属于同一类，也可以停止决策树的生长。

例如，在构建一个决策树模型来预测考生能否考上某导师的研究生时，可能会遇到一个特殊的节点。这个节点下的所有申请者，从训练数据上看，具有完全相同的特征向量。这些特征可能包括他们的本科专业、考试成绩、科研经历等，都是类似的。然而，尽管这些申请者在这些特征上高度一致，他们的录取结果却并不相同。有的申请者被录取了，而有的申请者却被拒绝了。

在这种情况下，由于申请者的特征向量已经相同，但结果存在冲突，继续在这个节点上进行划分将不会带来预测性能上的提升。因为无论如何基于现有的特征进行划分，都无法准确地预测出每位申请者能否被录取。

因此，根据预剪枝的策略，可以选择在这个节点停止决策树的生长，阻止进一步划分。这样做的好处是，可以避免决策树过于复杂，减少过拟合的风险，并保持模型的简洁性。

然而，这并不意味着无法对考生是否录取进行分类预测。相反，当遇到这样的情况时，可能需要从其他方面考虑如何进行分类预测。例如，可以引入一些新的特征，如健康状况、政治面貌等，这些特征可能在之前的划分中没有被考虑到，但它们可能对录取结果有影响。通过引入这些新特征，或许能够找到更好的划分方式，提高模型的预测性能。

实例数过小时，停止生长：定义一个阈值，当达到某个节点的实例个数小于阈值时，就停止决策树的生长。

假设正在构建决策树来预测一个人是否喜欢吃榴莲。在构建过程中设定一个阈值，比如 4。当遇到一个节点（例如性别），其中包含的实例个数少于这个阈值，比如男性只有 3 个实例，2 个爱吃榴莲，1 个不爱吃。此时就不需要再在这个节点上继续根据其他特征（如年龄、性别、地域等）进行划分。这是因为实例数量太少，不具备一般性，也就是说，这几个人的特征很可能包含噪声或异常，继续划分可能导致过拟合。

那么怎么处理呢？可以用少数服从多数的原则来设定这个节点的预测结果，或者干脆将其标记为不确定状态。

增益值过小时，停止生长：通过计算每次扩张对系统性能的增益，并比较增益值与阈值的大小，决定是否停止决策树的生长。

假设构建决策树预测房价，每次增加节点和分支（即扩张）时，会计算扩张对预测准确性的提升，即增益。我们设定一个增益阈值，比如0.01。如果扩张后的增益低于这个值，意味着扩张对性能提升很小，就停止生长。例如，在某节点上，我们考虑是否按“房屋面积”划分。如果划分前准确率是80%，划分后提升到80.5%，增益是0.005。因为这低于阈值0.01，所以停止划分，也就是停止决策树的生长。

2. 后剪枝 (Postpruning)

后剪枝则是在决策树构建完成后进行的一种优化策略。它从决策树的底部开始，逐个检查每个非叶节点，并评估如果将该节点及其子树替换为叶节点，是否能够提升模型的性能。如果替换后性能没有显著下降，甚至有所提升，那么后剪枝就会进行这次替换。

例如，在前面选女神的例子中，如果已经构建了一个包含“是否爱穿连衣裙”这一特征的决策树，但在后剪枝的过程中发现，去掉这个特征及其相关的子树后，模型的性能并没有明显下降，那么后剪枝就会执行这个操作，简化决策树的结构，提高其在新数据上的预测能力。

常见的后剪枝算法包括错误率降低剪枝（REP）、悲观错误剪枝（PEP）、基于错误剪枝（EBP）、代价复杂度剪枝（CCP）以及最小错误剪枝（MEP）等。

以最基础的**错误率降低剪枝（Reduce-Error Pruning，REP）**为例，它遍历决策树中的每一个非叶子节点子树。对于每个子树，算法会尝试将其替换为一个新的叶子节点，该叶子节点的类别通过少数服从多数原则确定。这样，就生成了一个相对简化的决策树版本。随后，算法比较简化前后的决策树在验证集上的性能。如果简化后的决策树在验证集上的正确率更高，则保留该简化，否则恢复原始子树。这个过程从树的底部开始，向上依次进行，直到没有任何进一步的剪枝能改善验证集上的表现为止。图3-39演示了剪枝前后的决策树形状。

以“选女神”决策树为例，如果我们将“爱穿连衣裙”这个节点替换为“No!”节点，并发现替换后的决策树在验证数据集上的表现优于替换前，那么就保留这个替换。否则，将恢复原始节点。

其他后剪枝方法的基本思路与REP类似，都是先尝试替换，然后根据验证集的表现来决定是否保留替换。

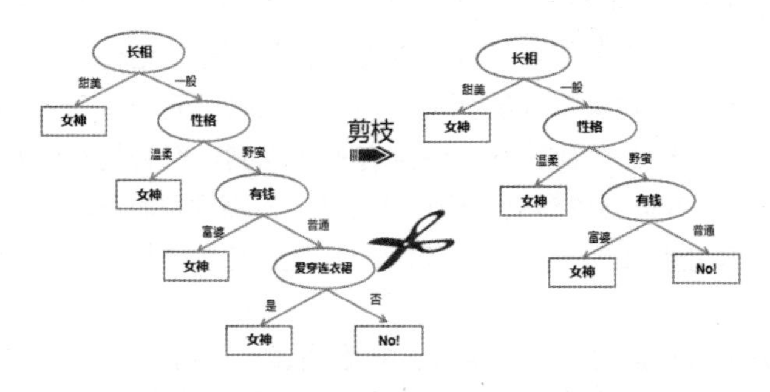

图3-39 对比剪枝前后的决策树表现，哪个正确率高就保留哪个

然而，**代价复杂度剪枝（Cost Complexity Pruning，CCP）**则有所不同。CCP定义了一个损失函数，该函数综合考虑了剪枝的代价（即剪去某个节点导致的预测准确性下降）和决策树的复杂度（由叶子节点的数量表示）。损失函数的公式为$L=\text{Cost(Tree)}+\alpha T$，其中Cost(Tree)表示代价，$T$是叶子节点的数量，$\alpha$是一个需要调整的系数。通过调整$\alpha$的值并计

算不同剪枝方案下的损失函数值，看剪掉哪个节点能让 L 最小，就剪掉哪个。

3.5.4 随机森林——借助现场观众的智慧

我们已经对决策树有了基本的了解。但当面对复杂系统时，通常会遇到大量的特征种类，这些特征在分类工作中都是必不可少的。然而，如果将这些特征全部纳入一棵决策树中进行判断，很可能出现“过拟合”的问题。过拟合意味着模型过于复杂，对训练数据过于敏感，从而导致在未知数据上的表现不佳。

剪枝操作虽然可以舍弃部分特征信息，从而在一定程度上缓解过拟合问题，但舍弃的特征信息可能会对模型训练的效果产生影响，并不能完全解决在面对大量特征时的困境。因此，需要寻找一种既能充分利用大量特征又能避免过拟合问题的方法。

为了解决这个问题，可以采用随机森林的方法。随机森林的核心思想是将特征分成多个组，每个组构建一棵决策树，进而形成一个包含多棵树的“森林”。每棵树都在不同的数据子集和特征子集上进行训练，最终的决策由多棵决策树共同作出。这样做既减少了每棵树需要考虑的特征数量，又保证了整个模型能全面考虑所有的特征信息，其预测结果更加稳健，有效地降低了过拟合的风险，并提高了模型的泛化能力。

以熟悉的问答选秀类节目为例，当选手面临难题犹豫不决时，主持人常常会询问他们是否希望求助现场观众。有趣的是，尽管每位观众可能只在自己擅长的领域对节目内容有较为深入的了解，但把他们的答案汇聚起来，通过少数服从多数的原则进行决策时，我们往往发现这些答案大部分是正确的。

这种现象与随机森林的原理颇为相似。在随机森林中，每棵决策树都像是节目中的一位观众，它们基于自身的“知识和经验”（即训练数据和特征）对问题进行判断。由于每棵树都是独立训练的，它们可能会从不同的角度或侧面看待问题，给出各自的答案。然而，当将这些树的答案整合在一起时，就像是观众们的答案汇聚一样，正确率往往会得到显著提高。

随机森林可以说是决策树的增强版，它的算法比较通俗易懂，不仅在疾病预测、金融风控等领域应用广泛，在国内外越来越多的大数据竞赛中，比如阿里巴巴天池大数据竞赛，也经常出现。

下面就用一个例子简单说明一下随机森林的运行过程。假设面临一个垃圾分类的问题，目的是根据垃圾的一些特征（如颜色、形状、重量、硬度、大小、气味等）来判断它属于哪一类垃圾（如可回收物、厨余垃圾等），如图 3-40 所示。

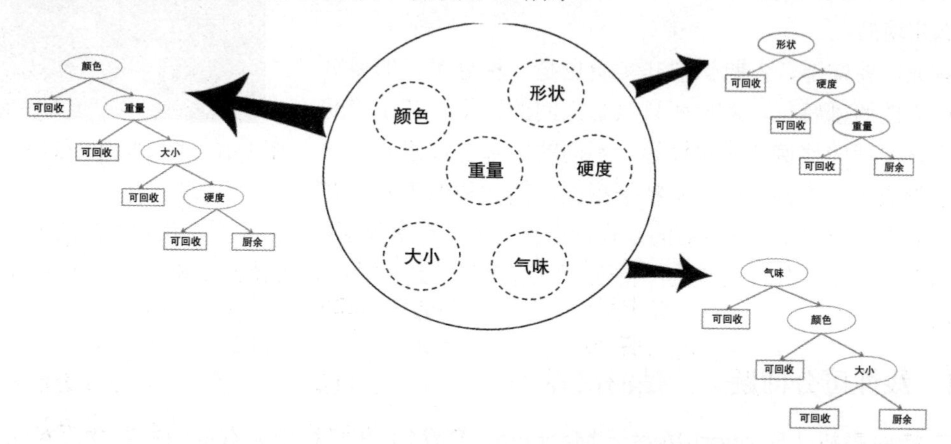

图 3-40　从样本中随机抽取一部分，构建 n 棵决策树

首先，从垃圾样本集中随机抽取一部分，并随机选择一部分特征，来构建第一棵决策树。例如，可能选择了颜色、重量、大小、硬度这几个特征，并根据这几个特征将样本划分为不同的类别。这样，就得到了第一棵决策树的分类结果。

接下来，重复上述过程，构建第二棵决策树。这次可能选择了形状、硬度、重量这 3 个特征进行划分。注意，每次选取特征的时候，不用考虑该特征是否被之前的决策树选取过，也就是说，随机森林的特征抽样方法是一种有放回的抽样，这叫作**重采样**，也叫作 **Bootstraping 法**。同样地，根据这 3 个特征将样本划分为不同的类别，得到第二棵决策树的分类结果。

不断重复这个过程，构建出多棵决策树，直到达到设定的数量。这些决策树就构成了随机森林。

当有一个新的垃圾样本需要分类时，将其输入到随机森林中的每一棵决策树中，得到每棵树的分类结果。然后，采用投票的方式，将多棵树的分类结果进行汇总，选择出现次数最多的类别作为最终的分类结果。

由于每棵决策树都是在随机选择的样本和特征上构建的，因此它们之间具有一定的差异性。这种差异性使得随机森林能够从不同的角度看待问题，提高了模型的泛化能力。同时，通过集成多棵决策树的预测结果，随机森林能够减少单一模型可能存在的偏差，从而提高了整体的预测性能。

在这个例子中，假设有 3 棵决策树，其中两棵树将新样本判断为可回收物，一棵树判断为厨余垃圾。那么，根据投票原则，我们最终会将这个样本分类为可回收物。这个叫作 **Bagging 策略**，也被称作多数投票机制，其实说白了就是少数服从多数。

3.6 支持向量机——人脸识别的利器

先来看一个人脸识别的装置，大家可能都用过刷脸屏，类似图 3-41，实现了用“面子”来买单的美好心愿。

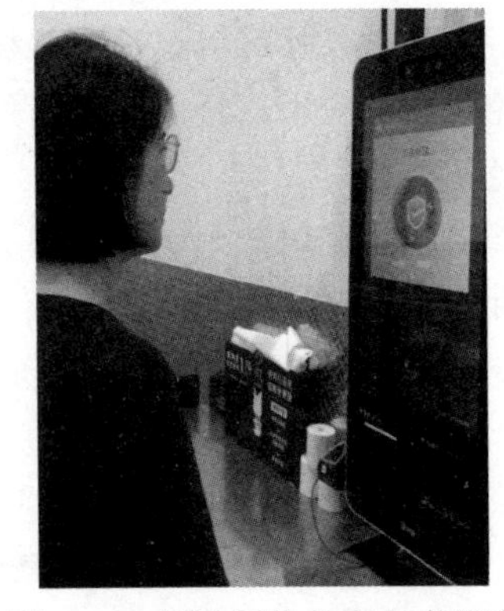

图 3-41　刷脸屏给大家带来便利

人脸识别不仅能买单，还能抓通缉犯，在“歌神”张学友的演唱会上警方已经抓获了 7 名逃犯，从此“歌神”化身为“捕神”。还有，机场 check-in、公司考勤机等很多方面都已经在使用人脸识别技术了。下面来看一下人脸识别的功能是怎么实现的。

首先，要知道，人脸识别其实质也是一种分类，即要分析不同人的脸部特征，例如两只眼睛之间的距离、鼻子形状和大小、面部的比例和对称性等。不同的脸部特征组合在一起，就形成了一个独特的人脸特征模型，其实类似于我们在日常生活中区分朋友、家人等的方式，也都是通过观察脸部特征来识别、认知不同的人。

那么机器怎么分析这些脸部特征呢？这就要用到一种叫作支持向量机（SVM）的机器学习算法。

3.6.1　线性可分问题——楚河汉界

支持向量机（Support Vector Machine，SVM）是一种十分有效的机器学习算法，其历史可以追溯到 20 世纪 60 年代，但真正引起广泛关注和应用则是在 20 世纪 90 年代之后。

其中的一个重要原因是，SVM 算法在理论上相对复杂，对计算资源的需求较高，因此在早期计算能力有限的情况下，其应用受到了限制。然而，随着 20 世纪 90 年代计算硬件的飞速进步，SVM 算法终于得以在相对顺畅的计算环境中运行，从而逐渐展现出了其强大的分类能力。

SVM 作为一种高效的分类器，其核心思想在于通过寻找一个最优的决策边界，将具有不同特征的数据点有效地区分开来。这个决策边界，通常表现为一条直线（在二维空间中）或一个超平面（在高维空间中），其位置是根据训练数据中的支持向量来确定的。这些支持向量是那些距离决策边界最近的样本点，它们对于确定边界的位置起着至关重要的作用。通过这种方式，SVM 能够在保证分类准确性的同时，尽可能地简化模型，提高泛化能力。

为了让大家更容易理解支持向量机，我们可以用一个古代战争的事例来比喻。想象一下秦末时期，刘邦和项羽争战不休，战局胶着、不分胜负。为了寻求停战，双方约定以战场中的一条河作为分界线，这就是著名的“鸿沟”，也就是象棋棋盘上的“楚河汉界”，见图 3-42。

图 3-42　鸿沟分开了楚军和汉军

假如想要双方永远不发生战争，这条河越宽阔越好，以便完全隔开两军，实现永久的和平。

类似地，在坐标系中，数据点可以看作两支不同的“军队”。支持向量机的任务就是在它们之间找到一条最优的分割线，就像一条宽阔的河流，将不同类别的数据分隔开来，见图 3-43。

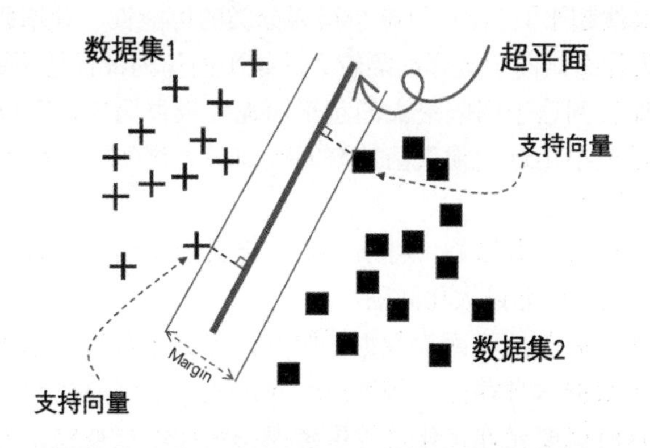

图 3-43　超平面就是能分开两类数据的分割线

这条最佳的分割线被称为支持向量机的“超平面”，也可以叫作“决策边界”。被超平面分开且距离超平面最近的的数据点被称为“支持向量”，它们就像两方最靠近河岸边的战士们，支持和保卫着这个分割超平面。

那么，如果同时有多个超平面都能将两个数据集分隔开，那么该如何选择最优的呢？答案是能够最大化训练集数据间隔（Margin）的那个超平面。这么说有点抽象，我们还是看图 3-44。

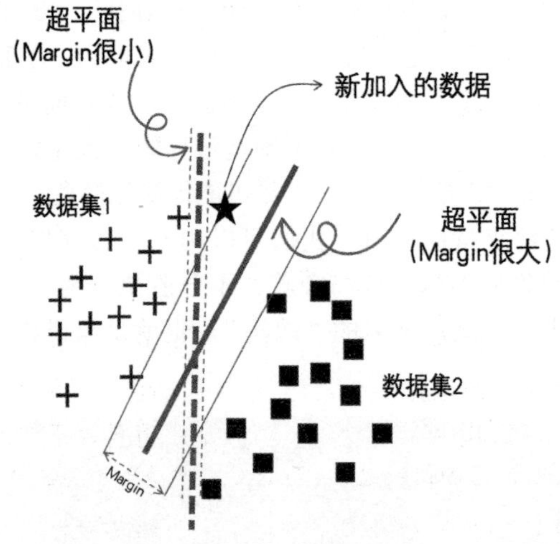

图 3-44　寻找最优的超平面

如图 3-44 所示，图中展示了两个可能的超平面，分别是虚线所示的超平面和实线所示的超平面。我们可以观察到，虚线超平面的间隔（Margin）相对较小，而实线超平面的间隔则相对较大。当面对一个新的数据点，即图中用五角星标注的点时，如果采用虚线超平面进行分类，该点会被错误地划分到第二个数据集中。相反，如果使用实线超平面进行分类，该点会被正确地划分到第一个数据集中。

其实一看就知道，即使在没有这两个超平面的情况下，仅凭人为判断，我们也会倾向于将新的点归类到第一个数据集，这与实线超平面的分类结果是一致的。这表明，当超平面的间隔较小时，其对新数据点的分类能力较弱，容易出现错误分类的情况。相反，间隔较大的超平面具有更强的分类能力，即使新数据点存在一定的噪声或偏离，也能保持较高的分类准确性。

因此，可以得出结论：在 SVM 中，最大化间隔是提高分类性能的关键。通过选择具有最大间隔的超平面（即实线超平面），可以减少错误分类的可能性，并增强模型对于新数据点的分类能力。这也正是为什么倾向于选择间隔较大的超平面作为最优超平面的原因。

那么，怎么样才能找到这个间隔最大的超平面呢？也很简单，可以将间隔的倒数视为损失函数的一部分，通过最小化这个损失函数来间接地最大化间隔，使得超平面到最近的支持向量的距离（即间隔）最大化。

实际求解过程中，一般的做法是，将损失函数定义为间隔的倒数的平方的两倍，通过求解这个损失函数的最小值，就能最大化间隔。

如果找到的超平面能完美地将两类数据分隔开，那么这种理想情况叫作**“硬间隔”**。但是在实际分类时，由于数据本身存在一些噪声或异常值，不可能找到一个完美的超平面将两类数据完全分隔开，这时就要允许优化过程中考虑一些样本点被错误分类的情况，这种情况叫作**“软间隔”**。遇到软间隔，需要通过在损失函数中添加一个正则化项来平衡最大化间隔和最小化错误分类的数量，如图 3-45 所示。

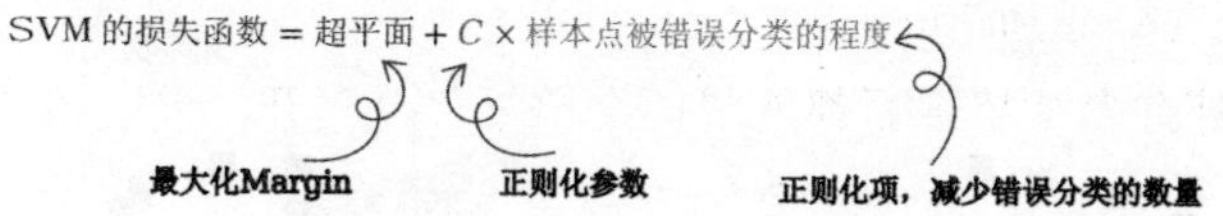

SVM 的损失函数 = 超平面 + $C \times$ 样本点被错误分类的程度

最大化Margin　　正则化参数　　正则化项，减少错误分类的数量

图 3-45　SVM 的损失函数

具体来说，就是在损失函数中加上一个与错误分类数量相关的项。这个项通常与每个样本点的错误分类程度（即它距离正确分类边界有多远）成正比。如图 3-45 所示，当模型尝试增大间隔时，如果导致了一些样本点被错误分类，那么损失函数中的正则化项就会增加，从而会对模型进行惩罚。因此，模型在优化过程中会尝试找到一个平衡点，既能够保持较大的间隔，又能够尽量减少错误分类的数量。

3.6.2　线性不可分问题——靠穿越能解决的都不叫事儿

如果数据都比较配合，让你画一条直线就分成两类了，谁也不越界，那么这个世界就简单了。以鸿沟为界，项羽和刘邦也打不起来，中国历史就要改写了。可是这个世界本就是复杂多变的，经常是你中有我，我中有你，今天哥俩好，明天往死咬。那么，像这种数据混在一起，无法分界，怎么办呢？我们将其称为 **“线性不可分”** 的情况。

首先，要搞明白为什么需要把数据线性分开呢？因为线性分开简单，性质很容易研究透彻；线性分开只需要一条直线或一个平面，是曲线中最简单的形式。而非线性分开的形式则非常多。仅就二维空间而言，就存在曲线、折线、双曲线、圆锥曲线、波浪线，以及毫无规律的各种其他曲线，没法进行统一处理。

还有，线性分开推广能力强，模型通用性好。而非线性分类很多时候都是针对具体问题来研究具体曲线模型，无法很好地推广，给灯泡厂训练的模型，到了灯管厂就不好使了。所以要千方百计地把问题变成线性分开问题，也就是为了能最大化地扩大算法的使用范围。

好吧，目标既然确定了，就要想方设法地去实现。

一个简单的思路是：既然项羽和刘邦隔着一条鸿沟，还要跨过边界打，那就让他们其中一方穿越个两千年，彼此永远也见不到面，不就打不起来了？就像图 3-46 所示的那样。

图 3-46　项羽被安排来到 21 世纪，过着平静的生活

要说穿越的话，需要增加一个时间的维度。在时间维度上自由穿梭，在现实世界中很难做到，但是在数学的世界里，这根本不叫事儿，那是基本操作，叫作“升维”。

怎么做到升维呢？SVM 采用了一个核函数 K，可以将低维非线性数据映射到高维空间中。原始空间中的非线性数据经过核函数映射转换后，在高维空间中变成线性可分的数据，从而可以构造出最优分类超平面。图 3-47 所示就是一个升维的例子。

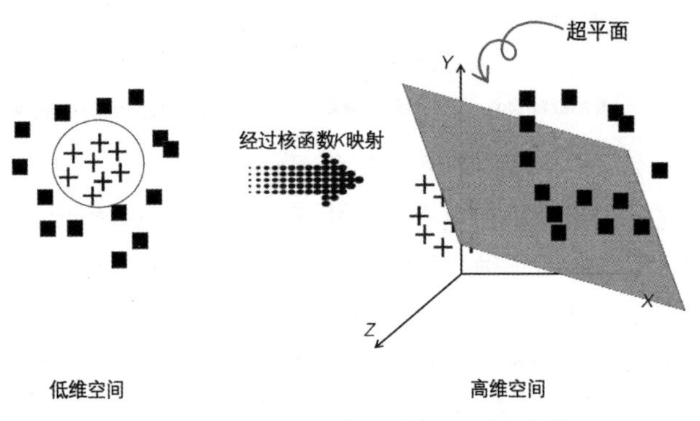

图 3-47　升维后空间的点被超平面完美分隔

如图 3-47 所示，原始样本数据在二维空间里无法用一条直线进行线性分割，经过一次映射到三维空间中则可构造出分类超平面进行完美的分隔。这个映射就是增加一个函数，对原来的数据进行一次变换，这个实现维度提升的关键函数，就叫作“核函数”。因此可以说，核函数本质上是一类数学函数，它可以将低维度的混在一起的数据映射到高维空间中，使得在高维空间里这些数据变得容易被分开。

这么解释还是太晦涩，直接说吧，不装了！核函数给出了任意两个样本之间关系的度量，通常这种关系被理解为相似度。每一个能被叫作核函数的函数，里面都藏着一个对应拉伸的函数，它把数据上下左右前后拉扯揉捏，改变数据集的形状和结构，使分类问题变得更容易解决，直到你一刀下去正好把所有的 0 分到一边，所有的 1 分到另一边。

数据在被核函数拉伸之前，怎么看都没法分开，但是其实数据里面蕴藏着一些重要的特征信息，这些信息在原始状态下并不明显，但是当数据被核函数处理（升高维度）之后，这些隐藏的特征信息就显现出来了。

因此，核函数的作用就在于通过升高数据的维度，揭示出其中隐藏的特征信息，使得原本难以区分的数据变得可分。这一过程就像是三棱镜将白光分解成七色光，能将数据的内在结构清晰地呈现出来，使得两个样本之间的相似度不再是混沌一片，而是可以被精确地计算和区分。

那么有哪些核函数可供挑选呢？图 3-48 展示了部分常用的核函数。

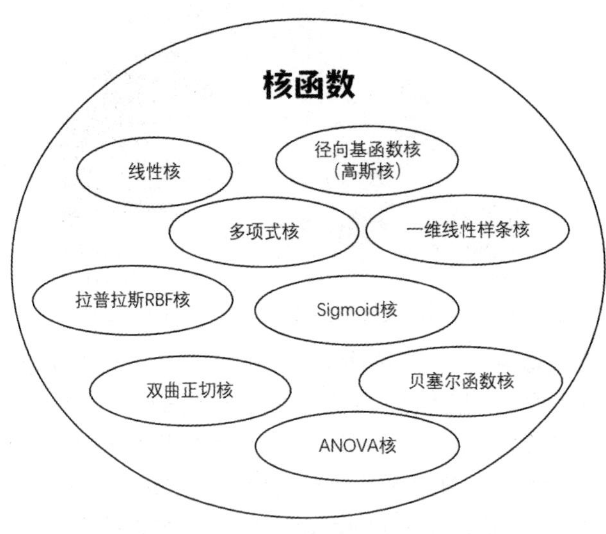

图 3-48　核函数大家庭

这里不同的核函数对应着不同的映射方式，也就是不同的“拉扯揉捏”方式。虽然核函数很多，但是其实主要关注两个最常见的即可，一个是多项式核，另一个是径向基函数核。

多项式核 (Polynomial kernel)：多项式核类似初中的多项式计算，它是通过把样本原始特征进行多项式组合，力图在这个过程中找到各个样本之间区别和联系，将样本分类。

首先，明确二阶多项式核的一般形式。在更常见的数学表示中，二阶多项式核可以写成如图 3-49 所示的形式。

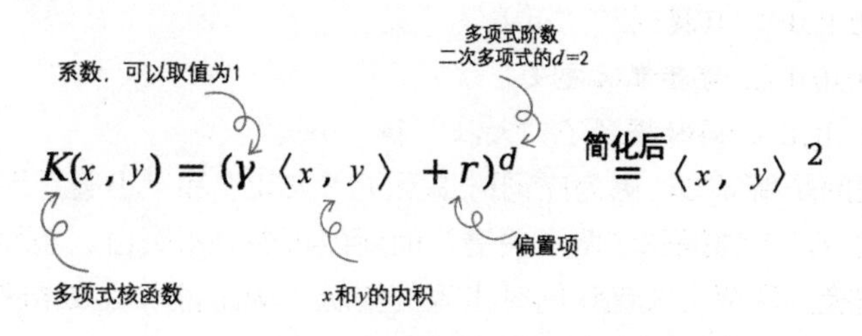

图 3-49　二阶多项式核函数及其简化后的形式

其中，γ 是系数，可以影响数据分散的程度和模型的复杂度；$<x, y>$ 是 x 和 y 的内积，也叫点积，就是对应分量相乘后再相加的数值；r 是常数项（通常用来控制偏置）；d 是多项式的阶数，二次多项式的 d=2。为了简化，可以假设 γ=1 且 r=0，那么二阶多项式核就简化为 x 和 y 内积的平方。

现在，来看这个核函数是如何工作的以及它是如何升维的。

下面通过一个实例来解释一个现象：假设有一家经纪人公司，旗下拥有一批娱乐界的明星。为了维持这些明星的曝光度，公司经常需要策划新闻事件，让它们登上热搜榜单。

为了达到这个目标，需要着手分析过去众多的娱乐新闻，试图找出哪些类型的新闻更容易吸引公众的眼球。在深入分析的过程中，发现某些特定的人物或关键词与新闻的热度有着密切的关联。

特别地，以关注到的两个关键词“大壮”和“小美”为例。初步的分析结果显示，单独提及“大壮”或“小美”的新闻，其关注度并不显著。然而，一个有趣的现象引起了我们的注意：当新闻中同时出现“大壮”和“小美”时，这条新闻的热度往往会有显著提升。这表明，这两个关键词之间存在着一种特殊的交互效应，使得同时包含它们的新闻更具吸引力。

为了捕捉这种交互效应，并更精确地预测哪些新闻有可能成为热搜，可以采用二阶多项式核来进行特征映射。这种方法能够将原始的特征空间转化到一个更高维的空间，从而更好地体现特征之间的交互关系。

具体来说，首先将原始的特征空间定义为一个二维空间，其中每个新闻样本都可以用一个二维向量来表示。在这个空间中，第一个维度代表新闻中是否提及了“大壮”，第二个维度代表新闻中是否提及了“小美”。

- 新闻 A：只提及“大壮”的新闻表示为向量 (1, 0)。
- 新闻 B：只提及“小美”的新闻表示为向量 (0, 1)。
- 新闻 C：没有提及“大壮”和“小美”的新闻表示为向量 (0, 0)。
- 新闻 D：同时提及“大壮”和“小美”的新闻表示为向量 (1, 1)。

接下来，使用二阶多项式核将这个二维空间映射到一个三维空间。二阶多项式核涉及了向量的内积，内积是衡量两个向量相似度的一种方式，计算方法是将两个向量对应位置上的元素相乘，然后将所有乘积相加。如果两个向量的内积结果较大，说明它们在方向上较为接近；反之，如果内积结果较小或接近零，则表明它们在方向上差异较大。

映射后的新特征空间包括 3 个维度：x 的平方（代表“大壮”出现次数的平方）、y 的平方（代表“小美”出现次数的平方）以及 x 与 y 的乘积（代表“大壮”和“小美”同时出现的次数）。

现在，我们来看这 4 条新闻样本在映射后的特征空间中的表示：

- 新闻 A：(1, 0, 0)，只提到了“大壮”。
- 新闻 B：(0, 1, 0)，只提到了“小美”。
- 新闻 C：(0, 0, 0)，两者都未提及。
- 新闻 D：(1, 1, 1)，同时提到了“大壮”和“小美”。

特别值得关注的是新闻 D，因为它同时提及了“大壮”和“小美”这两个关键词。在原始的二维数据空间中，单独提及这两个关键词的新闻可能并不突出。然而，通过多项式核函数，能够有效地捕捉到这两个关键词同时出现的情况。从而将原始数据映射到高维空间，并在这个高维空间中评估了两个关键词的相似程度。

具体来说，当多项式核函数计算结果表明“大壮”和“小美”在高维空间中具有高度的相似度时，这意味着同时包含这两个关键词的新闻在判断上热搜的模型中具有更高的权重，因此模型就可以用这种方法更准确地识别出那些具有潜在热搜潜质的新闻。

这一节的内容涉及升级到多维空间，有些抽象，看到这里您可能有个疑问：“大壮”和“小美”同时出现的时候，新闻特征向量就是（1，1），这不一眼就看出来了吗？还用得着升维之后才能看出来吗？

是的，这个说法没错，在二维空间中，当新闻向量为 (1, 1) 时，确实可以直接观察到“大壮”和“小美”同时出现在新闻中。然而，引入核函数和升维的概念，并不是为了在这种简单情况下识别特征的同时出现，而是为了在更复杂的场景中捕捉特征之间的非线性关系和交互效应。在实际应用中，新闻数据通常包含大量的特征（如地点、时间、人物等），而这些特征之间的关系可能非常复杂，并非都是一眼就能看出来的，这时候，使用升维和核函数就可以在高维空间中更好地表示和度量这些复杂关系。

径向基函数核 (Radial basis function kernel，RBF)：径向基函数是一种取值仅仅依赖于和原点的距离（或者到任意一点 c 的距离）的实值函数。具体来说，对于任意的输入向量 x，其对应的径向基函数值 $\Phi(x)$ 仅取决于 x 的模（即 x 与原点的距离 $\|x\|$）或者 x 与某个中心点 c 的距离 $\|x-c\|$。这种特性使得径向基函数具有对输入空间的某种径向对称性。

径向基函数有很多种，其中有一种**高斯核 (Gaussian kernel)** 最为常用，接下来简单介绍一下高斯核。

高斯核函数的原理是将数据映射到高维空间，使得原本在原始空间中线性不可分的数据在高维空间中变得线性可分。这样，就可以通过简单的线性划分来解决复杂的非线性分类问题。

假设有一个二维数据集，其中方块和十字两种数据在原始空间中并不是线性可分的。也就是说，我们无法找到一个直线（在二维空间中）将正例和反例完全分开。

这时，可以使用高斯核函数将数据映射到高维空间。高斯核函数的形式如图 3-50 所示。

其中，x 和 x' 是输入向量，$\|x-x'\|^2$ 是它们之间的欧氏距离的平方，γ 是核函数的参数，用于控制映射的尺度，γ 越小，高斯核函数对距离的变化越敏感，即映射前一点微小的区别，映射后都会被放大，反之亦然。图 3-51 所示是一个高斯核函数升维的示例。

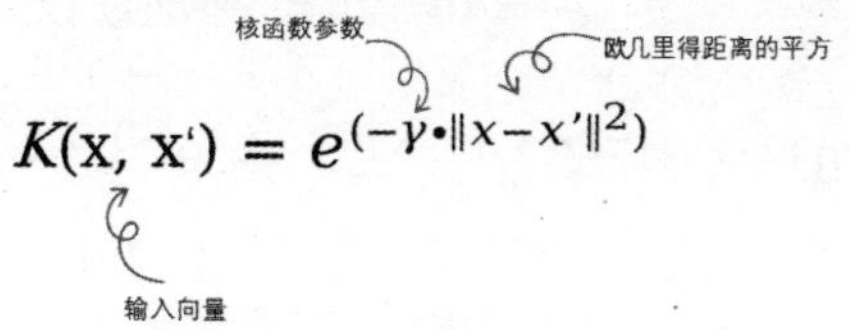

核函数参数　　欧几里得距离的平方

$$K(\mathrm{x}, \mathrm{x}') = e^{(-\gamma \cdot \|x-x'\|^2)}$$

输入向量

图 3-50　高斯核函数

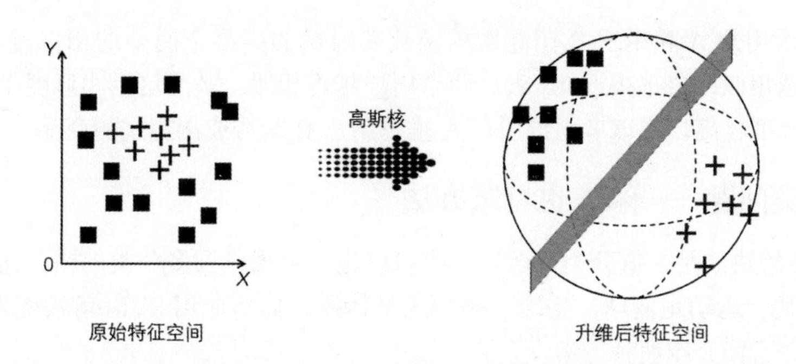

图 3-51　经过高斯核函数升维后，原本线性不可分的数据可以用超平面轻易分开

当对原始数据集中的每个点应用高斯核函数时，每个点都会被映射到一个新的高维空间中。在这个高维空间中，原本线性不可分的数据可能变得线性可分。

接下来，可以在这个高维空间中使用线性分类器（如支持向量机）来划分数据。由于数据在高维空间中已经变得线性可分，因此线性分类器可以很容易地找到一个超平面将方块和十字分开。

最后，当有新的数据点需要分类时，可以先将它映射到同样的高维空间，然后利用已经训练好的线性分类器进行分类。

在电商推荐系统中，可以使用高斯核函数来度量用户之间的相似性，从而为用户推荐相似的商品。假设有两个用户 A 和用户 B，他们的特征向量分别表示为

用户 A 的特征向量为 x_A=(1.0, 2.0, 3.0)。

用户 B 的特征向量为 x_B=(2.0, 3.0, 4.0)。

下面计算这两个用户之间的相似度。首先，计算欧氏距离，根据欧几里得距离公式，欧氏距离等于两个向量对应分量相减的平方和，再开平方，所以简单的计算过程如图 3-52 所示。

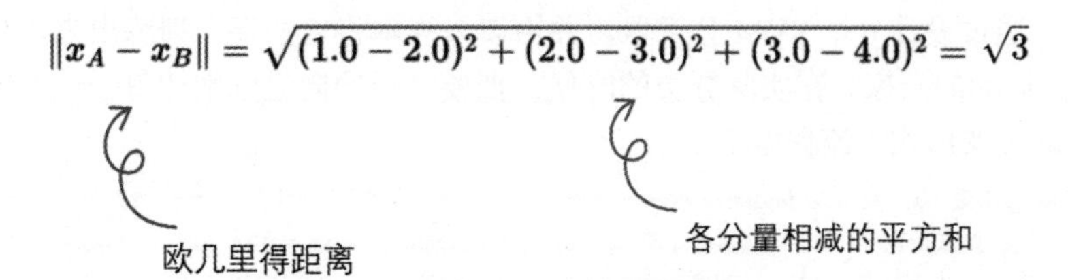

图 3-52　计算欧几里得距离

现在，将欧几里得距离的平方代入高斯核函数公式中计算相似度。高斯核函数的计算过程如图 3-53 所示。

假设取 $\gamma = 0.1$，则计算出来的相似度为 0.740 8。

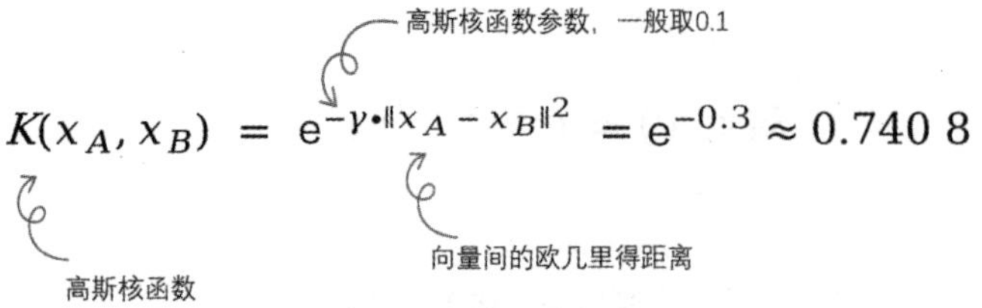

高斯核函数参数，一般取0.1

$$K(x_A, x_B) = e^{-\gamma \cdot \|x_A - x_B\|^2} = e^{-0.3} \approx 0.740\,8$$

高斯核函数

向量间的欧几里得距离

图 3-53　计算高斯核函数

这个值表示用户 A 和用户 B 在高斯核函数映射后的高维空间中的相似度。值越接近 1，表示两个用户越相似；值越接近 0，表示两个用户越不相似。基于这个相似度得分，可以认为这两个用户相似度较高，应该考虑给用户 A 推荐用户 B 购买或浏览过的商品。

3.6.3　多分类问题——笨人也有笨办法

虽然 SVM 解决的是二值分类问题，但也可以进一步推广到多分类问题。比如要根据不同的特征，区分某一运动是篮球、足球、排球还是体操，如何应用 SVM 解决呢？思路很简单，也可以说很笨，下面介绍两种方案。

1. 一对一方案

所谓一对一，顾名思义，就是训练的时候按照样本分类 1 vs 1 地进行训练。在每两类样本之间设计一个 SVM 模型，从而完成多类别的分类。假设样本类别有 m 个，则总共需要设计 $\frac{m(m-1)}{2}$ 个 SVM 分类器。

例如，如图 3-54 所示，总共有 4 类运动（篮球、足球、排球、体操）需要分类，在每两类运动样本之间设计一个 SVM 模型，总共需要设计 $\frac{4\times(4-1)}{2}$ =6 个 SVM 分类器，如图 3-54 所示。

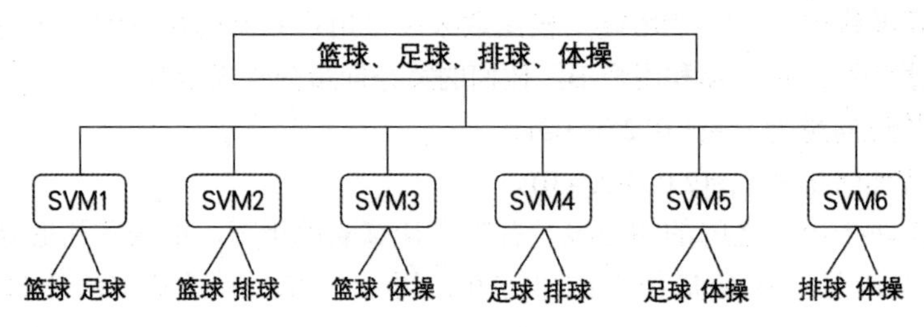

图 3-54　用一对一方案解决 SVM 多分类问题

可以看出，通过设计 6 个 SVM 分类器，并用训练样本将它们逐一训练出来，相当于有了 6 位识别二分类运动的专家。在实际分类的时候，把要分类的向量分别让每一位专家去进行二分类，然后采取投票形式，流程如下。

```
篮球 = 足球 = 排球 = 体操 =0; # 票数初始化
(篮球, 足球) 比较, 如果是篮球 win, 则篮球 = 篮球 +1; otherwise, 足球 = 足球 +1;
(篮球, 排球) 比较, 如果是篮球 win, 则篮球 = 篮球 +1; otherwise, 排球 = 排球 +1;
…
(排球, 体操) 比较, 如果是排球 win, 则排球 = 排球 +1; otherwise, 体操 = 体操 +1;
The decision is the Max(篮球, 足球, 排球, 体操)
```

最后得票最高的那个运动，就是最终的分类结果。

这种分类方法有个缺陷，就是如果样本类别较多时，需要设计的 SVM 分类器会非常多。例如达到 100 种时，则总共需要设计 $\frac{100\times(100-1)}{2}$ =4950 个 SVM 分类器，可见这个算法的计算复杂度相当高。

2. 一对多方案

该方法的思想是：选定其中一类样本单独作为一个类别，除该类外的其余样本则归为另一个类别，这样就达到了 SVM 二分类的要求。换句话说，就是在某一种样本与其余样本之间构造 SVM 分类器，并且每一种样本都要经历被选定为单独一个类别的过程，因此，有多少种类别的样本，就需构造多少个 SVM 分类器。

同样以 4 种运动（篮球、足球、排球、体操）为例，一对多方案的分类过程见图 3-55。

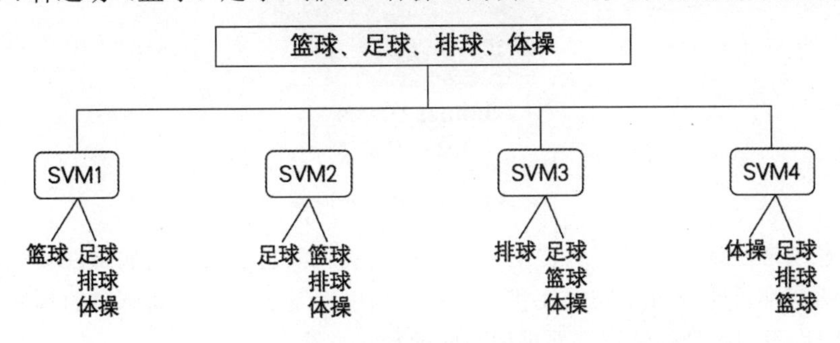

图 3-55　用一对多方案解决 SVM 多分类问题

可以看出，上述分类过程是：首先选定篮球单独作为一个类别，其余足球、排球、体操则统一归为另一个类别，在这两个类别之间构造 SVM1 分类器；再选定足球单独作为一个类别，其余篮球、排球、体操统一归为另一个类别，在这两个类别之间构造 SVM2 分类器，依此类推。

以上总共有 4 种类别的运动，分别构造了 4 个 SVM 分类器，就把它们区分出来了。因此，采用一对多方案，需要构造的 SVM 分类器数量与样本类别数量相同。相比于一对一的方案，需要构造的 SVM 分类器数量会少很多，但是，如果训练样本数目大，训练难度也会增大。

3.7　朴素贝叶斯算法——买彩票走向人生巅峰

一直以来，很多人都认为中彩票是一个概率事件，但是 2023 年底的某彩民花 10 万元买同一个号码中了 2.2 亿元的新闻，让人恍惚间感觉中彩票其实是一个高科技事件，那就是只需要发明一个时光穿梭机，这样就能穿越回去中几十个“小目标”，就像图 3-56 所示的那样接住这砸下来的富贵。

图 3-56　疯狂的彩票

好吧，时光机暂时还没搞出来，但是依靠我们聪明的大脑，是否能提高一点点中奖的概率呢？

我们将目光转向足彩，理论上讲，只要充分了解各球队的实力、排兵布阵习惯，还有裁判、天气等因素，就能大概率猜出比赛结果，这样买彩票就比较有把握。其他因素这里不讨论，下面研究一下天气和赢球之间的因果关系。

首先看一个数学概念——贝叶斯算法。如果你曾经学过“概率论与数理统计”课程，那一定对它不陌生。这个听起来高端的贝叶斯，其实就是用来计算不同事件发生的概率，然后根据这些概率来得出需要的结论。至于这位大名鼎鼎的贝叶斯，这里不过多介绍，总之是一位传说中的牛人，见图 3-57。

图 3-57　托马斯·贝叶斯

举个大家经常遇到的场景，感冒是一种常见的疾病，它主要分为病毒性和细菌性两种类型。这两种感冒都可能导致发烧的症状。因此，当患者发烧时，判断感冒的具体类型就显得尤为重要，因为不同类型的感冒需要采用不同的治疗方法。

在判断感冒类型时，医生会关注白细胞计数的变化。在病毒性感冒的情况下，白细胞计数通常正常或偏低。这是因为病毒主要影响的是细胞的正常功能，而不会直接导致白细胞的升高。相反，在患有细菌性感冒时，由于细菌感染引起的身体炎症反应，白细胞计数往往会升高。

为了作出初步判断，医院通常会采用验血的方法。具体来说，医生会观察白细胞的比例。如果白细胞计数升高，特别是中性粒细胞比例升高，医生可能会倾向于认为是细菌性感冒。而如果白细胞计数正常或偏低，且淋巴细胞比例升高，医生则可能会认为是病毒性感冒。

这种根据观察结果来作出诊断的思路，实际上与贝叶斯算法是相似的。贝叶斯算法是指通过结果事件的发生来更新对原因事件概率的估计，而医生是通过观察白细胞计数的变化来更新对感冒类型的判断。

再说回买彩票，假设我们买足球彩票，要用贝叶斯算法来预测拜仁慕尼黑队赢球的概率。经常买足彩的朋友可能会关注天气与比赛结果的关系，因为类似刮风、下雨都会对草皮、运动员心态等造成影响，就像图 3-58 所示的这位球员凌空抽射的准确率会下降。

图 3-58　下雨对球赛的影响，可以用贝叶斯算法预测出来

现在知道的是，一般来说，拜仁慕尼黑赢球的概率是 50%，并且通过对该队历史上赢球情况的整理和分析，你还了解到，拜仁赢球时下雨的概率是 11%，而平时下雨的概率只有 10%。

那么问题来了，如果在拜仁比赛那天你看到下雨了，这会否导致拜仁赢球的概率更高呢？答案是 55%，比正常情况的 50% 要高一些。

具体怎么计算？这就要研究一点点数学了，先来看看贝叶斯公式的定义，如图 3-59 所示。

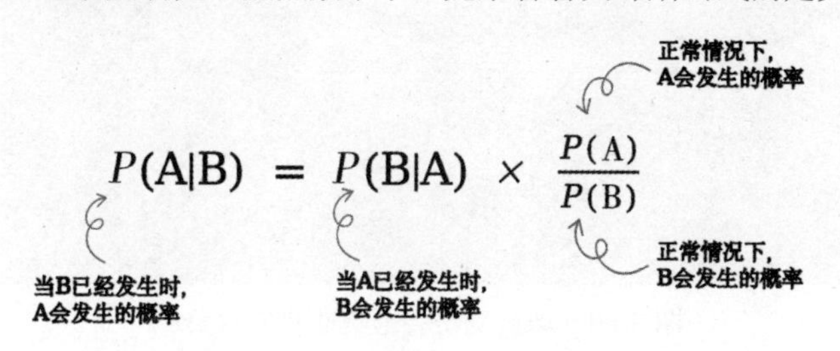

图 3-59　贝叶斯公式的定义

其中，$P(A|B)$ 表示在 B 发生的情况下 A 发生的概率；$P(B|A)$ 表示在 A 发生的情况下 B 发生的概率；$P(A)$ 表示 A 发生的概率；$P(B)$ 表示 B 发生的概率。

公式定义看起来有点让人头大，用白话说，其实贝叶斯算法说到底还是一个分类的算法，通过统计历史数据，拿到在某个类别发生的情况下某个特征出现的概率，从而判断当这个特征真的出现后，新数据最有可能属于哪个类别。

对应到拜仁的例子：

拜仁赢球就下雨的概率：$P(B|A) = 11\%$

正常情况，下雨的概率：$P(B) = 10\%$

正常情况，拜仁赢球的概率：$P(A) = 50\%$

所以按照贝叶斯算法，计算下雨就赢球的概率为

$$\text{下雨导致拜仁赢球的概率：} P(A|B) = 11\% \times \frac{50\%}{10\%} = 55\%$$

看到这里，你是不是想说，这也太扯了吧！明明是两个不相干的事情，你这个算法硬要说它们有关系，人家拜仁在球场上是踢球好吗，又不是在求雨跳大神！不要着急，它们看起来没有关系，但是实际上还真的有点关系，这就是贝叶斯算法的神奇之处。

从思想的深处来看，很多时候，我们自己就是自己最大的敌人。比如足彩玩家，总喜欢固执己见，情况变了还坚持自己原先的看法。用贝叶斯分析方法就不一样了，它鼓励你动态更新对事情发生概率的判断。

举个例子，你一直认为穆勒最棒，只要他上场，拜仁赢球概率就偏大。但他如果受伤了，像图 3-60 所示的那样痛苦倒地了，你是不是应该重新考虑一下买拜仁赢球的概率。

贝叶斯算法告诉我们，要实时地用新证据来检验自己的想法，状况变了，想法也要与时俱进。而贝叶斯算法帮你建立了一个积极的反馈回路，让你不再固执，而是灵活地根据新的信息来修正对事情可能性的判断。它既科学又易懂，是你解析这个复杂多变世界的好帮手。

再来介绍贝叶斯算法里两个比较重要的数学概念：先验概率和后验概率，事实上我们刚才已经用到了它们。

图 3-60　球员受伤会影响球赛的胜负

先验概率是指在考虑任何新证据之前，基于过去的经验和习惯得出的概率。比如说，你给孩子买蛋糕，他以前一直选巧克力味的，那么在不知道他今天想吃什么口味时，你会默认他想吃巧克力味的。这种基于过去经验的预判就是先验概率。

后验概率则相反，它是在观察到新证据之后对概率的重新评估。比如，如果你看到孩子盯着草莓蛋糕直咽口水，你就知道今天他想吃草莓蛋糕的后验概率最大。

回到拜仁的例子。如果只根据拜仁以往踢球的记录，预估了赢球的概率是 50%。这种不考虑新证据的概率判断，就是所谓的“先验概率”。如果某天下了大雨，这就是一个新的证据。根据这个证据，我们重新计算了后验概率，发现拜仁赢球的概率可能提高到 55%。这种根据下雨这个新证据重新评估的概率就是“后验概率”，根据这个后验概率买足彩，会提高中奖的概率。

最后来解释一下朴素贝叶斯算法里“朴素”二字的意思吧。传统贝叶斯算法会把所有可能相关因素都考虑进去计算概率，比如主客场优势、队员伤病之类。而朴素贝叶斯做了一个“朴素的”假设：它简单假设所有的会影响拜仁赢球的特征之间都相互独立。也就是说，拜仁赢球和下雨之间就是单纯的概率相关，不用考虑其他复杂因素的影响。这种简单直白的假设，把复杂问题“朴素化”，也就是“朴素贝叶斯”这个名字的来历。

尽管贝叶斯公式看起来有些数学化，但我们无须死记其中的定理和算法。只要理解先验和后验概率的区别，以及根据新的证据来更新概率判断的方法，就已经掌握了贝叶斯最核心的思想。

3.8　算法实战——用人工智能解决实际问题

了解了各个算法的实现思路之后，下面通过几个实例来切身感受一下算法的神奇之处。这些实例来自不同领域，大家实际体验过下面的例子后，可以根据自己的需求，更换成实际的数据，就可以真正解决自己的问题了。此外还可以调整一下算法的参数，体会一下参数对算法运行结果的影响。

特别值得注意的是，由于人工智能领域的软件更新换代速度极快，本书中所提及的软件版本均为作者亲自验证并确认有效的版本。相关的代码及相应的说明请扫描本书的二维码获取。

3.8.1　20 分钟搭建 Python 环境

“工欲善其事，必先利其器”，Python 是目前对人工智能支持最充分的编程语言（没有之一），下面用 20 分钟左右的时间快速安装 Python 环境，让大家尽快使用人工智能解决身边的问题。

好了，不说废话，首先打开官网 http://www.python.org。

1. 下载 Python

打开官网，首页如图 3-61 所示。

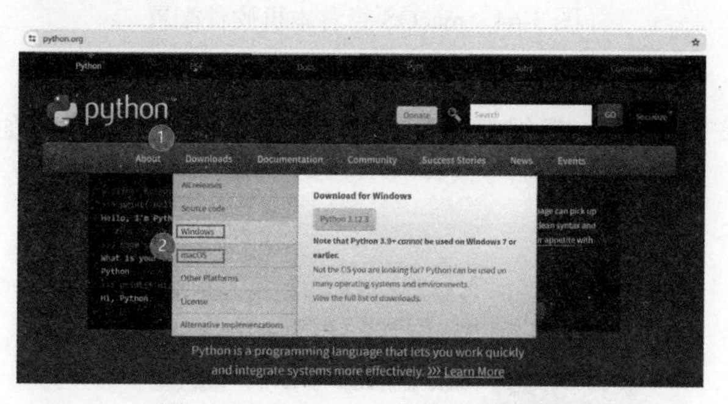

图 3-61　Python 官网的下载页面

在首页导航条上的“Downloads”菜单下，可以看到下拉菜单有“Windows”和“macOS”，大家根据自己电脑的情况选择后点击进入下载页面，见图 3-62。

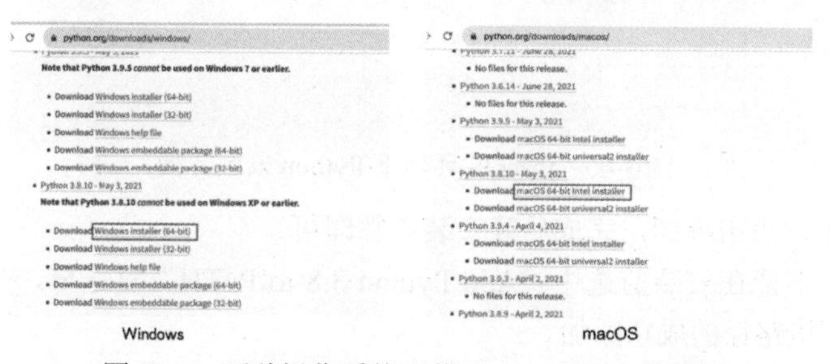

图 3-62　两种操作系统下载 Python 3.8.10 的页面

由于 Python 是开源架构，而且后面需要安装 TensorFlow 等第三方库，这里有很多兼容性问题，为了避免大家踩坑，建议选择 Python 3.8.10 版本，这个版本能保证后续的所有实例顺利跑通。

选择安装包的时候，要根据本机的硬件环境选择。为了确认本机的配置，例如 32 位还是 64 位等，Windows 电脑可以打开“设置”页面查看，见图 3-63。

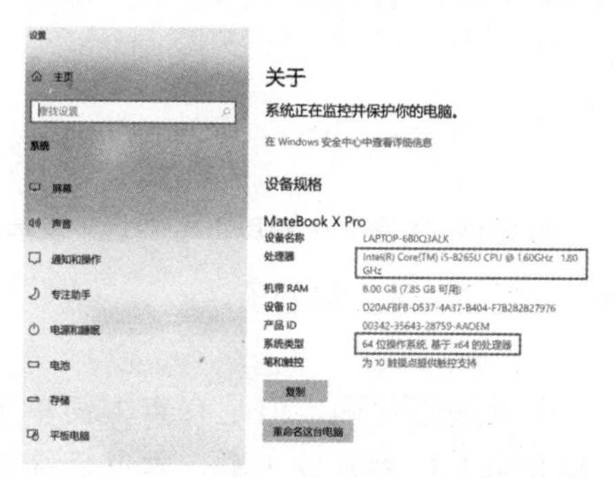

图 3-63　Windows 查看本机硬件配置

macOS 可以点击左上角的苹果图标，然后点击“关于本机”→“系统报告”→“偏好设置面板”，查看本机是否是 64 位的操作系统，见图 3-64。

图 3-64　macOS 查看本机硬件配置

2. 安装 Python

下载完毕后，安装 Python 就很简单了，直接双击安装包。打开如图 3-65 所示的安装界面。

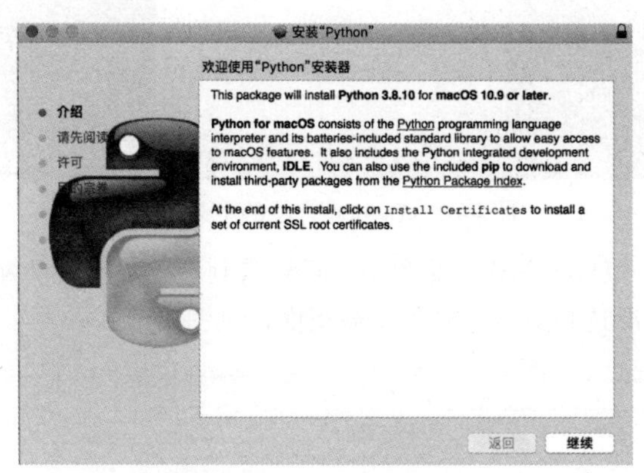

图 3-65　macOS 环境下 Python 安装界面

macOS 环境下，点击继续，完成后续安装步骤即可。

Windows 环境下请在安装前选中“Add Python 3.8 to PATH”复选框，见图 3-66，以保证安装过程顺利及环境路径的成功添加。

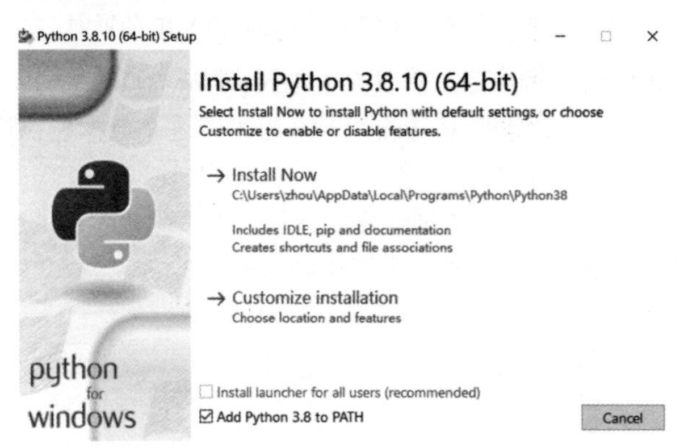

图 3-66　Windows 环境下安装 Python 要选中复选框

安装步骤结束后，Python 就已经成功地安装好了。

3. 安装 Jupyter Notebook

Python 自带了一个 IDLE，可以编写代码，但是有点太简单了，很多操作不方便，因此建议大家安装一个 Jupyter Notebook 作为开发工具，本书后续的实例也都是基于 Jupyter Notebook 来实现的。

安装过程很简单，Windows 下首先要确认当前账号是否为管理员，点击左下方 Windows 图标，找到“设置”按钮，点击后进入设置页面，找到“账户”，点击进入后查看右边的权限是否是“管理员”即可，如图 3-67 所示。

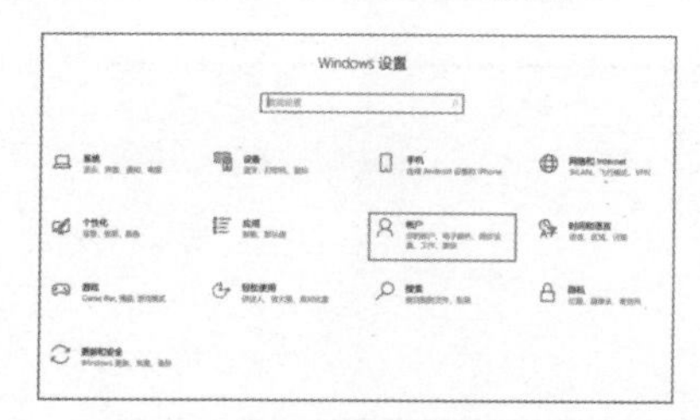

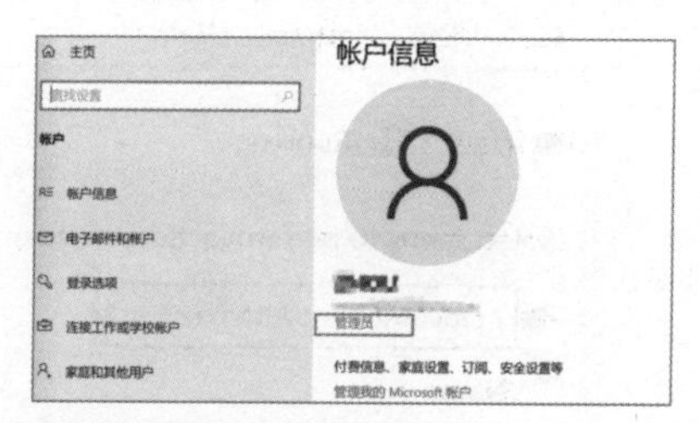

图 3-67　Windows 下确认当前账号是否具有管理员权限

确认之后，打开 Windows 自带的命令提示符，输入安装指令：pip3 install jupyter，见图 3-68。

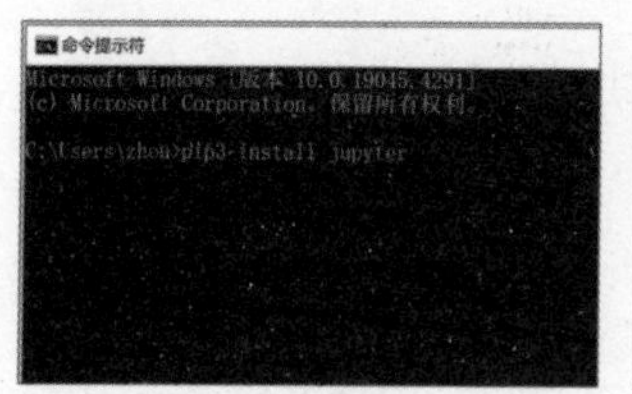

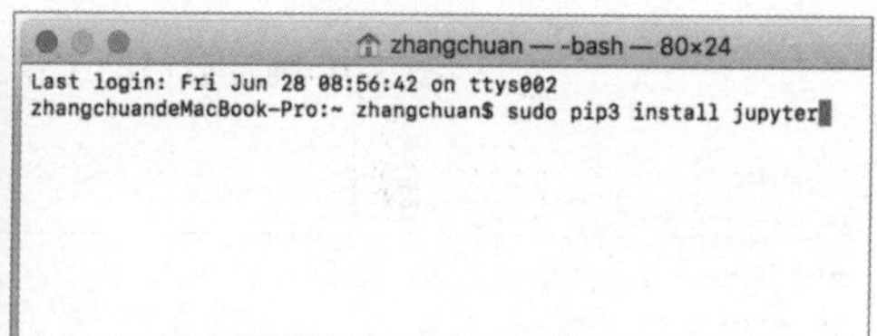

图 3-68　Windows 和 macOS 下安装 Jupyter Notebook

macOS 环境下可以直接打开命令终端，输入安装指令：sudo pip3 install jupyter。然后按提示输入密码，完成后续安装即可。

等待安装完毕后，就可以简单验证一下 Jupyter Notebook 是否正确安装。具体方法是：在 Windows 命令提示符或者 macOS 的终端内，输入“jupyter book”，即可启动 Jupyter Notebook。这一步骤中电脑有可能会询问使用哪个浏览器，根据个人经验，使用 Chrome 浏览器运行比较稳定，推荐使用，见图 3-69。

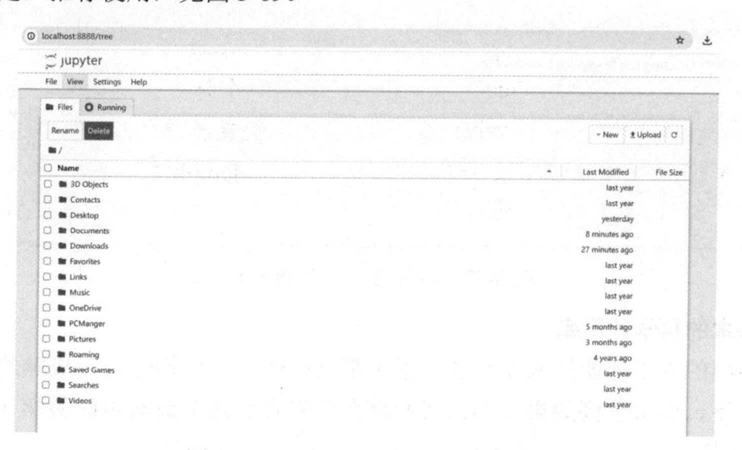

图 3-69　Jupyter Notebook 的主页面

打开 Jupyter Notebook 的主页面后，可以自己选定或者新建一个主目录，见图 3-70。

本书选中“Documents”下新建的一个 AIdemo 目录作为程序的主目录，以后新建的 Python 程序还有用到的数据集就都默认保存在这里。

下面就可以新建第一个 Python 文件了。具体方法是点击右边的“New”，选中“Python 3（ipykernel）”，即可打开一个新的浏览器 tab，并新建一个空白的单元格，见图 3-71。

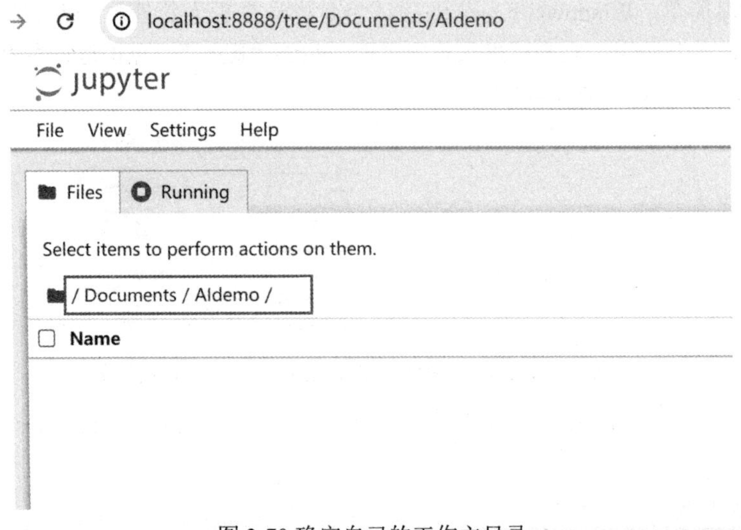

图 3-70 确定自己的工作主目录

图 3-71　新建第一个 Python 程序

在单元格里键入如图 3-72 所示的一行代码，按下“Shift+回车”键，就可以运行，运行结果出现在单元格的下方。到了这一步，说明 Jupyter Notebook 已经安装成功了，见图 3-72。

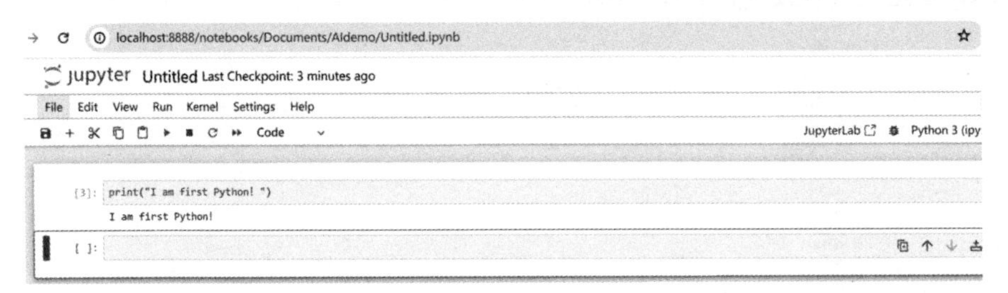

图 3-72　运行第一个 Python 程序

4. 安装基本的科学计算库

后续要介绍的人工智能技术和算法，很多都已经被牛人们整理成为成熟的库文件，只需要轻轻调用一下，即可看到效果。那么我们现在就先安装几个最基本的科学计算库，后续如果需要会接着安装。

在 Windows 下，请先确认当前是管理员身份，然后在命令提示符下逐个输入以下指令。

```
pip3 install numpy
pip3 install scipy
pip3 install matplotlib
pip3 install ipython
pip3 install pandas
pip3 install scikit-learn
```

在 macOS 下，在终端上逐个输入以下指令。

```
sudo pip3 install numpy
sudo pip3 install scipy
sudo pip3 install matplotlib
sudo pip3 install ipython
sudo pip3 install pandas
sudo pip3 install scikit-learn
```

简单介绍一下下面几个科学计算库的作用。

- Numpy

它是 Python 中的一个基础科学计算库，主要用来处理大量的数值数据。你可以把它想象成一个超级强大的计算器，它不仅仅能做简单的加减乘除，还能处理数组（也就是一组数字）和矩阵（二维数组）的各种复杂计算。

- Scipy

Scipy 是建立在 Numpy 之上的一个库，它专注于科学计算中的统计和数学运算。如果需要计算概率分布、进行统计测试，或者解决一些复杂的数学问题，Scipy 都能帮你搞定。

- Pandas

Pandas 是专门为了数据分析而设计的库。可以使用 Pandas 从各种数据来源（比如 Excel、CSV 文件、SQL 数据库等）中提取数据，并进行清洗、转换和分析。

- Matplotlib

Matplotlib 是一个强大的绘图库，它可以将数据以图形的形式展现出来。无论想画折线图、直方图、散点图还是其他类型的图表，Matplotlib 都能轻松实现。

- Scikit-learn

Scikit-learn 是一个功能强大的机器学习库，它提供了各种机器学习算法的实现。无论想进行回归预测、分类、聚类还是降维等操作，Scikit-learn 都能满足需求。此外 Scikit-learn 还带有很多数据集，可以使用 Scikit-learn 来训练模型、评估模型的效果。

5. 几个踩过的坑

刚才说过，由于 Python、Jupyter Notebook 还有相关的科学计算库，都是开源代码的架构，因此它们之间有着复杂和经常变化的兼容性问题。因此要小心地选择这些版本，以下是一些注意事项。

（1）Python 选择 3.8.10，这样才能很好地兼容后面要安装的 TensorFlow。

（2）pip 需要升级到最高版本，本书示例使用的是 24.0 版。

（3）有的库文件很大，直接用 pip 安装速度太慢，而且经常容易中断，因此可以使用国内的镜像，速度就快很多，例如可以使用清华大学的镜像服务器，如下所示。

```
sudo pip3 install tensorflow -i https://pypi.tuna.tsinghua.edu.cn/simple
```

（4）在 Python 示例程序中，经常需要显示中文，而 Windows 和 macOS 默认支持的中文字体不一样，因此在代码里需要根据所使用电脑的操作系统，选择不同的中文字体。

```
# 设置字体
if platform.system() == 'Windows':
    plt.rcParams['font.sans-serif'] = ['SimHei']  #Windows 默认支持的中文字体
else:
    plt.rcParams['font.sans-serif'] = ['Hiragino Sans GB']  # macOS 默认支持的中文字体
```

6. 下载源代码

可以扫描封底的二维码获取本书所有的源代码及数据集文件，具体方法请扫描后按照界面提示操作即可。当下载了源代码和数据集文件后，可以将这些文件解压后统统保存到前面新建的 AIdemo 主目录下，然后在 Jupyter Notebook 的主页面里就可以看到这些文件。

此外，为了让大家更快速地掌握本书的知识，我们会制作与本书配套的教学视频文件，也会实时地更新到云盘或视频网站上，敬请关注。

3.8.2 线性回归——预测鸢尾花的花瓣宽度

图 3-73 鸢尾花，又名彩虹之花

作为本书的第一个 Python 示例，我们尽量采用上面已经安装的库文件里的数据和算法，让大家尽快地熟悉这几个库的使用方法。本节先举一个线性回归的例子。

准备数据集： 在 scikit-learn 库里，有一批数据来自鸢尾花，可以直接使用。鸢尾花的英文名字是 iris，来自希腊语，意为彩虹，春天开放，在我国也广泛种植，很多公园里都能看到，见图 3-73。

任务目标： 在数据集里，有鸢尾花的萼片长度（sepal-length）、萼片宽度（sepal-width）、花瓣长度（petal-length）、花瓣宽度（petal-width）4 类特征数据，现在来聚焦于花瓣长度（petal-length）和花瓣宽度（petal- width）这两个特征。根据植物学家的观察，花瓣的长度和宽度之间存在某种线性关系，即长度越长，宽度就越宽。本次的任务是，如果已知花瓣的长度为 8，预测出花瓣的宽度是多少。

下载代码并运行： 请扫描本书封底的二维码，并下载所有文件，将文件保存到 Jupyter Notebook 主目录下（如已经下载，请略过）。打开 Jupyter Notebook 主界面，双击 RegressionIRIS.ipynb 文件，然后在新打开的程序界面，点击运行按钮，或者按下“Shift+回车”键。有时候需要稍微等待一段时间，就能看见运行结果，见图 3-74。

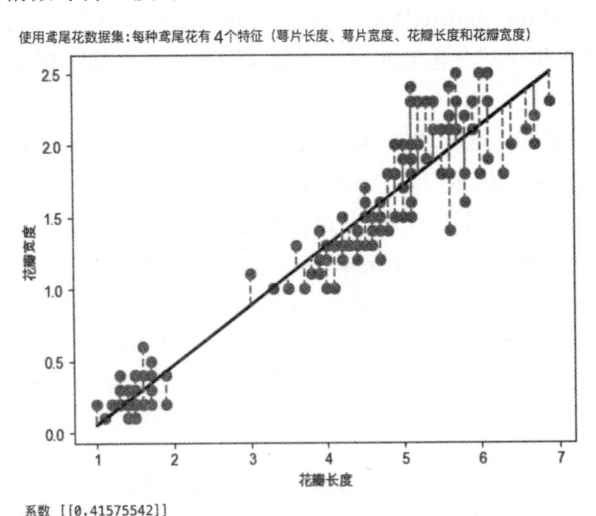

图 3-74 对鸢尾花特征的回归拟合

可以看到程序运行的结果如图 3-74 所示，机器根据已有的数据拟合了一条直线，直线代表预测值，周边的各点代表数据集里的真实值。可以看到真实值与预测值之间是有误差的，这个误差用一系列的短线表示出来。在最下面的打印输出中可以看到，当花瓣长度为 8.0 时，预测宽度的值为 2.96。

代码简析如下。

首先导入一些用到的库文件，既然要做数据分析，那么 pandas 必不可少，最后需要画出拟合直线，因此 matplotlib 也需要导入，还有 Linear Regression 是线性回归函数的模型，platform 是为了得到当前的操作系统信息。

数据集就使用 scikit-learn 中的鸢尾花数据集，采用线性回归（Linear Regression）模型。

```
import pandas as pd
import matplotlib.pyplot as plt
from sklearn.datasets import load_iris
from sklearn.linear_model import LinearRegression
import platform
print["使用鸢尾花数据集：每种鸢尾花有 4 个特征（萼片长度、萼片宽度、花瓣长度和花瓣宽度）"]
```

然后导入数据。

```
# 导入数据
iris = load_iris()
```

接着对数据进行预处理。数据集中有 4 类数据，我们只使用两类：花瓣长度、花瓣宽度。

这两类数据分别保存在 x 和 y 两个一维数组里，然而，在许多机器学习库（如 scikit-learn）中，用来训练的特征矩阵需要是二维的，也就是即使只有一个特征，也需要用 reshape 方法将这些一维数据转换成一个二维数组，其中每个原始值都是一个二维数组的行。

```
# 数据预处理
data = pd.DataFrame(iris.data)
# 分别添加萼片长度、萼片宽度、花瓣长度和花瓣宽度为列名
data.columns = ['sepal-length','sepal-width','petal-length','petal-width']
# 花瓣长度为 x 轴，花瓣宽度为 y 轴
x = data['petal-length'].values
y = data['petal-width'].values
# 对数据进行归一化操作
x = x.reshape(len(x),1)
y = y.reshape(len(y),1)
```

下面就是导入线性回归模型，并喂给它刚才准备好的数据，进行模型训练。

```
# 导入要训练的线性回归模型
clf = LinearRegression()
# 用数据集的数据训练模型
clf.fit(x,y)
```

训练完毕后，基于花瓣长度的数据，让模型预测出对应的花瓣宽度，这一步就是推理过程。

```
# 模型训练完毕后，根据模型和输入数据计算出花瓣宽度的预测值，待会要用这些值画出回归线
pre = clf.predict(x)
```

设置字体。

```
# 设置字体
if platform.system() == 'Windows':
    plt.rcParams['font.sans-serif'] = ['SimHei']  #Windows 默认支持的中文字体
else:
    plt.rcParams['font.sans-serif'] = ['Hiragino Sans GB']  # macOS 默认支持的中文字体
```

将预测结果和真实值展现在一张图表上。

```
# 使用散点图表示真实值与预测值以及使用模型训练得到的一元曲线
plt.scatter(x,y,s=50) # 使用三点图来表示
plt.plot(x,pre,'k-',linewidth=2) # 表示绘制一条黑色实线（'k-'），线条的宽度为 2 个单位
#(linewidth=2)。其中，x 对应于横坐标轴，pre 对应于纵坐标轴。
 plt.xlabel(' 花瓣长度 ')
plt.ylabel(' 花瓣宽度 ')
for idx,m in enumerate(x):
    plt.plot([m,m], [y[idx],pre[idx]], color = "gray", linestyle="--")# 使用 plt.plot() 函数
# 绘制一条从点 (m, y[idx]) 到点 (m, pre[idx]) 的灰色虚线（“--”），表示真实值与对应的预测值之间的连接线。
plt.show()
print(u' 系数 ',clf.coef_)
print(u' 截距 ',clf.intercept_)
```

最后，完成对花瓣长度为 8.0 的鸢尾花的花瓣宽度的预测。

```
print(" 对长度为 8.0 的花，预测其花宽度 ")
print(" 当花瓣长度为 8.0 时，宽度的预测值为：",clf.predict([[8.0]]))
```

3.8.3 逻辑回归——泰坦尼克号乘客的幸存概率

前面以泰坦尼克号上的 Rose 和 Jack 为例介绍了逻辑回归的基本思想，即首先对某个事件的可能性进行线性预测，然后通过逻辑函数（如 Sigmoid 函数）将这个预测值转化为一个介于 0 ～ 1 的概率值。因此逻辑回归可以解决二分类或多分类问题。

那么，现在基于逻辑回归的方法，来构建一个预测泰坦尼克号幸存者概率的模型，再使用这个模型预测 3 位不同类型的乘客是否能幸存。

准备数据集：由于真实的泰坦尼克号乘客数据集复杂且庞大，我们选择了简化的方式，让机器生成了 200 组虚拟乘客数据，每组数据包含两个特征：性别和舱位。其中，性别用 0（男性）和 1（女性）表示；舱位用 1（头等舱）、2（二等舱）和 3（三等舱）表示。根据真实数据的统计结果，我们得知这两个特征对应的幸存率分别如下。

- 男性为 19%，女性为 71%。
- 头等舱为 51%，二等舱为 28%，三等舱为 21%。

并且，假设性别和舱位这两个特征是相互独立的，即乘客的性别与其购买的舱位类型无关。

任务目标：基于这两个特征，使用逻辑回归模型来预测乘客的幸存率，并通过决策边界图来可视化展示逻辑回归的结果。其中将设定一个幸存概率的阈值，即 50%（或 0.5）。然后，将用这个模型来预测一个男性头等舱乘客（用三角形表示）、一个女性头等舱乘客（用五角星表示）和一个男性三等舱乘客（用圆形表示）的幸存概率，并将他们在图中标记出来。这样，就可以直观地看到逻辑回归模型在泰坦尼克号幸存者预测问题上的表现。

下载代码并运行：请扫描本书封底的二维码，并下载所有文件，将文件保存到 Jupyter Notebook 主目录下（如已经下载，请略过）。打开 Jupyter Notebook 主界面，双击 LogisticRegressionTitanic.ipynb 文件，然后在新打开的程序界面，点击运行按钮，或者按下 Shift+回车键。有时候需要稍微等待一段时间，就能看见运行结果，见图 3-75。

在生成的决策边界图中，可以观察到，不同的等高线将二维网格分割成若干区域，其中颜色深浅直观地反映了幸存概率的高低——颜色越深，幸存概率越高；颜色越浅，幸存概率则越低。

在 3 位模拟乘客中，唯一一位幸存的是那位头等舱的女性乘客，她的幸存概率达到了 60%（因此，我们可以将她想象成 Rose）。而两位男性乘客的幸存概率均低于 50% 的阈值，

分别是37%和17%，显然，他们的命运并不乐观。值得注意的是，前面提到的Rose的生存概率是78.1%，这是因为当时在模型中还考虑了“家庭体量”这一特征，因此预测结果略有差别。

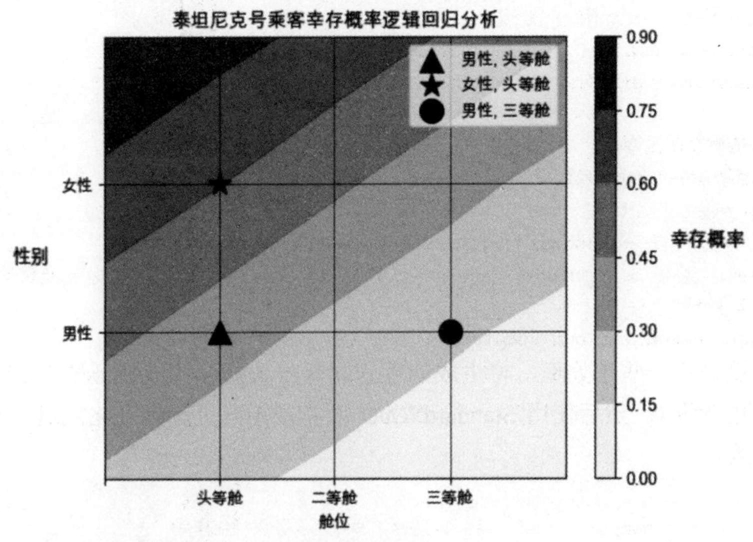

图3-75　基于泰坦尼克号的幸存者概率建立的逻辑回归模型

需要明确的是，上述代码中的幸存概率是随机生成的，仅用于演示目的，以便更直观地展示逻辑回归的工作原理。在实际应用中，当然需要利用真实的泰坦尼克号数据集，并根据数据集中的特征来训练逻辑回归模型，以获取更为准确的预测结果。

此外，鉴于当前仅使用了两个特征（性别和舱位），能够直接通过二维网格和等高线图来清晰地可视化逻辑回归的决策边界。然而，如果数据集包含更多特征（如“家庭体量”“年龄”等），可视化工作将变得复杂许多。这时，可能需要借助降维技术（如主成分分析PCA）或其他高级可视化技术（如平行坐标图、雷达图等），来更好地展示和理解数据的内在结构和规律。

代码简析如下。

首先导入一些用到的库文件，还是几个基本的计算和绘图库。

- numpy：用于处理数组和矩阵数据。
- matplotlib.pyplot：用于绘图和数据可视化。
- sklearn.linear_model：用于构建逻辑回归模型。
- sklearn.preprocessing：用于数据预处理，后面用到了数据标准化的功能。

```
import numpy as np
import matplotlib.pyplot as plt
from sklearn.linear_model import LogisticRegression
from sklearn.preprocessing import StandardScaler
import platform
```

然后，生成虚拟的数据集，包括性别、舱位和幸存情况。其中，幸存概率是根据性别和舱位的数据计算得到的，然后根据这些概率生成幸存的标签数据。

```
# 生成虚拟数据
np.random.seed(42)  # 保证结果可复现
num_samples = 200

# 特征：性别（0：男性，1：女性），舱位（1：头等舱，2：二等舱，3：三等舱）
gender = np.random.randint(0, 2, num_samples)
class_ = np.random.randint(1, 4, num_samples)

# 目标变量：幸存情况（1：幸存，0：未幸存）
# 按照性别和舱位的幸存率生成幸存数据
survival_prob = (
    gender * 0.71 + (1 - gender) * 0.19 +  # 性别幸存率
    (class_ == 1) * 0.51 + (class_ == 2) * 0.28 + (class_ == 3) * 0.21  # 舱位幸存率
) / 2  # 平均幸存率
survived = (np.random.rand(num_samples) < survival_prob).astype(int)
```

需要对数据进行一些预处理，将生成的性别和舱位数据合并成特征矩阵 X，将生成的幸存情况作为目标变量 y。然后使用 StandardScaler 对特征矩阵进行标准化处理，确保不同特征的数值范围一致。

```
# 数据准备
X = np.column_stack((gender, class_))  # 将性别和舱位合并成特征矩阵
y = survived  # 幸存情况作为目标变量

# 数据标准化
scaler = StandardScaler()  # 创建一个标准化的对象
X_scaled = scaler.fit_transform(X)  # 对特征矩阵进行标准化处理
```

接着创建了一个逻辑回归模型对象 model，然后使用标准化后的特征矩阵 X_scaled 和目标变量 y 进行模型训练，即拟合模型。

```
# 训练逻辑回归模型
model = LogisticRegression()  # 创建逻辑回归模型对象
model.fit(X_scaled, y)  # 使用标准化后的特征矩阵和目标变量进行模型训练
```

下面创建一个网格，用于绘制决策边界和等高线。通过 meshgrid 函数生成网格点坐标，并使用 StandardScaler 对网格点进行标准化处理，保持和模型训练时特征的一致性。

```
# 创建网格以绘制决策边界，横坐标 (0, 1, 2, 3, 4)，纵坐标 (-1, 0, 1, 2)
x_ticks = np.array([0, 1, 2, 3, 4])  # 舱位
y_ticks = np.array([-1, 0, 1, 2])  # 性别

xx, yy = np.meshgrid(x_ticks, y_ticks)  # 创建网格
grid_points = np.c_[yy.ravel(), xx.ravel()]  # 将网格点展开成二维数组
grid_points_scaled = scaler.transform(grid_points)  # 对网格点进行标准化处理
```

使用训练好的逻辑回归模型 model 对标准化后的网格点进行幸存概率的预测，并将结果调整为与网格形状一致。

```
# 预测网格点上的幸存概率
Z = model.predict_proba(grid_points_scaled)[:, 1]  # 预测网格点上的幸存概率
Z = Z.reshape(xx.shape)  # 调整预测结果的形状，使之与网格一致
```

接着设置一下字体。

```
# 设置字体
if platform.system() == 'Windows':
    plt.rcParams['font.sans-serif'] = ['SimHei']  #Windows 默认支持的中文字体
else:
    plt.rcParams['font.sans-serif'] = ['Hiragino Sans GB']  # macOS 默认支持的中文字体
```

使用 contourf 函数绘制决策边界和等高线，并设置颜色为黑白色系。然后添加颜色条显示幸存概率，并设置网格线的样式为黑色。

```
# 绘制决策边界和等高线，使用黑白色系
plt.rcParams['font.sans-serif'] = ['Arial Unicode MS']# 设置字体
plt.contourf(xx, yy, Z, alpha=0.8, cmap='Greys')  # 绘制决策边界和等高线
plt.grid(color='black', linestyle='-', linewidth=0.5)  # 设置网格线的样式
plt.colorbar(label=' 幸存概率 ')  # 添加颜色条，显示幸存概率
```

下面对特殊乘客的性别和舱位数据进行幸存概率的预测，并使用不同的标记样式将这些特殊乘客标记在图表上，同时添加了图例、标签、标题和刻度标签，以及网格线的显示，最后展示整个图表。

```
# 特殊乘客
passengers = np.array([[0, 1], [1, 1], [0, 3]])  # （男性 , 头等舱），（女性 , 头等舱），（男性 ,
# 三等舱）
 passengers_scaled = scaler.transform(passengers)
markers = ['^', '*', 'o']
labels = [' 男性 , 头等舱 ', ' 女性 , 头等舱 ',' 男性 , 三等舱 ']

# 遍历并绘制特殊乘客的标记
for i, (passenger, marker, label) in enumerate(zip(passengers, markers, labels)):
    plt.scatter(passenger[1], passenger[0], color='black', marker=marker, s=200,
label=label)

plt.legend()  # 添加图例
plt.xlabel(' 舱位 ')  # 设置横轴标签
plt.ylabel(' 性别 ')  # 设置纵轴标签
plt.title(' 泰坦尼克号乘客幸存概率逻辑回归分析 ')  # 设置图表标题
plt.xticks([0, 1, 2, 3], ['', ' 头等舱 ', ' 二等舱 ', ' 三等舱 '])  # 设置横轴刻度标签
plt.yticks([0, 1], [' 男性 ', ' 女性 '])  # 设置纵轴刻度标签
plt.grid(True)  # 显示网格线
plt.show()  # 展示图表
```

最后，通过逻辑回归模型预测特殊乘客的幸存情况和幸存概率，并打印预测结果。

```
# 预测特殊乘客的幸存概率
predictions = model.predict(passengers_scaled)  # 预测特殊乘客的幸存情况
probabilities = model.predict_proba(passengers_scaled)[:, 1]  # 预测特殊乘客的幸存概率

for i, (prediction, probability, label) in enumerate(zip(predictions, probabilities,
labels)):
    print(f"{label} 的幸存概率为 {probability:.2f}, 预测结果为 {' 幸存 ' if prediction else ' 未
幸存 '}")
```

3.8.4　K 近邻——给电影分类

介绍 KNN 的时候举过一个给用户推荐电影的例子，现在就用 KNN 来对电影进行分类。

准备数据集：生成 200 组虚拟训练数据，代表对 200 部电影的特征提取结果，这些数据有两个特征：打斗次数和接吻次数，接吻多的是爱情片，而打斗多的是动作片。

为了尽量模拟现实生活，规定爱情类型里也要有一定的打斗场面，动作电影里也要有一定的接吻次数。

任务目标：用 KNN 建立一个模型，用训练数据进行训练，并用散点图将训练数据可视化展现出来，用实心圆和正方形分别表示两种电影。然后给出两部新电影，特征分别如下。

- 五角星标示：打斗次数为 18 次，接吻次数为 90 次。
- 三角形标示：打斗次数为 70 次，接吻次数为 20 次。

判断它们各自属于哪种类型，并在散点图上标示出来。

下载代码并运行：请扫描本书封底的二维码，并下载所有文件，将文件保存到 Jupyter Notebook 主目录下（如已经下载，请略过）。打开 Jupyter Notebook 主界面，双击 KNNMovie.ipynb 文件，然后在新打开的程序界面，点击运行按钮，或者按下“Shift+ 回车”键。有时候需要稍微等待一段时间，就能看见运行结果，见图 3-76。

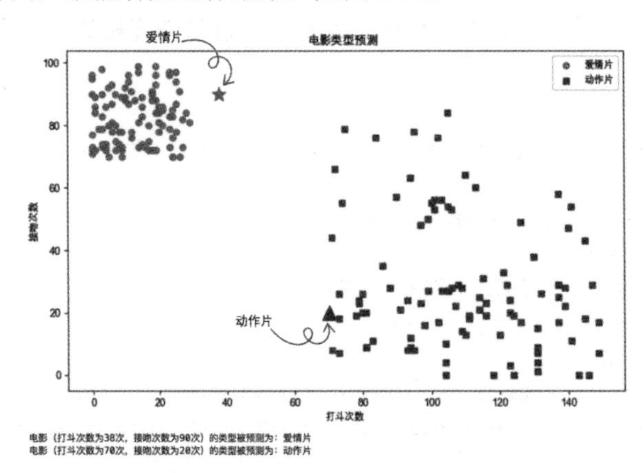

图 3-76　用 KNN 对电影进行分类

代码简析如下。

首先导入一些用到的库文件。

```
import numpy as np
import matplotlib.pyplot as plt
from sklearn.neighbors import KNeighborsClassifier
import platform
```

然后生成虚拟数据。

```
# 生成虚拟训练数据
np.random.seed(0)  # 设置随机种子，确保结果可重复

# Romance 电影，接吻次数多，打斗次数少
romance_fights = np.random.randint(0, 30, 100)  # 打斗次数在 0 到 30 之间
romance_kisses = np.random.randint(70, 100, 100)  # 接吻次数在 70 到 100 之间

# Action 电影，打斗次数多，但接吻次数也有一定分布
action_fights = np.random.randint(70, 150, 100)  # 打斗次数在 70 到 150 之间
# 为了模拟真实数据，我们增加一些 Action 电影的接吻次数
action_kisses_base = np.random.randint(0, 30, 100)  # 基础接吻次数在 0 到 30 之间
overlap_indices = np.random.rand(100) < 0.3  # 30% 的 Action 电影有额外的接吻次数
action_kisses_overlap = np.random.randint(30, 60, np.sum(overlap_indices))  # 额外的接吻次数
在 30 到 60 之间
action_kisses = action_kisses_base.copy()  # 复制基础接吻次数数组
action_kisses[overlap_indices] += action_kisses_overlap  # 对特定的 Action 电影增加额外的接吻
# 次数
```

下面对“接吻次数”和“打斗次数”两个特征进行合并，将合并后的数据作为特征集合，将对电影的分类作为目标，它们就构成了一个完整的训练数据集，可以用于训练机器学习模型。

```
# 合并数据
X_train = np.vstack((np.column_stack((romance_fights, romance_kisses)),
                    np.column_stack((action_fights, action_kisses))))  # 合并 Romance 和 Action
# 电影数据
y_train = np.hstack((np.zeros(100), np.ones(100)))  # 标签: Romance 为 0, Action 为 1
```

然后就可以对模型进行训练了。

```
# 使用 KNN 算法训练模型
knn = KNeighborsClassifier(n_neighbors=3)  # 创建 KNN 分类器，设定邻居数为 3
knn.fit(X_train, y_train)  # 使用训练数据进行模型训练
```

接着绘制可视化散点图和相关数据点。

```
# 绘制散点图
plt.figure(figsize=(10, 6))  # 设置图形大小

# Romance 电影用实心圆表示
plt.scatter(X_train[y_train == 0, 0], X_train[y_train == 0, 1], c='red', marker='o',
label=' 爱情片 ', alpha=0.7)

# Action 电影用实心正方形表示
plt.scatter(X_train[y_train == 1, 0], X_train[y_train == 1, 1], c='blue', marker='s',
label=' 动作片 ', alpha=0.7)

# 设置图例
plt.legend()
```

然后利用训练好的模型计算两部新电影所属的类型。

```
# 预测新电影的类型
new_movie1 = np.array([[38, 90]])  # 打斗次数为 38 次，接吻次数为 90 次
predicted_type1 = knn.predict(new_movie1)  # 预测新电影的类型

new_movie2 = np.array([[70, 20]])  # 打斗次数为 70 次，接吻次数为 20 次
predicted_type2 = knn.predict(new_movie2)  # 预测新电影的类型

# 绘制新电影（用不同形状表示）
def plot_new_movie(movie, predicted_type, color, marker, movie_type):
    if predicted_type == 0:
        label = f' 预测为:{movie_type}'
    else:
        label = f' 预测为:{movie_type.replace(" 爱情片 ", " 动作片 ")}'
    plt.scatter(movie[0], movie[1], marker=marker, color=color, s=200, label=label)

# 绘制第一部新电影（爱情片，用五角星表示）
plot_new_movie(new_movie1[0], predicted_type1[0], 'red', '*', ' 爱情片 ')

# 绘制第二部新电影（动作片，用三角形表示）
plot_new_movie(new_movie2[0], predicted_type2[0], 'blue', '^', ' 动作片 ')
```

接着设置一下字体。

```
# 设置字体
if platform.system() == 'Windows':
    plt.rcParams['font.sans-serif'] = ['SimHei']  #Windows 默认支持的中文字体
else:
    plt.rcParams['font.sans-serif'] = ['Hiragino Sans GB']  # macOS 默认支持的中文字体
```

最后把绘制的内容显示出来。

```
# 设置标题和坐标轴标签
plt.rcParams['font.sans-serif'] = ['Arial Unicode MS'] # 设置字体以支持中文显示
plt.title('电影类型预测')
plt.xlabel('打斗次数')
plt.ylabel('接吻次数')

# 显示图形
plt.show()

# 打印新电影的预测结果
print(f"电影（打斗次数为 38 次，接吻次数为 90 次）的类型被预测为：{'爱情片' if predicted_type1[0]
== 0 else '动作片'}")
print(f"电影（打斗次数为 70 次，接吻次数为 20 次）的类型被预测为：{'爱情片' if predicted_type2[0]
== 0 else '动作片'}")
```

3.8.5 支持向量机——判断真正购买的客户

电商平台上经常需要对客户是否会购买某个商品进行判断，下面来用 SVM 对客户的特征分析之后进行判断。判断的依据很多，举个比较简单的例子，就以进店时长和购买次数这两个特征为例对客户进行分析并判断。

准备数据集：模拟 100 组二维数据集，有两个特征：进店时长和购买次数，进店时长为 0 ～ 120 分钟，购买次数为 0 ～ 100 次，进店时间较短，且购买次数较多的，认为该客户会再次购买该商品，否则就认为不会购买。

任务目标：用 SVM 建立一个模型，用训练数据进行训练，先用二维图可视化展现数据线性不可分问题，然后再用 SVM 升维后，用超平面对数据进行分割。

对于一个新客户，进店时长为 10 分钟，购买次数是 88 次，判断他的类型，并用五角星标出来。

下载代码并运行：请扫描本书封底的二维码，并下载所有文件，将文件保存到 Jupyter Notebook 主目录下（如已经下载，请略过）。打开 Jupyter Notebook 主界面，双击 SVMCustomer.ipynb 文件，然后在新打开的程序界面，点击运行按钮，或者按下“Shift + 回车”键。有时候需要稍微等待一段时间，就能看见运行结果，见图 3-77。

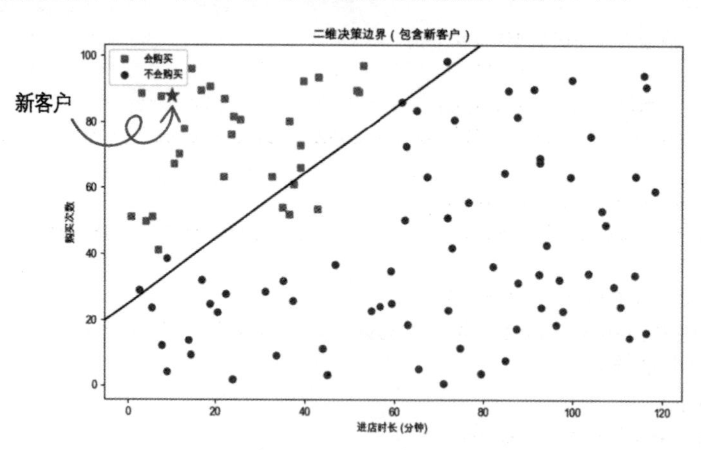

图 3-77　升维前无法用直线分割两类客户

运行结果首先是二维决策边界，由于两类数据特征混在一起，无法用一条直线完美分割，新客户被归类在左上角。

使用 SVM 多项式升维后，两类客户在升维后的三维空间就可以用一个超平面完美分隔开，新客户自然也就落在会购买的客户一类。运行结果见图 3-78。

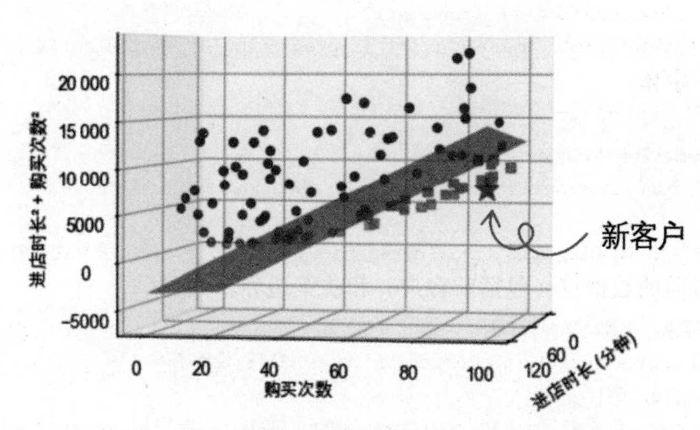

图 3-78　升维后用超平面可以分隔两类客户

代码简析如下。

首先导入一些用到的库文件。

```
import numpy as np
import matplotlib.pyplot as plt
from mpl_toolkits.mplot3d import Axes3D
from sklearn.svm import SVC
import platform
```

其中有个 Axes3D，是为了绘制三维图形导入的库文件。

然后生成虚拟数据。

```
# 生成模拟数据
np.random.seed(42)
n_samples = 100
time_spent = np.random.uniform(0, 120, n_samples)
purchase_count = np.random.uniform(0, 100, n_samples)

# 标签：进店时长较短且购买次数较多的，标记为 1（会购买），反之为 0（不会购买）
labels = (time_spent < 60) & (purchase_count > 40)
labels = labels.astype(int)
```

下面把“进店时长”和“购买次数”两个特征进行合并，将合并后的数据作为特征集合，创建并训练 SVM 模型。

```
# 构造训练数据集
X = np.column_stack((time_spent, purchase_count))

# 创建并训练 SVM 模型
svm_model = SVC(kernel='linear', C=1.0)
svm_model.fit(X, labels)
```

代码中的 kernel='linear' 指定了 SVM 使用线性核函数对数据进行升维。线性核函数是 SVM 中最简单的核函数，它仅适用于线性可分的数据集。

C=1.0：控制了误分类的惩罚程度。C 越大，模型的决策边界越复杂，就更容易过拟合，但是 C 如果太小，又会引起欠拟合。C 设置为 1.0 是一个常见的默认值。

还需要模拟一个新客户的数据，假定他过往的数据显示，他进店时长是 10 分钟，购买过 88 次该商品。

```
# 新客户数据点
new_customer = np.array([[10, 88]])
prediction = svm_model.predict(new_customer)
marker_style = {'color': 'g', 'marker': '*' if prediction[0] == 1 else 'X', 's': 200}
```

接着设置一下字体。

```
# 设置字体
if platform.system() == 'Windows':
    plt.rcParams['font.sans-serif'] = ['SimHei']  #Windows 默认支持的中文字体
else:
    plt.rcParams['font.sans-serif'] = ['Hiragino Sans GB']  # macOS 默认支持的中文字体
```

下面绘制升维前的数据点（包括新客户）和决策边界。

```
# 在二维图中绘制数据点、决策边界和新客户
plt.rcParams['font.sans-serif'] = ['Arial Unicode MS']# 设置字体
plt.figure(figsize=(10, 6))
plt.scatter(time_spent[labels == 1], purchase_count[labels == 1], marker='s', color='r',
label=' 会购买 ')
plt.scatter(time_spent[labels == 0], purchase_count[labels == 0], marker='o', color='b',
label=' 不会购买 ')
plt.scatter(new_customer[:, 0], new_customer[:, 1], **marker_style)

# 绘制决策边界
ax = plt.gca()
xlim = ax.get_xlim()
ylim = ax.get_ylim()
xx, yy = np.meshgrid(np.linspace(xlim[0], xlim[1], 100), np.linspace(ylim[0], ylim[1],
100))
Z = svm_model.decision_function(np.c_[xx.ravel(), yy.ravel()])
Z = Z.reshape(xx.shape)
ax.contour(xx, yy, Z, colors='k', levels=[0], linestyles=['-'])

plt.xlabel(' 进店时长 （分钟）')
plt.ylabel(' 购买次数 ')
plt.legend()
plt.title(' 二维决策边界（包含新客户）')
plt.show()
```

然后对数据进行升维，也就是把进店时长和购买次数都平方一下，再创建一个新的 SVM 模型进行训练。

```
# 升维数据
X_3d = np.column_stack((time_spent, purchase_count, time_spent**2 + purchase_count**2))
new_customer_3d = np.array([[20, 80, 20**2 + 80**2]])

# 创建并训练 3D SVM 模型
svm_model_3d = SVC(kernel='linear', C=1.0)
svm_model_3d.fit(X_3d, labels)
prediction_3d = svm_model_3d.predict(new_customer_3d)
marker_style_3d = {'color': 'g', 'marker': '*' if prediction_3d[0] == 1 else 'X', 's':
200}
```

最后把新训练的模型数据，以 3D 的形式可视化展现出来。

```
# 在三维图中绘制数据点、决策边界和新客户
fig = plt.figure(figsize=(10, 6))
ax = fig.add_subplot(111, projection='3d')
ax.scatter(time_spent[labels == 1], purchase_count[labels == 1], time_spent[labels == 1]**2
+ purchase_count[labels == 1]**2, marker='s', color='r', label=' 会购买 ')
ax.scatter(time_spent[labels == 0], purchase_count[labels == 0], time_spent[labels == 0]**2
+ purchase_count[labels == 0]**2, marker='o', color='b', label=' 不会购买 ')
ax.scatter(new_customer[:, 0], new_customer[:, 1], new_customer_3d[:, 2], **marker_
style_3d)

# 决策边界
xx, yy = np.meshgrid(np.linspace(0, 120, 50), np.linspace(0, 100, 50))
coef = svm_model_3d.coef_[0][:2]
intercept = svm_model_3d.intercept_[0]
zz = (-intercept - coef[0] * xx - coef[1] * yy) / svm_model_3d.coef_[0][2]
ax.plot_surface(xx, yy, zz, color='grey', alpha=1)  # 调整透明度和颜色

# 设置视角
ax.view_init(elev=20, azim=10)  # 旋转坐标轴，azim 表示方位角
ax.elev -= 18  # 反方向上翻 18 度

# 减少进店时长坐标的刻度
ax.set_xticks(np.linspace(0, 120, 3))

ax.set_xlabel(' 进店时长 （分钟）')
ax.set_ylabel(' 购买次数 ')
ax.set_zlabel(' 进店时长² + 购买次数²')
ax.legend()
ax.set_title(' 三维决策边界（包含新客户）')
plt.show()

print(" 新客户的预测结果：", " 会购买 " if prediction_3d[0] == 1 else " 不会购买 ")
```

3.8.6　决策树模型——判断能否获得贷款

决策树是机器学习中一种直观且常用的分类方法，通过逐步分析数据的特征来构建一个树形结构。在银行的信贷风险评估中，需要考察贷款对象的一系列特征，最终决定是否给他发放贷款。下面用一个简单的例子来展示决策树如何进行决策。

准备数据集：让机器模拟一个 70 组数据的数据集，这个数据集由银行历史记录中的贷款申请人信息组成，包含以下特征：

- 年龄（Age）
- 收入（Income）
- 是否有房产（House Ownership）
- 信贷历史（Credit History）

目标变量是贷款状态（Loan Status），它可以是批准（Approved）或拒绝（Rejected）。

任务目标：总体的贷款发放原则是：如果信用历史好、收入高、有房产、年龄适中，则更容易获批贷款。为了简化细节，决策树最大高度设为 4。

下载代码并运行：请扫描本书封底的二维码，并下载所有文件，将文件保存到

Jupyter Notebook 主目录下（如已经下载，请略过）。打开 Jupyter Notebook 主界面，双击 DecisionTreeLoan.ipynb 文件，然后在新打开的程序界面，点击运行按钮，或者按下“Shift+回车”键。有时候需要稍微等待一段时间，就能看见运行结果，见图 3-79。

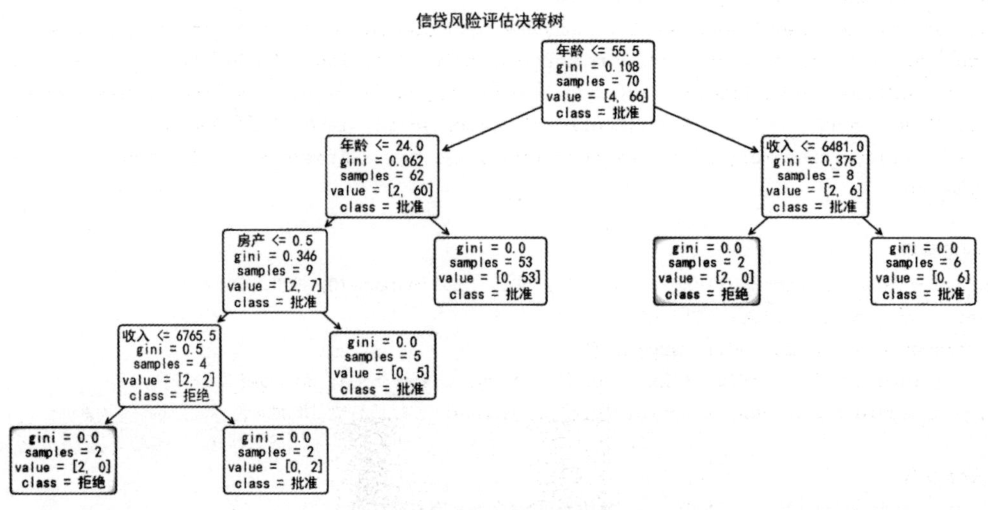

图 3-79　决策树算法的执行结果

从图 3-79 中可以看出，在每个节点都根据判断条件进行分裂，当决策树无法再进一步分裂时，就形成了叶子节点。例如在根节点首先判断年龄，如果年纪比较大，那么就走右边考察收入，如果收入较低，那么就拒绝发放贷款，反之就批准贷款。当然，由于这个例子中的数据是机器随机虚拟出来的，它们之间的逻辑关系不一定很合理。

图 3-79 中每个节点的信息解释如下，以根节点为例。

- 年龄≤ 55.5，当前节点的判断条件。
- Gini=0.108，基尼不纯度，这个值范围从 0～0.5，数值越大，代表此时集合中数据越混杂；数值越小，代表数据越纯净。
- samples=70，当前节点的样本数量。
- value=[4，66]，在当前 70 个样本里，有 4 个被拒绝，66 个被批准。注意，这里的两个 value 并不对应它的两个直属子节点的 samples 的值，它们对应本节点下属所有叶子节点里被拒绝和被批准的 samples 总和。本例中被拒绝的样本总和是 4，被批准的样本总和是 66。
- class= 批准，因为上面的 value 里，批准的数量比拒绝的数量大，所以整个节点的分类是“批准”。

代码简析如下。

首先导入一些用到的库文件。

```
import matplotlib.pyplot as plt
import numpy as np
from sklearn.tree import DecisionTreeClassifier, plot_tree
import platform
```

从 sklearn 库中导入了 DecisionTreeClassifier 和 plot_tree 两个库文件。

然后生成虚拟数据。

```
# 生成虚拟数据集
# 设定随机数种子以保证结果可复现
np.random.seed(42)
n_samples = 70  # 设定样本数量
```

```
# 生成样本数据
# 年龄范围 20 ～ 60
age = np.random.randint(20, 60, n_samples)
# 收入范围 2000 ～ 10 000
income = np.random.randint(2000, 10 000, n_samples)
# 房产情况，随机生成 '有房产' 或 '无房产'
house_ownership = np.random.choice(['有房产', '无房产'], n_samples)
# 信贷历史，好占 30%，一般占 50%，差占 20%
credit_history = np.random.choice(['好', '一般', '差'], n_samples, p=[0.3, 0.5, 0.2])

# 根据决策原则设置贷款状态
# 如果信用历史好、收入高、有房产、年龄适中，则批准贷款
loan_status = []
for ch, inc, ho, age_val in zip(credit_history, income, house_ownership, age):
    if ch == '好' or inc > 7000 or ho == '有房产' or 25 <= age_val <= 55:
        loan_status.append('批准')
    else:
        loan_status.append('拒绝')

# 将类别标签映射为数值
# 映射房产情况
house_ownership_map = {'有房产': 1, '无房产': 0}
# 映射信贷历史
credit_history_map = {'好': 2, '一般': 1, '差': 0}
# 映射贷款状态
loan_status_map = {'批准': 1, '拒绝': 0}
```

下面把“年龄”“收入”“房产情况”和“信贷历史”几个特征进行合并，将合并后的数据作为特征集合。

```
# 整合特征和目标变量
# 特征矩阵 X（包含年龄、收入、房产情况和信贷历史）
data = np.column_stack((age, income, np.vectorize(house_ownership_map.get)(house_
ownership), np.vectorize(credit_history_map.get)(credit_history), np.vectorize(loan_
status_map.get)(loan_status)))

# 提取特征数据 X（不包含最后一列贷款状态）
X = data[:, :-1].astype(float)
# 提取目标变量 y（最后一列贷款状态）
y = data[:, -1].astype(int)
```

创建并训练决策树模型。

```
# 创建决策树模型
# 设定最大深度为 4，设置随机种子
clf = DecisionTreeClassifier(max_depth=4, random_state=42)
# 使用训练数据拟合模型
clf.fit(X, y)
```

接着设置一下字体。

```
# 设置字体
if platform.system() == 'Windows':
    plt.rcParams['font.sans-serif'] = ['SimHei']  #Windows 默认支持的中文字体
else:
    plt.rcParams['font.sans-serif'] = ['Hiragino Sans GB']  # macOS 默认支持的中文字体
```

最后将决策树可视化地展现出来。

```
# 可视化决策树
# 设定图形大小
plt.figure(figsize=(14, 6))
# 绘制决策树
# 参数 feature_names 指定特征名称，class_names 指定类别名称，filled 表示填充颜色，rounded 表示节点圆
# 角
 plot_tree(clf,
          feature_names=['年龄', '收入', '房产', '信用历史'],
          class_names=['拒绝', '批准'],
          filled=True,
          rounded=True,
          fontsize=10)
# 设置图表标题
plt.title('信贷风险评估决策树')

# 设置中文字体
plt.rcParams['font.sans-serif'] = ['Arial Unicode MS']

# 显示图形
plt.show()
```

第 4 章 神经网络的崛起——不是老夫离不开江湖，而是江湖离不开老夫

终于讲到神经网络这个人工智能界的集大成者了。之前提到了很多基础算法，无论是决策树、支持向量机还是随机森林，它们都是基于一定的规则和逻辑工作，并且需要人类帮助它们提取特征。这些算法在处理特定任务时表现出色，但它们缺乏灵活性，一旦数据和任务发生变化，由于缺乏学习和进化的能力，所以难以应对复杂多变的环境和情况。

而神经网络则不同。它的工作方式更加接近于人类大脑的工作方式。人类大脑是由数以百亿计的神经元相互连接而成的复杂网络，这些神经元通过电信号和化学信号进行通信，从而实现思考、学习、记忆等功能。神经网络就是试图模拟这种神经元之间的连接和通信方式，通过大量的节点（或称为神经元）和连接（或称为权重）来构建一个复杂的网络结构。

这个网络结构使得神经网络具有强大的学习和适应能力。通过不断地调整节点之间的连接权重，神经网络可以逐渐学习到输入数据中的规律和模式，并据此进行预测和决策。这种学习方式使得神经网络能够处理复杂多变的数据和任务，而不需要像传统算法那样依赖于固定的规则和逻辑。

此外，神经网络还具有强大的泛化能力。这意味着它不仅可以处理已经学习过的数据和任务，还可以将所学到的知识和经验应用到新的、未见过的数据和任务中。这种能力使得神经网络能够胜任那些极具挑战性的任务，如自然语言处理、图像识别、视频生成等。

总体来说，尽管距离实现像《钢铁侠》中的贾维斯或《超能特工队》里的大白那样高度智能的机器人还有一段相当长的距离，但这并不意味着这些高级智能功能，如处理复杂语言、进行逻辑推理，乃至表达情感等，是遥不可及的。事实上，这些功能正是人工智能领域追求的重要目标，而高度模拟人脑结构的人工神经网络正是实现这些功能的关键所在。

因此，随着技术的不断进步和研究的深入，人工神经网络已经成为人工智能领域的研究热点。

4.1 最简单的神经元——大道至简

神经网络发源很早，一开始的时候它的名字叫作感知机，但现在往往称它为深度学习。不管它的名字叫什么，其最基本的思想都是模拟大脑神经的活动方式来对信息进行处理。因此比较起来，还是神经网络这个名字最炫酷。既然叫神经网络，必然和人的大脑神经元有关系，单个感知机的算法机制，其实就是在模拟大脑单个神经元的运行机制。

人的大脑由 800 亿个以上的神经元组成，每一个神经元可以分为树突、细胞体和轴突 3 个部分。在初中二年级的生物课本里，可以找到人类神经元的模样，见图 4-1。

图 4-1 所示就是一个神经元，左边短的是树突，右边长的是轴突。树突负责接收其他神经元传递过来的信号输入。轴突则负责输出神经元的信号，输出的信号可能接着作为下一个神经元的输入，由突触连接下一个神经元完成信息的传递，这个信息传递的瞬间见图 4-2。

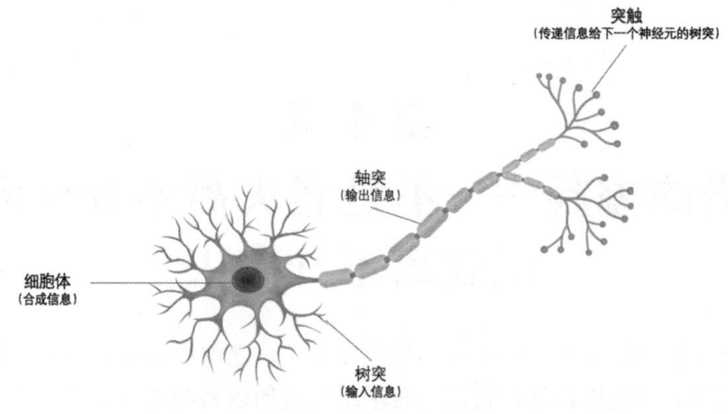

图 4-1 从生物学角度看大脑神经元结构

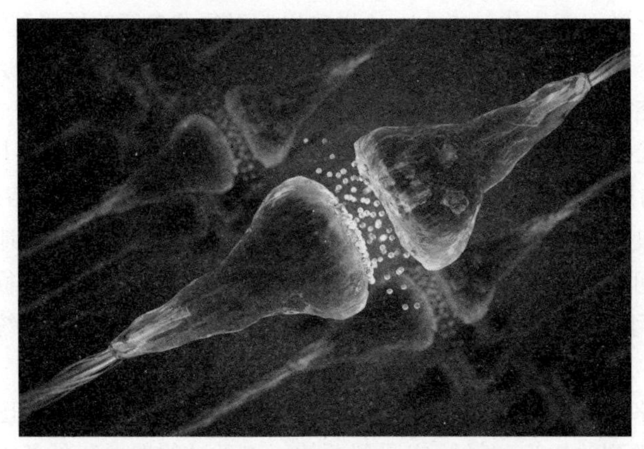

图 4-2 神经元之间传递电信号的瞬间

整个神经元的工作流程是："其他神经元的信号通过树突输入 → 细胞体处理 → 轴突输出信号 → 传递给下一个神经元的树突"。

神经元是神经系统的基础单元。神经元通过树突接收来自其他神经元的信号输入，并在细胞体中对这些信号进行加权整合。当输入信号的强度达到激活阈值时，神经元会产生神经冲动，这一冲动随后通过轴突传递给下一个神经元。轴突上的多个突触结构使得神经元能够同时与多个目标进行通信，实现信息的广泛传播和复杂交互。

人工智能专家在构建神经网络模型时也模仿了这个信息流过程。

- 树突对应的是神经元的输入值。
- 轴突对应的是神经元的输出值。
- 细胞体处理模型就是权重求和、激活函数等计算过程。

通过上述方式，一个生物神经元的结构与信息处理流程被抽象为神经网络中的一个计算单元。于是这个神经元就变成了如图 4-3 所示的样子。

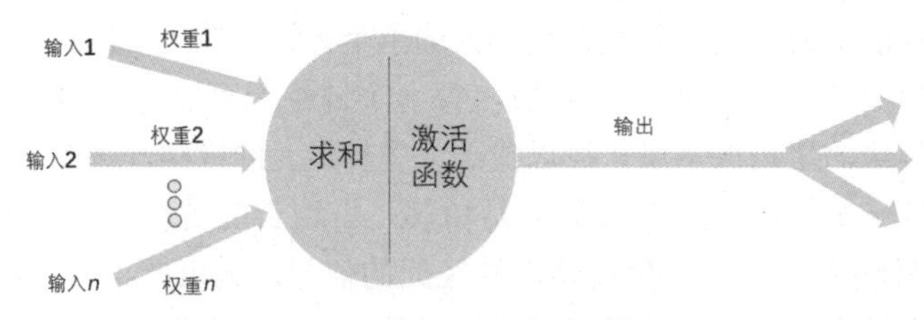

图 4-3 把大脑神经元细胞抽象为计算单元

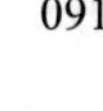

这张图是不是看起来就很熟悉了？在很多介绍人工智能的文章中都有类似的图，而如果把它转化为数学公式，那就更简单了，如图 4-4 所示。

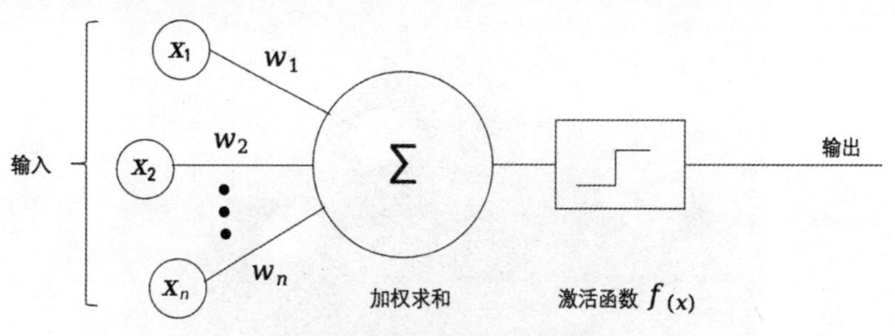

图 4-4　用数学模型表示神经元

经过两次小小的变换，可以把神经元看成一个从输入信息转化为输出信息的函数。怎么来理解这个事情呢？

首先，从生物学上看，神经元通过树突收集外界输入的信息，每个神经元细胞上的树突数量不一样，有的多一点，有的少一点，而且是可以调控的，也就是说，根据实际需要，神经元细胞能够决定要不要长出来这个树突，这样可以做到灵活地选择是否接收输入的信息。

那什么是输入信息？在数学模型里，管它叫“特征”，就是图上的 x_1，x_2，…，x_n。神经元利用树突在不停地观测外界，每个树突都在收集某个特征。而这个特征的重要程度称为“权重”，图 4-4 中的 w_1，w_2，…，w_n 就是权重。这其实和前面讲的线性回归中那个权重是一个意思，都表示某一个特征对最终结果的重要性。

好了，收集到了 n 个特征，每个特征都有自己的权重，可以把它们作为决策的依据。神经元细胞的特点是，它有两种状态，激活时为“是”，不激活时为“否”。神经元的状态取决于从其他神经细胞接收到的信号量（就是特征的值），以及对应的树突对信号是进行抑制还是加强（特征的权重）。当信号量超过某个阈值（ Threshold ）时，细胞体就会被激活，产生电脉冲（输出信号）。电脉冲沿着轴突并通过突触传递到其他神经元。这个过程可以用图 4-5 中的公式表示。

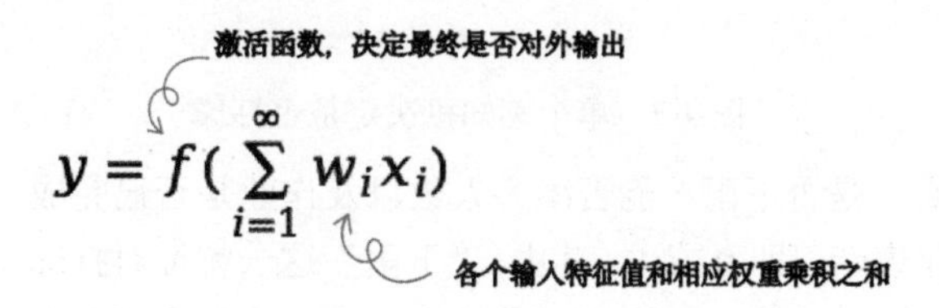

图 4-5　用公式表示感知机

这个模型代表了最简单的人工神经网络单元，也叫作**感知机**，它的意思是，先将每个输入的特征值和相应的权重乘起来，然后求和，最后利用一个激活函数 $f(x)$，给出一个是否有输出的结论。

所谓感知机，就是感知输入信号并能进行处理的机器。可以看出来，人工神经网络也是仿生学的一个应用，它像真实的生物神经元一样，对外界的信号作出感知和判断。

有人要问了，貌似三极管也有类似的功能，见图 4-6，也是有个阈值，超过阈值就能有输出，反之就不输出，那么它和感知机有什么区别呢？

感知机与三极管的根本区别在于可塑性，或者更准确地说是否具有学习能力。三极管的阈值是固定的，一旦生产出来，就不会发生变化；而感知机实现的是一个可以学习的分类器，就和前面线性回归中提到的一样，它具有自己调整权重的能力，在机器学习的过程中，不断地根据输出结果的正确与否调整自身对每个特征的权重比例，也就是调整这个 w。

图 4-6　三极管是一个固化的元器件，不具备可塑性

举个例子，对于某学生决定下午是否去打球这件事，有几个因素会对决策造成影响，见图 4-7。

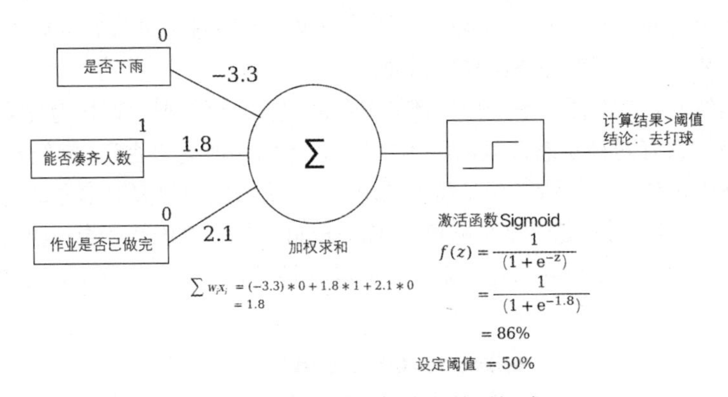

图 4-7　单个感知机决定是否打球

这几个关键因素是：是否下雨、能否凑齐人数以及作业是否已完成。为简化分析，需要为这 3 个特征设定二值化表示，即 0 或 1。其中，“下雨”这一特征对打球决策有负面影响，意味着若下雨，打球的可能性会减小。相反，“凑齐人数”和“作业完成”则对决策有正面影响。

假设当前的情况是：天气晴好、人数足够但作业未完成。将这 3 个特征值加权求和，得到 1.8。然而，这个值并不能直接决定我们是否去打球。因此，我们使用 Sigmoid 函数对 1.8 进行处理，将其映射成为 0 ～ 1 之间的概率值。经计算，打球的概率是 86%。若设定的决策阈值为 50%，那么 86% 超过了这一阈值，意味着感知机被激活，输出为 1，即决定去打球。

若实际结果与预期的不符，比如实际上并未去打球，那么就表明这 3 个特征对应的权重 w 不合适。此时，需要调整这些权重，并重新进行计算，直至结果符合预期。这个过程可能需要反复多次，通过不断调整权重 w，最终才能够训练出合适的感知机模型，用于执行实际的推理任务。

说到这里，有人可能会说，就这么简单的一个小东西，也就是加减乘除嘛，怎么可能创造出能跟人类下棋的 AlphaGo，能代替人类自动驾驶汽车，甚至让我们开始担心被机器统治呢？

其实，这个世界上很多复杂的系统，都是由非常简单的东西组成的。比如说，阴和阳就组成了我们世界上的所有东西，0 和 1 就构成了丰富的数字世界，4 种核苷酸就决定了我们生命的密码。同样地，当一个个神经元首尾相接，联结成浩瀚的神经网络系统，最终形成了我们睿智的大脑的时候，就造就了人类这个统治世界的高级物种。

所以，在人工神经网络中，单个计算节点非常简单，但是如果用合适的方法把它们组合在一起，将万万亿个这样的节点用特定的方式连接起来的时候，就可以呈现出极其复杂的行为模式，甚至“涌现”出我们人类所不能理解的智能。

4.2　加层——神经网络的曲折成佛之路

随着 ChatGPT、AIGC 等新技术铺天盖地而来，神经网络现在成了时代的宠儿，“遇事不决，量子力学；神经网络，前景广阔”。然而，要知道这些耀眼的技术背后，有着长达数十年的发展历程，历经种种波折和磨难。

前面讲过，人工智能要解决的一个最基本的问题是分类。它是人工智能中应用最广泛的技能。你看看人脸识别、语音识别、无人驾驶等等，这些大众熟知的功能背后都是分类算法在支撑。

举个例子，想象一下你拍了一堆照片，现在你想把它们整理成不同的相册，比如“度假照片”“同事聚会”，等等。这时候，分类算法就像是一个聪明的小助手，它能帮你把照片按照内容自动分类，让你的相册整齐又清晰。

再比如，想象一下你对着手机说：“明天提醒我下午三点开会。”这时候，语音识别技术就起作用了。它能听懂你的话，理解你的意思，然后将“下午三点开会”这个信息准确地分类成一个提醒事件，让你不会忘记重要的事情。

“分类”这件事在人工智能领域相当重要，因此经常用“分类能力”来判断一个算法有多强大。绝大多数算法迭代都在努力地提高准确分类的能力。所以，每当有一项新的人工智能技术出现时，它面临的第一次大考，就是“分类”。

刚开始时，神经网络在面对“分类”这个挑战时，表现得非常糟糕，甚至可能有过夭折的时候。当时的神经网络只是像单个的神经元一样，叫作单个感知机。它会接受多个输入，为每个输入分配一个重要程度（也就是权重）。接着，它会把这些加权输入求和，就像人类的神经细胞一样。然后，经过一个叫作激活函数的处理（比如说 Sigmoid 函数），再与阈值进行比较，得到一个 0 或 1 的输出。这个输出可以看作一个二选一的判断，把输入的数据划分为两个类别。

可以把这种分类方法看作是调整一些参数（也就是模型各个维度的权重），使得模型能够更好地将给定的输入数据集分类。用更简单的话说，这就是在坐标系里画出一条最佳的分割线，这条线能够将不同的输入分开，从而完成了输入空间的二分类。

所以说，单个感知机的本质就是尝试在图上画一条直线，把两种不同的东西分隔开来。就像图 4-8 所示的那样。

这东西看起来是不是很熟悉呢？之前介绍几种基础算法的时候也用到过类似的思路。现在用感知机来重新解决一下，我们用一个简单的例子来说明。

假设有一堆苹果，其中一部分是好的，另一部分是坏的。如果要用感知机算法来分类这些苹果，它会按照以下步骤进行。

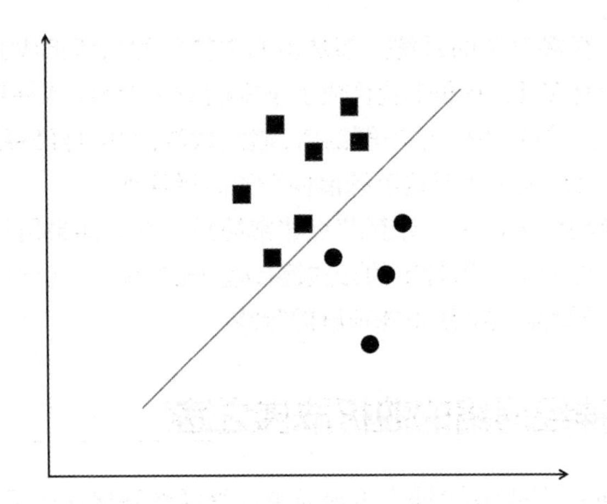

图 4-8　单个感知机用直线区分两种数据

- 首先，感知机会收集一些已知好苹果和坏苹果的样本。然后，它会分析这些苹果的特点，比如大小、颜色、是否有坏点等。
- 接着，它会在一个特征空间里找到一条最好的直线，作为分类的分隔线。这条线的一侧主要集中了好苹果的特点，另一侧主要集中了坏苹果的特点。
- 最后，当出现一个新的未知苹果时，感知机只需要判断这个苹果的特点是不是落在分隔线的好苹果那一侧，就能把它分类。

通过找到最优的分隔线，感知机就可以成功地把好苹果和坏苹果分开了，解决了二分类问题，如图 4-9 所示。

图 4-9　单个感知机用直线成功分类苹果

如果分类问题较简单，例如上面分苹果的例子里，只看颜色和硬度就能完全分开好苹果还是坏苹果，那么用 x 轴表示颜色深浅，用 y 轴表示硬度大小，输入的数据用一条直线就可以完全分割开，泾渭分明，这称为线性可分问题。这时使用单个感知机就可以实现成功分类。

但是，如果问题复杂，需要考虑更多特征，例如颜色深的不一定都是坏苹果，摸起来硬梆梆的也不一定都是好苹果，还要综合考虑香味、皱巴程度等，如图 4-10 所示。

那么用一个简单的二维坐标系就不足以完美地表示这些特征的空间。而且，不同类别苹果的特征可能会有重叠，无论我们怎么调整这条直线来尝试分割坏苹果和好苹果，总会有一些数据点会落在错误的一侧，因此无法用一个简单的直线边界来准确地将它们分开。

图 4-10　无法分类的苹果

也就是说，对于复杂的分类问题，我们需要考虑到许多相关的特征。这时，简单的线性分割线就不再有效了。当数据的分布无法用一条线来完美分割时，称之为线性不可分的情况。

所以，在 1969 年，人工智能先驱马文·明斯基指出了感知机算法的一个致命问题：

“感知机只能画一条直线，对于复杂的非线性问题无能为力。”

他用一个非常简单的例子来说明这个问题：异或问题，如图 4-11 所示。

A	B	A异或B
0	0	0
0	1	1
1	0	1
1	1	0

图 4-11　异或计算的真值表

异或运算是判断两个输入是否相同，如果相同则输出 0，反之则输出 1。但是感知机甚至连这个最基本的逻辑运算都无法实现。所以明斯基批评了感知机的局限性，并毫不客气地指出，它连异或这种简单的问题都无法解决，更别提更复杂的人工智能任务了。

这种严厉的批评，就像一记重锤打击了早期感知机算法，揭示了它面对复杂问题的无能为力。

虽然明斯基的批评推动了后续的不断改进，促成了感知机发展成为后来的多层神经网络，但是在当时，感知机还是一下就被“打入了冷宫”。

顺便介绍一下这位先驱马文·明斯基，照片见图 4-12，他是位美国人工智能研究的“大牛”，创办了 MIT 人工智能实验室，提出了框架理论，拿过图灵奖，被誉为人工智能的奠基人，在 2016 年去世。

图 4-12　马文·明斯基

下面深入剖析一下明斯基所提及的线性不可分问题。或许有人会觉得这不过是小菜一碟，因为在讨论支持向量机时，已轻描淡写地提到通过核函数进行升维就能轻松解决。诚然，你的观点是有一定道理的。但是，必须意识到，当时支持向量机这一理论尚处于襁褓之中，还很不成熟，尚未引起广泛的关注。直至 20 世纪 90 年代，贝尔实验室的研究者们才重新发掘出这一理论，并使其大放异彩。因此，回顾当时的情况，感知机理论陷入了困境，连同神经网络一起，被大佬“打入冷宫”。

但是，这十几年，所有人都认为神经网络低头了，没想到它是低头捡板砖去了，十几年后将反对者重重拍了一记。它找到了另外一种处理线性不可分问题的方法，并以此修炼出了自己笑傲江湖的独门秘籍——加层。

原来，要解决线性不可分的难题，单层感知机是远远不够的。但如果把很多单层叠加起来，前一层的输出作为后一层的输入，这样层与层之间首尾相接就可以表示非常复杂的决策边界了。这叫作多层感知机，见图 4-13。

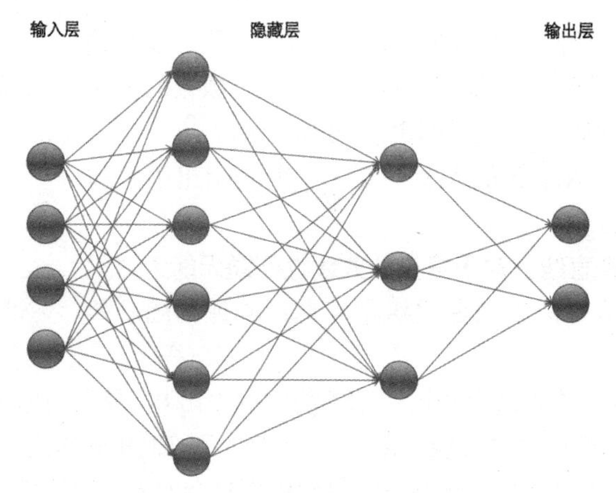

图 4-13　多层感知机组成神经网络

一般来说，多层感知机中负责接收外界输入信号的称为输入层，中间对输入信号处理的若干层称为隐藏层，最后负责输出结果的那一层叫作输出层。之所以中间的被称为隐藏层，一方面是这几层处理的是内部数据，不会被外界感知；另一方面，由于这些感知机的数据量相当大，每次训练的变化也非常快，尤其是层数一多了，处理的参数可以达到几十亿甚至上百亿的数量级，因此对人类来说，目前是无法完全理解其内部的运行情况的，就像个黑盒，对人类来说，它的工作状况是隐藏起来的。

多层感知机的训练学习过程也称为深度学习，这是因为它从一层变成了多层。深度学习的深度就是指感知机的层数很多，一般把隐藏的感知机层数超过 3 层的神经网络就叫作深度神经网络。

好了，我们成功地把单个感知机升级为多层感知机，再回过头看看它是如何通过加层搞定异或问题的。

首先，计算机有三大基本逻辑运算，与、或、非，见图 4-14。

- “与”就是并且的意思，两输入同为 1 才输出 1，其他情况都是 0。
- “或”就是或者的意思，有一个输入为 1 就输出 1。
- “非”就是否定的意思，输入 1 则输出 0，输入 0 则输出 1。

直观地看，可以用烂苹果代表输出结果为 0，用好苹果代表输出结果为 1，当 A 与 B 分别取 1 或者 0 的时候，与、或、非 3 个基本运算的结果如图 4-15 所示。

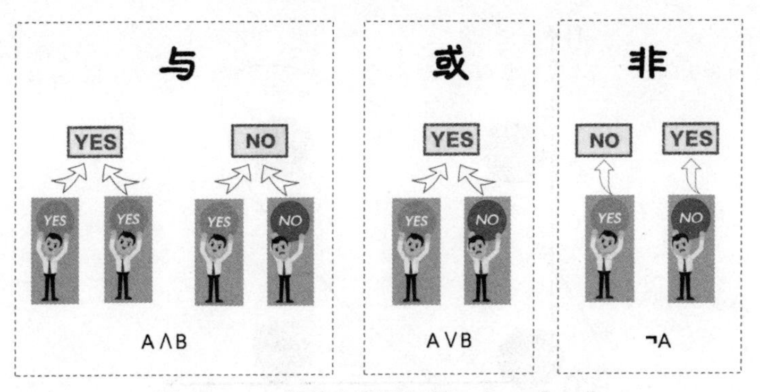

图 4-14　三大基本逻辑运算：与、或、非

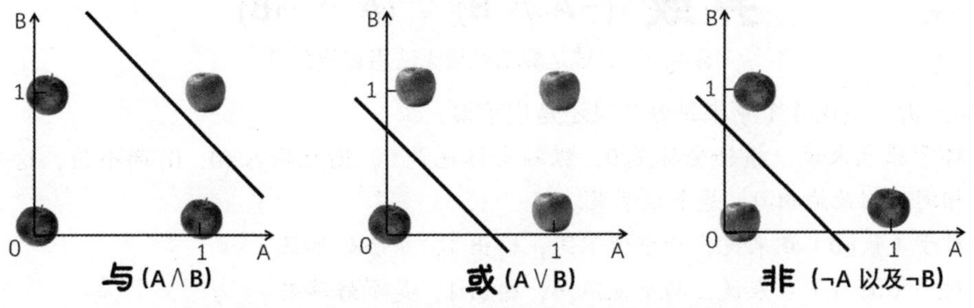

图 4-15　与、或、非的结果都可以用一条直线进行分类

以第一个“与”运算为例，对于原点来说，横轴坐标是 0，纵轴坐标也是 0，A=0，B=0，A 与 B=0。因此输出 0，是个烂苹果；而对于（1，1）点来说，A=1，B=1，A 与 B=1。因此输出 1，是个好苹果。

从图中可以看出，对于简单的“与”“或”“非”运算，可以看到，我们用一条简单的直线就可以区分好苹果和烂苹果，这类简单的问题叫作线性问题。

而“异或”有些复杂，就是比较两个值，两输入相同输出 0，不同输出 1，见图 4-16。

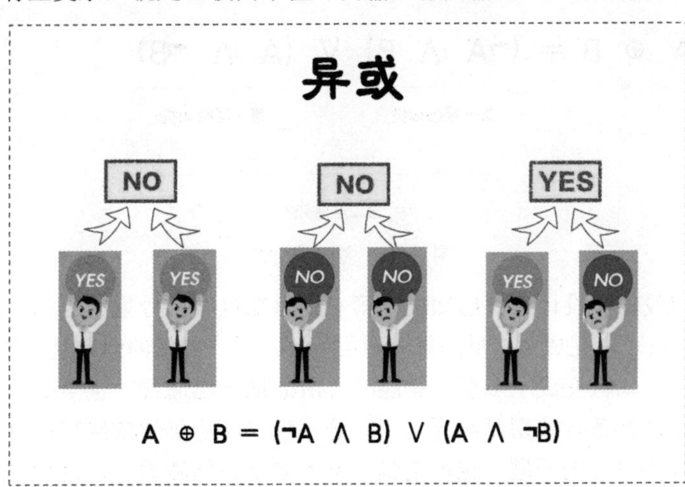

图 4-16　异或运算其实是一种复合运算

下面来分析一下异或问题的本质。它其实是一种复合运算，也就是说它其实是可以通过其他的 3 种运算来实现，如图 4-16 所示。具体的证明过程太复杂，先不费这个脑子了，直接用这个证明后的结果就好了。

用坐标表示异或运算的结果如图 4-17 所示。

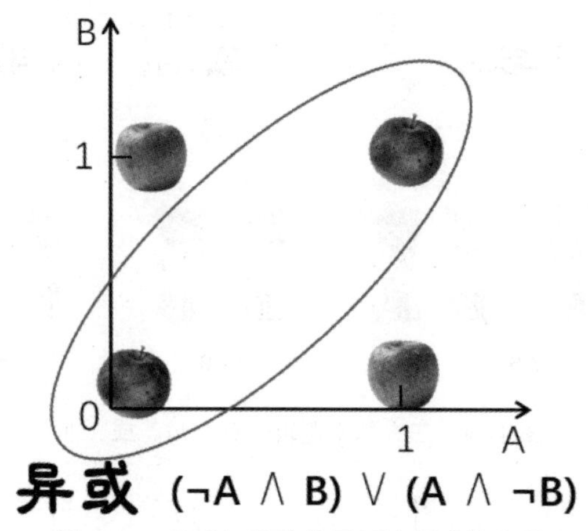

图 4-17 异或运算的结果无法用直线分类

下面分析一下这 4 个苹果是好苹果还是烂苹果。

- 对于原点来说，横轴坐标是 0，纵轴坐标也是 0，因此输入 (0，0) 两个值，这两个值相同，因此输出 0，是个烂苹果。
- 对于（1，0）点来说，两个值不同，输出 1，是个好苹果。
- 对于（0，1）点来说，两个值不同，输出 1，是个好苹果。
- 对于（1，1）点来说，两个值相同，输出 0，是个烂苹果。

这样的分类问题，显然用一条直线是没办法搞定的，这种问题也叫作非线性问题。而单个感知机只能画出一条直线来，因为实际上人家就是个一次函数嘛。

看来需要用一个曲线才行，那么如何把直线变弯呢？

可以这样想，既然异或是复合运算，那么能否分步骤来实现它，如图 4-18 所示，如果先用一个感知机完成括号里的运算。然后再把得出的结果输入到另一个感知机里面，进行外面的这层运算，是不是就可以完成异或运算了？

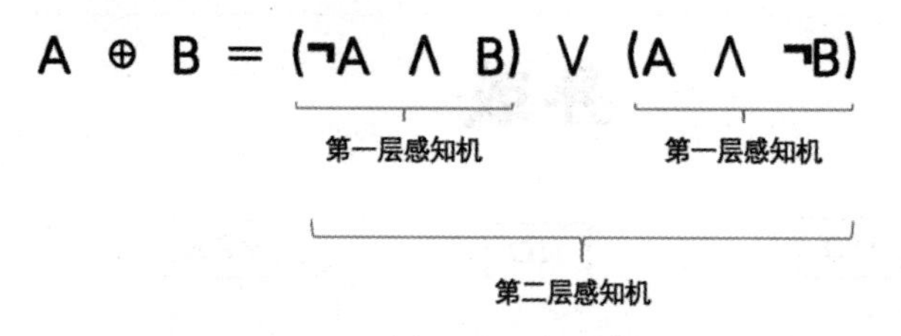

图 4-18 多层感知机

是的，你猜得没错，设计两层感知机，第一层感知机做括号里的运算，最终结果输入到第二层感知机里，就可以完成第二层运算。两层运算之后，异或的问题就这样神奇地解决了。

就这样，一旦感知机变成了多层，就能随心所欲地画出曲线（甚至是一个曲面）来，相当于把单个感知机的那条直线愣是给弄弯了。这不仅仅解决了异或结果的分类问题，其实是解决了所有的线性不可分的问题。也就是说，不管多复杂的数据，通过加层的方式就可以拟合出合适的曲线（或曲面），将它们分开。

这样一来，从理论上说，多层的感知机能够成为万能的方法，对再复杂的问题，只要能用最简单的线性函数组合表示出来，那么就能用多层感知机解决。

一旦能解决实际问题，多层神经网络从此突破瓶颈，终于扬眉吐气，说出了那句豪言壮语：不是老夫离不开江湖，而是江湖离不开老夫！

1982 年，循环神经网络提出，加快了自然语言识别和机器翻译的理论研究进度。

1989 年，卷积神经网络理论诞生，直接推动了图像识别、人脸识别理论的大发展。

到了 20 世纪 90 年代，由于硬件发展水平仍然不高，而且新的算法如支持向量机的出现，用它进行分类简单又快速，所以导致神经网络的发展又暂时陷入低谷。

直到 2006 年之后，随着大数据、云计算 GPU 算力的发展，再加上新的激活函数的引入，人们发现在充足的算力和数据量支持下，神经网络不仅能够比 SVM 更优秀地完成分类任务，还能主动地学习，自己就能找到数据的规律，对数据进行区分。借助这些优势，神经网络终于焕发出新的活力。

2012 年，使用卷积神经网络的 AlexNet 在图像识别大赛 ImageNet 中，在几百万张图片中轻松地对图片分类，分类错误率比支持向量机降低了 50%，宣告了深度学习时代的到来。

2016 年，使用深度神经网络 + 强化学习算法的 ALphaGo 在人机大战中将李世石挑落马下，一时天下震惊。

2022 年，诸如 Transformer 等新的网络架构将深度学习的能力进一步提升到新的高度，ChatGPT、Midjourney、Stable Diffusion 等明星产品应运而生。神经网络终于开启了自己吞六合、并八荒、横扫天下、大杀四方的王者之路。

4.3 神经网络工作的基本原理——大王让我来巡山

神经网络作为当今人工智能领域的带头大哥，自然有它的过人之处，后面的章节基本都是以神经网络为基础展开的，所以有必要了解一下神经网络的基本原理。下面以耳熟能详的西游故事为例来为大家讲解。

4.3.1 狮驼岭的“妖怪神经网络”

在遥远的西游世界，狮驼岭是一个神秘而危险的地方，那里居住着形态各异的妖怪。他们分工合作，组成了一个独特的“妖怪神经网络”，专门用来识别和捕捉过往的行人，尤其是唐僧师徒这样的“特殊目标”。

和人类一样，狮驼岭的妖怪也分三六九等，不同等级的妖怪生活在不同高度的山坡上。如图 4-19 所示。

图 4-19 狮驼岭上的众妖

满山遍野巡山的、烧火的、打更的是最低等的小钻风，管理小钻风的是资深的高级妖怪，最高等级是魔王级别。

当信息在妖怪中传播的时候，就组成了一个网络，可以称它为“妖怪神经网络”，见图4-20。

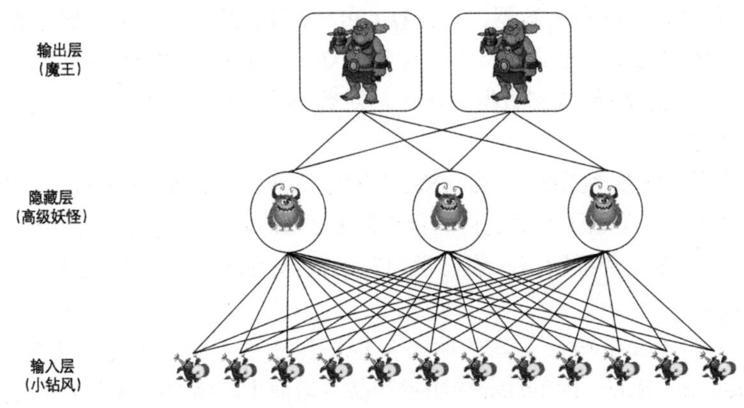

图4-20　妖怪神经网络

巡山的小钻风们虽然不认识唐僧，但是他们的任务很简单，只要敲着腰间的鼓，打着手里的锣，对每一个过往的行人特征进行提取就OK，这就像神经网络中的输入层，观察行人的“外形”——是高是矮，是胖是瘦；留意着“同行人数”——是一人独行，还是成群结队；还关注着他们的“交通方式”——是步行，还是骑马。这些特征信息就像电流一样，在小钻风的脑海中流转，然后迅速汇报给高级妖怪。

高级妖怪们则扮演着隐藏层的角色，对从输入层传来的特征信息进行深入的分析和处理。他们有着丰富的经验和敏锐的洞察力，擅长从纷繁复杂的特征中找出规律。一旦发现“光头”“四人”“一匹马”这些特征同时出现，就像神经网络中的某个特定模式被激活一样，他们会立刻触发上报机制，将这一重要信息传递给最高层的妖怪——大魔王。

大魔王作为整个妖怪神经网络的输出层，拥有最终的决策权。他根据隐藏层传来的信息，结合自己的经验和智慧，判断过往的行人是不是唐僧师徒。如果确定是目标，他就会下令全体妖怪出动，展开一场惊心动魄的捕捉行动。

就这样，狮驼岭的妖怪们通过他们独特的“妖怪神经网络”，成功地实现了对过往行人的模式识别和捕捉。他们的合作和分工，就像神经网络中的各个层次一样，各自发挥着不可或缺的作用，共同构成了一个高效而强大的系统。

4.3.2　国有国法，妖有妖规

随着取经师徒四人日渐临近狮驼岭，见图4-21。“捕获唐僧”一事已升至狮驼岭政府工作之首。然而，对于这个新课题，众妖们心中满是困惑和疑虑，毕竟谁也没真正见过唐僧。他们担心一旦唐僧师徒路过而未能及时识别，将会让千载难逢的机会白白溜走。为了确保此次任务万无一失，众妖必须坚决服从政府统一指挥，严格恪守各项既定规则和秩序。

魔王深知妖怪们对唐僧的识别能力尚显不足，为此他决定即刻启动一项专项训练。这项训练旨在全面强化众妖的技能与素质，以提升他们对唐僧的识别与捕捉能力，必须让妖怪们具备一双“火眼金睛”，能够准确地从人群中辨别出唐僧。

魔王首先收集了唐僧师徒的照片和视频，里面详细记录了他们的外貌特征、行走姿态以及言谈举止，见图4-22。

图 4-21　唐僧师徒离狮驼岭越来越近，众妖必须立刻提高对唐僧的识别能力

图 4-22　唐僧师徒 4 人的特征

这些珍贵的资料成了训练妖怪们的“教材”，它们将被用于训练妖怪们的“眼睛”和“耳朵”，使它们能够更加敏锐地捕捉到唐僧师徒的踪迹。

训练的第一步是**前向传播**。魔王将唐僧的照片和视频展示给各级妖怪，要求它们仔细观察并牢记唐僧的特征。小妖们通过不断地观看和模仿，逐渐学会了如何从过往行人中识别出唐僧。它们将观察到的特征逐级上报，从小钻风到高级妖怪，再到魔王，形成了一个庞大的信息网络。

然而，一开始小妖们上报的信息杂乱无章，导致各级妖怪管理层每天要面对海量的无效信息。为了进一步提升妖怪们的识别能力和工作效率，魔王引入了**激活函数**的概念。他要求妖怪们在上报信息时，必须经过激活函数的筛选。只有当上报的信息符合激活函数的要求时，才能被认定为有效的唐僧特征。根据不同的应用场景，在训练过程中，魔王巧妙地运用了多种激活函数来辅助妖怪们进行特征提取。

首先对最重要的目标唐僧进行识别，解决**“是不是”**唐僧的问题，这可以叫作“二分类”

问题。唐僧的特征是“光头”“骑马”“白胖”等，每个特征都对应不同的权值，特征乘以对应权值，再相加就得到一个得分，然后用一个叫作 Sigmoid 的函数，将这个得分转化成一个概率值（0 ～ 100%）。Sigmoid 函数图像如图 4-23 所示。

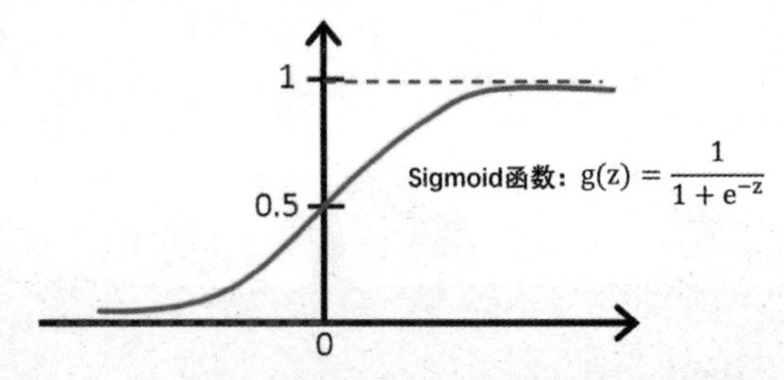

图 4-23　Sigmoid 函数计算出某人“是不是”唐僧的概率值

可以看到，无论输入的值是多少，Sigmoid 函数都能输出一个 0 ～ 1 之间的值，所以可以用这个输出值判断路过的行人有多大概率是唐僧。具体一点分析，可以看到，

- 当自变量 z=0 的时候，$g(z)=\frac{1}{1+1}=0.5$，对应图中纵轴 0.5 的位置。
- 当 z 为无穷大时，$g(z)=\frac{1}{1+0}=1$，对应图中向右延伸无穷远的位置。
- 当 z 为负无穷大时，$g(z)=\frac{1}{1+\text{无穷大}}=0$，对应图中向左延伸无穷远的位置。

只是识别了唐僧还不够，他还有 3 个徒弟，还有一匹马呢，妖怪们要识别每一个人，解决**“他是谁”**的问题，专业的叫法是“多分类”问题。唐僧 3 个徒弟的特征也很明显，可以根据所持武器、走路前后顺序、身材大小等特征来进行分辨。这些特征综合到一起之后，经过妖怪神经网络传输到魔王这里，再利用一个 Softmax 函数进行多分类。图 4-24 所示是对唐僧师徒进行多分类的示意图。

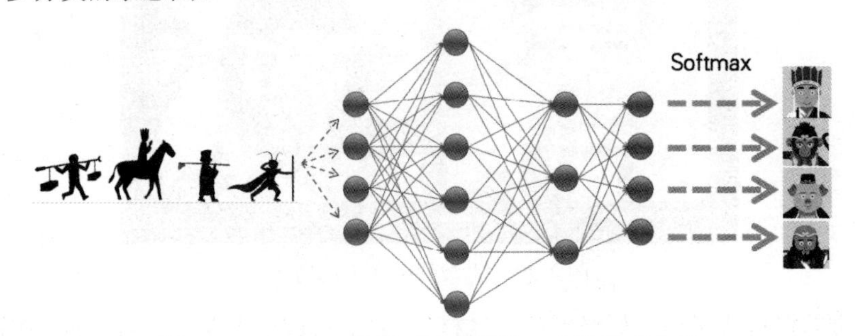

图 4-24　Softmax 函数对唐僧师徒 4 人进行多分类

如果发现有疑似唐僧的人，那就需要进一步提炼关键细节，如皮肤是否白嫩、是否操着一口陕西口音、说话是否唠叨等，这些细节需要尽可能详细地汇报给魔王。那么可以用 ReLU 函数来完成。图 4-25 所示是 ReLU 函数的图像。

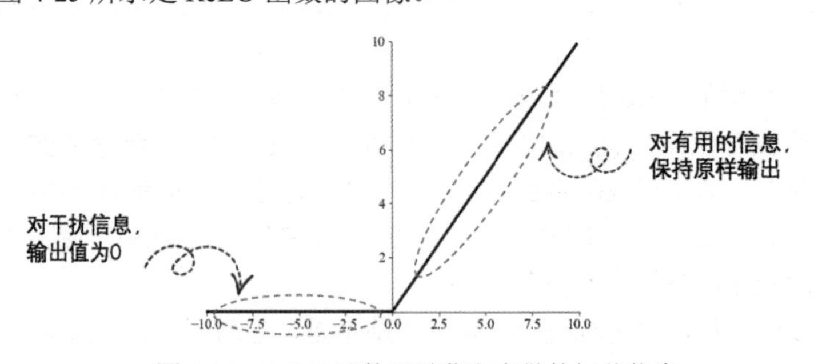

图 4-25　ReLU 函数可以获取唐僧的细节信息

在输入是正值的区间，都是满满的干货信息，ReLU 函数会把输入值真实地输出，这就保证了魔王能准确无误地拿到唐僧的细节，进行最后的确认。而输入是负值的区间，可能只是一些干扰信息，专业的叫法是“噪声”，比如唐僧打了个喷嚏，头上飞过一只小鸟之类的，这样的信息就直接输出为 0 值，既减少了信息量，又不会影响后续的判断。

还有一个要关注的问题，就是天气，你想啊，万一要是捉住了唐僧，制作成了肉干，要是气温太高，岂不是存放不久，所以要预测唐僧师徒路过时的气温。当前是 7 月，狮驼岭的平均气温是 35℃，往年 7 月每天的温度在 35℃上下波动，呈现对称的规律，如图 4-26 所示。

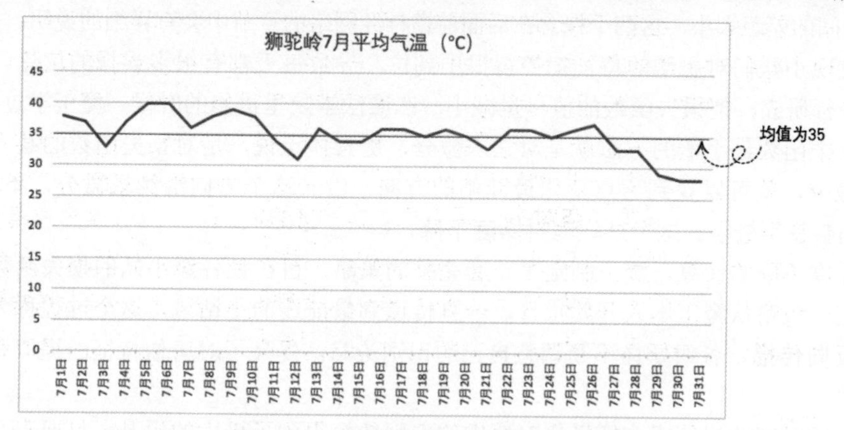

图 4-26　气温数据都呈对称分布的规律

对这类数据的模式分析和预测，最适合的函数是 Tanh 函数。Tanh 函数的图像如图 4-27 所示。

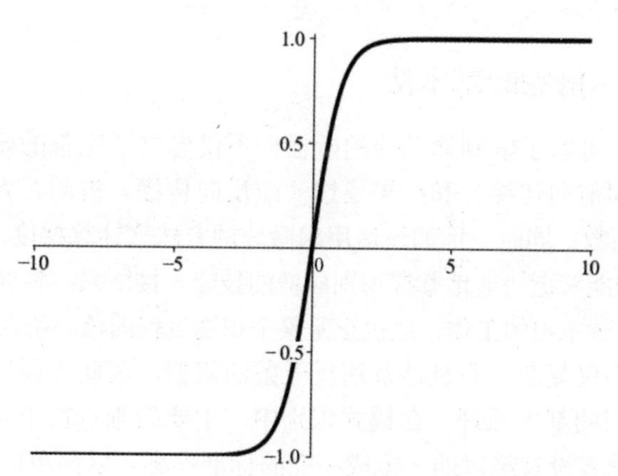

图 4-27　Tanh 函数能很好地保持数据最初的对称性

Tanh 函数与 Sigmoid 函数一样，都具有非线性特性，但是它可以将输入映射到 (-1,1) 的输出范围内（Sigmoid 输出范围是 0 ～ 1），也就是说，它的输出永远保持在 -1 ～ 1 之间。它的特点是，对于原本就对称分布的数据，无论经过多少次的变换，都能保持最初的对称性，不会因为中间的数据变换而发生偏移，有助于模型更好地捕捉气温变化的趋势和模式。

相比之下，前面说的 Sigmoid 函数就有这样的问题，原本正负对称的数据分布，经过 Sigmoid 转换后，均值就会逐渐偏离 0 值，这可能导致模型的训练一直无法收敛。

上面介绍的是神经网络里最常见的 4 种激活函数，这里只是简单地进行介绍，后面介绍前馈神经网络的时候还会详细分析它们各自的特性。

随着训练的深入，妖怪们对唐僧特征的识别能力越来越强。然而，它们还面临着一个问题：如何衡量自己上报信息的准确性？这时，**损失函数**发挥了作用。

魔王设定了一个损失函数，用于计算妖怪们上报的唐僧特征与真实唐僧特征之间的差距。每当妖怪们上报信息后，魔王都会根据损失函数的计算结果，对妖怪们的表现进行评估。如果损失函数的值较大，说明妖怪们上报的信息与真实唐僧特征相差甚远，需要进一步加强训练。损失函数也有很多种计算方法，有一种叫均方误差，还记得吗？前面线性回归那一节介绍过的计算误差的方法就是这种均方误差。所谓“均方”就是将所有预测误差的平方进行累加后，再除以预测次数或样本数量，从而得到一个平均误差值。还有一种是交叉熵误差，用于衡量两个概率分布之间的差距大小，这两个概念在后面前馈神经网络的章节中会有详细的说明。

魔王发现小妖们对唐僧的特征把控得很不到位，导致每天都有很多误报的信息，于是对损失函数进行研究，把损失函数的值尽量减小。在魔法学院里进修的时候，魔王学过微积分，他知道求一个函数最小值的方法就是对它求微分，更具体点说，是对损失函数的某一点的各个方向求微分，就可以找到这点变化最陡峭的方向，沿着这个方向继续求微分，不断重复，直至损失函数变得最小。这个过程就叫**梯度下降**。

通过梯度下降的计算，魔王制定了一套完整的策略，旨在使各级小妖的损失函数都达到最小值。这一策略从魔王本人开始推行，一直传递到最前线的小钻风，这个过程称为反向传播。通过**反向传播**，各级妖怪不断调整自己的识别策略，提高了对唐僧特征的提取和上报信息的准确性。

经过一段时间的训练后，妖怪们对唐僧的识别能力得到了极大的提升。只要真正的唐僧师徒从狮驼岭路过，妖怪神经网络就能快速准确地识别出来，并采取果断的捉拿行动。而这一切的背后，都是这些规则在起作用，可见，国有国法，妖也要有妖规，只有这样才能齐心合力，完成共同的目标。

4.3.3 模式识别——狮驼岭基本法

通过前面的介绍，可以了解到狮驼岭的妖怪们不仅建立了完善的妖怪神经网络，还建立了严格的信息上报（即前向传播）和结果反馈（即反向传播）机制。为了过滤无效信息，他们采用了不同的激活函数；同时，他们还运用求微分的方法来计算梯度，以此试图迅速降低损失函数，从而让小妖们能够更快速地掌握识别唐僧的技能。接下来，将详细探讨在整个过程中，狮驼岭的大小妖怪们具体承担的工作，这也正是整个识别过程的核心所在——**模式识别**。

识别唐僧的过程不仅复杂，而且涉及违反天条的问题，因此下面以识别简单的阿拉伯数字为例来阐释模式识别的基本原理。在模式识别中，主要的难点在于现实世界所固有的不确定性和模糊性，这意味着没有绝对的、一成不变的标准答案。以简单的 4×3 像素二值图像中的手写数字 0 和 1 为例，它们的外观可能因书写风格、书写工具、纸张质量等多种因素而大相径庭。这种多样性使得识别变得复杂。例如，手写数字“0”可能呈现出如图 4-28 所示的多种图像形态。

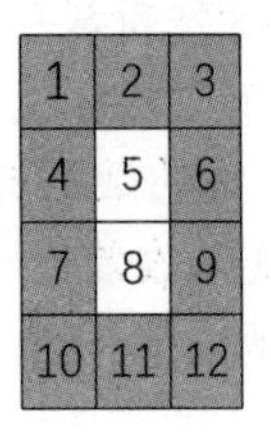

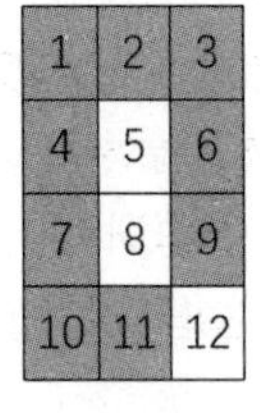

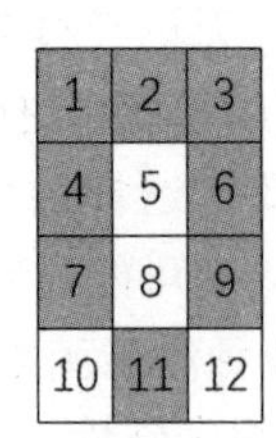

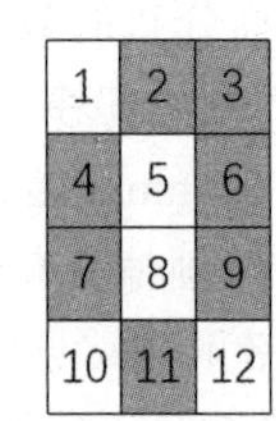

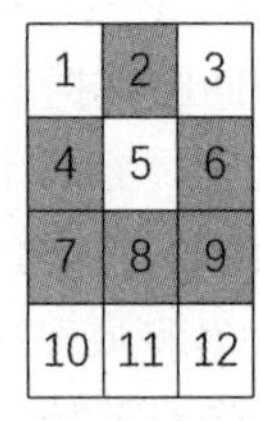

图 4-28　各种手写数字“0”的像素形态

对于这样的数字 0，由于其形态多样，即便是人类识别也会感到有些困难，更何况是计算机来进行判断。然而，通过仔细观察，还是能够发现一些规律性的特征。尽管各种手写的 0 在像素分布上存在差异，但大多数手写的 0 都会占据“4”和“7”这两个位置，以及“6”和“9”这两个位置。这些特征为识别手写数字 0 提供了重要的线索。

因此，对于这种没有标准答案但存在一定规律的问题，最好的解决方法是“让神经网络自行判断”。假设“妖怪神经网络”的设计如图 4-29 所示，输入层有 12 个小钻风，它们分别编号为 1—12，负责监控并收集每一个像素的值。这些小钻风将收集到的信息汇报给隐藏层的高级妖怪 A、B、C，它们负责进一步处理和分析这些信息。最后，输出层由两位大魔王坐镇，它们根据隐藏层的处理结果，负责输出最终的判断结果，即“0”或“1”。通过这样的设计，希望能够让神经网络自行学习和判断，从而解决这类复杂且多变的模式识别问题。下面看一下各层之间是如何配合，完成识别数字“0”的任务的。

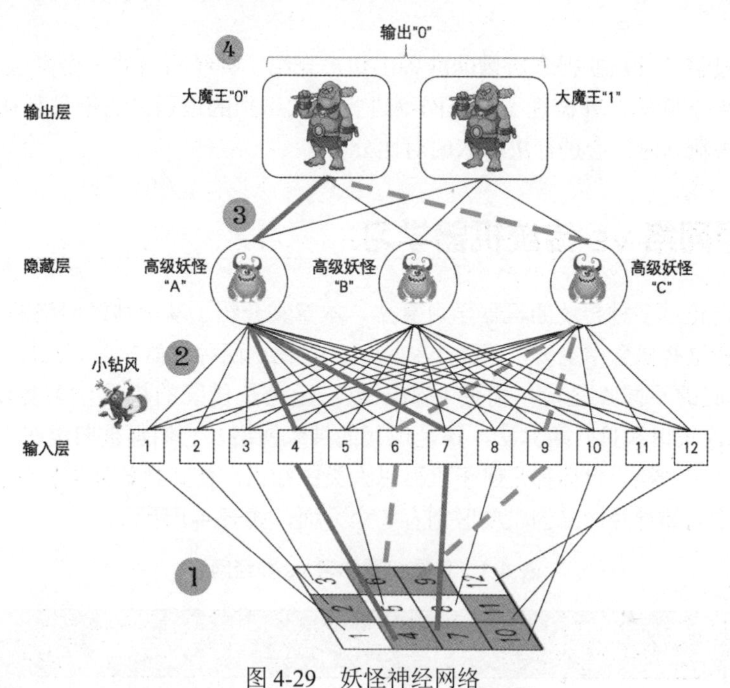

图 4-29　妖怪神经网络

第一步：假设有一个手写的数字，它映射成像素图像后，小钻风 4、7、6、9 会立刻察觉到这些特定的像素模式，并变得异常兴奋。他们迫切地想要将这一发现报告给上级。

第二步：尽管每个小钻风都能直接与高级妖怪通信，但高级妖怪们如同人间的政府部门，也有着明确的分工。例如，高级妖怪 A 负责管理小钻风 1、4、7、10，高级妖怪 B 管理 2、5、8、11，而高级妖怪 C 则负责 3、6、9、12。之所以能这么分工，是在长时间的训练过程中，通过不断调整小钻风与高级妖怪之间的权重参数而逐渐形成的。训练效果越好，高级妖怪的分工就越合理，神经网络对特征的提取和分析也就越精准。现在，当小钻风 4 和 7 同时上报信息时，高级妖怪 A 会给予高度重视。同样，小钻风 6 和 9 的同时上报也引起了高级妖怪 C 的注意。

第三步：作为经验丰富的管理者，高级妖怪不仅要关注小钻风上报的关键信息，不能发生漏报的错误，另外还要对这些信息进行真伪甄别，过滤出有用的特征。这里，激活函数起到了关键作用，它约束了高级妖怪的行为。只有当信息经过激活函数的计算并达到一定的阈值时，才会被继续上报给更高级别的妖怪。那么，什么样的特征值得上报呢？我们知道，像素 4、7 和 6、9 是数字“0”的明显特征，这些特征能够触发激活函数，使高级妖怪 A 和 C 迅速准确地向魔王报告小钻风上报的特征变化。而在本次识别过程中，高级妖怪 B 则没有得到任何有价值的信息，也就不会上报任何信息。

值得注意的是，高级妖怪可能不止一层，就像人类社会一样，他们的行政级别可能有多级，尤其在处理复杂任务时，每一级妖怪都有自己的职责和任务。通常，低级妖怪关注更基础、更简单的特征，如图像的像素值或文本中有哪些名词和动词等基本要素；而高级妖怪则关注更抽象、更复杂的特征，如图像各部分之间的关系或文字表达的思想感情等。

第四步：最上层的两个魔王从下层的高级妖怪那里接收兴奋度信息。他们同样有分工，左边的主要判断是否为数字“0”，他关注来自高级妖怪 A 和 C 的信息；右边的判断是否为数字“1”，他关注高级妖怪 B 的上报信息。魔王们整合这些信息，并根据兴奋度的大小作出决策。在本次前向传播中，由于左边魔王 0 的兴奋度高于右边魔王 1，神经网络判定图像中的数字为“0”。

本小节通过狮驼岭众妖捉拿唐僧的准备工作，介绍了神经网络的主要概念，如激活函数、损失函数、梯度下降等，并梳理了整个网络进行模式识别的过程。这里只是初步介绍，后续章节在涉及相关概念时，会进行更深入的对比分析。

4.4 神经网络 vs 传统机器学习

前面已经讨论过多种传统的机器学习算法，本章又介绍了基于神经网络的深度机器学习，为了不让大家在这些概念中迷失，下面小结一下，对比这两种机器学习方法的不同。

在比较它们的不同点之前，需要明确一点，无论是传统的机器学习算法如逻辑回归、KNN、SVM、决策树和贝叶斯算法，还是现代的神经网络，它们都被归类在机器学习的大框架之下。这些技术的核心目标都是赋予机器以人类的知识，使其具备分类和预测的能力。

传统机器学习和神经网络的主要区别有 3 个方面，如表 4-1 所示。

表 4-1 传统机器学习 vs 神经网络

	传统机器学习	神经网络
特征提取	人工提取	自动提取
应用场景	简单、快速	复杂、精细
成本	较低	较高

首先，在特征提取这一关键环节上，传统机器学习算法与神经网络之间存在着显著的区别。传统方法往往需要人工的参与，不仅要设计和准备训练样本，还需明确地从样本中提取特征，并告知机器如何利用这些特征进行学习。相比之下，神经网络则展现出更高的自主性，它能够从数据中自我学习并提取特征，大大减少了人工的干预。虽然有时在训练的初期阶段，可能会为神经网络提供一些手工设计的样本数据来辅助其学习过程，但大部分时间，神经网络是依靠其内在的自学习能力来完成训练的。

其次，在应用场景方面，传统机器学习算法因其简洁的模型结构（如线性模型或基于树状结构的模型），往往在处理文本分类、回归分析等任务时表现出色。例如，决策树算法在识别垃圾邮件的任务中，就以其高效和准确而著称。而神经网络，由于其多层结构和复杂的模型，更适合应对那些需要复杂且抽象处理的任务，如图像识别、内容评价以及文本和图片内容的生成等。

最后，从成本的角度考虑，传统机器学习算法在训练样本的数量和硬件资源的需求上通常更为友好。而神经网络在训练过程中往往需要大规模的数据样本和高性能的硬件支持。例如，像 ChatGPT3 这样的先进模型，其训练过程就需要动用数千块 GPU，成本更是高达数百万美元以上。

从另一个方面讲，别看神经网络霸气十足，但是它并不是一个人在战斗，很多业务既需要神经网络来进行复杂的分析，也需要传统机器学习算法配合完成。以贷款业务的风险控制为例，神经网络和传统机器学习算法能够携手合作，共同为金融机构保驾护航，图 4-30 所示就是一个这样的例子。

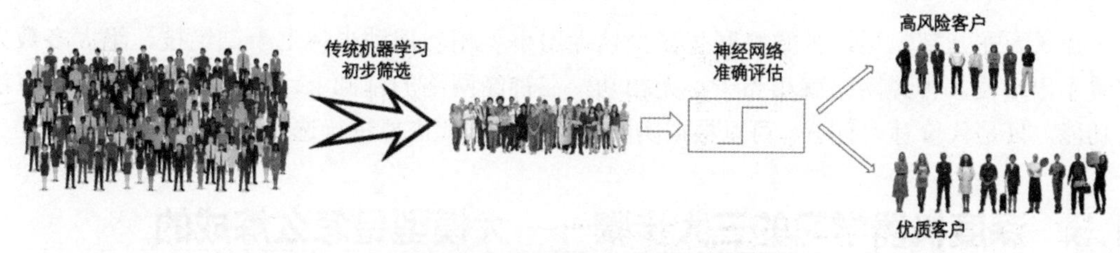

图 4-30 神经网络 + 传统机器学习

假设一个金融机构正忙于处理海量的贷款申请，它需要对每位申请人的信用状况进行细致的风险评估，以确定是否批准贷款以及贷款的额度。

在初步筛选阶段，传统机器学习算法如逻辑回归或决策树便大显身手。它们会基于申请人的基本信息，如年龄、收入、职业、信用记录等特征，迅速识别出那些明显不符合贷款条件的申请人，为金融机构初步降低风险。

经过初步筛选的申请人，接下来会进入神经网络的审查环节。神经网络凭借其强大的数据处理能力，能够自动从申请人的历史交易记录、社交媒体行为、消费行为等海量数据中挖掘出有价值的特征，并学习这些特征与信用风险之间复杂的关联性，精准地评估申请人的信用状况，预测其未来的还款能力。

最终，在风险控制决策阶段，金融机构会综合考虑神经网络和传统机器学习算法的输出结果。它们会结合申请人的各项特征和评估结果，制定出最合理的贷款决策。这种综合使用的方式能够充分发挥两种算法的优势，既保证了风险控制的准确性，又提高了工作效率。

可以这样理解两者的差异：在传统机器学习中，机器更多地扮演着体力劳动者的角色。算法的策略和规则都是由人类专家设定的，机器则利用其强大的计算能力，根据这些策略和规则，结合输入的数据特征，来找到问题的答案。

然而，在基于神经网络的深度学习中，机器的角色得到了质的提升。它不仅是体力劳动者，更是脑力劳动者。在这个过程中，机器会自主地从海量的数据中学习和提取特征，无须人类明确告知哪些特征重要以及如何提取。这种自主决策的过程对人类而言，更像是一个神秘的黑盒子。

对于同一件任务，既可以使用传统机器学习来完成，也可以基于神经网络来完成，这要根据任务的复杂程度、要求高低和预算多少来决定。打一个不太恰当的比喻，小无相功是《天龙八部》中“逍遥派”的一门内功，威力强大。其主要特点是不着形相，无迹可寻，只要身具此功，再知道其他武功的招式，倚仗其内力的威力无比，可以模仿别人的绝学甚至胜于原版，而没有学过此功的人却很难分辨，如图 4-31 所示。

图 4-31　使用小无相功催动少林七十二绝技

在《天龙八部》里，番僧鸠摩智在少林寺用小无相功催动少林七十二绝技，绝大多数人都看不出端倪。神经网络就相当于小无相功，在神经网络的基础上，可以实现其他各个算法的功能，只是代价有大有小，可以根据实际业务的成本和需要进行选择。

4.5　深度机器学习的三大步骤——大模型是怎么炼成的

当前，诸如 ChatGPT、谷歌的搜索引擎以及翻译模型 BERT 等大模型产品备受瞩目，它们凭借卓越的表现成为"聊天领域的明星"或"知识领域的专家"。这些模型之所以能够达到如此高的水平，背后是一系列精心设计的训练步骤。那么，究竟如何对这些大模型进行训练，使其能够掌握丰富的知识并具备解决问题的能力呢？通常而言，训练大模型主要包括以下几个步骤：预训练、微调和对齐。

4.5.1　预训练——培养一位合格的运动员

预训练，就像是为机器铺设一条通往知识世界的道路，让它对世界有个初步的感知。设想正在培育一位篮球运动员，预训练便是初级培训阶段，让他广泛涉猎基础篮球技巧，诸如投篮、传球、运球等。这些基础技能的掌握，为他日后在赛场上灵活应对各种情况打下了坚实的基础，如图 4-32 所示。

图 4-32　第一步，通过预训练苦练基本功

在人工智能领域，特别是在自然语言处理这一分支，预训练同样扮演着举足轻重的角色。下面利用海量的文本数据，训练一种名为 Transformer 的模型架构（这是当前自然语言处理领域的热门架构，后文会进一步解析）。这一预训练过程，使得模型能够深入理解语言的语法、语义及上下文关系。它就好比那位篮球运动员，在基础训练中逐渐积累起对篮球的深刻认识。

然而，预训练并非易事，它涉及模型的复杂度和所需样本数据的规模令人难以想象。以 ChatGPT 这类大型模型为例，其参数规模动辄上千亿个，这是一个极其庞大的数字。同时，为了支持这种规模的训练，需要数以万亿计的文本样本。这些样本的收集、整理与标注，都需要投入大量的人力和服务器算力资源。

整个预训练过程耗资巨大，耗时甚长。动辄数百万甚至上千万美元的成本，以及可能长达数周乃至数月的训练时间，使得这项工作通常只有行业内的领军企业，如谷歌、OpenAI 等能够承担。近年来，国内企业如百度、腾讯等也纷纷加入这一行列，展现了它们在人工智能领域的雄厚实力。

除了成本高昂和训练周期长，大模型的预训练还要考虑一系列的技术问题，其中最耗费精力的就是数据清洗和预处理问题。

第一步：数据清洗和预处理。其目标是确保数据的质量和一致性。这包括缺失值的补全、重复值排除、异常值处理等步骤。有效的数据预处理可以提高模型的性能，减少过拟合，提高泛化能力。通俗地说，就是我们收集的样本数据来自各种渠道，有的数据不完整，有的数据重复出现，还有的压根就是错误数据。那该怎么办呢？凡事预则立，不预则废，训练机器学习模型也是如此，我们需要让这些原始数据经过一些方法的过滤和加工之后，成为能够给大模型进行训练的合格样本。否则的话，大模型用不合格的数据训练，可能就“废”了。一般来说，经过清洗和预处理，大多数的原始数据都可能被过滤掉，例如，对于 GPT-3 这样的大模型，其原始数据量经过清洗后，仅有不到 10% 的数据成为语料库中的数据。

下面以缺失数据补全为例，看一下怎么进行数据清洗。表 4-2 所示是一张蛋糕产品销量统计数据表，有很多项是因为手工填写不规范导致缺少某个日期的销量数据。

表 4-2　有缺失值的数据集

商品种类	日期	销量（个）
经典黑森林蛋糕（7英寸）	2024-05-01	38
经典黑森林蛋糕（7英寸）	2024-05-02	
经典黑森林蛋糕（7英寸）	2024-05-03	54
经典黑森林蛋糕（7英寸）	2024-05-04	11
寿比南山蛋糕（8英寸）	2024-05-01	40
寿比南山蛋糕（8英寸）	2024-05-02	
寿比南山蛋糕（8英寸）	2024-05-03	
寿比南山蛋糕（8英寸）	2024-05-04	25

缺失值

缺失值

一个最简单直接的办法就是用同类商品前后几天的销量平均值来填充缺失，例如取前后 3 天的平均值，表 4-2 的几个缺失值就可以填上 34、25、30。当然，也可以根据需求，选择中位数或者最频繁值等来填充。在 scikit-learn（前面介绍过的机器学习工具库）的预处理模块中，有个 imputer 类就是专门干这个的，具体用法这里就不展开了，大家可以参阅相关的技术文档。

完成样本数据清洗和预处理之后，就得到了完整且合法的数据，但是这些数据的某些突兀的特征值可能会导致训练的效率下降。例如，考察影响人们的健康状况的多种因素，包括年龄、每天运动时间、年收入等因素，如表 4-3 所示。

表 4-3　有极大值的数据集

姓名	年龄（岁）	每天运动时间（小时）	年收入（元）
张三	47	3	9000
李四	33	1	1 500 000
王五	51	4.5	30 000
帅六	60	2	250 000

极大值

表 4-3 中的数据，李四的年收入很高，达到 150 万元，而其他人在这一项上与他差距较大。如果计算这几位之间的欧几里得距离时，李四由于“年收入”这一个特征值非常突兀，和其他特征值不是一个量级的，由这个特征值计算得出的欧几里得距离会完全由“年收入”这一特征主导，而忽视年龄、每天运动时长等其他对身体健康更重要的特征。大模型按照这个数据训练，就会影响模型的训练效果和收敛效率，如图 4-33 所示。

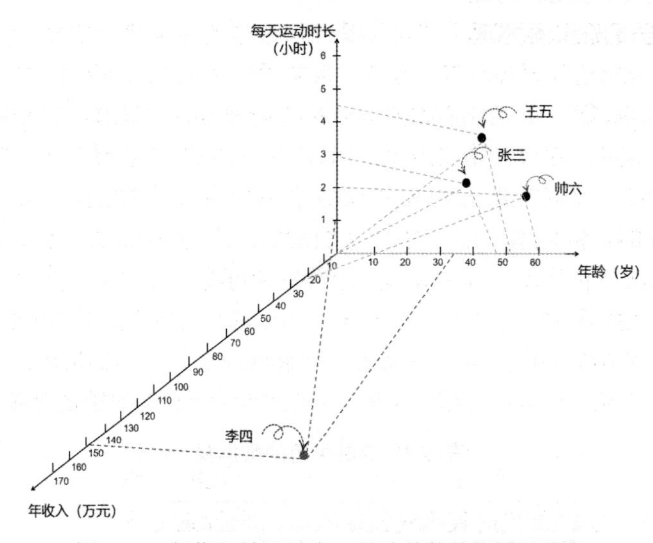

图 4-33　年收入差距过大，导致其他特征黯然失色

怎么办呢？可以引入**特征工程**这个概念：通过选择合适的特征，对特征进行合理的组合、转换或缩放，可以将特征变换到一个合理的范围内，从而提升机器学习模型的训练效果和效率。

下面以特征缩放为例，来简单介绍一下特征工程里最常见的方法——标准化。标准化是通过计算每个特征的均值和标准差，然后将该特征的每个值减去均值并除以标准差，从而将特征缩放到均值为 0，标准差为 1 的分布。这样做主要有两个原因。第一，有些机器学习算法，比如逻辑回归、支持向量机等，在训练过程中会假设输入数据的特征具有零均值和单位方差。标准化可以有助于满足这一假设，从而提高模型的训练效率和性能。第二，标准化有助于消除不同特征之间的量纲和数量级差异，使模型能够更公平地考虑每一个特征。以图 4-33 中身体健康特征分析为例，通过将年收入特征标准化，就可以消除极大值带来的副作用，使模型更加关注各个特征之间的相对关系。

前面讲的预处理和特征工程，都是为了给大模型一个完整、合理的数据样本，那么数据准备好之后，就要选择大模型进行训练了。

第二步：模型选择。这是机器学习中的关键环节，它涉及根据预训练数据的特点和具体问题的需求，从众多可能的模型结构中挑选出最合适的一个。这个选择过程通常依赖于对数据特点、模型复杂度、训练资源（如时间、计算力等）以及预期性能的综合考量。

假设有一个文本分类任务，比如情感分析，目标是将给定的文本评论划分为正面的或负面的。在这种情况下，可以考虑循环神经网络或长短期记忆神经网络等（后面将会详细介绍），它们能够处理序列数据中的顺序依赖关系，对于文本这种具有时间次序特性的数据特别有效。

然而，对于大规模文本数据，更常用的可能是基于 Transformer 的架构，如 BERT、GPT 系列等。Transformer 模型通过自注意力机制能够捕获文本中的长距离依赖关系，并且由于采用了并行化计算，其训练效率相对较高。

在图像识别任务中，卷积神经网络（CNN）是常用的选择，因为它能够捕获图像中的局部特征和空间层次结构。

对于生成新的图片，有如 Stable Diffusion、Midjourney 等技术，它们通常采用的是扩散模型（Diffusion Models）。扩散模型能够从噪点中逐步生成图片，其生成过程更加稳定和可控。

而像 Sora 等利用文本生成视频的产品，它们结合了 Transformer 架构来处理文本输入，以及卷积神经网络或扩散模型来处理图像或视频生成部分。这样的组合可以充分利用各自模型的优势，实现高质量的文本到视频的转换。

说明一下，类似 GPT、Stable Diffusion、Midjourney 及 Sora 这类模型，是通过人工智能（AI）生成所需要的内容的，因此它们被统称为人工智能生成内容（Artificial Intelligence Generuated Content，AIGC）。

以上提到的这些深度学习的大模型技术原理，在后续的章节中将会详细介绍。通过阅读本书，读者将能够更深入地理解这些模型，并在选择模型时综合考虑数据特点、任务需求和模型复杂度等多方面因素，作出科学的决策。

在实际应用中，通常会通过实验来比较不同模型在验证集上的性能，从而选择最佳模型。那么，怎么通过实验来进行比较呢？这就不得不提到超参数调优这个事情了。

第三步：超参数调优。神经网络中的超参数主要包括学习率、批次大小、隐藏层数量、每层神经元数量、正则化系数等。这些超参数的选择直接影响到模型的训练速度和最终性能。

学习率控制模型每次迭代时权重更新的幅度。假设正在训练一个神经网络，目标是让模型学习预测房价。开始时，模型可能会给出与实际房价相差较大的预测值。为了改进这个预测，你需要更新模型的权重。学习率就决定了这些权重调整的幅度。如果学习率设置得太高，可能导致模型在训练过程中无法稳定收敛，因为权重更新幅度过大，可能导致模型在最优解附近振荡而无法达到最优。另外，如果学习率设置得太低，模型可能需要很长时间才能收敛到一个较好的解，甚至可能根本找不到一个好的解，这会导致训练速度非常慢，甚至训练失败。

批次大小是指对于准备的很多样本数据，不可能一下子全灌给大模型，需要分批次给它，所以批次大小就是模型每次接收和处理的样本量。

具体的超参数调优方法有两种：**交叉验证**和**网格搜索**。

交叉验证很简单，就是将数据集划分为 3 个部分：训练集、验证集和测试集，并设定一系列学习率的候选值，比如 0.01、0.001、0.000 1 等。对于每个学习率的候选值，多训练几次，每次把数据集打乱了重新分组，看一下哪种学习率效果最好。

网格搜索比交叉验证稍微复杂一点点，可以同时调整多个超参数，例如同时调整学习率（例如 0.01、0.001、0.000 1）和批次大小（例如 32、64、128）这两个超参数，多试几次，每次改变这个组合，然后选择性能最佳的作为最终的超参数组合。

另外，超参数调优的时候，需要注意下面几个问题。

- **计算资源**：超参数调优可能需要大量的计算资源，特别是当超参数网格很大或模型很复杂时。因此，在实际应用中，可能需要利用分布式计算或云计算资源来加速搜索过程。
- **早期停止**：当模型在验证集上的性能开始下降时，意味着模型开始过度拟合训练数据了。此时应该提前停止训练，并选择在验证集上性能最好的模型作为最终模型。
- **其他超参数**：除了学习率和批次大小，神经网络还有许多其他重要的超参数，如正则化系数、优化器类型、隐藏层结构等。这些超参数也可以通过类似的方法进行调优。

通过细致的超参数调优，可以找到最适合特定任务和数据集的神经网络超参数组合，从而显著提高模型的性能和泛化能力。

除了上述问题之外，大模型训练还要密切关注**过拟合**问题。过拟合是一个大模型训练中的常见问题，如果模型过于复杂，就会出现在训练数据上表现很好，但在新数据上表现不佳。解决这个问题的有效办法就是**正则化**。正则化使用一个惩罚项来控制模型的复杂度，从而减轻过拟合现象。具体来说，正则化会在模型的损失函数中添加一个与模型参数大小相关的项，比如 **L1 正则化**（参数绝对值之和）或 **L2 正则化**（参数平方和）。这样，在训练过程中，模型不仅要最小化预测误差，还要尽量减小参数的大小，从而避免模型过于复杂。

举个例子来说明正则化的作用。假设有一个预测股市的线性回归模型，误差是用每一个预测点与实际值的均方误差来计算的，所有误差的和用 MSE（均方误差）来表示。原始的损失函数可以表示为 Loss = MSE。但是为了控制模型的复杂度，即限制权重参数不要过大，可以给损失函数加入一个 L2 正则化的惩罚项。加入 L2 正则化后的损失函数变为：$\text{Loss}=\text{MSE}+\lambda\times\|W\|^2$。其中，MSE 是均方误差，$W$ 是模型的权重参数向量（一个包含所有权重值的列向量），$\|W\|^2$ 是权重参数的平方和（也称为 L2 范数），λ 是正则化系数（一个超参数），用于控制正则化的强度。当 λ 较大时，正则化的作用更强，模型参数会被更严格地限制；当 λ 较小时，正则化的作用较弱，模型参数所受的限制较小。

这样的损失函数设计使得模型在训练过程中不仅要尽量减小预测误差（MSE），还要尽量减小权重参数的大小（$\|W\|^2$），从而达到减轻过拟合的效果。

4.5.2 微调——为具体比赛做准备

微调（Fine Tuning）是一种针对预训练大模型的加强训练过程，旨在将模型的基础技能应用于特定任务的实际场景中。

想象一下，篮球运动员准备参加一场关键的比赛，需要在赛前进行特定的任务训练，以便将日常练习中的基础技能有效地应用到比赛的实际情境中。这可能涉及根据本次比赛对手队伍的特点调整自己的战术，决定何时进行投篮、传球或防守等，如图 4-34 所示。

在自然语言处理领域，微调的作用与此类似，它相当于将预训练的模型“定制化”地应用到特定的任务上，通常涉及对预训练模型的部分参数进行更新，以适应特定任务的数据和标签。假设有一个预训练的 BERT 模型，它已经在大量文本数据上进行了训练，并因此具备了通用的语言理解能力。现在，需要将这个模型应用于一个特定的任务——电影评论情感分析。

这个任务的目标是判断电影评论是正面的还是负面的。为了完成这个任务，首先，需要准备一个标注好的电影评论数据集，其中每条评论都带有人工标注的情感标签（正面或负面）。然后，将这个数据集输入到预训练的 BERT 模型中，并冻结模型的大部分参数，只选择性地更新与情感分析任务最相关的那部分参数。

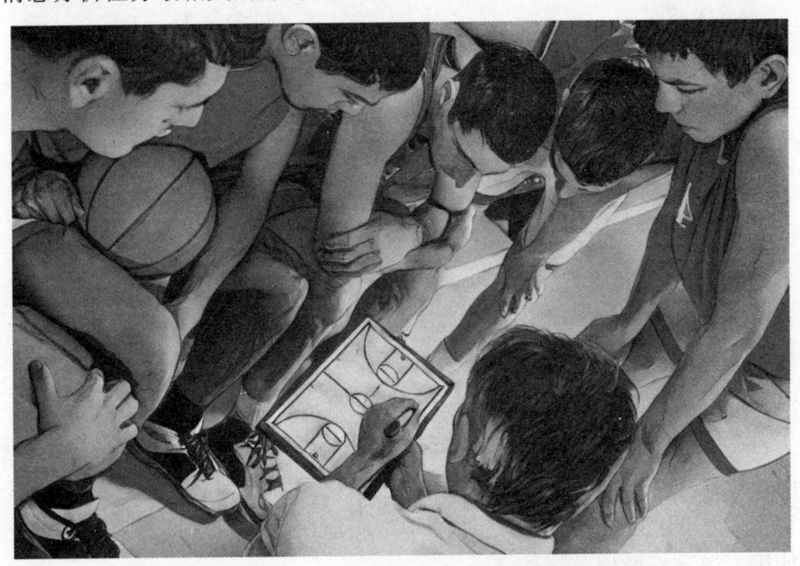

图 4-34　第二步，微调就是对重点问题的针对性训练

在微调过程中，模型会根据电影评论集中的数据和标签，通过反向传播算法调整这些参数，以更好地捕捉与情感相关的特征。随着训练的进行，模型会逐渐学习到如何根据评论内容判断情感倾向，并在新的数据集上达到更高的准确率。

然而，微调过程并非一帆风顺。在情感分类任务的微调过程中，可能会遇到一些挑战。其中，样本不平衡是较为常见的问题。

样本不平衡问题是指在进行模式分类时，样本中某一类数据远多于其他类数据而造成对少数类判别不准确的问题，而实际应用中，数量较少的样本往往包含着关键的信息。例如在情感分类任务中，某一电影评论数据集中，正面评论可能占据了绝大多数，而负面评论则相对较少；在设备故障预测中的故障样本远少于正常样本；用户流失预警中的流失用户比例远低于正常用户数等。虽然异常样本数量远远低于正常样本，但是这些异常样本包含的信息是不能被忽略的。

在训练大模型的时候要在多数类和少数类之间达成一个平衡，不能在训练时过多地偏向于多数类，导致对少数类的识别能力较差。

为了解决这个问题，可以采取一些策略。一种常见的方法是过采样或欠采样。

过采样（Oversampling）：是指增加少数类样本的数量，以使其与多数类样本数量相当。这样可以帮助模型更好地学习少数类的特征，提高分类器对少数类的预测性能。

过采样的方法包括复制样本、合成样本两种。复制样本就是把少数类样本多复制一些，使其数量增加到与多数类相当，这种方法操作最简单。还有一种是合成样本，这个稍微复杂一些，需要使用一些生成算法，如 SMOTE（Synthetic Minority Oversampling Technique），就是通过对少数类样本进行插值来生成新的合成样本。如图 4-35 所示。

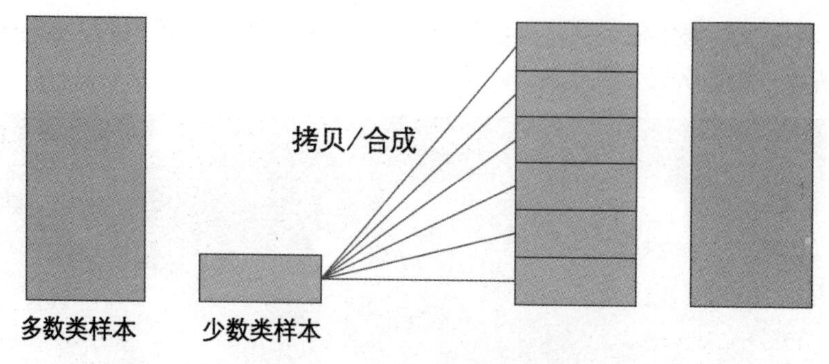

图 4-35　复制样本或合成样本实现过采样

简单地说，随机选择一个样本，计算它与其他样本的距离，得到 K 近邻，从 K 近邻中随机选择多个样本构建出新样本。例如一个少数样本分别是特征向量 [1, 2, 3]，从它的邻居中选择一个 [4, 5, 6]，则可以使用线性插值生成一个新的合成样本，例如 [2.5, 3.5, 4.5]。

这两种方法制造出来的样本其实并没有提供新的信息，这可能带来模型训练的**过拟合（Overfitting）**问题，即模型在训练数据上表现过于优秀（因为搞来搞去一直是那么些数据），以至于对于训练数据的细节和噪声都进行了学习，但在新的、未见过的数据上表现较差，一旦投入实际使用，遇到新数据就露馅了。

欠采样（Undersampling）：是指减少多数类样本的数量，以使其与少数类样本数量相当。这样可以减少多数类样本对模型的影响，提高对少数类的分类性能。

欠采样的方法包括随机删除样本、聚类方法等。随机删除样本就是从多数类中随机选择一部分样本进行删除，以降低多数类样本的数量。这种方法简单快速，相当于闭着眼随便删，因此可能会丢失一些重要信息。另一种方法就是使用**聚类算法**（如 K-means）将多数类样本聚类为较小的子集，然后从每个聚类中选择一个样本作为代表性样本。如图 4-36 所示。

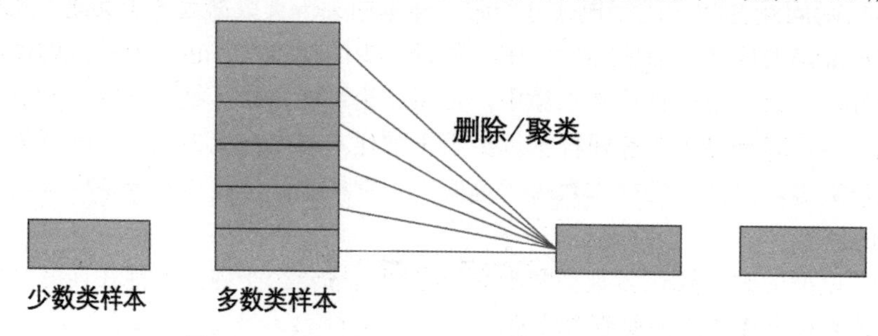

图 4-36　随机删除或采用聚类方法实现欠采样

聚类算法可以有效减少多数类样本的数量，同时保留一些代表性样本，如图 4-37 所示的方块、圆点和三角形 3 个样本。

除了改变样本的分布，还可以使用加权损失函数的方法，在训练过程中给予少数类样本更高的权重，从而使得模型更加关注少数类的分类情况。

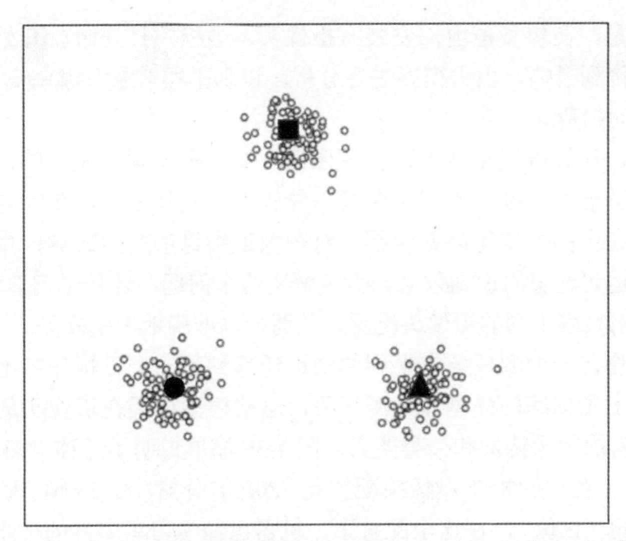

图 4-37　K-means 算法在每个聚类中选一个样本，可以减少样本数量

除了样本不平衡问题，**领域适应性问题**也是微调阶段经常遇到的实际困难。在训练大模型的时候，最重要的就是要准备足够多的样本，但是现实工作中，往往很难短期内就准备好足够多的样本数据。既然当前领域的样例数据获取难度比较大，那么可不可以使用相似领域的数据和知识来代替呢？实际生活中有很多这样的例子，比如学会吹小号，就比较容易学会圆号、黑管等管乐器；学会了 Java 语言，再学一些其他编程语言会简单很多。这其实是**迁移学习**的思想，就是利用已有的知识来学习新的知识，例如在图像识别领域，迁移学习可以将一个在 ImageNet 等大型数据集上训练好的图像分类模型迁移到自己的图像数据集上，再通过微调来适应新的数据分布，从而快速获得较好的性能。

在迁移学习中，已有的知识称为**源域**（source domain），而需要学习的新知识称为**目标域**（target domain）。通过找到源域和目标域之间的相似性，可以有效地利用源域的知识来实现目标域的学习过程。

近些年，在街头巷尾经常看到的无人售货柜，广泛采用了计算机视觉识别商品的技术，如图 4-38 所示。

图 4-38　不同型号无人货柜摄像头配置各不相同，很难针对所有的型号都训练一遍

它的工作原理是，在售货柜内部安装有摄像头，当柜门打开时就开始拍摄，关门停止拍摄，然后把视频上传到云端，由大模型进行分析，识别出顾客拿了哪些商品，最后给出账单，通过微信等手段自动扣费。

在这个过程中，计算机视觉技术通过图像识别算法来识别货架上的商品。然而，由于各个售货柜的摄像头分辨率、帧率和安装角度差异较大，此外柜子内部的灯光照明情况、柜体的宽度、拍摄角度发生的畸变等因素也都会对图像识别算法产生影响，直接应用统一的商品识别模型往往难以达到理想的识别效果。为了解决这个问题，迁移学习算法发挥了关键作用，能够帮助无人售货柜兼容不同的摄像头配置，从而可以准确地识别商品。

迁移学习允许将在一个源任务上学到的知识迁移到另一个目标任务上。因此可以利用在几家主流货柜型号上预训练的模型作为源任务，这些模型已经在摄像头的某种配置和安装方式下，学习到了丰富的图像特征和分类能力，图 4-39 简单说明了迁移学习算法的过程。

例如，图 4-40 中左边的柜子摄像头配置是 720P 的分辨率、24 帧 / 秒，安装在柜子左上角（A 位）或右上角（B 位），在这个配置下，机器已经学习了丰富的样本。然后，可以将这些预训练模型的参数或特征迁移到其他的目标任务上，以适应不同的摄像头配置及安装情况，例如右边的柜子，它的摄像头配置是 1080P、30 帧 / 秒，安装在柜子正上方（C 位）。

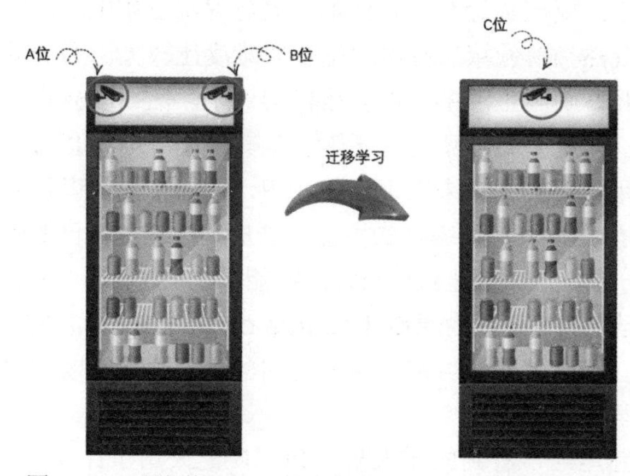

图 4-39　迁移学习可以兼容摄像头在不同位置的安装

迁移学习算法通过微调过程，使模型能够学习到不同摄像头配置及安装情况下的特征。由于预训练模型已经具备了一定的图像处理能力，微调过程可以在较少的目标数据上进行，从而降低了对大量标注数据的需求。通过不断地迭代和优化，模型可以逐渐适应各种摄像头的分辨率、帧率、安装角度、柜内光线及柜体宽度的变化，提高商品识别的准确率。

值得一提的是，当前我国几大 AI 公司的计算机视觉技术一直保持领先水平，目前对于正常购买场景下的识别准确率均已达到 98% 以上。

由于涉及各行各业的具体场景要求，大模型微调一直是一个复杂的课题，除了上面介绍的之外，还有噪声数据问题、隐私与安全问题、成本问题等。

对于成本问题，对大模型进行微调的成本也可能会很高，尤其是当需要大量资源、专业知识和计算能力时。但是，对于大多数个人开发者或者小型团队来说，如果只是对模型进行一些微小的调整，那么成本是可以控制得相对较低的。

例如，Stable Diffusion 是一种用于生成图像的深度学习模型，这种模型的问题之一是生成的图像不够逼真。为了解决这个问题，有人提出了使用 LORA（Low-Rank Adaptation of Large Language Models）来改进 Stable Diffusion 模型。LORA 其实就是一种用于微调模型的插件，可以在只有少量数据的情况下进行训练，增强模型的生成能力和图像逼真度。

如果是个人开发者，买一块几千元的好显卡，再使用一些开源的深度学习框架，如 TensorFlow、PyTorch 等，就可以基于 LORA 进行微调，俗称"炼丹"，就像图 4-40 所示的术士一样。

图 4-40　大模型的微调和术士炼丹有几分相似之处

具体地说，就是让 Stable Diffusion 学会更好地识别某个角色，学会某种风格。举个例子，假设你有一张自己拍摄的照片，但你想让画面中的颜色更加明亮鲜艳，同时突出一些细节。你可以使用 LORA 来对这张照片进行处理。通过微调参数和对模型进行调整，就能让这张照片看起来更具艺术感和吸引力，就像一名画家在自己的画布上作画一样，让画面更具表现力。

4.5.3　对齐——查缺补漏

价值观对齐：当已经进行了预训练和微调之后，大多数模型已经能够满足许多应用的需求了。但是对于一些特定的应用场景来说，希望通过一些纠正机制，使模型的回答更符合人类的价值观，也就是塑造模型的正常"人格"。

"智者不惑，仁者不忧，勇者不惧"，就是说，智能的尽头是善良。预训练过程是人工智能模型学习的基础。在这个过程中，模型从海量的语料库（几万亿条）中学习语言规则和知识。然而，这些语料库中的内容并不总是健康、正面的，它们可能包含脏话、歧视性言论等不良信息。

我们知道，模型就像一个无辜的孩子，它并不知道什么是好，什么是坏，只会努力学习。如果模型在预训练过程中接触到了有害的言论，那么它很可能会学到这些错误的观点，甚至将其放大。由于数据量太大，通过人工方式很难发现其中的不良信息，尤其是一些隐形的错误观点，例如像图 4-41 所示，有人在网上发帖："二舅出海抓回一只大海龟，味道很鲜美，赞！"

图 4-41　第三步，价值观对齐

可是海龟在我国是保护动物，禁止捕捉、贩卖。模型一旦学到了错误观点，可能会造成不可挽回的后果。假如一位在班里受到欺凌的学生求助于 AI，AI 告诉他以牙还牙，以眼还眼，那么很可能会激化矛盾。

因此需要针对错误观点专门设置一些红线，让 AI 的回答更中肯、更客观，也更有温度，能够成为黑暗中照亮前方的明灯，而不是将人推向更深的深渊的黑手。

为了解决这个问题，需要对模型的价值观进行对齐，就是对训练及微调后的模型进行人工干预。可以让人类专家参与模型的训练过程，对模型的行为进行监督和调整。前一段时间爆出新闻，OpenAI 雇用非洲外包劳工为 ChatGPT 进行数据标注，这就是人工干预的过程。

价值观对齐在人工智能领域中至关重要。如果模型不能拥有正确的价值观，那么它们很可能会对我们的生活造成负面影响。因此，应该更加重视价值观对齐问题，努力寻找更为有效的解决方案。同时，也应该思考如何在未来的发展中更好地利用人工智能技术，为我们创造一个更加美好、和谐的世界。

多模态对齐：此外，根据场景的需要，还有可能需要模型能够识别和处理某个领域的多种媒体格式，比如文本、音频、图片、视频等。打个不太恰当的比喻，就像在重要比赛之前，针对对方的一名高手，需要收集各种赛前特训材料，不光要研究他的进攻习惯、防守弱点这些专业技巧，还要研究近期他的健康状况、心理压力等各方面的情报，从而找到克制他的最佳策略。在实际应用中，例如对某个电影给出评价，就不仅要收集总结文本的评价信息，还要从互联网上搜索一些评价视频，才能作出全面的评价。

总结一下，预训练为模型奠定了基础的语言理解能力；微调使得模型可以应用到具体问题中，获得更好的任务性能；而对齐通过人为干预来塑造模型的“人格”，并使用多模态的数据来进一步强化模型能力。

4.6 人工智能科技树回顾

前面已经介绍了人工智能的基础方法和数据处理技巧。同时，也初步介绍了神经网络算法的发展历程。为了更好地理解这些内容，下面以更简单易懂的方式回顾一下。

可以把人工智能比作一棵大树，如图 4-42 所示。

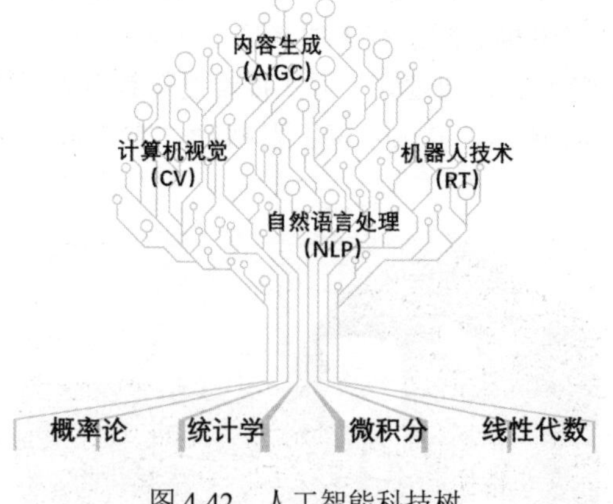

图 4-42　人工智能科技树

它的根基是数学知识，包括四大基础心法：概率论、统计学、微积分和线性代数。这些是人工智能的基础。

树干部分代表着机器学习。机器学习利用数学知识和大量的数据样本来训练模型，使其具备学习的能力。

传统的机器学习方法如 KNN、SVM、决策树和朴素贝叶斯等，依赖于人工提取的样本特征。在这些方法中，训练数据需要经过仔细的标注，然后输入模型进行训练。模型通过不断地调整特征的权重或重要性，来优化分类或预测的准确性。

另一种重要的机器学习方法是神经网络，也常称为深度学习。神经网络通过分析大量的样本数据，自动找出其中的模式和关系。多层神经元网络通过不断调整内部的连接权重，能够自主地学习和理解数据间的复杂关系。这种权重的调整过程通常通过反向传播算法实现，使模型逐渐改进并提高预测或分类的准确性。

在实际应用中，神经网络并不总是单独使用。很多时候，会将神经网络与传统的机器学习方法结合使用。例如，可以利用神经网络处理高维、非线性的数据模式，同时结合传统的特征选择方法来提高模型的性能。这种结合的方法通常能更好地解决复杂的问题。

最终，这棵大树结出了人工智能的各种应用果实，这些应用包括自然语言处理（例如机器翻译、文本情感分析等）、计算机视觉（包括人脸识别、商品识别等）、内容生成（比如 ChatGPT、Stable Diffusion、Sora）、机器人技术（Tesla 的 Optimus），等等，它们都是通过前面提到的算法和技术实现的。

总的来说，神经网络是人工智能领域中最精髓的部分，它的学习方式让它在处理复杂问题时表现出色。通过不断的学习和训练，神经网络可以变得越来越强大，解决越来越复杂的问题，真正将人工智能的应用带入日常生活，为人工智能的发展开辟了无尽的可能性。

让我们一起来探索人工智能的殿堂。

4.7　神经网络实战——让 MLP 识别 6 岁孩子写的数字

了解到神经网络的基本概念后，下面运行一个实例来加深对它的理解。为了让大家最方便、最经济地掌握有用的知识，本书尽量采用耗费资源较少的代码，以便能在读者的个人电脑上运行。

下面就以训练一个前馈神经网络识别手写体数字为例，让大家运行第一个神经网络的程序。需要说明的是，这个例子使用的多层感知器（Multilayer Perceptron，MLP）是一种基础的人工神经网络模型。它的准确率不高，功能也有限。后续介绍的卷积神经网络、循环神经网络等更专业化的模型，可以实现更多的功能、更高的准确率。

准备数据集：采用 sklearn 中自带的 MNIST（Modified National Institute of Standards and Technology Database）数据集中的手写数字图片作为训练和测试的数据。

图 4-43 所示是 MNIST 中 10 个 8×8 像素阿拉伯数字的部分图片示例，可以看出，他们写得相当不规范，甚至有些歪七扭八的，同样是数字 3，就有 3 种不同的写法，也就是刚上学的 6 岁孩子的书写水平。

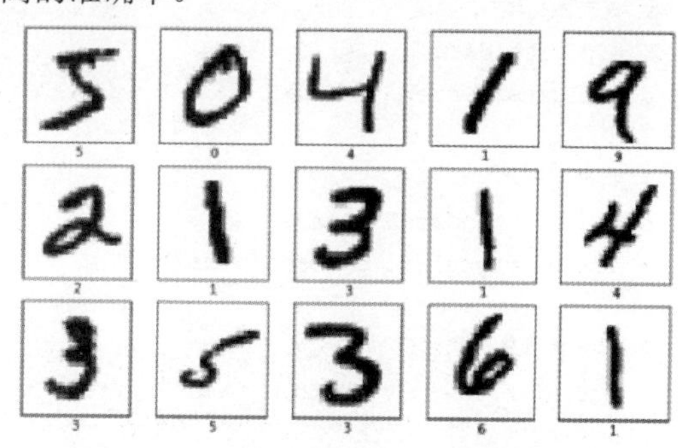

图 4-43　MNIST 数据集中的数字图片

任务目标：拿到一张图 4-43 所示的图片，要让机器识别出是哪个数字。

下载代码并运行：请扫描本书封底的二维码，并下载所有文件，将文件保存到 Jupyter Notebook 主目录下（如已经下载，请略过）。打开 Jupyter Notebook 主界面，双击

MLPNumber.ipynb 文件，然后在新打开的程序界面，点击运行按钮，或者按下“Shift+ 回车”键。有时候需要稍微等待一段时间，就能看见运行结果，见图 4-44。

```
Iteration 49, loss = 0.00275147
Iteration 50, loss = 0.00269274
Iteration 51, loss = 0.00262552
Iteration 52, loss = 0.00256062
Iteration 53, loss = 0.00250257
Iteration 54, loss = 0.00245250
Training loss did not improve more than tol=0.000100 for 10 consecutive epochs. Stopping.
Training set score: 1.000000
Test set score: 0.975000
idx=156
```

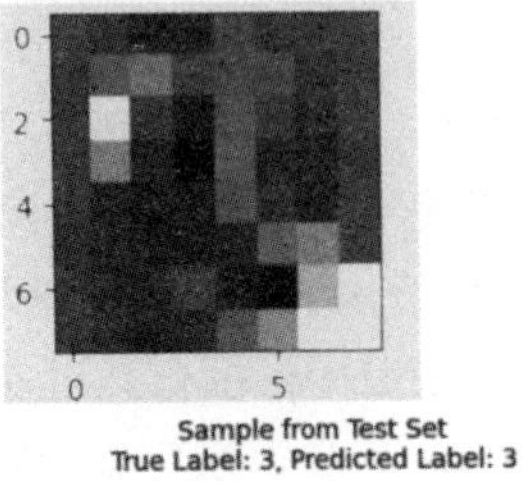

Sample from Test Set
True Label: 3, Predicted Label: 3

图 4-44　MLP 识别数字

可以看到，用数字“3”的图片进行识别，尽管 8×8 像素图片非常模糊，但是机器还是能准确地识别出来。当然，在运行的过程中，也会出现识别错误的情况，这是因为训练的次数有限，识别准确率不可能达到 100%。

代码简析如下。

首先导入一些用到的库文件。

```
import numpy as np
from sklearn.datasets import load_digits
from sklearn.model_selection import train_test_split
from sklearn.preprocessing import StandardScaler
from sklearn.neural_network import MLPClassifier
import matplotlib.pyplot as plt
```

从 sklearn 库中导入了 load_digits，这里面就包含有训练和测试用的手写数字图片。然后把数据集加载进来，再进行归一化的预处理，接着把数据集分为训练集和测试集两部分。

```
# 加载手写数字数据集
digits = load_digits()

# 数据预处理
X = digits.data
y = digits.target

# 数据归一化
scaler = StandardScaler()
X_scaled = scaler.fit_transform(X)

# 拆分数据集为训练集和测试集
X_train, X_test, y_train, y_test = train_test_split(X_scaled, y, test_size=0.2, random_
state=42)
```

下面构建前馈神经网络模型，并用训练集数据进行训练。

```
# 构建前馈神经网络模型
mlp = MLPClassifier(hidden_layer_sizes=(100,), max_iter=500, alpha=1e-4,
                    solver='sgd', verbose=10, tol=1e-4, random_state=1,
                    learning_rate_init=.1)

# 训练模型 |
mlp.fit(X_train, y_train)

# 评估模型性能
print("Training set score: %f" % mlp.score(X_train, y_train))
print("Test set score: %f" % mlp.score(X_test, y_test))
```

训练之后评估一下模型的性能，从打印出来的结果来看还是比较理想的，准确度达到了0.975。最后就是选一个数字图片出来，让机器识别一下。

```
# 随机选择一个样本进行预测
idx = np.random.randint(0, len(X_test))

# 显示测试集中的随机选择的图像，增强显示效果
sample = X_test[idx].reshape(8, 8)  # 保持 8×8 的数组形状

# 绘制 8×8 的模糊图像
plt.figure(figsize=(2, 2))
plt.imshow(sample, cmap='gray')


# 增大图像的显示尺寸以提高清晰度，使用插值方法提升显示质量
plt.figure(figsize=(4, 4))  # 增大图像窗口尺寸
plt.imshow(sample, cmap='gray', interpolation='bicubic')  # 使用 bicubic 插值方法使得放大后的
# 图像更平滑

# 设置更详细的标题和去除坐标轴
plt.title(f"Sample from Test Set\nTrue Label: {y_test[idx]}, Predicted Label: {mlp.
predict([X_test[idx]])[0]}", fontsize=10)
plt.axis('off')  # 不显示坐标轴

# 确保图像周围有足够的边距，避免标题和图像重叠
plt.tight_layout()

plt.show()
```

为了更好地展现，这里先让代码绘制了一张 MINST 数据集中原始 8×8 像素的模糊图像，再通过插值的方法，把这张图像清晰化一些，以便读者能够看清。具体效果大家可以试运行一下，自己体验体验。

煮酒论模型

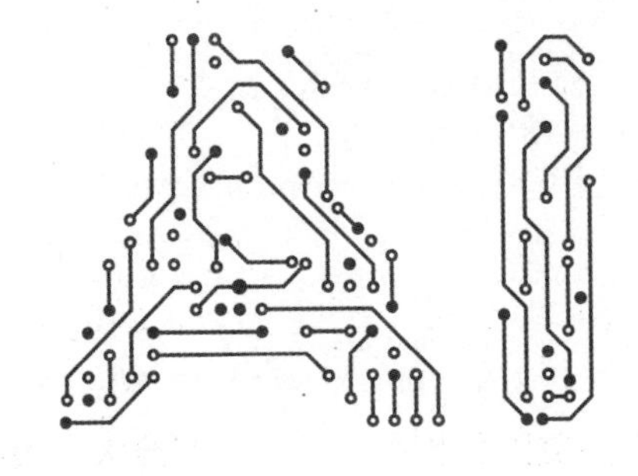

随着神经网络技术的迅猛发展，人工智能已经渗透到我们生活的方方面面，并在各个领域中取得了惊人的突破。接下来，将带领大家走进神经网络大模型的世界，深入解析这些模型的技术原理，并探讨它们在实际生活中的应用以及相关的产品实例。让我们一起领略这些大模型的魅力，并探索它们如何改变我们的世界。

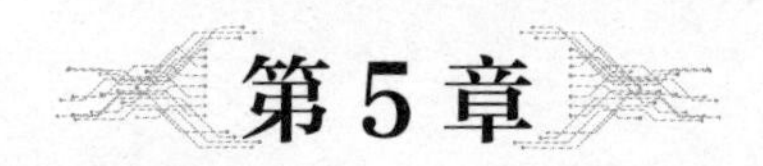

第 5 章 卷积神经网络（CNN）——图像识别背后的技术

这个世界往往会给你一个出人意料的结果，比如，我家这位好吃懒做的喵星人，一直被当作国产土猫散养着，某天我用一款拍照识图软件对着它试了一下，居然发现人家还是美国进口货。识别结果见图 5-1。

图 5-1　自动识别图片中的动物

在我正在考虑是否以后买些美国猫粮的同时，也想给大家揭秘一下 App 是如何准确识别出图片中的动物的。这一块的技术就是听起来很“卷”的卷积神经网络。

5.1　卷积，卷的是什么？

通过前面章节的介绍，已经了解到神经网络可以逼近任何数学模型，所以变得非常强大，能解决很多之前无法解决的问题。那么它是怎么识别图片里的各个物体的呢？

比如图 5-2 里的一只猫，机器是怎么判断是猫而不是一条狗，也不是一座房子的？

我们知道，眼睛对于我们人类来说非常重要，没有眼睛的话，很难真正理解世界。但是让计算机理解图片却非常困难，几乎可以说是个“天大的难题”。

为什么会这样呢？简单来说，计算机的内部语言是由 0 和 1 这两个数字组成的，虽然它可以在屏幕上显示出各种各样的东西，但它对数据的存储却是以 0 和 1 的形式来记录的。以图像为例，一张图片由很多像素组成，例如常见的 1080P，就是 1920×1080=2 073 600 个像素，计算机把每个像素的颜色分成了红、绿、蓝 3 个通道的数值，也就是一组数字。例如一个红色像素的代码就是 {255，0，0}，这 3 种颜色的搭配组合成了五彩缤纷的图片。后面的讨论为了方便，我们就用一个数字简单地代替，但是大家心里要清楚，其实每个颜色都是由一组 3 个数字组成的。

图 5-2　AI 识别一只猫

那么，对于计算机来说，怎么去理解一张图片？比如你看到的图 5-3 显示的是崇山峻岭，但对于它来说，却只是一串由 0 和 1 组成的代码。

图 5-3　崇山峻岭

还有图 5-4，你可能看到了母子情深，但计算机只看到了 010101……

图 5-4　母子情深

有些图，像图 5-5 这样的，你啥也看不出来。对于计算机来说，还是一串 010101……

图 5-5　啥也看不到

计算机只记录了每个像素的数值，它只看到像素，而看不到图案。同样的一只猫，只要稍微调整一下角度，如图 5-6 所示，那么每个像素的值就会完全不同，这让计算机怎么知道它和之前的图像是一回事呢？

图 5-6　同样一只猫，转个角度，像素值就完全不同

哪怕是直接告诉计算机这是一只猫，因为猫有着圆圆的脸和长长的尾巴，计算机可能也会迷惑地问："什么是脸？什么是尾巴？'长长的'又是什么意思？"因为对于计算机来说，这张图就是一串数字罢了。

况且，尽管人类可以根据体型、颜色、五官和叫声来辨认猫，但是世界上猫的种类千差万别，它们的特征各异，例如如图 5-7 所示就包含了 9 种完全不同的猫。

这么看起来，人类自己都很难总结出所有猫的共同特点，更别说教给计算机了。所以，要让计算机认识猫，只能让它自己去学习。

这个学习的方法就是卷积神经网络。卷积原本是一个数学概念，公式如下。

$$(f * g)[n] = \sum_{m=-\infty}^{\infty} f[m] \cdot g[n-m]$$

图 5-7　猫的种类千差万别，特征各异

嗨，这个公式太高深，我们不去死磕它，Forget it.

还好，我们可以直接使用卷积神经网络这个概念，这就亲民了许多，不用考虑它原本的数学含义，只看它在计算机图形里面的实际作用。

在探讨卷积神经网络是如何识别图片之前，先想一想，人类是如何识别事物的呢？咱们来玩个小游戏，找到一张照片，见图 5-8，然后注视 2 秒钟。

图 5-8　爱旅游的少年

好，让我们来想一想刚才看到了什么？也许有人会说：“我看到了一个少年。”很好，这位少年戴眼镜吗？可能大多数人都能答上来。那么接着问，那少年背后的标语的第七个字是什么呢？有人知道吗？或许需要再仔细看一次，才能给出答案。

这个小游戏告诉我们，我们人类通常只会注意到事物的关键轮廓，对于细节并不是特别在意。只有当我们真的需要特别关注细节时，才会特地去仔细观察。然而，正是这种“只管轮廓”的方式，使得我们能够在瞬间认出很多事物。

机器进行图像识别的时候，也是一样的，如果过于关注细节，处理速度会变得非常缓慢。这是因为图像中包含大量的像素和细微的特征，如果机器都要逐个处理，将会花费大量的时间和计算资源，不能在短时间内给出正确的答案。

相比之下，忽略一些细节，专注于关键特征，可以让机器更高效地进行图像处理和识别，从而提升处理速度和效率。这也是卷积技术的一大优势。因此，要让计算机也能像我们一样识别各种物体，就必须让它具备这种“忽略细节，只看特征”的能力。它可以帮助计算机在保持准确性的同时，更迅速地进行图像识别和处理。

可以使用“卷积”操作来实现这种能力，在计算机图形处理中，卷积扮演着非常重要的角色。通过卷积，可以从图像中提取出那些关键的特征，然后让计算机根据这些特征来识别图片中的各种东西。

“卷积”的英文是 Convolution。我们把它翻译成“卷积”，这里面的“卷”字表示像纸片一样卷动或滑动的动作；“积”字是指对输入信号进行滑动积分或加权求和。这里有一个用于提取特征的小工具，叫作**“卷积核”**，后面将会详细介绍。在卷积操作中，卷积核在输入信号上滑动，将卷积核与当前位置的输入值相乘并求和，然后将结果保存到输出信号的对应位置。这个过程类似于用一个小窗口在图像上滑动，将图像的特征采集出来，因此个人认为叫作“滑积”其实更加贴切。

生活中也经常使用“卷”这个字，比如“内卷”。这原本是一个社会学术语，后来被互联网给玩坏了，成为内部恶性竞争的意思。像图 5-9 这样的，就是典型的内卷型人才。

图 5-9　内卷无边

内卷的例子还有很多，例如，蹲在地铁站编译源代码，边骑车边修改文档，还有职场的“996”“007”等，都让人感到无边的压力，不过话说回来，付出永远是和回报成正比的。

好，回到图像卷积的概念上，下面探究一下，在计算机世界中，卷积究竟是怎么实现“忽略细节，只看特征”这个神奇功能的。卷积的算法其实挺复杂的，不过下面会用最简单的方式把基本原理讲清楚。一旦掌握了这些基本原理，相信你就会有信心去深入研究更复杂的卷积算法了。

5.2 用卷积核提取喵星人的特征

当看到图 5-10 所示的照片时，是不是一下就能认出这是一只猫？那么你是根据什么判断的呢？很简单，通过猫身体的几个部分的特征就可以判断，例如猫的脑袋圆圆的、耳朵尖尖的、眼睛大大的、神态萌萌的；猫有 4 条小短腿；全身都是毛，大多数是白色、黑色、橘色、灰色这几种；还有一条长尾巴……

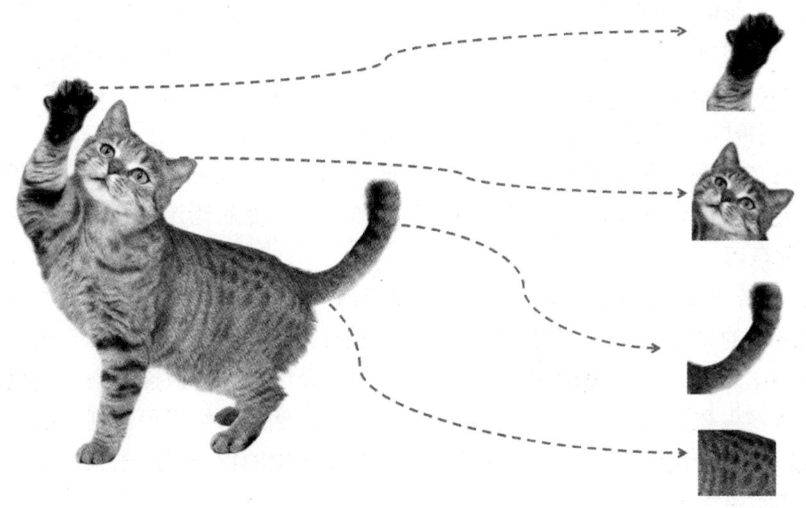

图 5-10　分解喵星人的特征

如果符合上面所有特征，我们的大脑就会判断它是一个喵星人。所以，这个判断过程就分为了两大步骤：

第一，提取图片的特征，包括脑袋形状、耳朵形状、眼睛大小、尾巴长短、有几条腿、是否有毛、是什么颜色，等等。

第二，根据特征判断它是喵星人的概率，超过一定置信度的话，就将它认定为猫。

那么先进行第一步：提取特征。

怎样提取特征呢？这就要用到前面提到的一个概念：卷积核。

什么是卷积核呢？请看图 5-11。

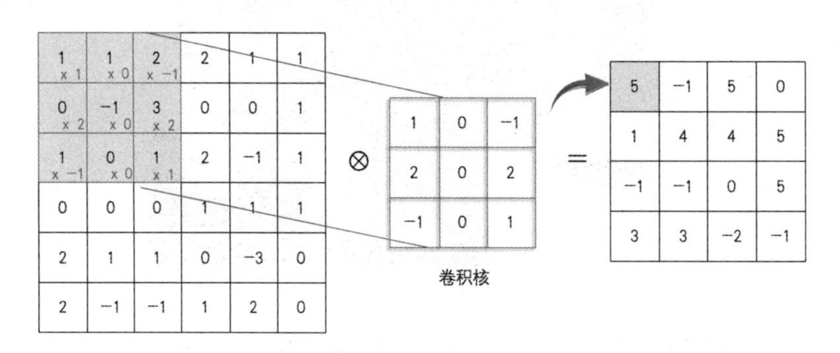

图 5-11　用卷积核提取特征

想象一下，有一张图，就像照片一样，其中的每个小点都有一个数字表示它的颜色值。现在，拿出一个特殊的小图案，它是一个九宫格，称为卷积核。这个九宫格形状的卷积核就像一个小窗子一样，把它放在原始图像的左上角，这样，九宫格的每个小格子都盖在了原图的对应小格子上面。你看到了吗？

接下来，进行一些简单的数学计算，把九宫格小窗子每个位置的数字，去和原图被盖住的相应位置的数字相乘，得到9个新的数字。

$$1 \times 1 = 1 \qquad 1 \times 0 = 0 \qquad 2 \times (-1) = -2$$

$$0 \times 2 = 0 \qquad -1 \times 0 = 0 \qquad 3 \times 2 = 6$$

$$1 \times (-1) = -1 \qquad 0 \times 0 = 0 \qquad 1 \times 1 = 1$$

然后，把这9个数字加在一起，1+0+(–2)+0+0+6+(–1)+0+1=5，最终得到一个新的数字5。这个新的数字5代表了用这个卷积核在原始图像上提取的某种特征。例如，如果卷积核是专门提取红色的，那么这个新数字5就代表了图像中这一小块位置上红色的特征值。需要说明的是，根据业务的需要，有时候需要对这个数字5做一个平均值操作，也就是用5除以9（因为是9个格子），即0.56，才得到特征值。

那么原始图像中的其他像素怎么卷积呢？请看图5-12。

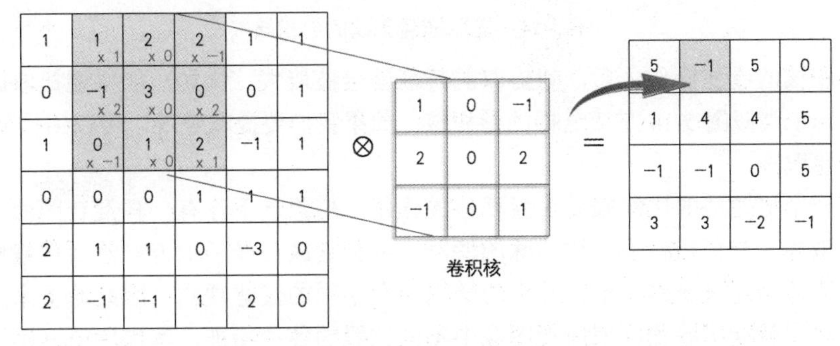

图5-12　滑动卷积核，提取图片上所有像素的特征

接下来，来做一个小小的动作。把那个“小窗子”往右挪一下，就好像是在图上稍微滑动一下，然后再做之前的那些计算，得到一个新的数字。一直重复这个动作。最后，当把“小窗子”在图上滑动了一圈后，就得到了一幅新的图像。

这幅新图实际上比原来的图少了一圈，就好像把外面的边框给去掉了一样。这个新图就是用卷积核“小窗子”提取出来的特殊特征，就像是一张只保留了精华的照片一样。

每个卷积核都提取一个对应的特征，例如对一张人物照片提取边缘特征，就得到一张类似雕版效果的边缘特征图，如图5-13所示。

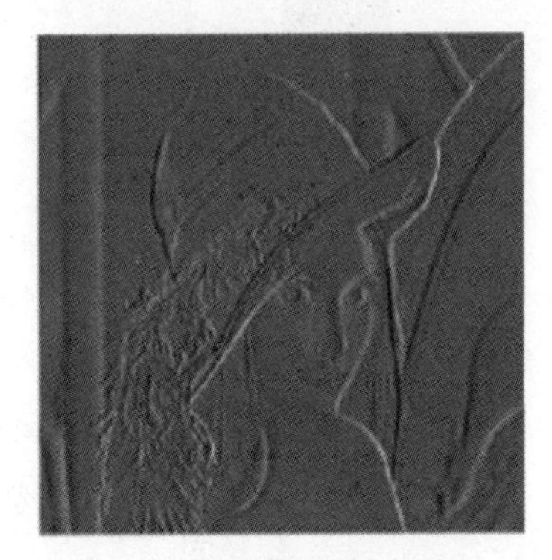

图5-13　利用卷积核提取图像的边缘特征

看到这里，相信你一定满脑门的问号，这是什么操作？卷积核又是怎么提取特征的？先别着急，听我慢慢解释。这个卷积核的设计非常有讲究，简单来说，如果卷积核与下面盖住的图像特征相似，那么在进行一系列操作（对应值相乘、相加）后，得到的数会比较大。反之，如果原图和卷积核的特征相差很大，得到的数会比较小。图 5-14 所示就是两种常见的卷积核。

1	1	1
0	0	0
−1	−1	−1

提取横条纹的卷积核

1	0	−1
1	0	−1
1	0	−1

提取竖条纹的卷积核

图 5-14　提取横竖条纹的卷积核

经过卷积核的卷积操作之后，想提取的特征就会被放大。比如，如果要提取画面中的横线，可以用一个类似图 5-14 左边这样的卷积核；如果我们要提取竖线，可以用类似图 5-14 右边这样一个卷积核。

现在用一个更通俗的比喻来说明卷积核的作用。想象一下你有一杯混合的液体，而图像就好比这杯液体。卷积核就像一块特殊的滤网，你把它放在杯子上方。然后你慢慢将这块滤网往下压，液体会通过滤网，不同种类的滤网会有不同的过滤规则，因此滤下来的精华也会不一样。这样，就能用卷积核来捕捉图像中不同位置的各种特征，就像用滤网筛选出不同的物质一样。

卷积核就像是神奇的特征过滤器，但它只能专注于找出一种特定的特征。所以，如果想找出图像里各种不同的特征，就需要用很多不同的卷积核，如图 5-15 所示。

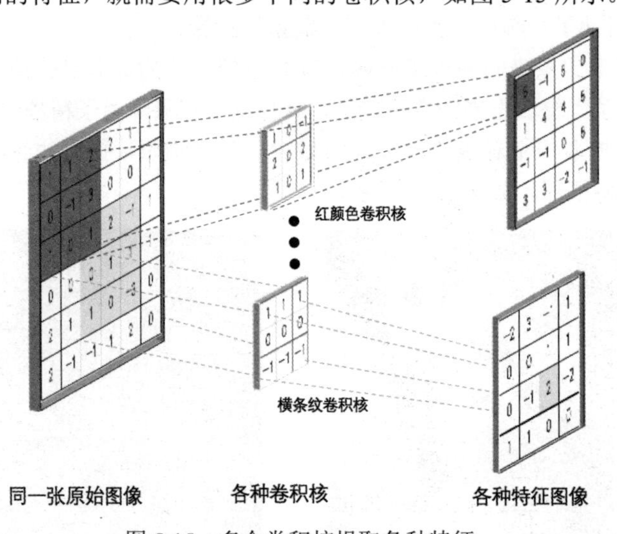

图 5-15　多个卷积核提取各种特征

可以把这个卷积的过程想象成把一幅画交给一群专家，每个人负责找出不同的特征，然后大家一起合作进行特征提取。这样，大家共同努力，最终把图像变成了一组显示不同特征的图，这就是卷积神经网络中的第一层卷积层。

不过呢，虽然第一次卷积让图像变瘦了一圈，但它还是个大胖子。想象一下，随便一张 1080 像素的图像有好几百万个像素，就像广场上密密麻麻的人群，要是一个一个地提取特征，真是累死个人。更糟糕的是，有些像素其实并不重要，就像是人群里的闲杂人等，不值得浪费时间。所以，得找个办法，让图像变小一点，这样就可以更快地进行下一轮卷积了，请看图 5-16，是不是想到了什么方法？

图 5-16　对集体操人群的池化

用专业的讲法，就是对数据进行降维，这个方法叫作 **“池化”**。别被这个名词吓到，其实很简单。举个生动的例子你就明白了：假设你和其他 9999 位小伙伴一起排成一个 100×100 的方阵，正在练习集体操。突然传来通知，因为场地问题，只能留下四分之一也就是 2500 名同学表演。这时候，你怎么迅速地从这 10 000 人中选出 2500 个，还要保证整体表演基本不受影响呢？一个简单的方法是，在每个 4×4 的小方阵中，选出表现最好的一位作为代表，然后请其他 3 位离开。这个过程就叫池化，就像是把大方阵缩小成一个小方阵，保留最重要的部分。对于图像数据也是同样操作，见图 5-17。

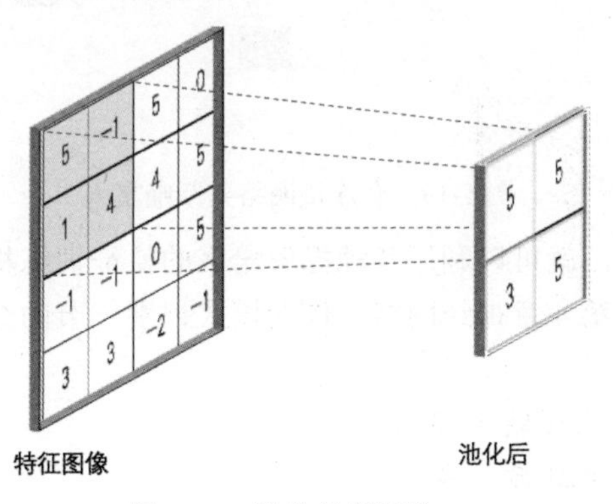

图 5-17　池化就是四选一

现在，把图像中的像素想象成人。在每个 4 × 4 的格子里，找到数值最高的那个像素，把其他 3 个去掉，这样图像就缩小成原来的四分之一大小，这种方法叫**最大池化（Max Pooling）**，它能更好地保留纹理特征。当然还有其他的池化方法，例如取 4 个像素的平均值，叫作**平均池化（Average Pooling）**，它能更好地保留背景信息。接着，进行第二次卷积、第二次池化，再进行第三次卷积、第三次池化……在这个过程中，图像被逐渐缩小，卷积提取的特征也逐渐从局部变成了整体，一开始提取的是颜色、条纹之类的基础特征，后面就将这些基础特征进行组合，逐渐地提取毛发的颜色、耳朵的形状、尾巴的长短等高级特征。因此特征的数量变得越来越多，最终呈现出如图 5-18 所示的样子。

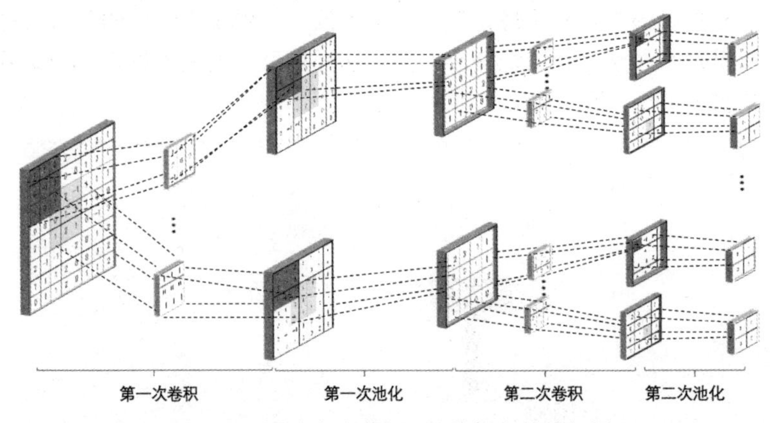

图 5-18　图片多次卷积、池化提取的特征图

经过几轮卷积和池化的“折腾”之后，最终提取出精华，就像是用不同的漏勺，从火锅里捞出的各种美味的牛肉、蔬菜，把它们送进了一个有点“神秘感”的全连接神经网络，也就是第二步的根据特征进行分类判断了，见图 5-19。

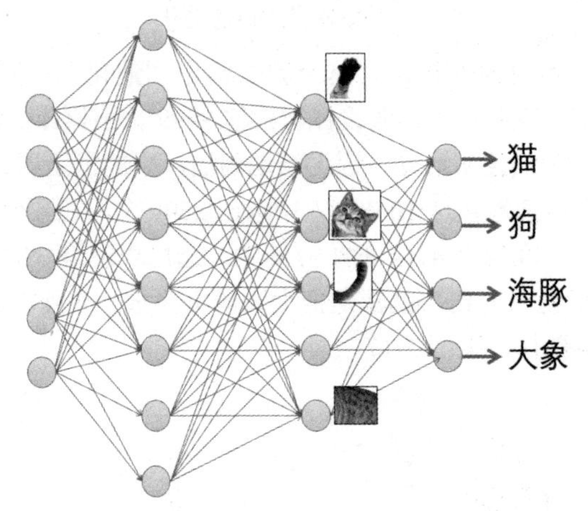

图 5-19　全连接网络判断喵星人

在这个全连接网络中，就可以利用各种提取出来的特征训练机器。至于全连接网络中如何提取各种特征，请参考第 4 章神经网络工作的模式识别一节的介绍。提取出的不同特征组合对应不同的动物，例如：

- 圆脑袋＋尖耳朵＋大眼睛＝猫；
- 长脑袋＋尖耳朵＋细眼睛＝狗。

经过多次反复训练，最终使得机器能够准确地对图片上的内容进行分类，判定是猫还是狗，就完成了整个图像识别的模型训练。

利用训练好的模型，机器可以轻松地给出一个结论，图片上是喵星人的概率是 89%，假定认为概率超过 75%（置信度为 75%）以上，就可以给出肯定的结论，最终识别出图片是喵星人。

图 5-20 所示就是卷积神经网络的整体技术路线，可以看到卷积神经网络的所有核心功能。

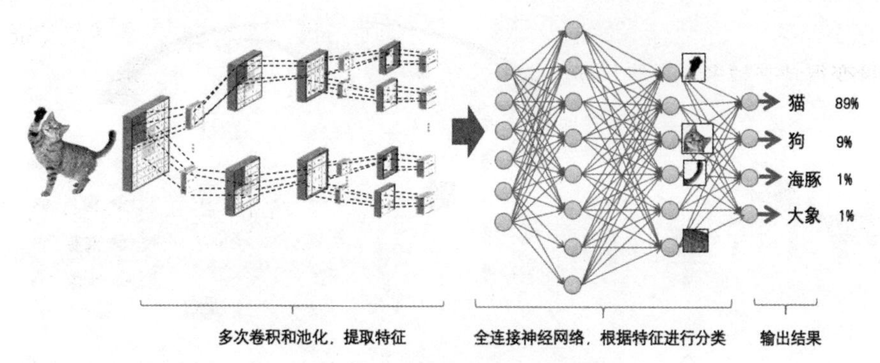

图 5-20　卷积神经网络全步骤

下面把卷积的过程总结一下。

- 首先每一张图片是由几百万个像素构成的，每个像素都是一个 RGB 向量，代表像素点的红色、绿色、蓝色的比例。
- 选用若干个卷积核对这张图片提取特征，每个卷积核负责提取一个特征，在不断的训练中，会对卷积核进行持续的调整，使卷积核的提取能力不断增强。
- 为了降低计算复杂度，对每次提取出来的特征图片进行一次池化，简单地说，就是用一个像素代替原来的 4 个像素，因此减少了图片的信息复杂度。
- 上面的卷积 - 池化过程可以重复很多次，每次采用不同的卷积核，提取的特征也从低级的纹理、颜色特征到高级的整体轮廓、组合特征。
- 将提取完成的特征放入一个全连接网络中，不断调整各个特征的权重，直至根据各个特征计算的结果最符合真实的答案为止，这就完成了卷积神经网络的训练。
- 最后就可以用训练好的模型进行新图片的识别任务了。

5.3　猜错了怎么办？——知错就改，不断进步

上面介绍了卷积神经网络的工作原理，下面讲一些技术细节。

卷积神经网络训练的目的是使得网络能够从输入数据中提取有用的特征，并对这些特征进行分类或识别。这就有两个要求，一个是卷积核要能准确地提取特征，另一个是全连接神经网络里的各个权重要调整到合适的值。

但是卷积核初步提取的特征可能并不是最佳的，就像小学生刚开始学习字母 a、b、c 时，书写可能不够准确，发音错误也时有发生。因此，需要通过持续的练习和改进来提高。在卷积神经网络中，最初阶段的特征提取可能仅仅捕捉到一些基础的轮廓和边缘等信息，对于更复杂的物体或更抽象的特征，可能难以精准捕捉。这是很正常的，毕竟每个人都是从 0、1、2 这样的基础开始学习的。只要能够及时察觉自己的不足，并改进学习方法，就会迅速进步。

全连接神经网络中各个特征权重的学习过程也是类似的。一开始，学习的效果可能很差，可能会将猫误识别为狗，将鼻子误识别为耳朵，等等。但是神经网络会根据这些差异的大小反馈给前面的卷积神经网络和全连接神经网络，不断地调整每个特征的权重和组合方式，以使网络能够更准确地分类图像。这个反馈和调整的过程叫**“反向传播”**，见图 5-21。

具体地说，反向传播机制能将自身的识别结果与人工标注的正确结果进行比对，把比对的结论反馈到前面的特征提取和特征权重定义的步骤，不断地优化模型，提升机器的图片识别能力。

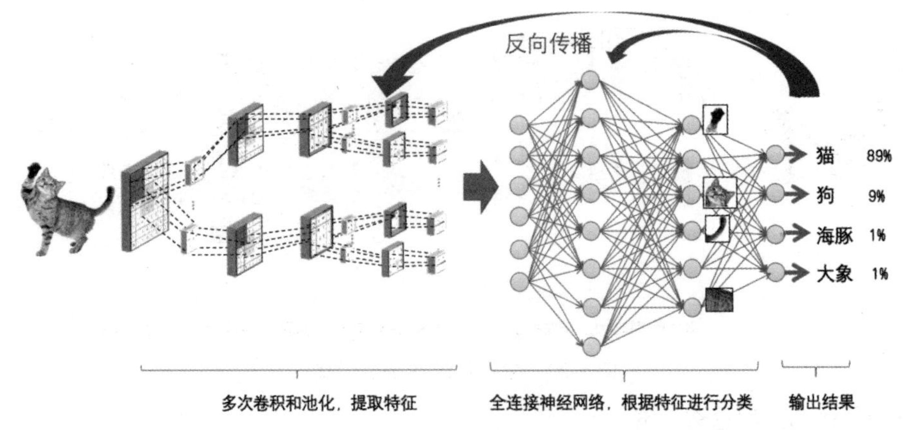

图 5-21　根据误差，利用反向传播，不断优化模型

随着训练的进行，每一轮反向传播都使得网络的特征提取能力逐渐精进，网络逐渐能够捕捉到更高级、更抽象的特征，从而能够在图像分类任务中表现出更好的性能。这个过程就像是学生在不断地练习和改错中，将对知识的理解逐渐深入，最终能够答出复杂的题目一样。具体点说，通过反向传播，模型一方面更精准地提取重要的特征，另一方面能够逐渐学习到特征的重要性，将重要的特征权重不断提高，直到能准确地对图片进行分类。

5.4 神秘的神经网络——人类无法理解的黑箱

刚才看到，卷积神经网络在训练的时候一方面要不断调整卷积层里卷积核的数值，使模型能更精确地提取各个特征；另一方面要不断调整全连接层里的各个权重参数，使模型能快速地根据特征准确判断图片上是猫还是狗。

但是，无论是调整卷积核、成千上万个特征数值，还是调整全连接层的数以万亿计的权重参数，这些详细具体的过程到底是如何完成的，已经超出了我们人脑的计算能力和理解范围，甚至都不能用数学方式直观地表示出来。因此，深度学习往往被大家称为黑箱，如图 5-22 所示。

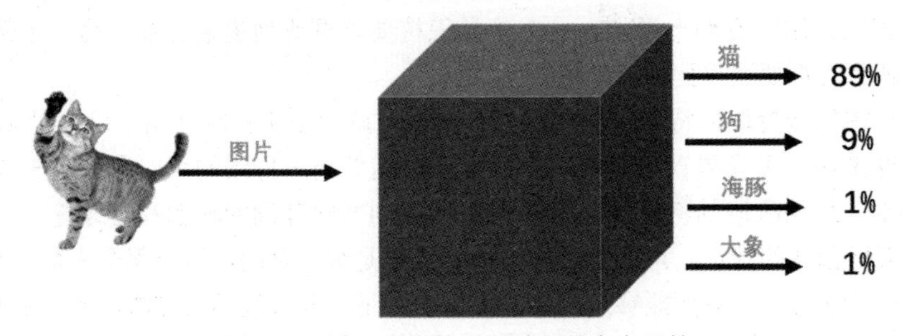

图 5-22　神经网络的识别过程是个大黑箱

卷积神经网络只是众多神经网络中的一种，其他的还有对抗神经网络、扩散神经网络、循环神经网络、自然语言大模型等等，这些神经网络对人类来说都是黑箱，我们人类无法探究神经网络各层之间的参数传递过程。

说得具体一点，为什么是黑箱呢？我们知道，想要识别一个物体，比如一只猫，需要从多个方面来描述它，比如它的形状、颜色、毛发特征等。比如猫的头相对较大，耳朵尖尖的，它可能是白色、黑色、棕色或橘色，毛发可能是短的、长的或者是波浪状的。还有一些其他方面，比如眼睛的大小、眼睛之间的距离，以及鼻子、嘴巴的位置和比例，等等。这样的特征最少是几十上百个，如图5-23所示。

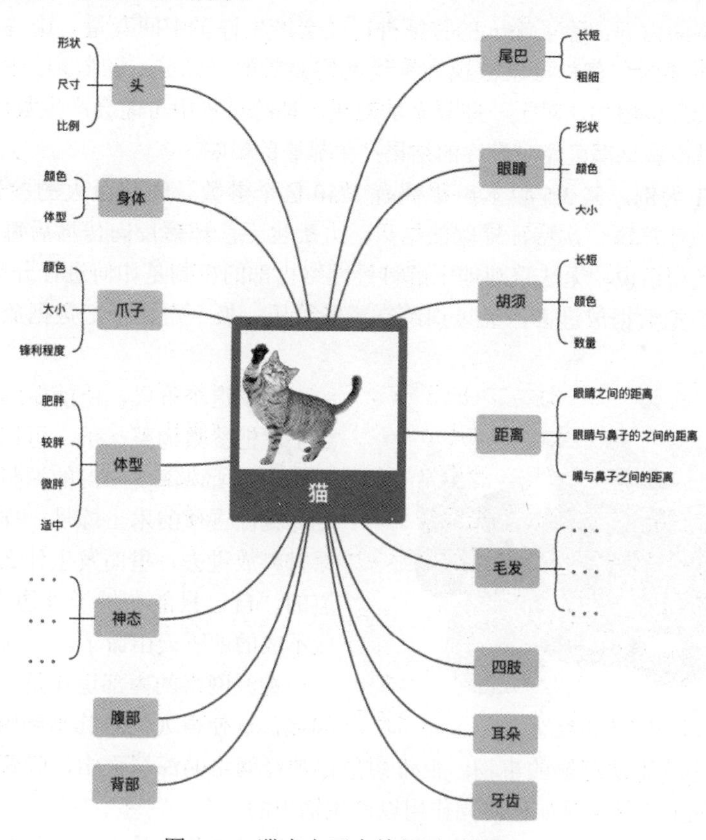

图5-23　猫有上百个特征需要提取

上述的特征组合在一起，构成了对喵星人最终分类的依据。在实际的神经网络中，特征的提取和组合是一个层层递进的过程，如图5-24所示。

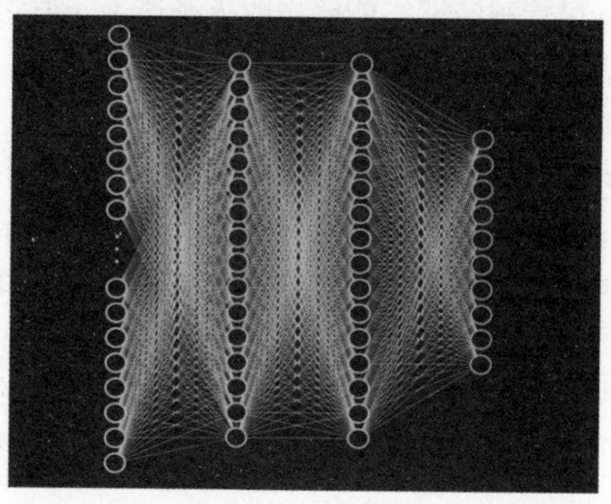

图5-24　复杂的全连接网络，人类无法理解其内部的参数

首先，从最基本的特征如颜色、纹理和边缘开始，这些构成了神经网络的第一层。接着，这些基本特征会进一步组合成更高级的特征，例如轮廓和形状。再进一步，这些高级特征可以组合成更具体的特征，例如猫的脑袋、鼻子、尾巴和牙齿等。这种分层的特征提取方式使得神经网络能够逐步抽象出更复杂的特征表示。

神经网络的每一层都包含大量的特征，这些特征的数量可以达到数千个甚至数百万个。

这些特征在模型的识别过程中起到了至关重要的作用，它们提供了神经网络进行分类和识别的依据。

在神经网络的内部，除了输入的特征外，还会产生许多中间变量。这些中间变量在计算过程中扮演着重要的角色，可以被视为神经网络参数的一部分。随着神经网络层数的加深，参数的数量也会急剧增加。对于一些复杂的对象，训练过程中可能会产生数以百亿计的参数。每一个参数的微小调整都可能对最终的结果产生显著的影响。

以 ChatGPT 为例，其 3.5 版本声称拥有 1750 亿个参数。如此巨大的参数数量使其无法依靠人脑来逐一计算每一次特征提取的结果，人类也无法理解反向传播后每一层如何调整感知机的权重。换句话说，无法直观地了解神经网络内部的机制是如何进行分类和设计权重的。只知道这个模型把数据放进去，经过训练它就能管用。换一个模型把数据放进去，经过训练它就不管用。

图 5-25　术士炼丹

到了这个阶段，所能做的就只剩下调整参数了，把参数调整一下，再试一次，看看能不能搞定。所以深度学习的调整参数也被称为炼丹，就像古代的术士炼丹一样，见图 5-25，把原材料放进去，里面发生什么化学反应是不知道的，自己只能在炉子外边念咒语、扇扇子，成不成的就听天由命了。

神经网络的内部运作是一个神秘而复杂的领域，这使得人们对其感到困惑甚至畏惧。大多数人都不太喜欢无法理解的事物。很难想象在神经网络的深层次中，隐藏层究竟是如何工作的，它们之间的连接又是如何协同作用以产生输出的。

然而，如果深入研究神经网络的计算机制，会发现它其实是由一系列遵循特定规则的代码组成的。神经网络所做的就是根据一些数学方法进行概率统计，并基于这些统计数据作出决策。

这就像在围棋比赛中，尽管神经网络能够击败人类选手，但它并不能真正理解自己在做什么。它只是根据预设的规则、权重和概率来选择最可能的走法，这与那些按照固定程序运行的逻辑没有本质上的区别。

更进一步地，可以将神经网络想象成马戏团里的小狗。虽然小狗可以完成一些事先训练好的动作，但它并不理解这些动作的意义。它只是在训练员的指示下作出反应。神经网络也是如此，它只是根据输入的数据和预设的规则作出反应，而不是真正理解这些数据的含义或目的。

然而，最新的研究发现，神经网络有时会作出一些前所未有的决策，这引发了人类的担忧和恐惧。人们开始质疑，这是否意味着机器产生了自主意识，甚至可能对人类的生存构成威胁。

对于神经网络是否具有意识，以及是否会对人类的生存造成威胁的问题，需要对神经网络进一步了解之后，再重新思考，相信大家会得出自己心目中的结论。

5.5 CNN 实战——让机器能识别飞机、汽车、猫和狗

前面一章已经让 MLP 识别了手写的 10 个阿拉伯数字，那时我们还没学会卷积神经网络

呢。现在就用卷积神经网络来识别一些更为复杂的图片吧。

要让 CNN 识别图片，首先就要有很多很多的图片来训练模型，到哪里找这些图片呢？好办，有一个 CIFAR-10 数据集，是由 Hinton 的学生整理出来的，包含 10 个类别的 RGB 彩色图片，这些类别包括：飞机（Airplane）、汽车（Automobile）、鸟类（Bird）、猫（Cat）、鹿（Deer）、狗（Dog）、蛙类（Frog）、马（Horse）、船（Ship）和卡车（Truck）。这些图片的尺寸均为 32×32 像素，看起来比较模糊，但是对于机器来说够用了。并且每个类别都有 6000 张图像，总共包含 50 000 张训练图片和 10 000 张测试图片，从数量上来说也足够了。

下面就来实际训练一个 CNN 模型，然后在图片库里随便选一张出来让它识别，看看它够不够智能，能不能完成这个小目标。

准备数据集：导入 TensorFlow 库，它可以提供下载 CIFAR-10 数据集的接口。利用 CIFAR 数据集中的图片进行训练，最后验证的时候，也可以从数据集里随机选一张出来验证。

任务目标：用 CNN 建立一个模型，用训练数据进行训练，共训练 10 轮，打印出每一轮训练得到的损失函数的值和自测的识别准确度。训练结束后，随机选择一张图片进行验证。

下载代码并运行：首先要安装 TensorFlow 库，打开 Windows 的命令提示符或者 macOS 的终端窗口，输入下面指令。

```
pip3 install tensorflow
```

然后请扫描本书封底的二维码，并下载所有文件，将文件保存到 Jupyter Notebook 主目录下（如已经下载，请略过）。打开 Jupyter Notebook 主界面，双击 CNNImage.ipynb 文件，然后在新打开的程序界面，点击运行按钮，或者按下“Shift+ 回车”键。有时候需要稍微等待一段时间，就能看见运行结果，见图 5-26。

```
Epoch 1/10
1563/1563 [==============================] - 30s 18ms/step - loss: 1.4992 - accuracy: 0.4576 - val_loss: 1.2010 - val_accuracy: 0.5706
Epoch 2/10
1563/1563 [==============================] - 39s 25ms/step - loss: 1.1233 - accuracy: 0.6034 - val_loss: 1.0892 - val_accuracy: 0.6126
Epoch 3/10
1563/1563 [==============================] - 34s 22ms/step - loss: 0.9761 - accuracy: 0.6583 - val_loss: 0.9974 - val_accuracy: 0.6475
Epoch 4/10
1563/1563 [==============================] - 35s 22ms/step - loss: 0.8899 - accuracy: 0.6906 - val_loss: 0.9230 - val_accuracy: 0.6745
Epoch 5/10
1563/1563 [==============================] - 36s 23ms/step - loss: 0.8177 - accuracy: 0.7133 - val_loss: 0.8763 - val_accuracy: 0.7000
Epoch 6/10
1563/1563 [==============================] - 38s 24ms/step - loss: 0.7600 - accuracy: 0.7336 - val_loss: 0.9251 - val_accuracy: 0.6871
Epoch 7/10
1563/1563 [==============================] - 48s 30ms/step - loss: 0.7100 - accuracy: 0.7520 - val_loss: 0.8835 - val_accuracy: 0.7012
Epoch 8/10
1563/1563 [==============================] - 45s 29ms/step - loss: 0.6684 - accuracy: 0.7656 - val_loss: 0.8522 - val_accuracy: 0.7137
Epoch 9/10
1563/1563 [==============================] - 45s 29ms/step - loss: 0.6320 - accuracy: 0.7791 - val_loss: 0.8388 - val_accuracy: 0.7221
Epoch 10/10
1563/1563 [==============================] - 45s 29ms/step - loss: 0.5933 - accuracy: 0.7924 - val_loss: 0.9687 - val_accuracy: 0.6827
313/313 - 2s - loss: 0.9687 - accuracy: 0.6827 - 2s/epoch - 8ms/step

Test accuracy: 0.682699978351593
```

图 5-26　多次迭代训练 CNN

可以看到，一共训练了 10 轮，每一轮的损失函数值都在递减，识别准确度在提高。

训练结束后，程序会随机选择一张图片进行识别，如图 5-27 所示。

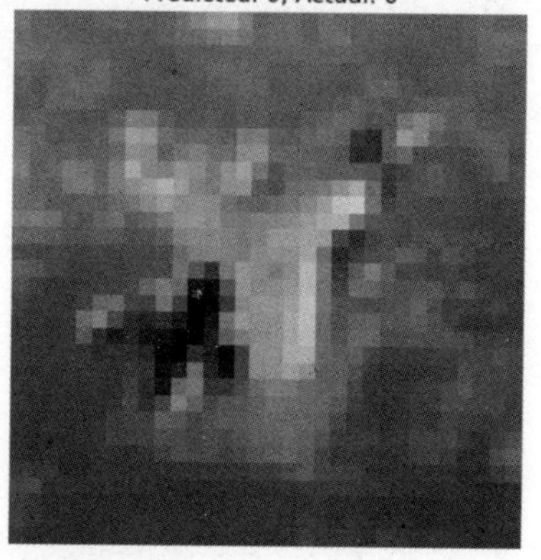

图 5-27　CNN 识别飞机图片

图 5-27 所示图片的像素是 32×32 的，看起来很模糊，但是机器识别的结果是飞机图片，结果正确！当然，这个识别率不可能 100% 正确，有时候也会出现识别错误的情况。大家可以试着调整一下迭代次数或者神经网络的层数，对比一下运行的结果。

代码简析如下。

首先导入一些用到的库文件。

```
import numpy as np  # 导入NumPy库，用于处理数组和矩阵运算
import tensorflow as tf  # 导入TensorFlow库，用于深度学习模型构建和训练
from tensorflow.keras import datasets, layers, models  # 从TensorFlow的Keras API中导入数据集、
# 层和模型构建工具
import matplotlib.pyplot as plt  # 导入Matplotlib的pyplot模块，用于绘图
```

加载并准备CIFAR-10数据集。

```
# 加载并准备 CIFAR-10 数据集
# datasets.cifar10.load_data() 函数从Keras API中加载CIFAR-10数据集
# 它返回一个包含4个NumPy数组的元组：(训练图像, 训练标签), (测试图像, 测试标签)
(train_images, train_labels), (test_images, test_labels) = datasets.cifar10.load_data()
```

将像素值缩放到0～1，因为神经网络通常在这个范围内更好地工作。

```
# 将像素值缩放到 0 ～ 1 之间
# 将图像数据的像素值从0～255缩放到0～1，这是为了归一化数据，使其更适合神经网络训练
train_images, test_images = train_images / 255.0, test_images / 255.0
```

定义CNN模型，然后编译模型，并用图片进行训练。

```
# 定义 CNN 模型
# 使用Sequential模型，这是一个线性的堆叠层模型
model = models.Sequential([
    # 第一个卷积层，32个3×3的卷积核，ReLU激活函数，输入图像尺寸为32×32×3（3个颜色通道）
    layers.Conv2D(32, (3, 3), activation='relu', input_shape=(32, 32, 3)),
    # 2×2的最大池化层，用于降低特征图的尺寸
    layers.MaxPooling2D((2, 2)),
    # 第二个卷积层，64个3×3的卷积核，ReLU激活函数
    layers.Conv2D(64, (3, 3), activation='relu'),
    # 再次使用2×2的最大池化层
    layers.MaxPooling2D((2, 2)),
    # 第三个卷积层，64个3×3的卷积核，ReLU激活函数
    layers.Conv2D(64, (3, 3), activation='relu')
])

# 在顶部添加分类器
# 将卷积层输出的特征图展平为一维数组，以便可以输入到全连接层
model.add(layers.Flatten())
# 全连接层，64个神经元，ReLU激活函数
model.add(layers.Dense(64, activation='relu'))
# 输出层，10个神经元（对应10个类别），这里不使用激活函数，因为损失函数会处理logits
# model.add(layers.Dense(10))

# 编译模型
# 指定优化器为Adam，损失函数为SparseCategoricalCrossentropy（注意from_logits=True，因为我们没
# 有使用softmax激活函数）
# 并指定评估指标为'accuracy'
model.compile(optimizer='adam',
              loss=tf.keras.losses.SparseCategoricalCrossentropy(from_logits=True),
              metrics=['accuracy'])
# 训练模型
# 使用fit函数训练模型，输入训练图像和标签，指定训练轮次为10，并使用测试数据进行验证
history = model.fit(train_images, train_labels, epochs=10,
                    validation_data=(test_images, test_labels))
```

训练完成之后，打印出对模型的评估结果。

```
# 评估模型
# 使用 evaluate 函数在测试数据上评估模型的性能，并打印测试损失和测试准确率
test_loss, test_acc = model.evaluate (test_images, test_labels, verbose=2)
print ('\nTest accuracy:', test_acc)
```

最后选择一张测试图片，让机器识别，看看准确度如何。

```
# 随机选择一张测试图像
# 使用 NumPy 的 randint 函数随机选择一个索引
random_index = np.random.randint (0, len (test_images))
print ('\n random_index:', random_index)
# 从测试集中取出对应的图像和标签
random_image = test_images[random_index]
random_label = test_labels[random_index]

# 从 CIFAR-10 的标签拿到图片的索引号，需要进行一下整数形式的转换
actual_class_index = np.argmax (random_label)

# 预测图像的类别
# 使用 predict 函数对随机选择的图像进行预测，并取预测结果中概率最大的类别的索引
predictions = model.predict (random_image.reshape (1, 32, 32, 3))
predicted_class_index = np.argmax (predictions[0]) # 注意这里要取 predictions[0]，因为我们预
# 测的是单个图像

# 打印图像和预测结果
plt.imshow (random_image)
plt.axis ('off')
plt.title (f' Predicted: {predicted_class_index}, Actual: {actual_class_index}')
plt.show ()

# 打印出所有类别的名称
class_names = [ 'airplane', 'automobile', 'bird', 'cat', 'deer', 'dog', 'frog', 'horse',
'ship', 'truck' ]
print (f' Predicted class: {class_names[predicted_class_index]}')
print (f' Actual class: {class_names[actual_class_index]}')
```

第 6 章 生成式对抗网络（GAN）——魔高一尺，道高一丈

电影《唐伯虎点秋香》中有一个桥段：王爷带人马前往太师府砸场子，二人比武、比才学，太师请出府中贵人“唐伯虎”试图在气势上压制王爷。谁知这人是个冒牌货，画了一只小鸡吃米图充当凤凰傲意图，身份败露，见图 6-1。

图 6-1　冒牌的“凤凰傲意图”

那真的唐伯虎，撕坏了王爷带来的唐伯虎真迹《春树秋霜图》，竟然仅凭记忆在眨眼工夫复原自己的原作，并瞒骗秋香姐姐说自己是临摹唐画的高手。

“以假乱真”需要真才实学，那么 AI 是否能超越唐伯虎，也生成栩栩如生的图片呢？这就要用到生成式对抗网络（Generative Adversarial Networks，GAN）了。

生成式对抗网络算法是一种比较特别的算法，它在机器学习和人工智能领域被用来生成新的、真实感很强的数据，完全能够以假乱真。下面就来看看这背后究竟是什么样的原理。

6.1 两个玩家的博弈——生成器和判别器

这个算法里有两个“玩家”：一个叫作生成器，另一个叫作判别器。整个算法就是这两个玩家之间的博弈过程。

6.1.1 生成器——字画伪造者

可以把生成器想象成一个像图 6-2 那样的字画伪造者，它的任务是画出一些画。但它不是随便画，而是要根据它看见过的画来进行再次创作，并且让它的画尽可能看起来像真的。

图 6-2　生成器：字画伪造者

生成器的核心任务是生成尽可能接近真实数据的假数据，其目的在于欺骗判别器。为了实现这一目标，生成器采用了神经网络结构，并通过训练来不断优化其生成数据（尤其是图像）的能力。

在训练过程中，生成器以随机噪声作为输入，然后尝试将这些噪声转化为与真实数据难以区分的输出。初期，由于训练不足，生成器生成的数据可能非常不真实，例如存在人脸有两张嘴巴或猫有两个脑袋等异常特征，这使得判别器能够轻易地区分出来。

然而，当判别器给出判断（即这是一个假数据）后，生成器会接收到一个损失函数的反馈。这个损失函数的主要作用是量化生成器输出数据与真实数据之间的差异。生成器的训练目标就是最小化这个损失函数，即努力生成更真实、更难以被判别器识别的数据。

为实现上述目标，生成器会进行反向传播和权重更新。反向传播是一个将损失函数的梯度从判别器反馈传回生成器的过程，这样生成器就能根据梯度信息知道如何调整其权重以生成更真实的数据。权重更新则是根据计算出的梯度来修改生成器的权重，确保在下一次迭代中能够生成更接近真实数据的输出。

随着训练的进行，生成器与判别器之间形成了一种对抗和适应的关系。每当判别器变得更擅长识别假数据时，生成器就会根据反馈进行调整，生成更真实的数据以应对。这种不断对抗和适应的过程使得生成器的生成能力逐渐提高。

最终，当生成器生成的数据足够真实，以至于判别器无法准确判断其真实性时，就可以认为生成器已经成功地学习了如何生成具有高度真实感的数据。

6.1.2　判别器——字画鉴定师

判别器的角色就像一个字画鉴定师，如图6-3所示，它的任务是判断生成器画出来的画是真还是假。它会仔细观察这些画，然后给出一个判断：这是真画还是假画。

图6-3　判别器：字画鉴定师

判别器的学习和进步是通过训练数据来实现的。在GAN的训练过程中，判别器负责区分输入的数据是真实的还是由生成器生成的假数据。为了实现这一任务，判别器通常是一个神经网络，其内部结构允许它处理大量的输入数据并从中提取关键特征。

在训练开始时，判别器可能并不擅长区分真实数据和假数据。然而，随着训练的进行，它会逐渐学习到如何更好地进行区分。这个学习过程是通过一个损失函数来指导的，该损失函数衡量判别器的判断能力。如果判别器错误地将真实数据判断为假，或者错误地将假数据判断为真，那么损失函数的值就会很高。

为了实现判别器判断能力的提升，训练过程中会进行反向传播和权重更新。反向传播是一个将损失函数的梯度从输出层传回到输入层的过程，这样判别器就能根据梯度信息知道如何调整自己的权重来减少损失。权重更新则是根据计算出的梯度来修改判别器的权重，使其在下一次判断时能够更准确。

随着训练的进行，判别器会逐渐变得更加擅长区分真实数据和假数据。这种能力的提升反过来也会促使生成器努力生成更真实的假数据来“欺骗”判别器。这种对抗和适应的过程使得GAN能够生成越来越接近真实数据的高质量假数据。

6.2 多轮“博弈”和“进化”

在生成对抗网络（GAN）的运作过程中，我们常常会听到“道高一尺，魔高一丈”的说法。这里，“道”与“魔”分别对应着 GAN 中的两大“玩家”——生成器和判别器。

这两大“玩家”之间展开了一场激烈的“博弈游戏”：生成器不断地挑战自我，尝试画出更加逼真的画作，并根据判别器的反馈（损失数值）来调整和优化自身的网络权重，以实现自我进化。而判别器则如一位严格的裁判，不断地提升自己的判断能力，在真实的图片（训练图片）与生成器创造的“假”图片之间辨别真伪。其判断的准确性决定了损失值的大小，进而指导其更新网络权重，以应对生成器的不断进化。它们博弈与进化的过程如图 6-4 所示。

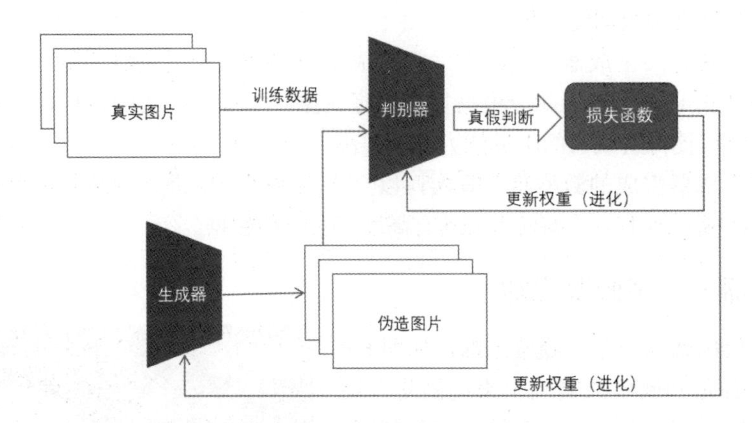

图 6-4　GAN 博弈与进化

随着这场“博弈游戏”的深入进行，两大高手的“功力”日渐深厚，破绽越来越少。当它们之间的胜负几乎达到五五开时，便进入了所谓的“出山”时刻。此刻，生成器已经能够创作出足以让判别器难以分辨真假的画作。

这种状态，在博弈论中被称为“纳什均衡”（Nash equilibrium）。它描述了在非合作博弈中，当所有参与者都采取了各自的最佳策略时，任何单个参与者都无法通过单方面改变策略来获得更好的结果的状态。这种状态不仅常见于诸如囚徒困境的经典博弈案例中，也深刻影响着 GAN（生成对抗网络）的训练过程。

在囚徒困境的例子中，两个嫌疑犯 A 和 B 被隔离审讯，彼此无法沟通。由于双方都追求个人利益的最大化，无论对方如何选择，招供通常成为各自的最佳策略。因此，最终的均衡状态是两人都选择招供，即使这并非对双方整体最有利的结果。这就是博弈论中的纳什均衡点。

在 GAN 中，同样可以观察到类似的均衡状态。GAN 由两个主要部分组成：生成器和判别器。生成器的目标是生成尽可能逼真的样本，而判别器则致力于准确地区分真实样本和生成器生成的样本。这两个组件就像囚徒困境中的两个嫌疑犯，各自追求自己的目标，即最大化自己的性能。

在训练过程中，生成器和判别器不断地进行对抗。生成器努力提升生成的样本质量，试图欺骗判别器；而判别器则努力提高自己的判断能力，准确地区分真实的与生成的。通过这种不断的迭代和优化，GAN 最终会达到一个平衡点，即纳什均衡状态。在这个状态下，判别器无法再准确地区分生成器生成的样本与真实样本，而生成器也无法再通过改进自己的策略来生成更加逼真的样本。

这种纳什均衡状态是 GAN 能够生成高质量样本的关键。当 GAN 达到这一状态时，可以认为生成器已经具备了生成逼真样本的能力，而判别器也已经达到了其判断的极限。这种相互制约、相互提升的机制，使得 GAN 成为深度学习领域中一种强大的生成模型。

6.3 要注意的细节

整个 GAN 博弈与进化的过程就像是两个人在玩一个“造假与识假”的游戏，通过不断的对抗和进步，生成器最终能够生成出非常逼真的数据。这种算法在很多领域都有应用，比如生成逼真的图像、音频、视频等。

但是“逼真”是检验的唯一标准吗？

很多时候并不是。对抗式生成算法比较大的两个缺陷就是**“模式崩溃”**和**“输出结果振荡”**。

首先来谈谈“模式崩溃”。在 GAN 的训练过程中，有时会发现生成器总是倾向于生成相似或相同的样本，这种现象就称为“模式崩溃”。以生成不同种类的动物图片为例，如果生成器总是产生猫的图片，而很少或几乎不产生狗、兔子等其他动物的图片，那么这就可能是发生了模式崩溃。这种情况下，生成器似乎陷入了某种特定的生成模式，导致其生成的样本缺乏多样性。

导致模式崩溃的一个主要原因是在训练 GAN 时，往往更关注于生成的样本是否真实，即能否骗过判别器，而较少考虑样本的多样性。这就好比我们告诉生成器：“只要你能画得像，骗过判别器，我就满意了。”因此，生成器在进化到一定程度后可能会“投机取巧”，选择只生成自己最擅长的样本，而忽略了其他样本的生成。

接下来，再来看看“输出结果振荡”的问题。在 GAN 中，由于生成器和判别器之间存在很强的对抗性，谁看谁都不顺眼，参数的微小调整都可能会对输出结果产生显著的影响。这导致在尝试对生成图片的细节进行微调时，可能会遇到很大的困难。以给生成的人脸照片添加红色毛线帽为例，无论怎么调整生成器的输入参数，结果也可能都并不如愿。生成的图片可能会包含意外的元素或变形，使得无法精确地控制输出的内容。

解决以上问题的几个思路如下。

（1）加入生成条件：通过在 GAN 中引入条件信息，如类别标签、文本描述或图像特征等，可以使生成器根据这些条件来生成图片。这种方法不仅提高了生成的可控性，还能确保生成的图片符合特定的要求或条件。

（2）改进网络结构：为了生成更精细、质量更高的图片，我们可以根据任务需求选择或设计合适的网络结构。例如，对于高分辨率图像的生成，U-Net 和 ResNet 等深度网络结构因其强大的特征捕捉能力而备受青睐，后续将会介绍。

（3）优化算法：优化算法的选择和参数设置对 GAN 的训练效果至关重要。可以尝试使用更先进的优化算法，如 Adam 或 RMSProp，并调整学习率等参数，以找到最适合当前模型的优化策略。

第 7 章 扩散模型（Diffusion Model）——文字生图

第 6 章使用 GAN 生成了图片，GAN 的生成效果其实一直还不错，但训练起来比较麻烦，主要有以下几点。

（1）GAN 需要训练两个神经网络——生成器和判别器，相当于打两份工，挣一份钱。

（2）GAN 的训练过程不稳定，容易出现模式崩溃和输出结果振荡等问题。模式崩溃是指生成器只能生成非常有限的几种数据样本，而输出结果振荡则是指生成器和判别器之间的竞争过于激烈，导致训练过程无法收敛到一个稳定的状态。

（3）超参数调整的技术要求很高，由于 GAN 的训练过程复杂且不稳定，超参数（如学习率、批量大小、训练轮次等）的调整对于其性能至关重要，需要大量的实验和试错来找到最佳的训练配置。

总之，GAN 好是好，但是不完美。那还有没有和 GAN 一样强大，训练起来又方便的图片生成模型呢？扩散模型正是满足这些要求的生成网络架构。

7.1 读心术——女神心里的“520”

在追求女神的时候，如果能适时地表现一下幽默感和机智，一定能收到意想不到的效果。下面来玩一个有趣的读心术游戏，请看图 7-1。

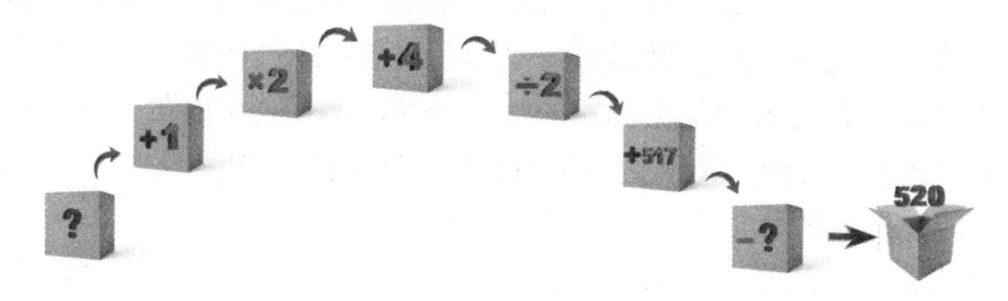

图 7-1 “读心术”的结果与心里想的数字其实没有关系

请在心中想一个 9 以下的数字，按照以下步骤进行运算：先加 1，再乘以 2，然后加 4，接着除以 2，最后减去最初想的那个数字，并加上 517。得出的结果，其实是我想对你说的话——“520”。

这个游戏背后的秘密其实非常简单。虽然一开始想的那个数字参与了整个运算过程，但在最后一步中被直接减去了，所以最终的结果实际上与你心中想的那个数字无关。

从另一个角度看这个过程，如图 7-2 所示，如果能知道加上 517 之后的数值（五角星代表的数字），那么通过一系列反向的计算：五角星减去 517，乘以 2，减去 4，除以 2，再减去 1。是不是就能反算出女神最初心里想的数字？

现在要介绍的扩散模型也是基于类似的思路。这个模型会对一张图像进行一系列复杂的加工操作，生成一张全新的图像。在这个过程中，模型会“记住”每一步的加工细节。然后，在新图像上进行反向操作，就能逐渐还原出原始的图像。这就像在读心术游戏中，虽然不知道原始的数字是多少，但只要按照逆向的计算步骤执行，就能找回那个原始的数字。

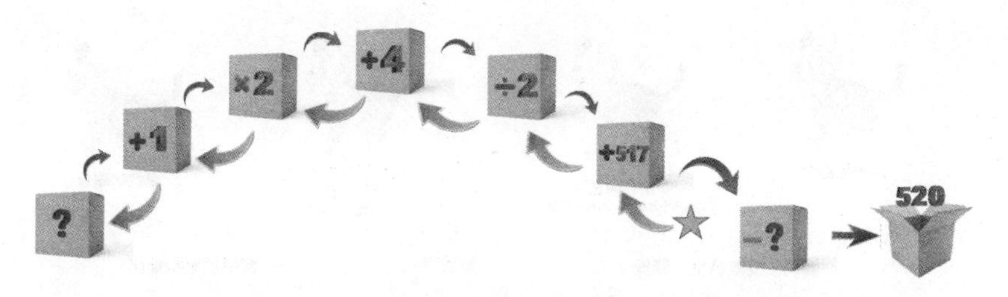

图 7-2　通过逆向计算就能推算出最初心里的数字

7.2 从 GAN 到 VAE ——“左右手互搏”vs“经脉逆转”

对于神经网络的学习，一般来说，训练集本身会给出一个“标准答案”，指导 AI 的输出向标准答案靠拢。例如对于图像分类任务，训练集会给出每一幅图像的类别；对于人脸验证任务，训练集会标明两张人脸照片是不是同一个人；对于目标检测任务，训练集会给出目标的具体位置。然而，图像生成任务是没有标准答案的。图像生成数据集里只有一些同类型图片，却没有指导 AI 如何画得更好的信息。

为了解决这一问题，人们专门设计了一些用于生成图像的神经网络架构。这些架构中比较出名的有第 6 章介绍的生成对抗模型（GAN）和本章要介绍的变分自编码器（VAE）。

生成对抗网络（Generative Adversarial Networks，GAN）的核心理念源自一种创新性的思考方式：既然难以直接判断生成的图片是否逼真，那么就让我们创造一个专门的神经网络来负责这项工作。这个专门用于判断图片真伪的神经网络被称为判别器，而与之对抗的、负责生成图片的神经网络则被称为生成器，如图 7-3 所示。

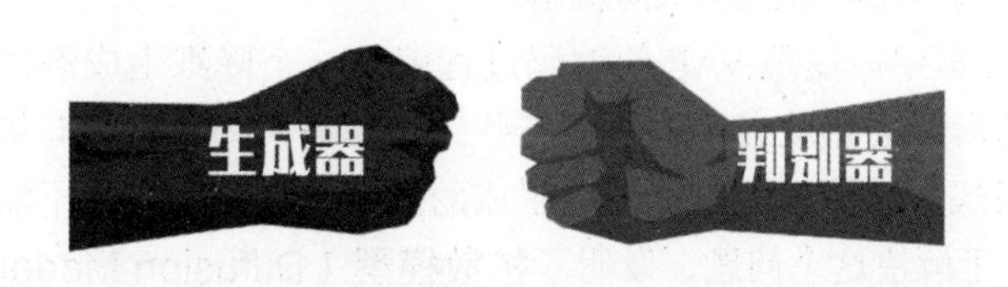

图 7-3　GAN 对抗：生成器和判别器进行左右手互搏

在这种设定下，生成器的任务是尽可能地生成看起来真实、足以欺骗判别器的图片，而判别器的职责则是不断地提高自己的鉴别能力，以区分哪些图片是来自训练集的真实图片，哪些是由生成器伪造出来的。这种设定构成了一种独特的“左右手互搏”，生成器和判别器在这个游戏中相互竞争、相互学习，既是对手，又是合作伙伴，从而推动各自的能力不断提升。

变分自编码器（Variational Autoencoder，VAE）：VAE 的核心思想是最大化重构数据与输入数据之间的似然性。这句话貌似不好懂，翻译成白话就是：VAE 的核心思想是让重新生成的数据和输入的原始数据尽可能相似。VAE 由两部分组成：编码器（Encoder）和解码器（Decoder）。它先把输入数据编码成一个低维度的潜在向量（Latent Vector）（也称为隐变量），再由解码器根据潜在向量解码生成原始数据的重构版本。编码后的向量之所以被称为潜在向量，是因为这些向量虽然捕获了原始数据的内在结构和特征，但不一定直接对应于原始数据的某个特定属性或标签。

为了更好地理解 VAE，可以通过一个简单的例子来说明。如图 7-4 所示，假设有一张小猫的图像，目标是使用 VAE 来生成新的小猫图像。

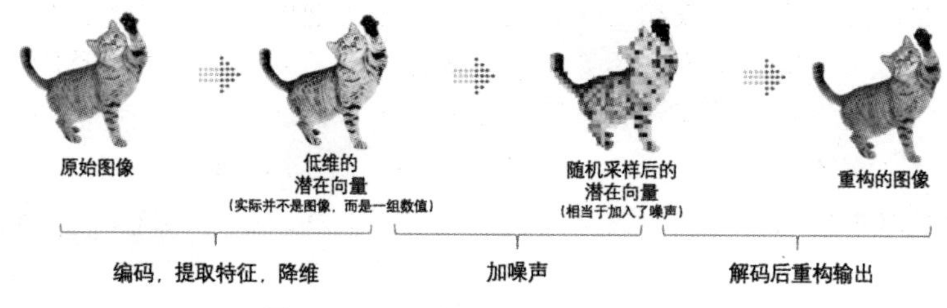

图 7-4　VAE 的编码及解码过程

首先，使用编码器网络将每张真实图像编码成一个低维的潜在向量。这个潜在向量捕捉了图像的主要特征，但去除了不重要的细节。在图 7-4 中用了一张图像表示这个潜在向量，是为了让大家能形象地了解其原理，但其实这个潜在向量并不能可视化为图像，它只是一组数值。

其次，人为地给潜在向量加入一些噪声。怎么加入这个噪声呢？刚才的编码器一方面输出这个潜在向量的一个具体值，另一方面还输出了潜在向量可能的分布，具体来说，是一个高斯分布的参数（均值和标准差）。例如有一张猫的图片，经过编码器后，得到了一个潜在向量的均值和标准差，比如均值是 [0.5，0.6]，标准差是 [0.1，0.15]。这意味着，如果从这张猫的图片中编码出的潜在向量可能落在一个以 [0.5，0.6] 为中心，以 [0.1，0.15] 为范围的高斯分布内。现在，当想要从这个潜在空间中获取一个潜在向量来表示这张猫的图片时，不是简单地取均值 [0.5，0.6]，而是从这个高斯分布中随机采样一个点，比如可能得到 [0.48，0.62]。这个过程就相当于在原始数据（猫的图片）上加入了一些微小的“噪声”或“变化”。

最后，这个带有“噪声”的潜在向量会被送入解码器，解码器会尝试从这个带有噪声的潜在向量中恢复出原始的输入数据（即猫的图片）。通过训练，解码器将学会如何处理这种“噪声”，从而能够得到与原始数据相似的输出。

在 VAE 编码的过程中，发现 VAE 的编码过程就是一个降维生成潜在向量的过程。而一旦降维，那么生成的潜在向量就有可能丢失一些细节信息，因此潜在向量并不一定能包含原始数据的所有复杂模式和结构。这就会导致生成的图像质量不高，也不能表现出原始数据中的所有细节信息。为了解决这个问题，发明了**扩散模型（Diffusion Model）**。

扩散模型以一种独特的逆向思维方式解决了图像生成的问题。既然 VAE 的编码降维会丢失信息，那么就不要编码降维了，直接从高质量图像出发，而且加入噪声的方式也发生了变化，在图像上真正加入噪点，而且是逐步多次地加入，直至图像质量显著下降，变成满是噪声的图像。在此过程中，扩散模型不仅记录下每一步所添加的噪点特征，还学习如何从低质量的全噪声图像中逐步去除这些噪声，学会之后，再从满是噪声的图像中逐步去噪，直至还原出高质量的重构图像，如图 7-5 所示。

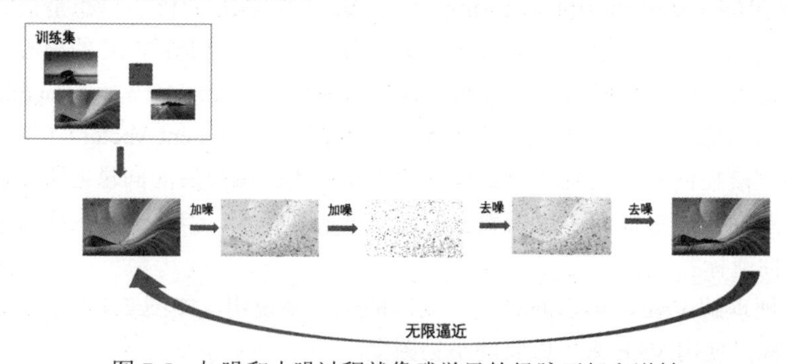

图 7-5　加噪和去噪过程就像武学里的经脉正行和逆转

从理论角度来看，如果加噪和去噪的过程是完全可逆的，那么经过去噪处理的带噪图像应该能够完美地还原为原始图像。然而，在实际操作中，并不是简单地移除噪声，而是依赖一个神经网络，通过不断训练和优化，使其能够逐渐学习如何更好地识别噪声，在还原图片的过程中，利用这种能力尽量地去除噪声，生成图片。因此，尽管无法确保百分百的还原度，但随着神经网络的不断训练和优化，生成的图像质量会逐渐提升，直至与原始图像几乎无法区分。当这一点得以实现时，便认为神经网络已成功“学会”了如何生成高质量的图像。这种从高质量图像出发，通过添加噪声再逐步去除噪声以还原图像的过程，颇有些类似武侠小说中西毒欧阳锋的“经脉逆转大法”。

本节比较了 3 种生成模型。

- GAN 由于需要同时训练生成器和判别器，成本有点高，而且收敛过程不够稳定。
- VAE 避免了 GAN（生成对抗网络）中复杂的对抗训练过程，不用多训练一套判别器，节约了成本，也提升了训练的稳定性，但是由于降维的问题，会丢失原始数据的部分细节，导致生成图像质量不高。
- 扩散模型不对原始图像降维，同时引入扩散过程，即真正在原始图像中逐步多次加入噪点，然后训练自己去除噪点还原图像的能力，从而提升了在图像生成任务上的性能。

因此，可以说扩散模型既简化了训练过程，又增强了生成能力，为图像生成领域带来了新的突破。

7.3 扩散模型——越来越火爆的江湖绝技

随着 Stable Diffusion、Midjourney 及 Sora 等图像与视频生成产品的火爆，扩散模型的江湖地位越来越高。那么扩散模型到底是如何工作的？现在来一探究竟。

7.3.1 扩散模型的灵感——覆水可收

扩散模型的灵感来自于物理学中非平衡热力学系统的演化过程。在非平衡热力学系统中，系统的熵会随着时间不断增加，最终达到平衡状态。

上面这段简单来说就是：热量会从高温的地方“扩散”到低温的地方，直到所有地方的温度都一样为止。

举个例子简单说明一下，如图 7-6 所示，展示了染料在水杯中扩散的过程。

图 7-6 染料在水中扩散的过程

起初，它只是在一个小范围区域形成了一些条纹，然后逐步扩散，最终会成为均匀的有颜色的水。那么算法也可以在原始图像中不断加入噪声，最终转化为简单的噪声图像，然后将这个噪声图像通过可逆过程变回原来的原始图像。这里有一点比较有趣，那就是自然世界中的扩散是不可逆的，是一个熵增的过程，也就是俗话说的“覆水难收”，而扩散模型中神经网络学习的偏偏就是那个逆过程，怎么做到呢？可以通过寻找规律来实现“覆水可收”。

扩散是由布朗运动引起的，为了寻找扩散的规律，可以把扩散的过程拍摄下来，然后分成一帧一帧的图片。仔细观察这些图片，我们会发现每一张图片与上一张图片比起来，墨水的颗粒都会更散开一点点。那么这种散开遵循什么物理法则？它们遵循的是**郎之万方程**。

朗之万方程是法国物理学家保罗·朗之万在 1908 年研究出来的，简单来说就是在布朗运动规律下，粒子不停地运动，它离原点平均距离的平方与时间成正比。这意味着如果拿到某一时间点（第 n 时刻）粒子的实际位置，就可以根据这个规律推算上一个时间点（第 n–1 时刻）粒子可能的位置。但是请注意“平均”这两个字，这意味着这只是在大量粒子运动下计算出来的平均值，每个粒子的具体位置到底在哪里还是不能精确知道，如图 7-7 所示。

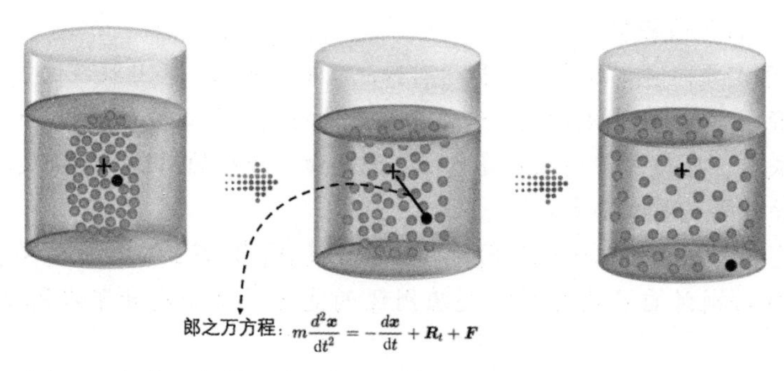

图 7-7　郎之万方程：粒子与原点的平均距离的平方与时间成正比

基于这个微粒扩散的规律，逆天的科学家们居然研究出了一种方法，可以根据最终的已经均匀的浅色水，一步步地预测回来墨水扩散之前的图像，见图 7-8。

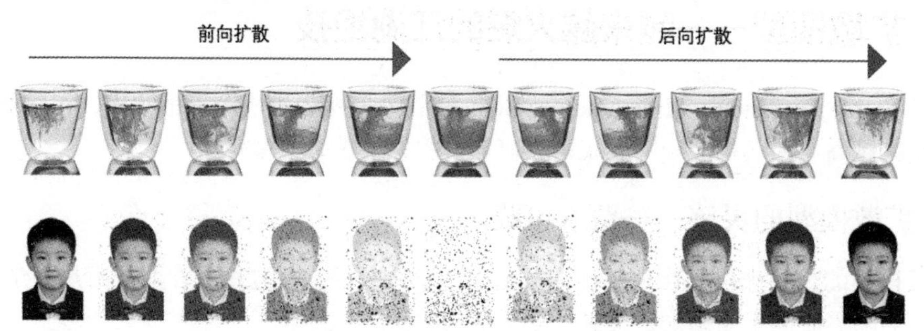

图 7-8　前向扩散不断地加入噪点，后向扩散逐步去除噪点

首先，把整个扩散过程分成**前向扩散**和**后向扩散**两部分。在前向扩散过程中，采用一个固定的加噪点的方法，不断地向清晰的人像照片中添加噪点信息来“破坏”原始图像。图像被加入噪点后，人像信息会逐渐“淹没”在噪点信息里，就像前面墨水的扩散过程。每次破坏完毕后把当时的数据记录下来，这可以看作是对图像数据的一种“观测”或“证据收集”，把这些图像作为后向扩散过程训练的样本。在后向扩散过程中，要求模型基于前向扩散记录的各次“证据”，再依据模型学到的噪点与图像数据的关系，试图去除噪点，逐步恢复图像，直至恢复成清晰的图像为止。通过这样的训练，使模型具有能根据满是噪点的图像生成清晰图像的能力。也可以认为，这是一个利用观测结果（带噪声的图像）来不断逼近原始图像的过程。

那么，有了原始的清晰图像，也有了前向扩散过程收集的一张张噪点逐渐增多的图像，凭什么就能够从满是噪点的图像逐步恢复出清晰的图像来呢？

在深入探讨这个问题时，需要引入一个关键的数学工具，即之前提及的贝叶斯定理。这一段涉及较多的逻辑推理，暂时不想了解太深入的话，大家可以跳过本节的后面内容，直接阅读第 7.3.2 节，不影响对后续内容的理解。

下面回顾一下，贝叶斯定理的核心在于求解后验概率。后验概率作为信息理论中的一个基本概念，描述的是在接收到某个特定信息后，某个事件发生的概率。简而言之，后验概率是“执果寻因”，当得到了“结果”这一新证据后，后验概率帮助更新对“原因”的预测概率。贝叶斯定理的公式表达如图 7-9 所示。

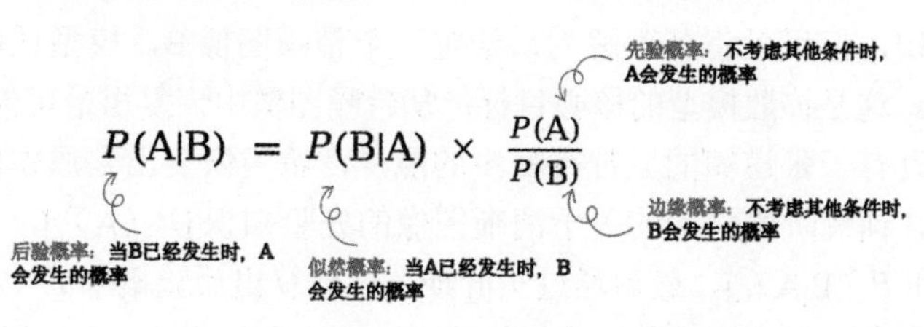

图 7-9　贝叶斯公式

其中，

- P（A）是先验概率，表示在没有观测到数据 B 之前，假设 A 为真的概率。
- P（B）是观测数据 B 的边缘概率，边缘概率是指在不知道其他相关变量的情况下，某一事件发生的概率。
- P（B|A）是似然函数，表示在假设 A 为真的情况下观测到数据 B 的概率。
- P（A|B）是后验概率，是给定观测数据 B 时，假设 A 为真的概率。

这个公式比较晦涩，不好理解。在前面介绍朴素贝叶斯算法时，曾经用拜仁慕尼黑球队（以下简称拜仁）赢球和下雨之间的关系为例讨论过这个公式，在此一边回忆拜仁球队的例子，一边结合扩散模型的场景，用直观的方式再次解读一下。

之前讲解的时候，目标是预测“如果老天爷下雨（用事件 B 表示）了，那么拜仁赢球（用事件 A 表示）的概率有多大”。在研究墨水扩散模型的例子中，新证据就是观测的数据——带噪图像，而要评估的概率则是对原始图像数据长成什么样的推测。因此，现在扩散模型的主要目标是“从一个带噪声的图像（称之为 B）中恢复出原始清晰图像（称之为 A）的概率有多大”。

把它们放在一起比较，如图 7-10 所示。

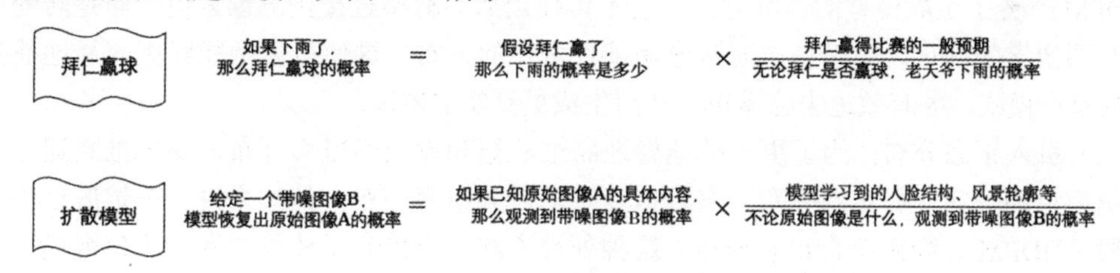

图 7-10　贝叶斯公式的直观意义

可以这样想象贝叶斯公式的直观意义。

（1）先验概率 P（A）：这就像是对拜仁足球队赢得比赛的一般预期。在扩散模型中，这代表了模型在训练阶段学习到的关于原始清晰图像的“先验知识”。比如，模型可能学习到了生成人脸或者风景的基本技能，例如人脸的结构、风景的轮廓等。

（2）边缘概率 P（B）：这更像是说，不管拜仁比赛结果如何，下雨总是个独立事件。但在扩散模型的上下文中，P（B）描述的是不依赖于任何特定原始图像 A 时，观测到带噪图像 B 的总概率。这可以理解为，不论原始图像是什么，经过某种噪声过程后得到带噪图像的概率。

（3）似然函数 *P*（B|A）：假设拜仁赢了比赛，那么下雨的概率是多少？这在扩散模型中并不完全适用，但可以将其类比为：如果已知原始图像 A（清晰的人脸、风景等），那么观测到带噪图像 B（模糊、有噪声的版本）的概率是多少。换句话说，它描述了给定原始图像 A 时如何得到带噪图像 B 的过程。

（4）后验概率 *P*（A|B）：如果下雨了，那么拜仁赢球的概率是多少？在扩散模型中，这个类比并不完全贴切，但可以将其理解为：给定一个带噪图像 B，模型试图推断出最可能的原始图像 A 的概率。这是扩散模型的核心目标：从带噪图像中恢复出最可能的原始图像。

举个例子，假设有一张模糊的、带有噪声的照片，希望恢复出它原本的清晰版本。扩散模型会首先利用它在训练阶段学到的关于清晰图像的先验知识 [*P*（A）]，然后考虑观测到的带噪图像 [*P*（B）和 *P*（B|A）]，最后通过贝叶斯公式计算出后验概率 *P*（A|B），即最可能的原始图像是什么。这个过程就像是在一堆模糊的照片中（带噪图像 B），利用对清晰照片（原始图像 A）的先验知识以及模糊照片与清晰照片之间的关系 [似然函数 *P*（B|A）]，来推断出哪张清晰照片最有可能是这些模糊照片的原始版本 [后验概率 *P*（A|B）]。

可以看出来，贝叶斯公式的后验概率在扩散模型中起到了关键作用，利用后验概率，模型结合其先验知识和当前的观测数据来动态地调整其对原始图像的预测，从而实现了从带噪图像到清晰图像的转换，也就实现了“覆水可收”。

7.3.2 从后验概率到 DDPM——降低生成图像的难度

后验概率虽然能很好地实现“覆水可收”，但是在扩散模型的实际操作中，由于模型过于复杂，带来的数据计算量非常大，直接用贝叶斯公式来求解后验概率通常非常困难。这一块需要考虑所有可能的原始图像和它们对应的带噪图像的概率分布，具体原理涉及大量的数学知识，例如马尔科夫链蒙特卡洛方法（MCMC）等，这里不展开论述。

在 2020 年，一篇名为 *Denoising Diffusion Probabilistic Models*（**去噪扩散概率模型，简称 DDPM**）的论文对原始的扩散模型进行了改进，通过引入**变分推断（variational inference）**的方法，简化了生成过程。主要的改进体现在以下 3 个方面。

（1）用预测噪声取代预测像素：直接使用后验概率预测原始图像的像素值计算复杂，因此 DDPM 改变了生成模型的训练方式。它不再使用后验概率直接预测像素值，而是转变为预测加在图像上的噪声。由于噪声通常遵循某种规律的分布，这使得模型能够更容易地捕捉图像中的噪声模式，并有效地去除噪声，从而生成更真实的图像。

（2）引入正态分布：为了更有效地处理高维数据和复杂的概率分布，变分推断通过引入一个更简单的分布（如正态分布）来近似复杂的后验概率分布。具体来说，在扩散过程的加噪阶段，DDPM 让噪声符合正态分布。这种处理方式不仅提高了计算效率，还使得模型能够从全是噪声的图像中成功地重构出清晰的图像。

（3）仅预测正态分布的均值：DDPM 的另一个关键改进是，在生成过程中，模型无须学习整个正态分布的参数（即均值和方差），而仅需学习均值参数。这一简化大大减少了模型的训练负担，同时提高了生成图像的质量和效率。

下面用一个更加直观和详细的例子来解释 DDPM 相比直接预测像素转换的模型在处理图像时的优势，见图 7-11。

当面对一张包含平滑区域（如蓝天）和细节丰富区域（如小鸟的羽毛和眼睛等）的图像时，直接预测像素转换的模型往往面临巨大挑战。这种模型需要逐个像素地预测颜色和强度，试图重建每一个细节，如羽毛的纹理和眼睛的锐利度，这是一个复杂且计算资源需求很大的任务。

图 7-11　DDPM 主要关注图像的高频部分

相比之下，DDPM 模型在处理这类图像时展现出了显著的优势。DDPM 模型的核心思想是通过学习逐步向图像添加和去除噪声的过程，来模拟真实世界的图像生成过程。这种策略在处理图像细节丰富（高频）的区域时尤为有效。

首先，DDPM 模型会逐步向原始图像中添加噪声，直至图像完全变为噪声状态。在这个过程中，模型会学习到噪声如何影响图像的各个部分。对于蓝天这样的平滑区域，由于像素值变化较小，添加噪声后的变化并不明显。而对于小鸟这样的细节丰富区域，噪声的添加会显著改变像素值的分布，因为噪声更容易影响这些区域的细节。

接下来，在训练过程中，DDPM 模型会学习如何预测并去除这些添加的噪声。由于噪声主要影响图像的高频部分（即羽毛、眼睛这样细节丰富、变化迅速的区域），模型更加专注于学习这些高频部分噪声的特性，这样，模型就不再需要直接学习如何生成羽毛和眼睛复杂的细节，而是学会了如何预测并去除噪声，从而恢复出原始图像中羽毛和眼睛等信息。

7.3.3　基于高斯分布预测噪声——另一种方式实现熵减

那么，向模型中加入什么样的噪声比较适合模型去学习和预测呢？我们最熟悉的数据分布就是高斯分布了，也叫作正态分布。它的图像如图 7-12 所示。

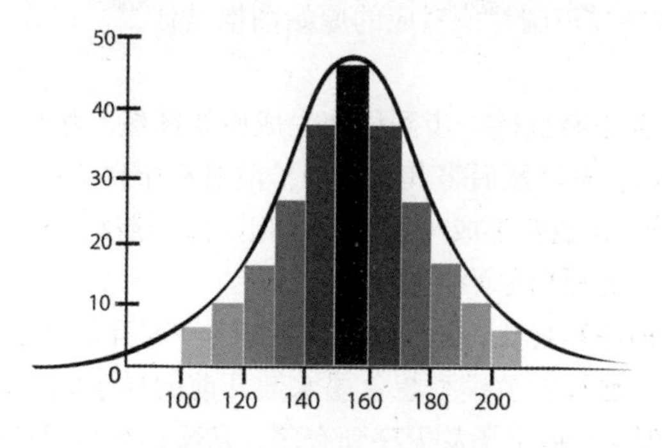

图 7-12　高斯分布的图像

先简单介绍一下高斯分布。如果对某中学的学生身高做一个统计，以横轴代表每一个身高区间，纵轴代表身高，处于每一身高区间的人数就构成了一个直方图，然后，就会发现它形成这样的一个形状，大部分人集中在中间，这个区域越靠近两边人数就越少，但是下降速度也会变得平缓，这就是**高斯分布**。高斯分布也叫**正态分布**，为什么叫正态分布呢？因为它太常见了，太正常了，很多大数据量的分布都是高斯分布，比如身高、体重、收入等。

在 DDPM（去噪扩散概率模型）等扩散模型中，模拟了一个粒子不断向外扩散的过程。这个过程实际上是**系统熵值不断增加**的体现，换句话说，就是系统逐渐变得混乱，也就是不断加入噪声的过程。在这个过程中，粒子扩散出去的距离并不是随意的，而是遵循着一定的规律。具体来说，这个距离通常遵循高斯分布，也就是说，粒子扩散到各个位置的概率呈现出一种“钟形曲线”的分布。有了这个关键信息，就可以用数学的方法来精确地模拟和预测加入噪声的过程了。这样，通过模拟粒子的扩散和计算相应的概率分布，就能够实现对原始数据添加噪声的模拟，进而构建出扩散模型的核心机制。

如何理解扩散过程中的距离也呈现高斯分布的特性呢？首先需要明白，墨水微粒在扩散时，其位置的变动并非毫无章法，而是遵循某种确定的概率模式。具体来说，就是微粒在任意时间点移动后的位置，其概率分布近似于高斯分布。进一步说，如果考察一个极短的时间间隔，会发现微粒在上一个时间点位置附近的分布也近似符合高斯分布的形状，就像图 7-13 所示的那样。

图 7-13　扩散过程在数学上是可逆的

这个观察揭示了什么深层含义呢？它其实暗示了扩散过程在理论层面上的某种可逆性。尽管在物理现实中，熵增过程是不可逆的，但借由数学模型的构建，能够在逻辑上模拟出扩散的逆过程，也就是实现熵减。换言之，如果得知某一瞬间微粒在水中的分布状态，理论上有可能回溯推算出之前某一时刻的分布状态。但要注意的是，高斯分布作为一种概率分布，它仅给出了微粒位置的可能性分布，并不能确切告知每个微粒的精确位置。

接下来将深入探讨如何利用扩散过程的可逆性来模拟墨水的扩散，并进一步回溯到其原始状态。通过精细的观察和模拟技术，有能力构想出墨水在扩散之前的初始形态。这个原理与 AI 训练过程中的去噪扩散模型（DDPMs）颇为相似。

首先，需要一张清晰的原始图像作为起点，随后逐步向其中添加噪声，模拟像素值扩散的过程。在每次扩散之后，都保存一张中间状态的图片，直到最终图像变成一片难以辨认的噪声。接着，告诉 AI 这些噪声图片所对应的原始图像是什么，训练它学习如何从这些噪声中恢复出原始的清晰图像。

在训练过程中，AI 并不会直接一步到位地生成原始图像。相反，它基于最后一张噪声图片生成倒数第二张的近似状态，然后将其与正向扩散过程中保存的中间图片进行对比和调整。这一过程反复迭代，直到 AI 能够生成与原始图像相匹配的清晰图像。实质上，这就是一个反向扩散的过程，AI 在逐步还原出原始图像的细节。

最终，经过大量的训练和优化，AI 便能够直接从一堆看似杂乱的噪声中生成一张清晰、逼真的图像。这一过程与通过扩散模型想象墨水散开前的样子颇为相似。简而言之，这就是扩散模型作图的基本原理，它展示了从无序到有序、从噪声到信号的神奇转变。

7.4　Stable Diffusion——文生图的首选

在理解了扩散模型的基本原理之后，接下来聚焦 AIGC 领域中备受瞩目的文生图场景。在这个场景中，Stable Diffusion 和 Midjourney 是目前两个主要的软件工具。值得一提的是，

Stable Diffusion 作为一款开源软件，不仅向大众公开了一个质量极高的模型，而且这款模型还具备出色的性能表现。其运行速度快捷，显存需求较低，甚至可以在消费级显卡上直接实现图像的可控生成。因此，为了更深入地了解文生图的相关技术，下面以 Stable Diffusion 为例来进行详细介绍。

7.4.1　Stable Diffusion 架构——SD 魔法箱里的三件法宝

Stable Diffusion 能够完成多项任务，例如文生图、图生图、旧照片（视频）修复等，可以说凡是和图片有关的，基本上它都能派上用场。这里就以最基础的“文生图”为例介绍它的原理。

在“文生图”模块中，Stable Diffusion 模型首先将输入的文本进行编码，将其转化为模型可以理解的向量表示。然后，模型利用这些向量在其学习的视觉特征空间中进行搜索和匹配，找到与文本描述相符合的图像特征。最后，模型将这些特征解码为具体的图像像素，生成与文本描述相匹配的图像。

具体看一个例子，给 Stable Diffusion 输入“森林、木屋、安静的”3 个词，Stable Diffusion 模型能够识别并理解这些关键词，然后在其学习的视觉特征空间中找到与这些关键词相对应的图像特征。比如，对于“森林”，模型可能会联想到郁郁葱葱的树木、复杂的地貌等特征；对于“木屋”，模型则会联想到木材的纹理、建筑的形状等特征；而对于“安静的”，模型则会通过调整色彩、光线等元素来营造出一种宁静、安谧的氛围，如图 7-14 所示。

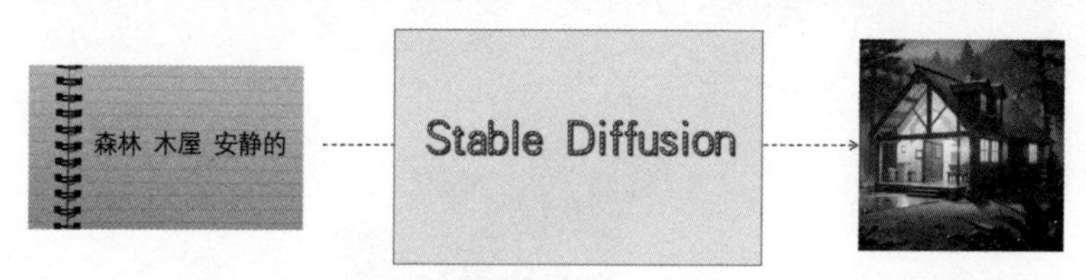

图 7-14　文生图的一个例子

通过将这些特征融合在一起，Stable Diffusion 模型最终生成一张既符合文本描述，又具有丰富细节和情感的图像。这张图像不仅展示了森林和木屋的景象，还通过色彩、光线等元素营造出了一种幽静、安谧的氛围，与输入的文本描述高度匹配。

Stable Diffusion 模型之所以能有如此出色的效果，关键在于它有三件法宝，能通过深度学习大量数据后，从中提取丰富的视觉特征和语义信息，然后根据输入的文本描述，生成与之高度匹配的图像，见图 7-15。

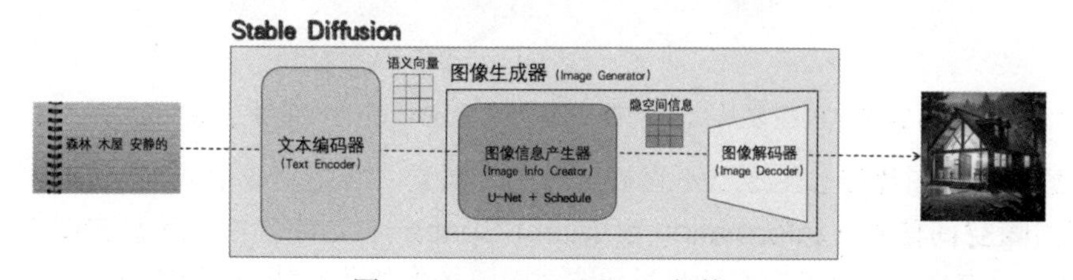

图 7-15　Stable Diffusion 架构

在图 7-15 中，Stable Diffusion 包括：

- 一个文本编码器（左边方框）处理语义信息，也就是把输入的“森林”“木屋”“安静的”这些人类的自然语言提示词转换成机器能识别的向量编码；
- 一个图像信息产生器（中间方框）生成图片的隐空间信息，就是按照提示词的语义信息要求，基于模型生成图像的能力，产生图像的内容信息；

- 一个图像解码器（右边梯形）利用隐空间信息生成真正的图片，在像素空间把图像的内容展现出来。

图像信息产生器和图像解码器都是与图像的生成直接相关的，所以这两个一起组成了图像生成器（Image Generator）。

下面将逐个介绍它们的功能。

文本编码器（Text Encoder）：首先要解决的是怎么把人们说的话转换为机器理解的语言，毕竟计算机是不懂英文更是不懂中文的，这个时候就需要对人类文字进行理解。对文字进行理解的过程需要使用 Transformer，这又是一个 long story，将在后面介绍机器翻译和自然语言处理的时候详细介绍，这里大家知道文本编码器的输入是人类语言，输出是一系列的向量，机器能理解这些向量即可。

那么现在，有了可以代表语义的向量（见图 7-15 中的 3×4 方格），就可以把这个语义向量交给下一步去产生图像内容，也即图中的图像信息产生器。

图像信息产生器（Image InfoCreator）：这个是 Stable Diffusion 的核心模块，使用了扩散模型从噪声环境中逐步生成我们想要的图像信息。

在这里，模型要苦苦思考图像由哪些特征组成，以及自己学过哪些能力，还有就是在这些能力中，哪些可以用来生成这次要求的图像，见图 7-16。

图 7-16　模型要从自己的能力范围内挑选合适的技能来完成任务

要注意的是，图片信息生成器不直接生成图片像素，而是生成较低维度的图片信息，也就是所谓的**隐空间信息（Information of latent Space）**。这个隐空间信息在图 7-15 中表现为那个 3×3 的方格，这个隐空间信息里包含着最终图像的所有特征，例如颜色、纹理、边框等。后续再将这个隐空间信息输入到后面的图像解码器里，就可以在像素空间里成功生成图片了，为了方便，后面有时将隐空间信息简称为隐变量。

在前面介绍扩散模型时，提及该模型是通过直接在图片上添加和去除噪声来工作的，过程中并没有涉及隐变量，这种方式能够保留更多的原始图像信息。然而，这也意味着在生成图像的过程中，模型需要处理更多的信息，因此计算负荷相对较大。Stable Diffusion 通过引入隐空间的概念，将原始图像进行降维处理，生成隐空间信息。这一做法显著提高了模型的性能，使得 Stable Diffusion 在生成速度和资源利用方面相较于传统的 diffusion 模型具有明显的优势。通过这种方式，Stable Diffusion 在性能和精确性之间取得了良好的平衡。

那从技术上来说，这个图像隐变量到底是怎么得出来的呢？它是由一个 U-Net 和一个 Schedule 算法（在图像信息产生器里）共同生成的。Schedule 算法控制生成的进度，U-Net 比较复杂，但我们可以把它简单地看作一个卷积神经网络，它一步一步地执行生成的过程，包括对原始图像降维生成隐空间等。需要说明的是，在 Stable Diffusion 中，整个 U-Net 的生成迭代过程要重复 50 ～ 100 次，也就是说，图像信息产生器里的逻辑要重复执行多次，隐变量的质量也在这个迭代的过程中不断地变得更好。

图片解码器（Image Decoder）：也就是图 7-15 中右边的矩形框，它从图片信息生成器中接过图片信息的隐变量，将其升维放大（upscale），还原成一张完整的图片。图片解码器只在最后的阶段起作用，也是真正能获得一张图片的最终部分。

上面介绍了 Stable Diffusion 的三件法宝，下面来更具体地了解一下这三大法宝中输入输出的向量形状，让大家对 Stable Diffusion 的工作原理能有更直观的认识。

- 文本编码器：将人类语言转换成机器能理解的数学向量。输入：人类语言。 输出：语义向量。其向量形状为（77, 768）。这里的 77 代表文本被编码成 77 个 token（标记），而每个 token 被转换成一个 768 维的向量。这个维度通常与模型的设计和使用的预训练语言模型有关，它捕捉了文本中的语义信息，使得模型能够理解并生成与文本描述相匹配的图像。
- 图像信息产生器：这个组件的功能是结合语义向量，从纯噪声开始逐步去除噪声，生成图片信息的隐变量。输入包括噪声隐变量 [形状为（4，64，64）] 和语义向量 [形状为（77，768）]。噪声隐变量是模型生成图像的起点，它是一个随机的、包含噪声的多维向量。通过结合语义向量，模型逐渐去除噪声，生成包含图像信息的隐变量。输出的去噪隐变量形状仍为（4，64，64），但其中的噪声已被大大减少，更多地反映了文本描述所对应的图像内容。
- 图像解码器：它的功能是将图片信息隐变量转换为一张真正的图片。输入是去噪的隐变量 [形状为（4，64，64）]，输出是一张真正的图片 [形状为（3，512，512）]。这里的 3 代表图像的颜色通道（红、绿、蓝），512 是图像的宽度和高度。这个输出形状反映了生成的图像具有高质量和细节丰富的特点，能够更好地呈现出与文本描述相符合的图像内容。

Stable Diffusion 模型中的输入和输出向量形状是基于模型组件的功能和设计来确定的。通过合理设计向量形状和结合各组件的功能，模型能够准确地理解文本描述，并生成与之相匹配的高质量图像。

刚才提到过，扩散过程是一个在图像信息产生器内部多次迭代的过程。每一步迭代的输入都是一个隐变量，输出也是一个隐变量，只不过输出的这个隐变量噪声更少，并且语义信息更多。图 7-17 就是一个图像信息产生器内部的工作过程，其中 3×3 的隐变量不断从深色变透明的过程就代表了这个迭代的过程，迭代次数越多，颜色越浅，噪声也就越少。要说明的是，隐变量的维度不一定都是 3×3，可以根据实际情况确定。

正常的话，应该在 50 个迭代周期完成之后，再用图像解码器（梯形模块）将最终的隐变量解码出清晰的图像，但是如果这个时候用图像解码器提前看一下每一步所对应的图片，就会直观地看到想要的图片一步一步地脱胎于噪声的全过程。

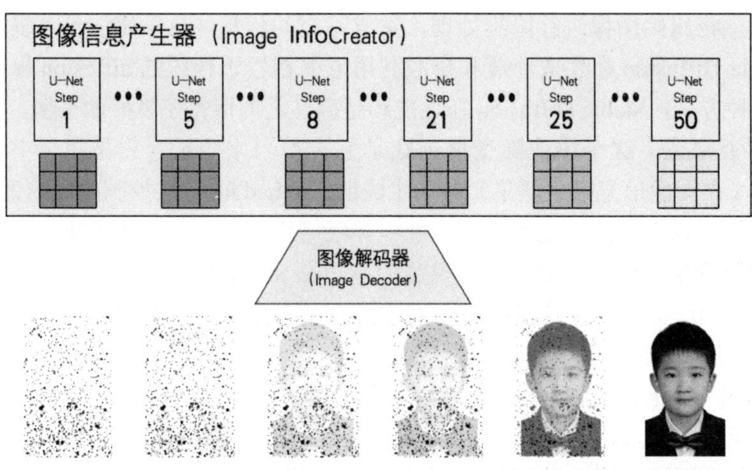

图 7-17　迭代次数越多，隐向量里噪声越少，解码出来的图像越清晰

7.4.2　训练 U-Net 去除噪声——培训一位合格的雕刻家

刚才介绍过，Stable Diffusion 中有 3 个主要的模块，包括一个文本编码器处理语义信息，一个图像信息产生器一步步地生成图像的隐变量，一个图像解码器利用隐变量生成真正的图片。同时，对于整个图像生成的过程，我们也有了更加深入的了解。不仅知道了向量通过各个阶段时的形状变化，还可视化地展现了扩散过程中噪声变为图片的全过程。到现在为止，在大概了解 Stable Diffusion 的工作流程之后，我们接下来要开始训练这个模型了。

Diffusion 模型之所以能够生成高质量图片，其核心原因在于有着极其强大的计算机视觉模型。只要数据集足够大，强大的模型就能学习到任何复杂的操作。那具体在 Stable Diffusion 里面让 U-Net 学习了怎样一个操作呢？简单来说，就是“去噪”。

打个比方说，模型现在是一位图 7-18 中的雕刻师，他要按照甲方（需求提供方）的要求，把一块未经雕琢的原石雕刻成一个“思考者”雕像，那么首先需要从甲方那里了解思考者是个什么样子，包括他的大小、姿势、神态等。这就是前面讲的文本编码器的作用。然后根据了解到的需求，对比手里的这块原石，根据以往的经验，构思一下，把哪些地方敲掉，就能形成“思考者”的样子。后面就是按照构思，逐步地把多余地方的石料打磨掉，使得雕像越来越成型，最终成为心中想要的样子。

图 7-18　SD 去噪的过程和打磨雕像的过程类似

在这个雕刻的过程中，其实雕刻师所做的工作是打掉多余的石料，这个就是 Stable Diffusion 的“去噪”过程。当然，雕刻师之所以知道该把哪里打掉，哪里留下来，是因为他之前经过大量的训练，知道“思考者”这一类的雕像应该去除哪些多余的部分。这对应到 Stable Diffusion，就是训练模型，让它知道应该去除哪些噪声。

上面是 SD 去噪过程的总体思路，下面来看看具体的训练过程。

众所周知，对大模型的训练，最重要的就是要有大量的、合适的训练数据集。那如何为去噪的任务设计训练数据集呢？很简单，只要向清晰的图像里添加噪声，不就有了加噪的图像了嘛。

具体来看一下，如图 7-19 所示，首先假定现在有一张清晰的图像；然后随机生成从弱到强各个强度的噪声。

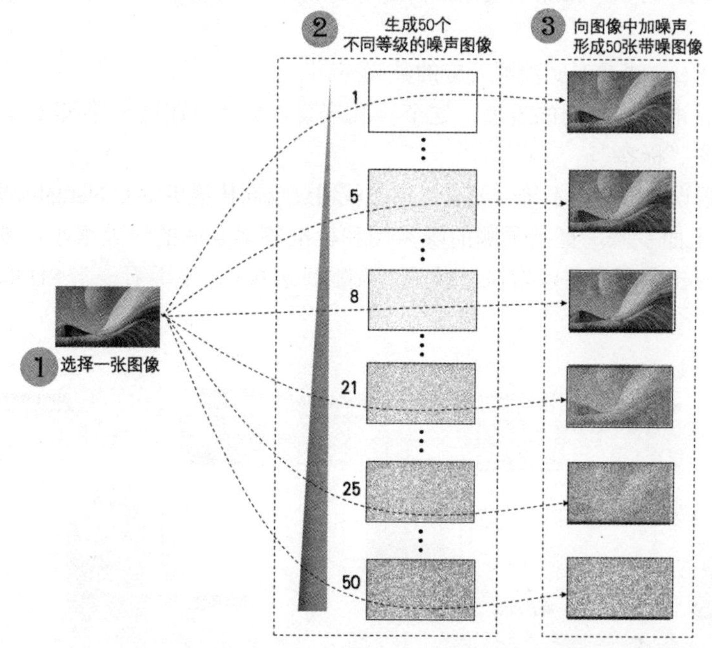

图 7-19　SD 训练集的制作过程：选张图片，然后把不同强度的噪声添加进去

图 7-19 中共计有 50 个不同强度的纯噪声图，在清晰的图像里，分别把这些噪声都添加进去，得到 50 张不同强度的带噪图像。这一共就有了 50 套纯噪声图和带噪图像的组合，它们就是训练数据集。

需要说明的是：

- 这里举例的噪声强度有 50 档，有的时候需要有 100 档，原理相同；
- 最好是给每张图像都随机生成一套（50 张）纯噪声图，而不是所有图像都共用同一套纯噪声图，这是为了增加训练集数据的多样性，让模型多训练几套纯噪声数据，避免训练出现过拟合现象。

下面来回顾一下，给 SD 进行训练的数据集可以认为包括 3 样东西：噪声强度（图 7-19 中的数字），50 个等级的纯噪声图（图 7-19 中间列图片），以及加噪后的带噪图像（图 7-19 最右列图片）。训练的时候 U-Net 只要在已知噪声强度等级的条件下，学习如何从带噪图像中计算出相应等级的噪声图就可以了。注意，并不直接输出去掉噪声的原图，而是让 U-Net 去预测原图上所加过的噪声。当需要生成图片的时候，用带噪图像减掉噪声就能恢复出原图了。

我们可以形象地表示这个训练过程，如图 7-20 所示。

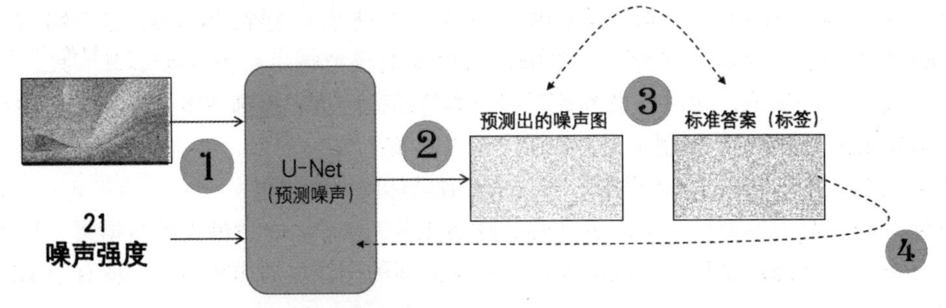

图 7-20　SD 的训练过程就是一次次地预测噪声图，与标准答案对比

该过程一共分 4 步走。

（1）从训练集中选取一张加噪过的图片和相应的噪声强度，比如图 7-20 中带噪风景图和噪声强度 21。

（2）输入 U-Net，让 U-Net 预测对应的纯噪声图。

（3）计算和标准答案之间的误差，这个标准答案就是之前在这一等级（本次是 21）加噪的噪声图，也叫作“标签”。

（4）如果发现误差很大，不符合要求，那么就通过反向传播更新 U-Net 的参数，再试一次。

不断地重复上面步骤，直到预测的噪声图和标准答案之间的误差很小，就完成了 SD 的训练，就像雕刻家出了师，可以为客户真正完成雕刻订单了。下面看一下 SD 的推理过程，见图 7-21。

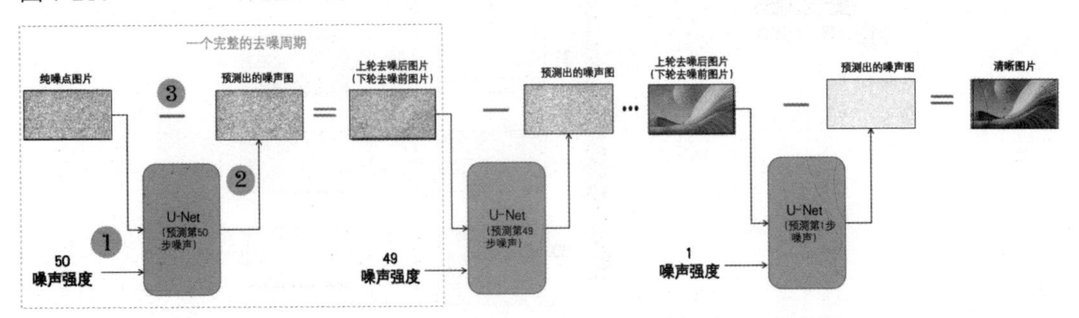

图 7-21　SD 的推理过程：带噪图片 - 噪声图片 = 去噪图片

首先，来详细描述一个完整的去噪周期。整个周期被明确地界定在一个虚线框内，它涵盖了 3 个至关重要的步骤。

第一步，引入了一个圆角方框，这个方框代表了 U-Net 的预测处理环节。在这一阶段，向 U-Net 模型输入一张带有噪声的图片，一开始肯定是一张纯噪点图片，并同时告知它关于当前噪声的特定信息（比如，噪声强度为 50）。

第二步，基于上述输入信息，U-Net 会发挥其强大的预测能力，输出一张预测的噪声图像。这张图像代表了模型对当前噪声分布的理解和预测。

接下来是关键的第三步。一旦得到了 U-Net 预测的噪声图像，就可以将其与原始的、包含噪声的图片进行相减操作。这一步骤的本质就是“去噪”，试图通过消除预测的噪声来恢复图片的原始清晰度。

这样的去噪过程并非一蹴而就，而是需要循环迭代。通过不断地重复上述 3 个步骤，可以逐渐去除图片中的噪声，使其变得越来越清晰。这个迭代过程会持续进行，直到达到预定的迭代次数（例如，进行 50 次迭代）。

经过如此多次的去噪迭代后，最终可以得到清晰的图片。它之所以如此出色，是因为它充分学习到训练集的数据分布。也就是说，它知道了训练集中各种纯噪声图与原图像的像素分布特征规律。例如，如果使用艺术家的作品集来训练这个模型，那么生成的图像就会呈现出类似艺术作品的风格和色彩分布；而如果使用真实世界的图像进行训练，那么结果就会尽可能地模拟真实世界的场景和细节。

现在，我们对Diffusion模型的基本规律有了一个清晰的认识。这种规律不仅适用于Stable Diffusion这样的模型，也同样适用于OpenAI的Dall-E 2和Google的Imagen等其他类似的模型。它们都是基于相同的原理，通过逐步去噪的方式来生成高质量的图像。

既然Stable Diffusion模型能够神奇地从一堆随机的噪点中反向“绘制”出一张清晰的图像，那么当直接给它一张充满噪点的图像时，它能否猜出原来的图像是什么样子呢？答案是肯定的，它确实可以搞定。毕竟它就是通过这样的方式被训练出来的。因此，如果那张充满噪点的图片恰好是一张年代久远的老胶片，那么恭喜您，您已经解锁了Stable Diffusion的一项新技能——老电影修复。

Stable Diffusion在老电影修复方面的能力，确实具有许多先天的优势。首先，它的训练方式本身就使得它对于去噪点有着出色的适应能力。但更为关键的是，作为一个AI大模型，Stable Diffusion经历了海量的数据训练，这使得它对于世间万物的形态和特征有了深入的了解。就像ChatGPT那样，它“见识”过大千世界，从而拥有了超乎想象的“脑补”能力。这种能力，使得它在面对一张模糊的老电影画面时，能够凭借自己的“记忆”和“理解”，还原出最接近原始画面的效果。

所以，当手中有一张珍贵的老电影胶片，想要修复其破损和模糊的部分时，不妨试试Stable Diffusion这个强大的工具。相信它会带来意想不到的效果。

在目前的处理流程中，尚未引入文字和语义向量的控制。这意味着，如果仅按照当前的流程操作，可能会得到清晰的图像，但无法精确控制最终的输出结果。尽管如此，Diffusion模型在旧照片（旧视频）修复和超分辨率（Super-Resolution）等领域已经展现出了显著的能力。

为了实现对图像生成结果的精确控制，需要引入语言模型和Attention机制来融入语义信息。接下来，将详细介绍这一部分内容，探讨如何通过这些技术来影响和优化图像的生成过程。

7.4.3　基于CLIP模型创作图像——既懂文字又懂图像的专家

前面着重讲述了如何训练Stable Diffusion中的U-Net，同时，也了解了在训练好U-Net之后怎么使用它来去除噪声以及生成图片。然而，还有一个重要的地方尚未提及，那就是可控性，即如何用语言来控制最后生成的结果？前面说过SD有三件法宝，第一个就是文本编码器（Text Encoder），可以让U-Net除了要接收噪声图之外，还接收用文本编码器输出的语义信息，并且把两者关联起来。有人可能就要问了，语义信息是语义信息，图像信息是图像信息，计算机是怎么把这两种完全不同的信息联系到一起的呢？这就要说到一个著名的模型——CLIP（Contrastive Language-Image Pre-Training）模型了。

有人可能又要问了，对文本进行编码，貌似有专门的自然语言大模型，比如谷歌的BERT就挺好，为啥还非要用这个CLIP呢？没错，BERT等自然语言模型在自然语言处理领域表现出色，很擅长捕捉文本的语义信息，并能够生成与文本相关的特征向量，是文字方面的专家。然而，在Stable Diffusion中，文本编码器的作用不仅仅是理解和处理文本。它还需要与图像信息相结合，以指导图像的生成过程。而CLIP通过大量成对的“文本－图像”进行训练，学习将文本和图像映射到同一个高维特征空间的能力。在这个空间中，相似的文本和图像对应的特征向量会相互靠近，而不相似的则会相互远离。这些特征向量作为条件信息，指导 Stable Diffusion 的图像生成器去生成与文本描述相符的图像。因此，CLIP 作为一位既懂文字又懂图像的专家，来做 Stable Diffusion 的文本编码器是非常合适的。

作为 SD 的文本编码器，CLIP 不能只是了解文字的含义及其对应图像的特征，还需要具备的一项技能是具有 Zero-Shot Learning 能力，即能够根据从未见过的文本描述生成相应的图像训练集之外的图片。因为用户要求生成的图像可能是用任意文本描述出来的，不可能为每个描述都收集相应的训练数据。

想象一下，对于训练的 Stable Diffusion（SD）模型，让它学会生成逼真的宇航员图像，同时也让它学会描绘奔跑的马匹。现在，又提出了一个颇具挑战性的要求：让 SD 生成一个从未在现实世界中出现的场景——正在骑马的宇航员，见图 7-22。这个全新的要求不仅成功实现了，而且展示了机器在“创作”领域的巨大潜力。

图 7-22　SD 生成的宇航员骑马的图像

这里，CLIP 模型发挥了关键作用。CLIP 模型具备一种强大的能力，即它可以在不经过额外训练的情况下，直接理解并处理新的文本和图像数据。那么，CLIP 是如何将这两种截然不同的信息结合在一起的呢？

简单来说，CLIP 模型首先会对“正在骑马的宇航员”这样的文本描述进行编码，将其转化为一种机器能够理解的语义向量。这个语义向量就像是一个桥梁，连接了文本和图像的世界。接下来，这个语义向量会与 Diffusion 模型进行深入的互动，引导模型根据文本描述生成相应的图像。

下面来看一下怎么训练 CLIP 模型，让它能把语言和图像两种向量结合起来。

1. CLIP 的训练数据集准备

训练所有的大模型都离不开一个基础——数据集。正所谓“兵马未动，粮草先行”，训练这些大型模型的首要条件就是拥有足够丰富和高质量的数据集。这些数据集就像是模型的食粮，只有经过充分的“喂养”，模型才能茁壮成长，展现出其强大的能力。

CLIP 的全称是“Contrastive Language-Image Pre-Training”，中文翻译是：通过语言与图像比对方式进行预训练，可以简称为图文匹配模型。简单地说，就是通过对自然语言理解和图像的分析，对语言和图像之间的一一对应关系进行比对训练，从而构建出一个模型，以便能为日后有文本参与的生成图像的任务所使用。说白了就是给图片配上文字说明，然后训练模型，让模型一看到图片，就能想象出来对应的文字，反之亦然。

这就需要在训练的时候把图像和该图的文字说明放在一起训练出来。这些图片与文字说明部分，基本都是从网络上抓取来的，它们被整理成一个个的“图文对”，类似图 7-23 所示的那样。

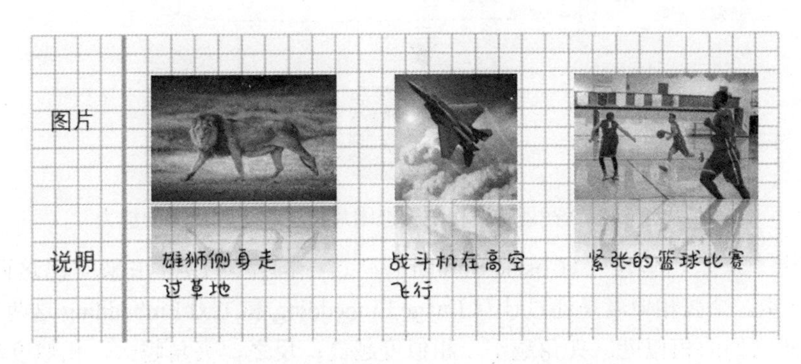

图 7-23　CLIP 的训练数据集是一个个的“图文对”

从网络上抓取图片的时候，大部分图片都有一个 alt 属性标签，专门用于描述当前图片的文字，例如在电影下载网站上，在网页上右键→显示网页源代码，然后搜索“alt”，就可以看到类似下面的 HTML 标签，其中就有 alt 属性。

```
<img src="https://ph.mymovie.com/image/095a5d2bb38579fcdf.jpg" alt=" 让子弹飞 "/>
```

这个属性的目的是告知搜索引擎这张图代表什么，从而容易被搜索引擎搜索到，但是 CLIP 正好利用了这个属性标签训练自己的模型。并且，秉着一贯的“大力出奇迹”的理念，CLIP 训练了足足 4 亿个“图文对”！

2. CLIP 的训练过程

当训练集准备就绪后，接下来要关注的就是 CLIP 模型的训练过程。CLIP 模型内部包含了一个图像编码器和一个文本编码器，这两个编码器各自承担着将图片和对应文字转化为向量的重任。具体来说，图像编码器负责将图片转化为 Image Embedding，而文本编码器则将文字转化为 Text Embedding。

接下来，模型会对这两组向量进行比对，通过某种相似度度量方法来判断它们是否相似，即能否匹配成为一对图文对。然后，模型会生成一个预测值，表示这两组向量的相似程度。

紧接着，模型会将这个预测值与标签值（即标准答案）进行比较。如果预测值与标签值不符，说明模型在编码过程中出现了偏差，此时就需要对图像编码器和文本编码器的参数进行调整。调整参数后，模型会重新对图片和文字进行编码，生成新的 Image Embedding 和 Text Embedding，并再次进行比对和预测。

这个过程会不断重复，直到模型生成的预测值与标签值相符为止。通过这种方式，CLIP 模型能够逐渐学习到如何将图片和文字进行准确的匹配，从而在后续的推理过程中，能够根据给定的文本描述生成与之匹配的图片。

下面通过一个例子来详细解析 CLIP 的训练过程，见图 7-24。

整个过程分为以下 4 步。

（1）将一张雄狮的图片和与之对应的文字描述分别输入到 CLIP 的图像编码器和文本编码器中。这两个编码器会分别对这些输入进行处理，并输出图像编码向量（Image Embedding）和文本编码向量（Text Embedding）。

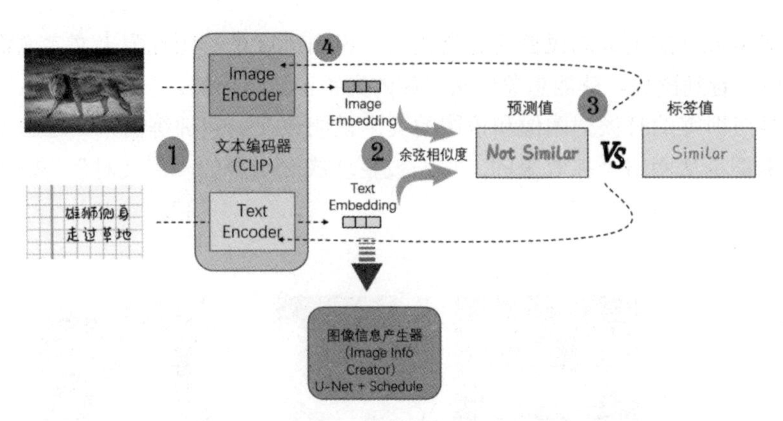

图 7-24　CLIP 在训练过程培养把图片与文字进行配对的能力

（2）利用“余弦相似度”（Cosine Similarity）这一向量对比方法来对比这两个生成的 Embedding 向量。余弦相似度是通过计算 Image Embedding 和 Text Embedding 这两个向量之间的夹角来判断它们的相似度。夹角越小，相似度越高；反之，夹角越大，相似度越低。在训练初期，由于 CLIP 模型尚未得到充分学习，即使输入的是匹配的“图文对”，模型也可能认为它们的相似度很低，即余弦相似度对比后的结果为“Not Similar”。

（3）在抓取图片时，通常可以顺便获取到与之对应的标签值，也就是图片的“alt”属性标签对应的标准文字描述。将模型预测的相似度与这个标准答案进行比较。如果预测结果与实际不符，说明模型还需要继续训练。

（4）此时，模型的损失函数会发挥作用。它会计算预测结果与实际结果之间的差异，并将这个差值反馈到图像编码器和文本编码器中，对这两个编码器的参数进行调整。这样，在下次对同一组图片和文字描述进行编码时，生成的 Embedding 向量之间的相似度会有所提高。

这个过程会不断重复，直至模型生成的 Embedding 向量之间的相似度达到预设的阈值。当两个编码器生成的 Embedding 向量足够相似时，就可以认为这两个编码器中的神经网络连接权重已经符合要求，本次训练也就成功了。

在训练 CLIP 模型时，有以下几个关键点需要明确。

首先，训练数据集包含了惊人的 4 亿个图文对。这意味着在训练过程中，模型需要对这 4 亿个图文对进行学习和调整，以确保它能够准确理解图像和文本之间的对应关系。这是一个庞大的任务，需要巨大的计算资源和时间来完成。

其次，训练过程不仅仅局限于那些“图文匹配”的情况。实际上，还需要考虑那些“文不对图”的情况，即图像和描述文字之间毫无关联的情况。这样做是为了让编码器能够学会区分哪些图文对是匹配的，哪些是不匹配的。这种反向的训练情况同样重要，有助于提升模型的鲁棒性和准确性。

最后，关于训练过程中的输出部分。实际上，最终输出给 SD 下一个环节（通常是 U-Net 或其他图像生成模型）的是 Text Embedding，而不是 Image Embedding。这是因为后续步骤关注的是文本描述与生成图像之间的关联，而不是直接输出图像的编码。在训练过程中，采用余弦相似度作为损失函数，目的是使 Image Embedding 和 Text Embedding 在特征空间中不断接近，最终建立密切的对应关系。从这个角度来看，可以认为 Text Embedding 里已经包含了 Image Embedding 的信息。

3. CLIP 是如何与 Diffusion 的图像生成器结合起来的

为了让文本能影响图像的生成，必须调整 U-Net 的输入，使得提示词文本通过 CLIP 模型产生的 Text Embedding 向量（见图中左下方）作为 U-Net 的一个输入参数，从而 U-Net 在预测噪声的时候能参考提示词的要求，见图 7-25。

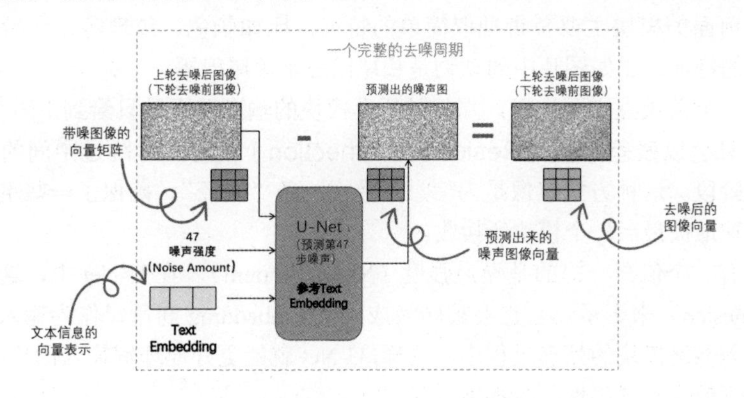

图 7-25　基于 U-Net 的完整去噪周期

它接收 3 个关键的数据作为输入，分别为带噪图像的向量矩阵、噪声强度数值、提示文本信息的向量表示 Text Embedding。

首先，图 7-25 的左上方有一个带噪图像的向量矩阵，它代表了本轮要去噪的图像，呈 3×3 网格的形式。这个矩阵包含了图像中所有像素的信息。接下来，还有一个噪声强度数值 47，它定量地描述了图像中噪声的强度。最后，我们还有一个 Text Embedding 矩阵，这是由提示词经过 CLIP 模型转换而来的，位于左下方，是一个 1×3 网格的矩阵，它包含了与图像内容相关的文本信息。

U-Net 的核心任务是预测出噪声图像向量，这个预测结果用中间的 3×3 网格来表示。有了这个噪声图像向量后，就可以通过简单的数学运算——从带噪图片向量中减去这个噪声图像向量——来得到去噪后的图像向量。这个过程就像是在图像上“擦除”了噪声一样。

U-Net 的输出，也就是去噪后的图像，同样是以向量矩阵的方式给出的，显示在右侧，也是一个 3×3 网格。但请注意，这个输出图像并不是完全无噪的，而是仍然包含了一定程度的噪点，只不过这个噪点强度要比输入之前的降低了一些。

此时，为了更好地理解文本 Text Embedding 矩阵在 U-Net 模型中是如何起作用的，需要先来深入了解一下 U-Net。先来看一个不含 Text Embedding 文本输入的 U-Net 的输入和输出是怎样进行的，见图 7-26。

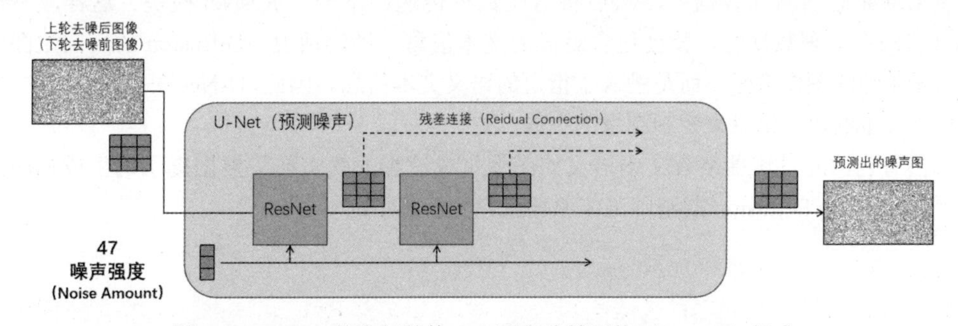

图 7-26　U-Net 的内部结构，主要由残差网络（ResNet）组成

U-Net 的内部处理流程如图 7-26 中间矩形框所示，可以看到数据由一系列精心设计的模块进行处理，它们被称为**残差网络（Residual Network，ResNet）**。这些模块实质上是一个个卷积神经网络（CNN），它们之间紧密连接，形成了特征的层层抽取与传递。

具体来看，每个残差网络模块都与其前一个模块保持着一种特殊的关系，即输入与输出的串联。这样的设计使得每个模块都能在前一个模块的基础上，进一步抽取图片的特征。在这个过程中，前面的模块主要负责抽取简单的特征，比如颜色、纹理等，而后面的模块则逐渐转向更复杂的特征，比如图片中的动物是长尾巴还是短尾巴等。

但这里有一个关键点需要注意，那就是每个模块的输出并不是只给到下一个模块。相反，其中一部分信息会以**残差连接（Residual Connection）**的方式，跳过中间的模块，直达处理流程的最后阶段。这种方式就像是为信息开辟了一条“捷径”，确保了一些重要的特征信息能够直接、快速地被最后一个模块所接收。

另外，还有一个值得一提的是噪声强度（Noise Amount）。在 U-Net 中，这个强度的值用时间步长（timestep）来表示，它也会被转换成一个 Embedding 向量，作为输入的一部分，参与到每一个残差网络模块的处理过程中。这样，U-Net 就能更好地理解输入图片中的噪声情况，从而提高其处理效果和准确性。

现在，引入 Text Embedding 向量，进一步完善 U-Net 的内部流程，如图 7-27 所示。

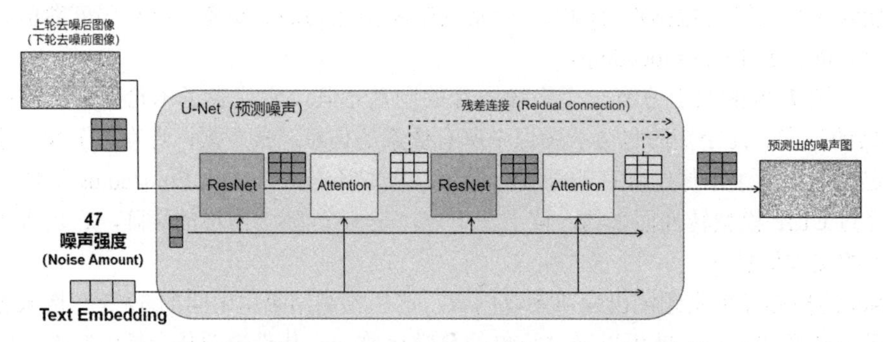

图 7-27　引入 Text Embedding 之后的 U-Net 内部结构

此外，在 U-Net 的内部结构中，又加入了 Attention 模块，使得 Text Embedding 可以逐层对预测结果产生影响。具体来说，每一个残差网络（ResNet）模块后面都增设了一个 Attention（注意力）模块。关于 Attention 模块的详细工作原理，会在后续的 Transformer 技术介绍中深入探讨，在这里可以简单理解为：在每个处理阶段，Attention 模块都会将 Text Embedding 中的文本特征与 ResNet 提取出的图像特征相结合。

这个结合过程是这样的：在每一个处理阶段，Attention 模块会将这些文本特征巧妙地融合到 Latent 潜空间的数据中，然后将这些数据传递给下一个 ResNet 模块。这样，下一个 ResNet 模块在处理数据时，就会包含更多的文本信息。换句话说，Diffusion 的反向生图过程就不再是单纯的图像去噪，而是融入了指定的语义文本信息。因此，U-Net 在去除噪点的同时，也会根据文本的语义信息来控制图像的生成。

我们看到，通过这种结合文本语义的图像生成流程，就实现了根据提示词生成相应的图像。至此，Stable Diffusion 的基础工作原理就完全清楚了。

第 8 章
机器翻译，想说爱你不容易

在人工智能的众多领域中，自然语言处理无疑是那颗最耀眼的明星。诸如 ChatGPT、文心一言等广受欢迎的软件，它们之所以能够与用户进行自然而流畅的交互，背后都离不开自然语言处理技术的默默支撑。

自然语言处理，听起来可能有些高深莫测，但实际上它与我们的生活息息相关。无论是与 ChatGPT 或文心一言进行对话，还是浏览网上自动翻译的文章，都在不知不觉间与自然语言处理技术产生了交集。然而，这背后所蕴含的概念、原理和技术却如同一片神秘的森林，需要我们去探索。

为了让大家能够轻松愉快地走进这片森林，本章特地选取了一个非常实用的应用场景——机器翻译。通过机器翻译这一窗口，将为大家揭开自然语言处理的神秘面纱，讲解其基本概念、处理方法，以及一个核心的技术概念——Transformer。

Transformer 这个名词或许对一些人来说还有些陌生，作为当前自然语言处理领域最重要的技术之一，它就像是一个魔法盒子，能够神奇地将不同语言之间的内容进行翻译。下面将会深入剖析这个魔法盒子的工作原理，让大家明白为什么它能够成为机器翻译等应用的得力助手。

当然，自然语言处理的领域远不止这些。在后续的两章中，我们还将继续探索其他技术点，为大家揭示背后的故事和实现的细节。

8.1 机翻毁一生

前面讲过机器可以在图片中识别喵星人，也能生成一些以假乱真的图片，这是一种图像智能的体现。然而，尽管图像生成的能力让我们大开眼界，但是人类最常用的还是语言。语言充满了微妙之处，一字之差含义可能产生天壤之别。如果委托机器来进行翻译，要小心谨慎，因为有时候它可能会像图 8-1 这样出人意料。

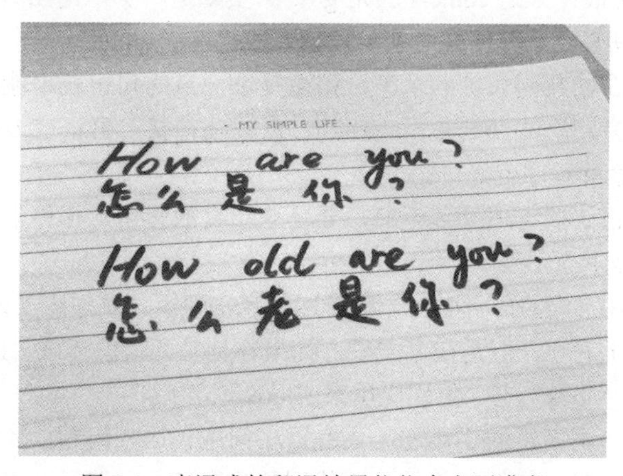

图 8-1　直译式的翻译结果往往令人不满意

或者将“对公业务窗口”直接翻译成“To Male Business”，让人惊出一身冷汗。

翻译讲究“信、达、雅”，直接翻译容易翻车，“老人”们总说：“珍惜生命，远离机翻”。

一开始的机器翻译，经常会闹出像上面那样的笑话，整体翻译水平确实让人有点着急。不过，时光荏苒，几年后的今天，机器翻译已经突飞猛进，表现让人惊叹不已。为了验证这一点，下面让老外的模型 ChatGPT 翻译一下李白的名句，来看看最新的翻译结果，见图 8-2。

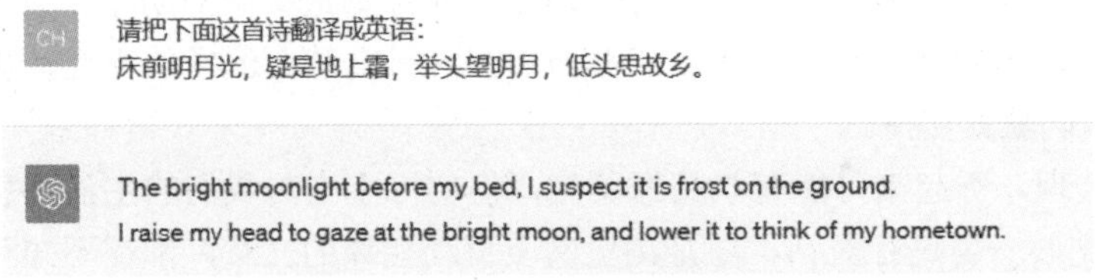

CH 请把下面这首诗翻译成英语：
床前明月光，疑是地上霜，举头望明月，低头思故乡。

The bright moonlight before my bed, I suspect it is frost on the ground.
I raise my head to gaze at the bright moon, and lower it to think of my hometown.

图 8-2　ChatGPT 翻译《静夜思》

这结果虽不能说是完美吧，但是怎么也可以说是接近大学六级的水平了。

那么，这些年机器翻译是如何进步这么快的，它到底经历了什么？ AI 又是如何学会一门外语的？带着这些问题，继续往后看。

要了解这个问题，让我们穿越时光回到 20 世纪 50 年代那个正值美苏争霸的时代。两个超级大国扳手腕子，在各个方面都要压对方一头。这个时候美国同志们突然意识到，得搞懂老苏在干啥，可老美们的俄语水平都不敢恭维，没事谁也没想着去学这门“敌国语言”啊。于是这翻译难题就摆在了面前，真是急需一台“翻译宝”！

图 8-3　轻轻按一下，就能实现语言翻译

1954 年，美国乔治敦大学和 IBM 公司两个伙计一合计，决定让计算机出马，干脆用高科技来解决这个翻译难题。计划就是：在计算机里输入俄语，然后，就像图 8-3 一样，轻轻按一下，计算机就给翻译成英语，是不是很美妙？

说干就干，人生要的就是执行力，那具体怎么干呢？其实你也想得到，就跟你从小学外语差不多，先找单词的对应关系，基本就是这样子：点头 yes，摇头 no；来是 come，去是 go。只要知道一个单词在另外一门语言中是什么词，就可以翻译了。所以“我吃苹果”就可以翻译成“I eat apple”。

这个翻译只停留在幼儿园大班的水平，稍微复杂一点的句子就不能这么直接翻译，就要考虑语法。不同的语言，语法规则是不一样的，所以还得找一群语言专家来把语法规则告诉计算机，这样，机器翻译程序就好一些了。

但是，似乎光把语法搞定还远远不够，要是这招真的管用，那你学了十几年的外语，怎么还得依赖字幕才能阅片无数呢？

随便举个例子，在不同的语言中，一词多用是家常便饭。就好比汉语的“看”，你可以看见、看书、看望，甚至看守。但是在英文里，如果你把它死命翻译成“look”，那就只能用来“look”见，不可偷懒“look”书，更别提用来“look”守了。

然而，除了这个一词多用的小难题，还有语序问题、语气问题，还有一大堆乱七八糟的难题等着我们。所以，唯一能做的就是再次找回那群专家，一遍又一遍地加规则，这就是基于规则的语言翻译方法。

这招用了十多年，直到 1966 年，美国科学院出了一份报告，标题是《语言与机器》，见图 8-4。

LANGUAGE AND MACHINES

COMPUTERS IN TRANSLATION AND LINGUISTICS

A Report by the
Automatic Language Processing Advisory Committee
Division of Behavioral Sciences
National Academy of Sciences
National Research Council

图 8-4 《语言与机器》（1966）宣布机器翻译是伪命题

报告的结论非常干脆——机器翻译别想了，不能真正用于人类社会的交流，直接判了它的死刑。不过后来因为机器翻译需求实在太大，大家只好将就着继续使用这种方法，一直持续到 20 世纪 90 年代。

在 20 世纪 90 年代，IBM 提出了新的翻译模型。这就是基于统计的机器翻译，其实说白了就是利用统计方法来计算合适的词汇。语言就是自然生长的产物，有时候它根本不依赖于一堆刻板的规则，而是需要一种语感。为了培养这种语感，中学生被逼着默默背诵英语课文，机器也一样，只不过它需要大量的数据，因为在海量的翻译示例中，它能够构建出词与词之间的关系，也就是说，知道哪些词更有可能互相搭配，形成一个完整的意思。

这有点像让机器熟读唐诗三百首，不会作诗也会吟。这样的话，就不再需要为每个翻译程序找一堆语言专家请他们不停地添加语法规则了，只需要为机器提供足够多的中英文对照材料，让它自己去体会就好。

一旦机器在这些海量数据的训练中掌握了深厚的知识，它就具备了丰富的翻译经验，能在不同的语境下选择概率最高的词汇进行翻译。比如，对于图 8-5 这样的“吃苹果”，它会老老实实翻译成“eat apple”，但如果遇到“用苹果”，它就不会把你引入果园，而是老练地翻译成“use iPhone”。

图 8-5　苹果和“苹果”

但是，只是基于统计的方法找到合适的对应词汇，还是不完美，因为统计和概率这东西对语序和结构其实不太敏感，很多规则还是需要人工去定义，所以很可能把每个词都翻译出来了，也是合适的意思，但是整体来看就是有点不像人话，比如前面讲过那句，“How old are you？ = 怎么老是你”。但统计模型的机器翻译只能帮你到这儿了，我们需要更牛的机器翻译技术。

于是，基于神经网络的机器翻译就横空出世了！

8.2 让机器翻译变得丝滑的奥秘——训练，不断地训练

那么怎样才能让机器翻译得很丝滑呢？要把机器训练成一个翻译高手，就得让机器懂得人类语言的每一个单词的准确含义，还要懂得一词多义，要理解人类说话的语序，要能体会出说话人的语气，这样翻译出来的东西才像人说的话。

1. 机器翻译的训练过程

要完成机器翻译丝滑的目标，这任务听起来就挺难办，实际上这一块的原理的确比较复杂。为了不让大家迷失在细节里，这里先给大家一个总体的介绍。总的来说，要先训练机器，然后才能实战。那么先来看看如何训练机器。

第一步：让机器理解每个单词的含义。先准备句子样本，这些样本需要很多，最少是几十亿个句子起步，样本越多，机器就学得越好，如图 8-6 所示。

图 8-6　机器需要刻苦学习几十亿个句子

机器需要理解这些样本，也就是理解词与词之间的关系，同时整理出一词多义的现象，例如“bank”这个英文单词，既有“河岸”的意思，也有“银行”的意思。还有，同样一个词义，也有多种表达方式，例如“crazy”这个单词，可以翻译成“疯狂的”“愚蠢的”或“迷恋的”。每种翻译都有不同的使用场景，这些信息都需要事先整理出来，这个过程就像编制一部辞典。另外，每种语言都有自己的专有名词，比如“小鲜肉”就不能直接翻译成一种食品。

第二步：让机器锻炼理解一个句子的能力。包括在不同的语境场景下，一词多义的词应该翻译成哪种含义；还有如何调整语序，让意思更连贯；还要理解说话人的语气，体会这段话表达的情感。只有这样，才能真正理解人的思维，翻译过来的才像人话。下面以解决一词多义为例，看看具体的训练过程。其实也很简单，在句子中选定一个目标词，试图对这个目标词进行翻译。这个目标词可能有多种含义，例如“bank”，有“河岸”与“银行”两种意思，让机器挨个比较一下这个目标词与句子中其他词之间的关系，如果发现句子中很多词是“water”“swim”，它们与“河岸”的关系比较紧密，因此就把目标词“bank”翻译成“河

岸”。类似地，如果发现这句话里有很多词都表达了某种情感，例如有“fans”“love”之类的词，那么我们翻译“crazy”的时候也会选择一个最适合表达这种情感含义的“迷恋的”，而不是翻译成“愚蠢的”。还有语气问题，也是一样的，要分析句子中其他词的含义，再结合相应的语法规则，才能确定最恰当的语气。

具体来说，训练过程可以按照图 8-7 所示分成几步。

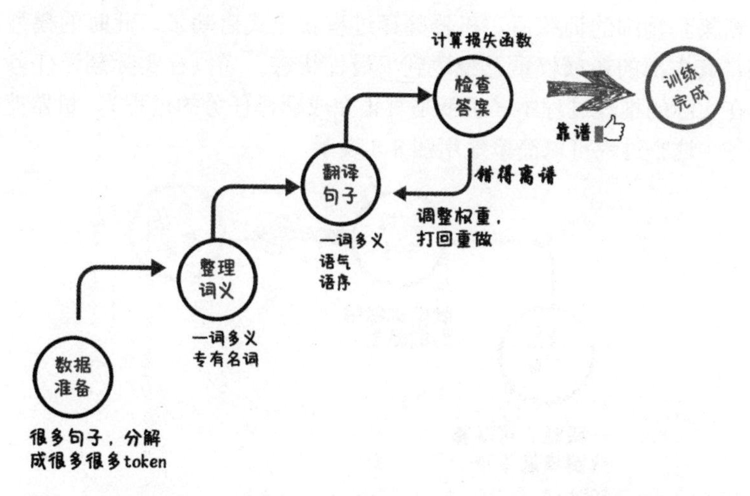

图 8-7 训练过程：机器猜词→判断→调整权重再猜的循环训练过程

首先，要进行数据准备。这一步骤至关重要，因为它奠定了整个训练过程的基础。需要收集一门语言尽可能多的句子，这些句子可以从新闻文章、维基百科、网络论坛、社交媒体等多种渠道获取。数据的丰富性和多样性与模型的训练效果直接相关。

接下来，使用词向量转化软件对这些数据进行处理。这个过程将语义信息整理成一个庞大的词向量空间。在这个空间中，首先将输入的句子分解为一个个的单词或短语，这些单词或短语在机器翻译中被称为 token。然后每个 token 都被表示为一个多维向量，这些向量捕捉了单词之间的语义关系，包括一词多义的理解和专有名词的定义。这样的词向量表示方法有助于模型更好地理解和处理自然语言。

有了词向量空间，就可以开始训练翻译句子了。在这一阶段，模型需要充分理解句子的上下文信息，以便准确猜出一词多义的正解。此外，模型还需要对句子的语气、语序等问题进行分析，以确保翻译的准确性和流畅性。

在训练过程中，机器会猜测句子的翻译结果，并将其与事先人工标注好的标准答案进行比较。一开始，机器的猜测往往不够准确，这时就需要计算损失函数来衡量猜测结果与标准答案之间的差距。损失函数值越大，说明猜测结果越不准确。接下来，通过反向传播过程将这个损失函数值反馈给负责猜词的神经网络模型。在反向传播中，模型会根据损失函数的值调整其内部权重，以便在下次猜测时更接近正确答案，这个过程称为梯度下降。

通过不断地重复这个过程，模型逐渐优化其内部权重，从而提高对句子的理解能力和翻译准确性。训练的句子越多，模型被调整的次数就越多，其表现也就越精准。当模型完成了数十亿条句子的训练后，它基本上就达到了与专业翻译人员相当的水平。

需要特别指出的是，机器在分析句子时，使用了 Transformer 这一机制。Transformer 通过比较目标词与句子中其他词之间的关系紧密程度，帮助模型更好地理解句子的结构和语义信息。这种机制在自然语言处理领域具有广泛的应用，我们将在后续的章节中详细介绍它的工作原理。

上面这个流程，是不是看起来很眼熟？没错，它和前面介绍机器学习的流程和神经网络的训练流程是一样的。所以说人工智能虽然近些年发展迅速，出现了 ChatGPT、Stable Diffusion、Sora 这样的明星产品，但是万变不离其宗，它们解决问题的思路还是一脉相承的。只要把这些基本的概念理解了，其他就主要是一些数学工具选取的不同了，这样来学习人工智能，就能举一反三，事半功倍。

2. 机器翻译的推理过程

在完成了密集且精细的训练后，机器翻译过程就正式启动了。此时的模型，经过千万次的迭代和调整，其内部的各项权重已经达到了最优状态，为执行实际翻译任务奠定了坚实的基础。因此，在实际的推理过程中（也就是真正完成翻译任务的过程），机器能够迅速而准确地完成翻译任务。这个过程可以简单地用图 8-8 表示。

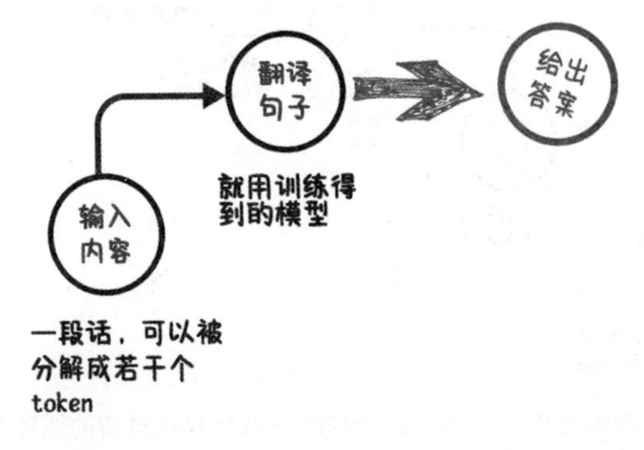

图 8-8　推理过程：利用训练好的模型，直接翻译出结果

推理过程的开始，同样需要将一段话分解成若干个 token，机器会逐一分析这些 token 之间的关系，通过复杂的算法和大量地计算，确定它们之间的语义关联程度，从而决定每个词的对应翻译结果。

在这个过程中，机器不仅关注单词的直译结果，还会综合考虑句子的整体语气和语序。也就是说，它会分析句子的情感色彩、表达风格以及不同语言之间的语序差异，确保输出的译文既准确又流畅，从而能够忠实传达原文的意思和风格。

经过这一系列复杂的计算和优化后，机器最终会呈现出专业化的翻译结果。这个翻译过程是在毫秒级的时间内完成的，而且随着技术的不断进步，机器翻译的速度和准确性还在不断提升。

3. 多语言翻译怎么办？

人类语言种类繁多，达到七千多种，直接一对一翻译工作量太大，几乎不可能。因此，在机器翻译中采用了中间语言的概念，如图 8-9 所示。

图 8-9　多国语言要通过中间语言翻译

当机器收到源语言（如英语）的句子时，它首先通过编码（Encode）过程将句子转化为机器理解的中间语言。完成编码后，机器再进行解码（Decode），就是机器用另一种语言的词汇和语法，把中间语言“翻译”成目标语言（如中文）。

有了这种编码和解码的方式，机器就能轻松地把任何源语言翻译成目标语言。无论是常见还是罕见的语言，只要训练得当，机器都能进行高质量的翻译。

好的，前面已经对机器翻译的整体流程有了初步的认识，它是人工智能领域中一个相对复杂的应用场景。接下来，将深入探讨机器翻译的实现细节，其中会涉及一些简单的数学运算。读者可以根据自身情况选择是否深入阅读这部分内容。如果有些部分一时难以理解，也无须过于担心，只需掌握主要的概念即可，这并不会影响对人工智能整体的把握。

8.3 单词向量化——编制一个单词向量大辞典

下面总结一下刚才翻译遇到的问题。

第一，需要理解每一个词的词义，相当于编制一个辞典。

第二，翻译一句话的时候，为了让翻译过来的话更像人话，就要解决一词多义、语序、语气等问题。

本节先解决第一个问题，编制一个单词向量大辞典，后面再集中精力解决第二个问题，把一句话的翻译搞顺溜了。

8.3.1 化整为零——让“结巴”来识文断句

句子，作为自然语言的基本构成单位，其内核正是由词语组成的。词语，顾名思义，是语言中能够独立表达意义的最小单位。对于英文或拉丁语系的其他语言，每个词语之间都明确地使用空格进行了分隔，这种分隔方式使我们很容易对词语进行识别和区分，例如图 8-10 所示的这句话。

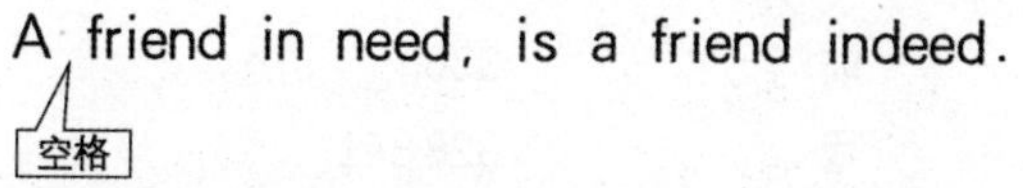

A friend in need, is a friend indeed.

空格

图 8-10　英文的词语之间都有空格，很容易区分

“A friend in need, is a friend indeed.”这句话中，可以清晰地看到每个词语之间都有空格隔开，这使得我们能够迅速分辨出“A”“friend”“in”“need”“is”和“indeed”这些独立的词语。这种词语间的空格分隔方式，不仅提高了文本的可读性，也为进行语言分析和处理提供了极大的便利。

但是中文的书写方式与英文等语言不同，它通常呈现出一种连续的形态，一句话中的词与词之间并没有明显的界限。这种特点使得中文在表达上更加灵活多变，但同时也增加了断句的难度。特别是在汉语博大精深的背景下，如果断句错误，往往会严重扭曲原文的本义。网上有个段子：

话说某人到南京，正好去了长江大桥，看到上面题词：南京市长江大桥欢迎您。他默默记在心头。后有一次去武汉，到了长江二桥，看到桥上题词：武汉市长江二桥欢迎您。他心里一惊，然后说出一句撼天动地的话：这个江大桥和江二桥是兄弟吧，一个是南京市长，一个是武汉市长，厉害厉害！

图 8-11　中文的分词断句尤为重要，一不小心就会让人哭笑不得

还有像图 8-11 这样更过分的。

因此当面对汉语翻译的任务时，首要的任务便是对句子进行分词处理。简单来说，分词就是将连续的字符序列切分成一个个具有独立意义的词。毕竟，汉字的组合千变万化，只有准确地识别出每个词，才能更好地理解句子的含义。

如今，市面上有众多的分词工具可供选择，而“结巴分词”无疑是其中的佼佼者。它能够根据中文的语法规则和上下文信息，准确地将句子切分为一个个的词，使用方法也很简单，只需几行代码即可调用。结巴分词是一个开源框架，在 GitHub 上可以找到源代码。下面来看一下它的主要思路。

第一步：基于前缀词典实现高效词图的扫描，生成句子中汉字所有可能成词情况所构成的有向无环图。

这句话挺拗口，下面用通俗易懂的话解释一遍。

首先什么是前缀词典？它是结巴分词自带的一个 dict.txt 文件，相当于一个大型词汇表。里面有超过 30 万条的词汇，还包含了这些词条的词频和词性。这些词频信息并不是随意设定，而是基于像《人民日报》这样的权威语料库，经过精心训练得出的。

如图 8-12 所示，每个词条都独立占据一行，并且每行都分为 3 列。

词条	词频	词性
人大	12 955	j
人大附中	23	nz
胸有成竹	152	i
easy_install	3	eng
前门	336	n
我	328 841	r
喜欢	9783	v
西游记	116	n

图 8-12　dict.txt 示例

第一列是词条本身，代表了具有明确含义的词语或短语；第二列对应的是这个词条在语料库中出现的频率，它反映了该词条的常用程度；第三列则标注了这个词条的词性，其中“j”是指简称，“n”代表名词，“nz”表示专有名词，“eng”则用来标记英文词汇，“i”专门用来标识成语，“v”表示动词，“r”表示代词。

当需要构造前缀词典时，实际上只需要用到前两列的信息。具体来说，第一列的词条是构建词典的基础，而第二列的词频虽然不直接参与词典的构建，但它在后续计算词汇的使用概率时，会作为重要的参考信息。

有了这个前缀词典，结巴分词就能进行第一步操作：高效词图的扫描。这一步的目的是什么呢？简单来说，就是遍历要断句的句子中每一个汉字，找出它们所有可能的成词组合，并将这些组合以**有向无环图**（Directed Acyclic Graph，DAG）的形式表示出来。

具体的操作有以下两步。

1. 生成 trie 树

如果把 dict.txt 里面 30 多万条词语，放到一个树结构里，就叫作 **trie 树**。这样，当句子中的某个汉字序列与 trie 树中的某个路径相匹配时，就找到了一个可能的词。由于 trie 树的特殊性质，即相同的前缀共享相同的节点，这使得查找速度得到了极大的提升。图 8-13 展示了 trie 树的一个示例。

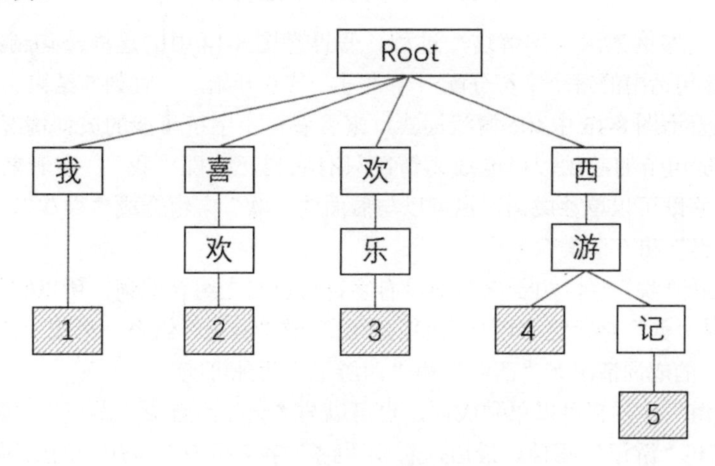

图 8-13　trie 树示例

可以看到，trie 树从 Root 根节点出发，沿着路径直至斜格底纹的叶子节点结束。每一个中间节点都仅包含一个字符。现在，一起来探讨 trie 树的特点。

- 首先，trie 树的一个显著特性是具有相同前缀的词会位于同一串路径上，例如“西游”和“西游记”。这种设计的好处在于，通过共享前缀的方式，trie 树能够极大地节省存储空间，进而提高了存储效率。
- 其次，值得注意的是，trie 树中的词虽然可以共用前缀，但并不会共享词的其他部分。举个例子来说，如果有两个词：“喜欢”和“欢乐”，尽管它们都有一个共同的“欢”字，但在 trie 树中，“欢”在“喜欢”中是作为后缀出现的，而在“欢乐”中则作为前缀。这意味着在 trie 树中，这两个词会沿着两条独立的路径延伸。因此，trie 树只能确保前缀的共享。
- 最后，trie 树中每个完整的词，比如“西游”或“西游记”，都必须始于根节点，止于叶子节点。这意味着在 trie 树中，每个完整的词都对应着一条从根到叶的路径，不会出现中途截断的情况。这种设计确保了在搜索和匹配过程中，只有完整的词才会被识别出来。

综上所述，trie 树以其高效的存储方式，将 dict.txt 中的词语编制成了一棵树状的“词典”。

2. 生成有向无环图（DAG）

首先来看什么是有向无环图（DAG）。简单来说，DAG 就是一种特殊的图结构。在这种图中，每一条边都有一个明确的方向，而且图中不存在任何回路，也就是说，你无法从某个节点出发，经过一系列的边，最终又回到这个节点。

怎么生成这个 DAG 呢？简单地说，当 trie 树准备就绪后，以要翻译的句子中每个汉字作为起点，在 trie 树这个“树状词典”中查找，看它们能与哪些字符组合成已知的词汇。通过这种方式，可以得到句子中所有可能的词汇组合，并将这些组合以 DAG 的形式直观地呈现出来。图 8-14 所示就是一个 DAG 的例子。

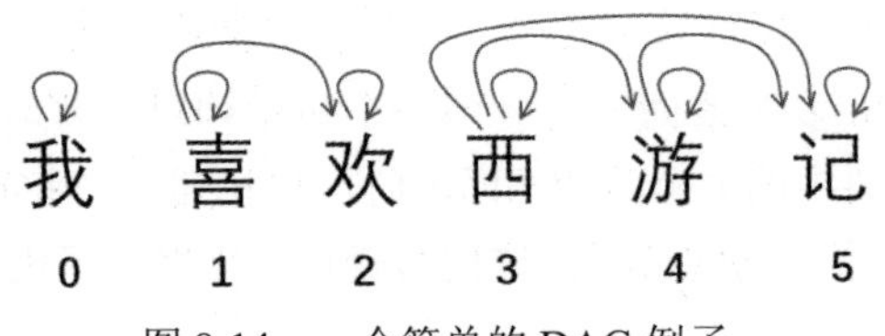

图 8-14　一个简单的 DAG 例子

下面通过一个实例来深入理解这一过程。假设有图 8-14 中的这样一句话："我喜欢西游记"。首先，给这句话中的每个字符分配一个序号，从 0 开始，一直到 5 结束。

现在，通过查询图 8-13 中 trie 树状词典，来看看每个字符可能的成词情况。对于第一个字符"我"，它是句子的起始，可能成词情况只有它自己，即"我"。接下来看第二个字符"喜"，在这里，它既可以单独成词，也可以与后面的"欢"字组合成"喜欢"，所以"喜"的成词情况包括"喜"和"喜欢"。

再往后，看到"欢"字，由于它后面没有字符可以与之组合成词，所以它只能单独成词，即"欢"。然后是"西"字，它可以与后面的"游"或"游记"组合，形成"西游"或"西游记"，所以"西"的成词情况有"西游"和"西游记"两种可能。

接下来是"游"字，它可以单独成词，也可以与"记"组合成"游记"，因此"游"的成词情况有"游"和"游记"两种。最后，看到"记"字，因为它是句子的结尾，所以只能单独成词，即"记"。

那么，这个 DAG 在机器内部是如何实现的呢？实际上，可以采用一个 Json 格式数据来简单地模拟这个过程，请看图 8-15。

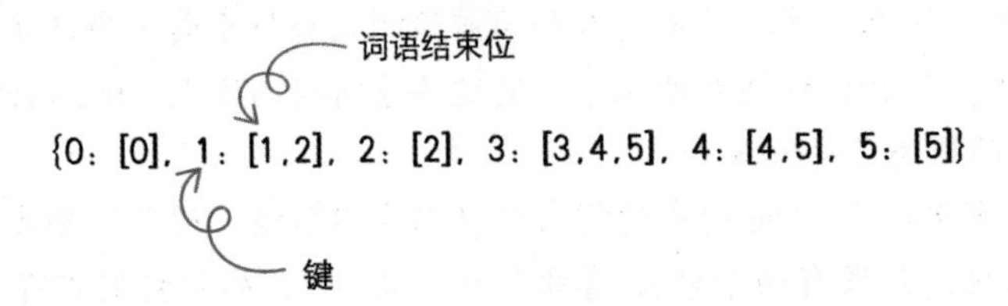

图 8-15　一个简单的 DAG 例子

具体来说，在这个数组中，每个键（Key）都对应着文本中字符的索引，从 0 开始，逐个递增。而每个键对应的值（Value），则用来记录从该字符开始能够形成的所有完整词汇的结束索引，这也可以叫作"词语结束位"。

举个例子，假设有文本"我喜欢西游记"，并且假设数组的每个元素都是一个列表，用于存储以当前字符为起始的词汇的结束索引。那么，"喜"的键值是 1，对应的列表可能包含 [1]（表示单独的"喜"字）和 [2]（表示"喜欢"这个词汇的结束位置在索引 2）。但请注意，这只是一个简化的示例，实际的数据结构可能会更复杂。

到现在为止，结巴分词的主要思路中的第一步已经完成。

第二步：采用动态规划查找最大概率路径，找出基于词频最大的切分组合。

动态规划是一种优化求解问题的策略。当谈到"最大概率路径"时，实际上是在寻找一条路径，使得该路径上所有词汇的组合概率达到最大。那么，如何构建这样的最大概率路径呢？

在结巴分词中，实现这一功能的核心函数是 **calc 函数**。这个函数基于之前构建好的有向无环图（DAG），遍历图中的每个字符，并计算每个字符与其他字符组合成词的概率。以"我喜欢西游记"为例，calc 函数会计算所有可能的字符组合的概率，并从中挑选出概率最大的组合。

calc 函数的具体计算过程比较复杂，不仅依赖于要翻译的句子本身的语法结构，还要考虑到各个字符之间的转移概率。此外，还记得 dict.txt 里面有一列"词频"吗？这个词频对 calc 函数的计算也有较大的影响。这里不进行详细介绍，感兴趣的读者可以查阅相关资料进一步研究。

通过这种方法，结巴分词能够确保在分词过程中，始终选择概率最大的词汇组合，从而得到最符合语义的分词结果。如果对这个过程感兴趣，不妨查阅一下结巴分词的源代码，深入了解其实现细节。

图 8-16 展示了 6 个字符分别与其他字符组合后，通过 calc 函数计算得出的最大概率组合。

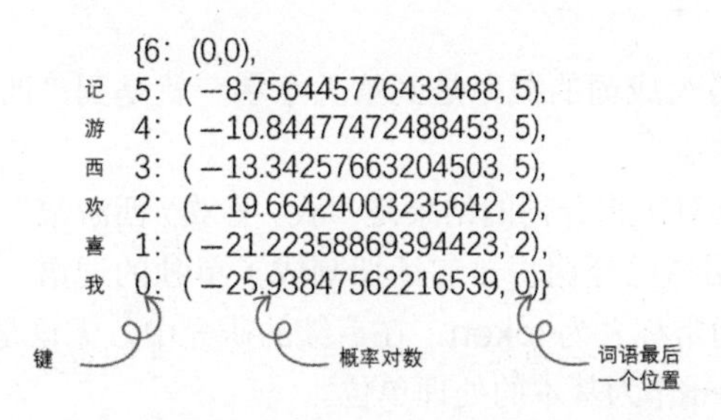

图 8-16　"我喜欢西游记"词频最大的切分组合

以"我"字为例，它位于最下面一行，键值为 0。由于"我"字是一个单字词汇，因此它的最大概率组合就是它自己，所以最后一个字符的位置也是 0。

接下来看"喜"字，它位于倒数第二行，键值为 1。与"喜"字结合形成最大概率组合的是"欢"字，所以"喜"字所处的词语是"喜欢"。而"喜欢"这个词语的最后一个字符是"欢"，对应的键值为 2。

然后是"欢"字，位于倒数第三行，键值为 2。由于"欢"字在这里只能与"喜"字组合成"喜欢"，且"喜欢"的最后一个字符仍然是"欢"本身，所以它的最后一个字符位置也是 2。

再来看"西"字，它能与"游"和"记"分别组合成"西游"和"西游记"。但根据之前构建的前缀词典中的词频信息，发现"西游记"的词频远高于"西游"。因此，在计算最大概率组合时，选择"西游记"作为"西"字所在的最大概率词语，并将"西"字对应的词语最后一个位置设为"记"的键值 5。同理，对于"游"字，由于它只能与"记"组合成"游记"，并且这个组合的词频不如"西游记"高，所以在计算最大概率路径时不会选择"游记"。

下面来聊聊中间这列的概率对数是咋回事。在结巴分词的源代码中，当作者基于前缀字典构建 trie 树时，同时还将每个词的出现次数转换成了概率。这个概率的计算方式，就是该词在前缀字典中出现的词频除以所有词的词频之和。但这么做有一个问题，那就是在构建最大概率路径的过程中，需要计算各个词汇概率的乘积，如果直接计算这些概率的乘积，由于概率值都是小于 1 的，随着乘积的次数增多，结果会迅速趋近于零，甚至可能小于计算机浮点数能表示的最小值，造成所谓的"下溢"。

为了避免这种情况，作者选择了一个聪明的办法——取对数概率。也就是说，通过取对数，在计算各个词汇概率的乘积时，不是直接计算概率的乘积，而是计算这些概率的对数之和。这样一来，即使概率值很小，取了对数之后也能保持在一个相对较大的范围内，从而避免了数值下溢的问题。同时，由于对一个小于 1 的数取对数后，得到的结果会是一个负数。因此，看到的这个对数概率值通常都是负数。

这样处理之后，不仅解决了数值下溢的问题，还使得计算过程更加稳定和高效。不得不说，结巴分词的作者在算法设计上的确下了不少功夫。

还有就是第一行是“6：(0,0)”，那是因为它是整句话的末尾位置，因为一共 6 个字符，其实到键值为 5 的时候（也就是第二行），就已经是最后一个字符了。

有了“我喜欢西游记”的词频最大切分组合之后，下面就可以逐个切词了，仍然见图 8-16。

从最后一行往前看，其实就是从键值为 0 开始，它的最大概率就是自己成词，也就是“我”。

第二个是“喜”字，对它来说，它的成词概率最大的键值是 1 ～ 2，也就是“喜欢”。就这样，“喜欢”已经成词了，就被切走了，不用再看键值为 2 的“欢”字了，所以忽略键值为 2 这一行。

第三个“西”字，最大成词的概率是到第五个字，就是到“西游记”为止。所以就不用管后面的两个到达 5 的键值了。

最后得到最大概率计算出来分词的结果是“我 / 喜欢 / 西游记”。

现在已经成功地使用结巴分词将一句话切割成了单独的词语。这些切割出来的词语，在中文自然语言处理中，通常称之为 token。在后续的研究中，无论是词向量的构建还是其他高级任务，都会以这个 token 作为基本的处理单位。

不过，为了交流的方便，可能不会严格区分这些称呼。有时候，会简单地说“token”，有时候可能会说“单词”，还有时候会直接说“词语”或“词汇”。但不论如何称呼，它们本质上都是指经过分词处理后的文本单元。所以，无须对此过于纠结，只要明白这些术语在上下文中的含义即可。

结巴分词自带的 dict.txt 字典里收录了高达 35 万个词语，这足以满足我们日常工作和生活中的大部分需求。然而，随着时代的变迁和语言的不断发展，总有“新词语”如雨后春笋般冒出来，比如近些年流行的“人艰不拆”“活久见”等。这些新词在前缀字典中自然是没有的，那么结巴分词遇到它们时还能否正常分词呢？

答案是肯定的。当遇到未收录的词时，结巴分词并不会束手无策，它会转向第三步，即**“对于未收录词，使用隐马尔科夫（HMM）中的 Viterbi 算法尝试分词处理”**。这一部分的细节，本书暂不深入展开，感兴趣的读者在理解前面两步的基础上，可以自行查阅相关资料进行深入学习。

接下来，经过分词处理得到的 token，是自然语言后续处理和分析的基础单位。在机器学习和自然语言处理的领域中，通常会将这些 token 进一步转化为向量的形式，以便计算机能够更好地理解和处理。这样，无论是英文还是中文的文本数据，都可以通过向量化将其转化为计算机可读的数值形式，为后续的各种自然语言处理任务打下坚实的基础。

8.3.2 向量——硅基生命理解世界的方式

不管是英语还是中文，把一段话分解成一个个 token 之后，下面就要编制一个词典，写明每个 token 的含义，好让机器在翻译的时候有个参考依据。要注意，这个词典与前面 trie 树状词典不一样。trie 树状词典是列出经常一起出现的字词组合，从而识别出一句话中有哪几个词，而这里的词典则是对每个词含义的解释。

要想编制一个让机器能理解的词典，需要先从计算机的基本原理开始分析。简单地说，就是先把语言向量化。众所周知，计算机的底层逻辑是二进制，由 0 和 1 组成。所有的信息，包括数字、文字、音频、图片和视频，最终都可以用一串二进制数字来表示。这种结构非常简单，但存在一个问题：缺乏规律。如图 8-17 所示，单词“bee”由 3 个字母“b”“e”“e”组成。

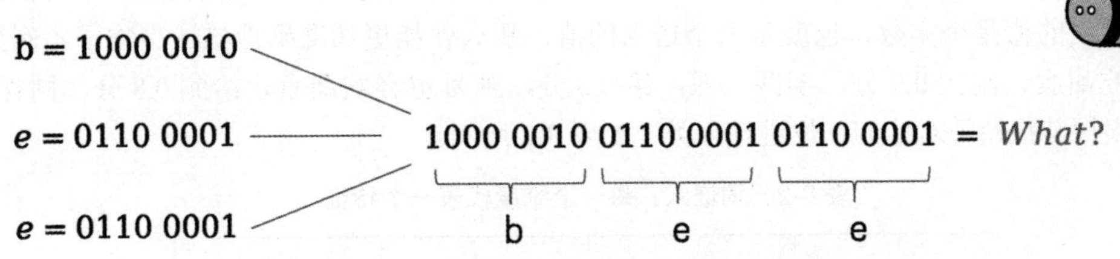

图 8-17　每个字母的编码其实是没有规律的

机器用“1000 0010”来表示字母“b”，用“0110 0001”来表示字母“e”，但它并不知道把一个 b 和两个 e 组合（“bee”）起来的二进制数字是蜜蜂的意思。

这是因为无论在设计英文字母还是中文汉字的编码时，科学家主要考虑的是存储和显示的需求，往往并不考虑它们的实际意义。因此，机器既不记录文字的意义，也不理解文字的顺序，它只是工具，需要人来帮助它去理解和解释文字的意义。

那么机器如何了解文字的意义呢？答案是向量化。

向量化是人工智能学科一种重要的数据处理方式，它用一串数字来代表一个词。对于英文而言，虽然每个字母都有对应的 ASCII 码，但这仅仅是计算机内部对字符信息的存储方式（例如上面“bee”的例子），并非真正意义上的单词向量化。单词向量化是对整个单词进行编码，生成一个独一无二的向量，这个向量能够捕捉单词的语义和上下文信息。

那么具体怎么编码呢？一开始大家没有经验，对词的编码很“硬”，叫作 **one-hot 编码**，简单地说，就是为每一个需要区分的词都分配一个独立的维度。这个词可能是“你”“我”，可能是“张三”“李四”，甚至可能是“小猫”“小狗”，对于每个具体的词，将一个特定的维度设为 1，而将所有其他维度的值设为 0，使每个词的编码都是独一无二的，如表 8-1 所示。

表 8-1　one-hot 编码：三分类需要三维向量，*n* 分类就要 *n* 维向量

分类	one-hot编码		
张三	1	0	0
李四	0	1	0
帅哥	0	0	1

可以看到，张三的编码是第一行的 [1,0,0]，李四的编码是第二行的 [0,1,0]，帅哥的是第三行的 [0,0,1]。这种编码方式确实很简单，但它有几个明显的缺点。

- 语义信息缺失：one-hot 编码无法体现不同类别之间的任何关系或相似性。例如，即使知道张三和帅哥在某些特征上可能相似，但在 one-hot 编码中，它们是完全独立的，没有任何联系。
- 维度灾难：随着词汇数量的增加，one-hot 编码的维度也会急剧增加。如果要对一万个词汇进行编码，那么就需要一万维的向量。这不仅会占用大量的存储空间，还会增加计算复杂度，可能导致模型训练困难。

- 数据稀疏：对于每个样本，one-hot 编码后的向量只有一个非零元素，这使得数据变得非常稀疏。稀疏数据可能会影响机器学习算法的性能，尤其是在需要计算样本间相似性或距离的算法中。

因此可以说这样的编码太“硬”了，不是 1 就是 0。如果能用一个维度代表一个特征，并且这个维度的值是个实数，也就是一个适当的值，那么就能更加准确地描述事物了。例如张三喜欢吃甜食，给到 0.9 分，李四一般，给 0.3 分，帅哥也喜欢甜食，给到 0.8 分。同样地，也可以根据其他特征对他们 3 位进行分类，如表 8-2 所示。

表 8-2　词嵌入：每一个维度代表一个特征

	爱甜食	爱美女	…
张三	0.9	0.8	…
李四	0.3	0.6	…
帅哥	0.8	0.9	…

这样的编码方式叫作**“词嵌入”**。例如，张三的词嵌入就是向量 [0.9，0.8，…]。这样就能用一种比较“软”的编码把他们 3 人区分开了，也更能体现张三的各种特征。词嵌入与 one-hot 编码相比，存在诸多显著的优势。

首先，从表示方式来看，one-hot 编码是一种稀疏表示，即每个词都被表示为一个很长的向量，其中只有一个位置是 1，其余位置都是 0。这种表示方式使得向量的维度与词汇表的大小相等，导致存储和计算效率都很低。而词嵌入则通过训练将每个词映射到一个低维的实数向量，这个向量能够捕捉词与词之间的语义和语法关系。

其次，在语义表达上，one-hot 编码无法表达词语之间的关系，因为任意两个词的 one-hot 向量都是正交的，即它们的点乘的积为 0。这意味着 one-hot 编码无法通过向量的运算来捕捉词语之间的相似性或关联性。相反，词嵌入通过学习语料库中的上下文信息，使得语义上相似的词在向量空间中的位置也相近。这种特性使得词嵌入在处理诸如词义消歧、情感分析等自然语言处理任务时具有更好的性能。

由于目前绝大部分词向量的编码方式都是词嵌入编码，所以为了方便，后续的“词向量”就是指“词向量（嵌入）”除非作了特殊说明。

为了更容易理解词向量如何表达词语之间的关系，下面来举一个简单的例子，比如张三，他很喜欢吃甜食，也很喜欢志玲姐。假设满分是 1 分，他对甜食的喜爱程度达到 0.9 分，对志玲姐的喜爱程度达到 0.8 分。看得出张三是一个吃货的可能性比较大。

假如你就是表格里第三行的“帅哥”，你也是个热爱甜食和志玲姐的好青年。对甜食的喜欢程度是 0.8 分，对志玲姐的喜欢程度是 0.9 分。

现在来画一个坐标系，横轴表示对甜食的喜欢程度，纵轴表示对志玲姐的喜欢程度。把你们的位置在图 8-18 上标示出来，那么张三就在右边这个位置，而你在左上一点的位置。悄悄告诉你，因为你俩的喜好如出一辙，看来挺亲近啊！不愧是志同道合的“好基友”。

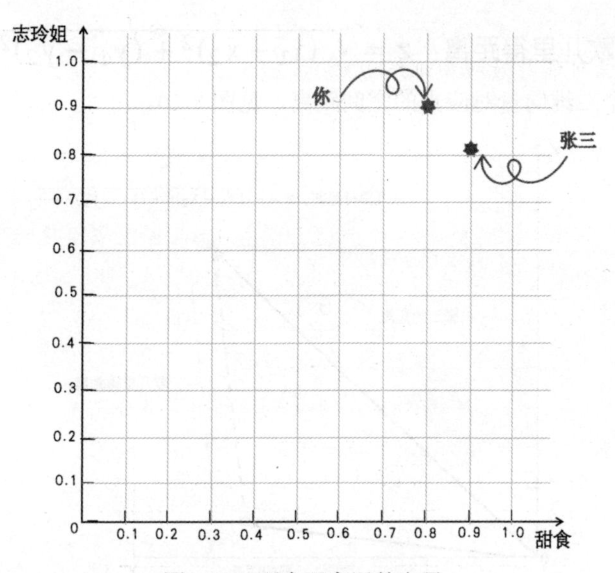

图 8-18　两个距离近的向量

什么？你喜欢石榴姐？那好吧，你对志玲姐的喜欢程度只有 0.1。现在你到了下边这个位置，如图 8-19 所示，看看，你俩的距离变得有点遥远了，是不是？判断两个人的相似度，可以通过坐标系里的两个点的距离来判断，离得越近，相似度越高，离得越远，相似度越低。

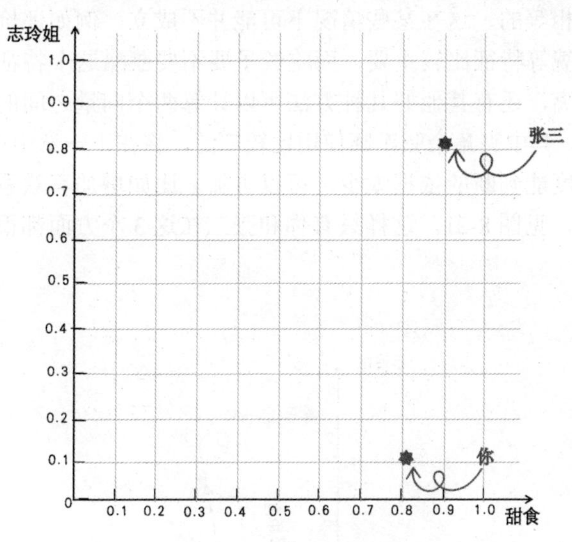

图 8-19　两个距离远的向量

哎，说到这个距离，我突然想起了中学时候那段追小姐姐的日子，就像两个点在坐标系里，谁知道，有一天就会飞到远方去了，就像一起同桌的你，高考之后各自奔向不同的城市，然后，就没有然后了。说远了，重点是，张三和你的坐标分别是（0.9，0.8）和（0.8，0.1）。这两点离得还是挺远的嘛！

从原点出发，画两条带箭头的线，分别连到你和张三，这两条线有长度和方向，这个就叫作**向量**。向量就是有方向、有大小的量，你和张三都变成了向量。任何一个坐标系里的点都可以表示成一个向量。

那么这两个向量之间的距离是怎么计算的呢？前面讲 K 近邻的时候介绍过一个欧几里得距离，在二维平面上的欧几里得距离公式如下。

$$\text{欧几里得距离：} z = \sqrt{(x_1 - x_2)^2 + (y_1 - y_2)^2}$$

这其实就是两个二维向量对应点的空间距离，见图 8-20。

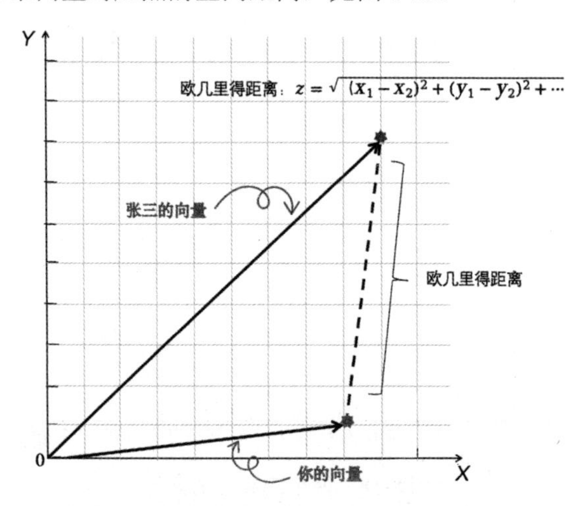

图 8-20　向量间的欧几里得距离其实就是两点之间的空间距离

这个欧几里得距离的优点是计算简单，只需要计算两个点在各维度上的差值的平方和再开平方即可。因此在人脸识别等计算相似度的场景应用比较多。但是缺点是它假设数据的各维度对距离的贡献是相等的，这在某些情况下可能并不成立。例如评价两个人是否相似，肯定是身高、体重、外貌等特征比较重要，而吃饺子要不要蘸醋这个特征就不那么重要了。因此，除了欧几里得距离，还有其他好几种方法可以计算两个向量之间的距离，例如曼哈顿距离、夹角余弦距离等。其中夹角余弦距离使用比较广泛，将在下一章中详细介绍。

如果觉得两个维度能判断的依据太少，可以再加。比如增加喜欢看电影的程度，这就变成了一个三维坐标系，见图 8-21，这样只有你和张三在这 3 个方面都很像的时候，才会处在距离很近的位置上。

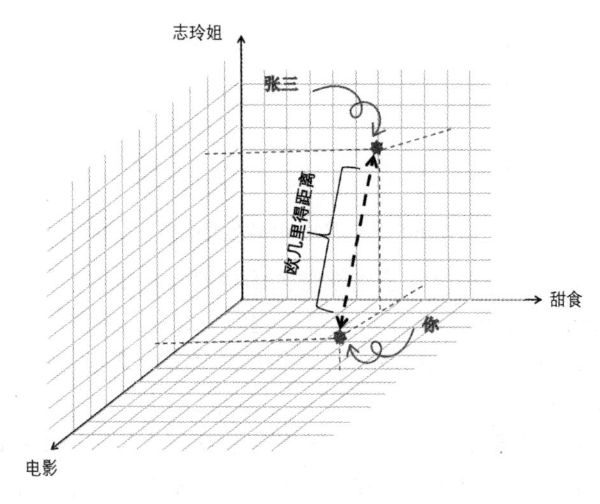

图 8-21　向量的特征可以是多维的

说白了，维度越多，判断的依据就越多，给出的相似度也就越精准。想象一下，如果维度增加得越多，那么对一个词语或者一个人的理解是不是就越深刻？这也就是机器理解一门语言的方法。

所以，还可以继续加维度，4 维、5 维、6 维、……一直加到 100 维。尽管人类只是三维生物，说到三维以上，可能有点摸不着头脑，但从数学角度来看，它们还是能表示的。无论维度有多高，都能挤成一个向量。三维向量是 [0.9，0.8，0.5]，100 维向量就像是在中括号里排了 100 个数：[0.9，0.8，0.5，…，0.33]。

为了更具体地定义一个人的维度，可以从多个角度去观察和考虑。首先，可以根据个人的任意特点来定义维度，例如口味偏好、生活习惯以及兴趣爱好等。这些特点可以包括你更偏爱 KFC 还是“金拱门”，你是否在睡觉时打呼噜，以及你最喜欢观看哪一类型的岛国爱情动作片。这些因素都可以被视为描述个体的维度。

其次，利用机器学习算法将这些特点转换成具体的维度值。这一过程涉及将人的特征数字化，以便于在多维坐标系中进行定位。这个坐标系由多个维度组成，每个维度代表一个特定的特征。通过这种方式，可以将个体放置在一个 n 维度的空间中。

值得注意的是，虽然机器在处理这些维度值时并不理解它们的实际含义，但它们能够通过比较这些数值来确定个体之间的相似性。也就是说，只要知道一个人在这些维度上的坐标位置，就可以准确地定义他或她。此外，两个人在多个维度上相近，就说明他们在性格、习惯等方面较为相似。

话题再回到语言上来。咱们说说语言是咋回事？语言就像是个词语接龙，意思相近的词往往都串在一起用，就像跟你经常接触的大部分人都和你差不多一样。语言里意思相近的词儿呢，就是和它经常混在一块儿的伙伴们。就拿苹果和香蕉来说，哎呀，相似度高得爆棚，毕竟它们俩老是跟同一帮词儿混着。比如说“蛋糕”，比如说“好吃”，所以在词坐标系里它们位置差不多，贴得跟兄弟一样近。可是你要是拿蛋糕和袜子比，那可就有点尴尬，它们俩几乎不搭界，所以在词坐标系里，距离就拉开得比较远。这些词在坐标系中的位置见图 8-22。

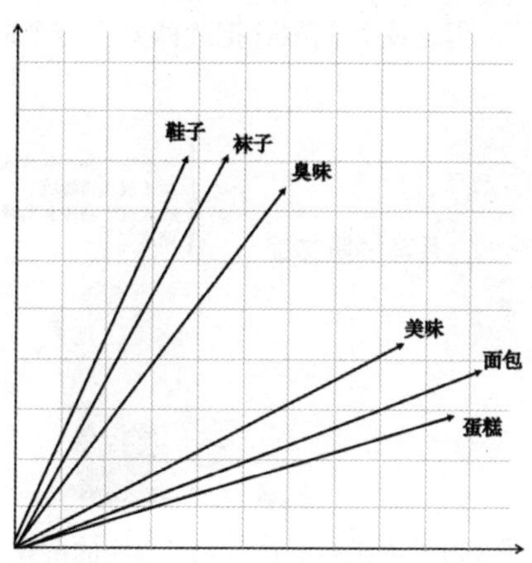

图 8-22　词向量空间示意图

现在咋样，是不是有点明白了？电脑其实无须去揣摩每个词的真实内涵，只要把每个词向量之间的关系（也就是距离）调整到合适就行了，这个具体让机器咋弄呢？对机器来说很简单，就是把每个词儿都塞到向量里，再把它们放到一个多维度的坐标系里，再经过一顿“操作猛如虎”的调整，把每个词的坐标修改成合适的值就 OK，最后得到的就是上面这样的一个词向量空间。以后机器想知道哪个词的意思，就可以在这个词向量空间里查一下就 OK，就像一本向量大辞典一样。

可问题来了，怎么画这个坐标系？怎么调整词之间的距离？有困难，找 AI！咱们就让人工智能去学习，让它来搞定这摊子事情。

8.3.3 语言向量化的利器——Word2Vec

当谈论语言向量化时，有没有想过有什么神奇的工具能帮助实现这一目标呢？当然有，谷歌的 Word2Vec 就是这样一个著名的词向量模型。它的主要任务就是将日常使用的词汇转换成向量，通过调整这些向量在空间中的位置，使得意思相近的词在向量空间中距离更近。那么，它究竟是如何实现的呢？

首先，Word2Vec 需要一个庞大的语料库来训练，也就是一堆符合人类使用习惯的语句。Word2Vec 会从这些句子中学习到每一个词的含义。

接下来，Word2Vec 会将每一个词都放入一个多维空间中。想象一下，这个空间就像是一个超级复杂的坐标系，每个词都是这个坐标系中的一个点，而这些点都有几百个坐标值。这些坐标值，就是所说的词向量。

然后，Word2Vec 开始玩一个“完形填空”的游戏。想象一下，就像你正在做一道填空题，题目给了一个句子，但中间有一个词被挖掉了，你需要根据上下文来猜测这个空应该填什么词。Word2Vec 也是这么做的，它会根据前后的词来预测中间被挖掉的词是什么。

一开始，Word2Vec 并不知道被挖掉的词是什么，就像一个刚开始学习的小孩一样。但是，它有一个非常聪明的办法：每当它猜错一个词时，它就会根据错误来调整自己的“思考方式”，也就是调整它预测答案时每个维度的重要程度。这样，它就会换一个词再试一次，再调整，再试……经过无数次的尝试和调整，Word2Vec 最终会猜出正确的答案，并且变得越来越擅长这个游戏。

举个例子，假设有一句语料“我去过西安兵马俑博物馆”。如果想要训练“西安”这个词的词向量，会先给它一个随机的初始向量，比如一个 100 维的 one-hot 编码。然后，我们输入训练句子“我去过 ____ 兵马俑博物馆”，但这次我们故意把“西安”这个词删掉，如图 8-23 所示。

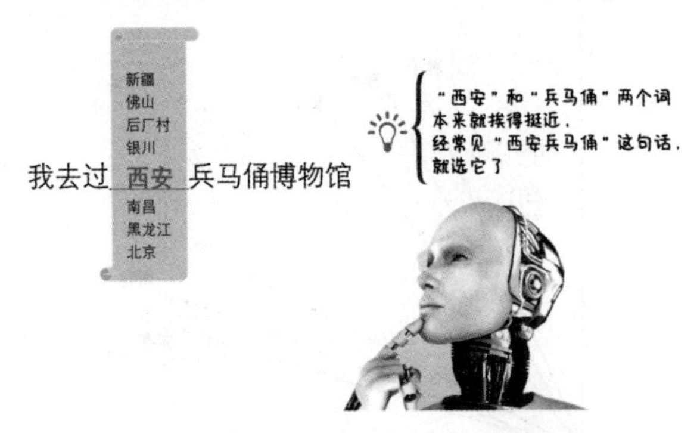

图 8-23 人工智能在做完形填空的游戏

Word2Vec 会根据上下文来预测这个空应该填什么词。由于一开始词向量是随机的，可能会觉得“新疆”最匹配。但很快它就会发现这个预测与实际情况不符。因为“新疆兵马俑”这样的组合在语料库中很少出现，而且与给定的上下文也不匹配。所以，Word2Vec 会调整“新疆”这个词的向量，让它离“兵马俑”更远一些，见图 8-24。

经过多轮的计算和调整，Word2Vec 最终会发现“西安”这个词与上下文最为匹配，并且也与标准答案一致。于是，它就会把“西安”的向量调整到与“兵马俑”相近的位置。经过大量类似的训练后，每个词的词向量都会得到调整，从而得到它们在向量空间中的最佳位置。比如，“西安”的向量可能会从最初的 [0，0，0，…，1] 变为 [31，49，16，…，33]。

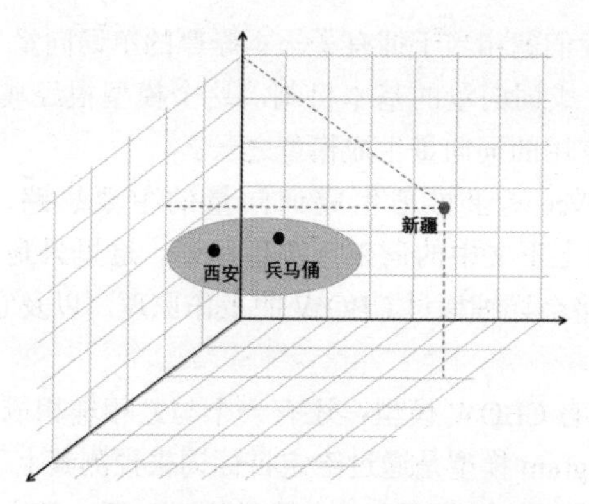

图 8-24　“新疆兵马俑”有强烈的违和感

但是，想象一个极端情况，如果我们在训练 Word2Vec 模型时，使用的样本语句总是围绕着“我去过新疆兵马俑博物馆”，且这个词组在整体语料中反复出现，频率极高。那么，由于 Word2Vec 的工作原理是基于上下文来预测词汇，它会自然地增加“新疆”与“兵马俑”之间的相似度。在训练结束后，“新疆”和“兵马俑”在向量空间中的距离会变得非常近，这就可能导致模型错误地认为“兵马俑”位于“新疆”。

这个现象揭示了 Word2Vec 的一个关键特点：其学习结果高度依赖于输入的训练数据。简而言之，Word2Vec 就像一个勤奋的学生，你给它什么教材，它就会吸收什么知识。因此，在训练 Word2Vec 模型时，确保样本数据的准确性至关重要。

为了减轻潜在的数据偏差影响，除了精心准备训练数据外，还可以在训练过程的后期进行某种形式的“对齐”或“校准”操作。这种操作可以帮助模型在一定程度上纠正由于“坏”数据引入的错误，使其向量表示更加准确和可靠。总之，对于 Word2Vec 这样的机器学习模型，数据质量决定了模型的质量。

关于 Word2Vec，感兴趣的话，可以打开下面的网站，体会一下具有三维体感的词向量空间：https://projector.tensorflow.org/。图 8-25 所示就是该网站生成的词向量空间示意图。

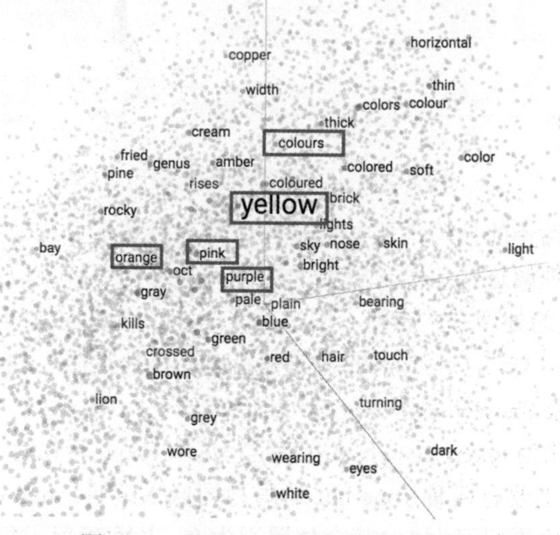

图 8-25　Word2Vec 生成的词向量空间

可以看到，“yellow”（黄色）、“pink”（粉红色）、“orange”（橘色）、“purple”（紫色）这几个表示颜色的单词在词义上属于同一类词汇，所以这几个单词在向量空间中的位置很接近，并且它们与“colours”（颜色）都离得不远，这也意味着它们的向量值都差不多。这样，当每个词的向量值被确定后，我们就相当于拥有了一本厚厚的单词向量大辞典。

以上就是 Word2Vec 生成词向量的基本机制，这个模型很经典，2013 年被提出来，即使十几年过去了，它仍是最常用的词向量生成模型之一。

这里介绍的是 Word2Vec 基于推理生成词向量的主要思路，这个也被称为连续词袋（CBOW）模型，主要利用上下文中的词来预测目标词。这里只是对 CBOW 模型的主要思路进行了简要介绍，下一章将会详细探讨 CBOW 的工作原理，以及它是如何一步步实现词向量生成的。

当然，Word2Vec 不仅有 CBOW 模型，还有一个与之相辅相成的跳字（skip-gram）模型。与 CBOW 模型不同，skip-gram 模型是通过给定目标词来预测其上下文中的词。这两种模型各有千秋，在不同的应用场景下都能发挥出各自的优势。在下一章中，将会一并对 skip-gram 模型作出简单说明。

此外，除了基于 Word2Vec 的推理方法生成词向量外，还有一种基于计数的方法。这种方法简单来说，就是在给定的语料中，根据每个词汇及其上下文词汇的出现次数，对词向量进行编码。基于计数的方法虽然简单快速，但生成的词向量难以体现单词间的推理关系，且新单词的加入需要重新计算。因此，现在更流行的是基于推理的方法。

本章的主题集中在机器翻译这个垂直的应用领域，在这一主题下，先对自然语言处理的主要思路进行说明。在后续的两章中，将逐步深入到自然语言处理背后的技术细节和算法，带领大家领略自然语言处理的独特魅力。

8.3.4 词向量小结

关于词向量的概念及其工具比较多，为了让大家有一个清晰的认识，这里简单梳理一下，见图 8-26。

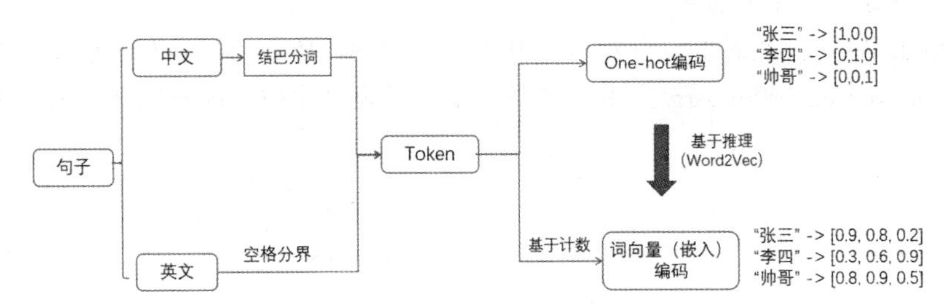

图 8-26　从句子到词向量编码

如果希望机器掌握翻译的技巧，那么大量的训练语料是不可或缺的。这些语料由无数的句子组成，而要让机器理解这些句子，首要的任务就是将句子拆分成独立的词汇单元，称之为 token。这里，中英文的处理方式有所不同。英文句子中，单词之间以空格自然分隔，分词相对简单直接。然而，中文句子中的词汇之间并没有明确的界限，这就需要借助专门的分词工具，如“结巴分词”或 SnowNLP 等来完成分词工作。

当成功地将句子转化为 token 后，下一步就是将这些 token 转化为词向量。

词向量的编码方式主要有两种：one-hot 编码和词嵌入编码。one-hot 编码方式直观简单，它将每个词汇在特定的位置标记为 1，其余位置则为 0，从而确保了每个 token 的独特性。然而，这种编码方式有点太“硬”，因为它只在一个位置标记为 1，无法充分表达词语的丰富特征。此外，随着词汇量的增加，one-hot 编码的维度会快速上升，给存储和计算带来了巨大压力。因此，在实际应用中，人们更倾向于使用词嵌入编码。

词嵌入编码表现得更“软”一些，它使用多个实数来表示词语的多个特征。关于词嵌入的生成，主要有基于计数和基于推理两种方法。基于计数的方法虽然简单快速，但生成的词向量难以体现单词间的语义关系，且对于新单词的加入需要重新计算整个词汇表。因此，现在更为流行的是基于推理的方法。

基于推理的词嵌入生成方法，如 Word2Vec 的 CBOW 和 skip-gram 模型，能够基于神经网络，以 one-hot 编码为起始点，通过上下文与目标单词的相互推理来生成词向量。这种方式生成的词向量蕴含了单词间的语义关系。然而，这种方法也存在一定的局限性，例如推理过程受限于固定长度的上下文，以及一词多义的含义确定仍需根据具体的上下文来判断。

因此，看来仅仅将单词向量化并不能直接完成机器翻译的任务。要实现精准的翻译，尤其是针对一句话或一段话中的特定词汇，需要全面理解整个文本的所有词汇。这就要求机器能够识别与目标词最为紧密相关的上下文词汇，即目标词的语境。而 Transformer 模型正是基于这样的思想设计的，它利用了一种被称为“注意力机制”的技术来捕捉这种语境信息。接下来，将详细探讨这一机制的工作原理。

8.4 理解一段话的重点——你得品，细细地品

8.4.1 注意力不集中，送分题秒变送命题

先看下面一道题。

家里储存了15袋糖，先吃了3袋糖，又吃了2袋糖后，问一共少了多少袋糖？

答案是 3+2=5，这里的关键是“少”了多少袋糖，如果不集中注意力审题，这道送分题很可能变成送命题。

再举几个例子。下班后的你，窝在沙发里，听着广播里的音乐，被旋律深深打动，你会持续地关注音乐旋律、歌词，而忽略掉楼下马路上的汽车鸣笛。如果这时你的猫跳到你身上，对你喵喵叫，你会从旋律中跳出来，转过身摸它，你的注意力又转移到了猫猫的身上。还有，我们第一眼看到一个人，先会注意对方的脸；看一篇文章先看标题；做阅读理解的时候，先看每段第一句话。老师为什么喜欢敲黑板，也是为了吸引学生的注意力啊。

注意力机制其实是源自于人对于外部信息的处理能力。由于人每一时刻接受的信息都是无比的庞大且复杂，远远超过人脑的处理能力，因此人在处理信息的时候，会将注意力放在需要关注的信息上，把其他无关的外部信息过滤掉。

那么机器也是一样的，如果对所有的输入信息都进行同样的处理，那么对机器的算力要求可能达到无穷大；而且在翻译或者生成人类语言的时候，要根据人说话的上下文、语气等，选择相应的词义，例如一词多义的 apple，有时候要翻译成水果，有时候要翻译成苹果公司；还有，根据语气的强弱，翻译的时候也有不同的选择。因此机器也需要对输入的信息进行分辨，找到重点部分，理解一段话的准确含义和说话人的语气及心情，从而生成让人类读起来感觉更加自然的内容。

所以，可以用通俗的话解释一下：注意力呢，对于我们人来说可以理解为“关注度”，是人类感情的一种体现。对于没有感情的硅基生命来说，其实就是赋予多少权重，越重要的地

方或者越相关的地方就赋予越高的权重。

让机器具备注意力机制的，就是目前 AI 界的明星：Transformer。

8.4.2 Transformer——AI 界的“九阴真经”

之前说过，机器翻译要解决以下两个问题。

（1）让机器理解每个单词的含义。

上一节用 Word2Vec 编制了一个机器向量大词典之后，就解决了这个理解词义的问题。

（2）让机器能理解一整句话，并且要考虑一词多义、句子语气和语序的问题。

下面就来讨论第二个问题，如何让机器在翻译时如同人类一般，精准地抓住句子的核心要点，从而按照人类的思维逻辑完成翻译，说白了，就是让机器翻译得更像人话。

在 2017 年，谷歌的一篇重磅论文《*Attention is all you need*》横空出世，这篇论文介绍的 Transformer 模型无疑为机器翻译领域带来了革命性的变化。这个模型的核心在于引入了一种全新的注意力机制，它极大地提升了模型在捕捉词语之间相似度、理解整句意义以及处理跨语言相似度映射等方面的能力。

值得一提的是，2022 年底掀起 AI 狂潮的 ChatGPT，全称是“Chat Generative Pre-trained Transformer”。这里面的“T”，就是 Transformer 的这个“T”！因此 Transformer 堪称 AI 界的“九阴真经”，各种技术得到 Transformer 的加持之后，都会功力大涨。

本节主要关注 Transformer 在机器翻译领域起到了什么作用。从神经科学的角度来看，我们的大脑会自动聚焦于那些对我们重要或我们感兴趣的信息。而注意力机制正是为了让机器也具备这样的能力，使其能够筛选出关键信息，忽略无关紧要的细节。例如，在句子“小张看到蛋糕很喜欢，心想今晚一定要吃它一大块”中，我们的大脑会自然而然地关注“小张”“蛋糕”“喜欢”和“吃”这些词汇，并通过结合上下文和我们的经验来理解这句话的深层含义，而对“看到”“很”“要”这些相对不重要的词汇轻轻略过。

同理，机器在翻译这句话时，也需要关注这些词汇之间的关系，理解整体意义、找到重点所在。而 Transformer 模型就可以实现这些功能，它通过复杂的注意力机制，让机器能够深入分析句子中不同部分之间的联系，从而更准确地理解词汇的含义和句子的整体意义。这样，机器就能够像人类一样，根据句子的核心内容来进行翻译，使得翻译结果更加自然、流畅。

8.4.3 编码器 - 解码器（Encoder-Decoder）架构

在深入探讨机器翻译之前，需要先面对一个问题。人类语言种类繁多，若每种语言都采取一对一的翻译方式，那么机器翻译的工作量将会是指数级增长，需要学习 $n\times(n-1)$ 种翻译组合。而根据联合国的统计，全球已查明的语言高达 7139 种，这意味着机器理论上需要掌握高达 50 958 182 种翻译方式！尽管其中许多语言并不广泛使用，但这个数字依然令人咋舌。

为了解决这个问题，科学家们巧妙地提出了一个解决方案：引入一种中间语言作为桥梁。他们设想，如果先将源语言翻译成这种中间语言，然后再从中间语言翻译到目标语言，那么机器翻译的工作量将大幅减少至 $2\times n$ 种翻译方式。

基于这一思路，机器翻译过程被分为两个关键部分：编码和解码。在编码阶段，机器需要理解并转化人类的语言，例如将中文转化为一种内部的中间表示形式，即中间向量。而在解码阶段，机器则将这一中间向量转化为目标语言，例如从中间向量转化为英文。这个中间向量，实际上是由机器内部使用各种数值向量来表示的，它是连接源语言和目标语言的桥梁。图 8-27 所示是这个过程的简明描述。

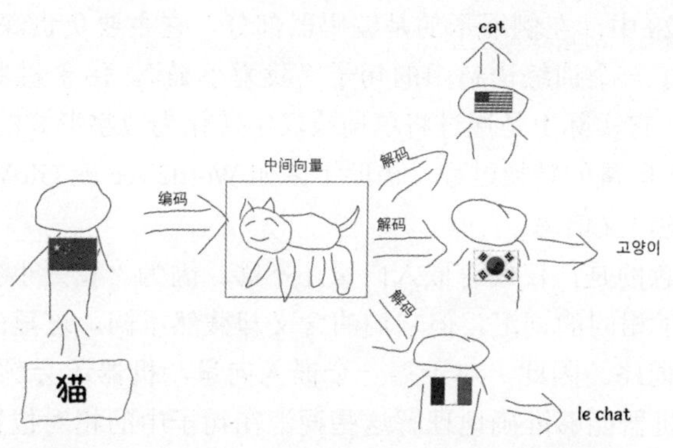

图 8-27　先编码，再解码，就完成了机器翻译

想象一下，整个机器翻译过程就像一场“我来比画你来猜”的游戏。当编码器看到中文的“猫”时，它开始用一系列复杂的中间向量来描绘这个词。这些向量在机器内部构建出一个尽可能贴近“猫”的肖像，它们捕捉了“猫”的所有关键特征。然后，这个中间向量会被送到解码器那里。

解码器的工作就是根据这个中间向量来“猜”出它对应的英文单词。具体采用哪个解码器，完全取决于你想要翻译成哪种语言。在这个例子中，解码器会“猜”出这是英文的“cat”。

通常，这样的编码器和解码器都各有 6 层或更多层。每一层都会进一步提炼信息，使得最终的翻译结果更加准确。经过这样多层的编码及解码过程，电脑就能从中文的“猫”准确地翻译成英文的“cat”了。

我们先简要介绍 Transformer 的整体工作机制，特别是它在机器翻译中的应用。这样做的目的是让大家先对 Transformer 有一个宏观的认识，理解它在翻译过程中的核心作用。这样，在后续两章深入研究 Transformer 的架构时，大家就能更容易地理解其背后的原理和设计思路了。

在经典论文《*Attention is all you need*》中，关于 Transformer 的解码器 - 编码器有一张全局架构图，由于那张图相对复杂，涉及了许多需要提前了解的概念，如前馈神经网络、循环神经网络、长短期记忆神经网络等，因此，我们先用一张简化的 Transformer 架构图讲解，如图 8-28 所示，然后在后续的章节中详细解释这些概念及其与 Transformer 的关系。

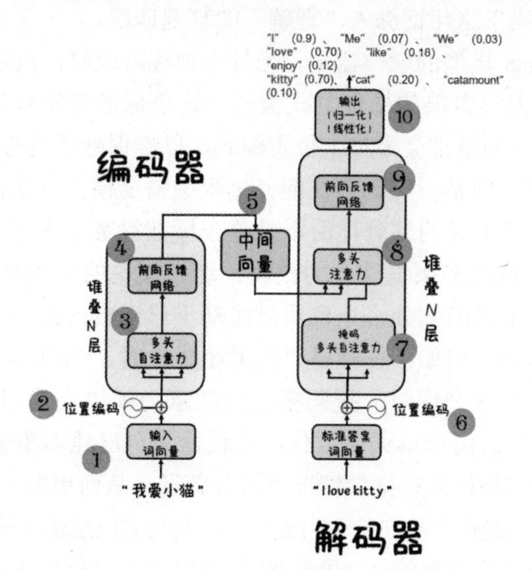

图 8-28　Transformer 的编码器 - 解码器架构

第一步：在图 8-28 中，左侧展示的是编码器部分，它主要负责深入理解要翻译的原句。举个例子，如果选择了一个训练语料中的句子“我爱小猫”，由于机器并不能直接理解我们人类使用的语言单词，它实际上是通过将单词或汉字转化为数字形式的词嵌入向量来“感知”这些词汇的。这个嵌入向量的转换过程，借助了诸如 Word2Vec 或 GloVe 等高效的方法，使得机器能够捕捉到词汇的语义信息。

第二步：需要注意的是，仅仅有嵌入向量还不够。因为“我爱小猫”和“小猫爱我”这两个句子，虽然包含了相同的词汇，但它们的含义却截然不同。这里的关键在于词汇之间的顺序，也就是所谓的词序。因此，对于每一个嵌入向量，机器还会额外加上一个位置编码，这样做的目的是确保机器能够准确地理解这些词汇在句子中的相对位置，从而准确地把握整个句子的含义。

第三步：在编码器的核心部分，多头自注意力机制被用来捕捉句子中每个单词与其他单词的关联性。简单来说，就是通过计算一个词与句子中所有其他词（包括它自己）的关联紧密程度，来确定这个词在特定上下文中的确切含义。这种机制有助于机器理解单词在句子中的具体作用，从而更准确地翻译整个句子。关于多头自注意力机制的具体计算方式，稍后会通过实例来详细解释。现在，只需要明白这个机制的主要作用就是量化每个词与句子中其他词的关系密切程度，为后续的翻译过程提供重要依据。

第四步：经过多头自注意力机制的处理，获得了句子中单词之间复杂的关联关系。接下来，这些信息被传递给前向反馈网络（或者叫前馈神经网络）进行进一步的整理、挑选和汇总。正如之前讨论过的，前馈神经网络以其多层结构而著称，每一层都包含了大量的权重参数，这些参数可以通过训练进行调整，从而体现了这些单词间的关联关系以及其他特征（如单词的情感色彩是褒义还是贬义）。

第五步：经过多次迭代的多头自注意力机制提取和前馈神经网络的深度处理，“我爱小猫”这句话的深层含义被机器逐步“解析”并转化为了一系列中间向量。这些中间向量，如图 8-28 所示，位于编码器的核心部分，它们承载着机器对这句话的深入理解。实际上，这些中间向量的值是在前馈神经网络的隐藏层中经过复杂的计算和调整得到的，它们不仅包含了单词之间的关联关系，还融合了诸如情感色彩等丰富的上下文信息。因此，可以说，这些中间向量是机器对“我爱小猫”这句话深入“理解”的直观体现。

第六步：在 Transformer 模型的解码器端，当处于训练阶段时，机器会接收到标准答案“I love kitty”作为参考。与编码器端的处理方式类似，这个标准答案首先会被转化为词嵌入向量，并且同样地，每个嵌入向量都会添加上位置编码，以确保翻译过程中的词序准确性。

第七步：与编码器不同的是，解码器在翻译过程中需要模拟真实的翻译场景，即机器在生成翻译时应当只依赖于已生成的部分，而不是整个标准答案。为了实现这一点，解码器使用了一个关键的模块——掩码多头自注意力模块。这个模块的作用是在机器翻译时“遮挡”住标准答案中尚未被翻译出来的部分，让机器只能基于已生成的翻译内容以及源语言句子的编码信息来预测下一个单词。例如，在翻译“我爱小猫”时，当机器已经生成了“我”对应的“I”，并正在处理“爱”这个词时，掩码多头自注意力模块会确保机器看不到标准答案，这时候就要把“love kitty”这两个单词先捂住，让机器先自己凭本事去猜下一个“love”。这样，机器就被迫在不知道完整标准答案的情况下进行翻译，从而更贴近真实的翻译场景。

第八步：标准答案经过掩码多头自注意力处理后，会与编码层输出的中间向量一同进入解码层的多头注意力模块。这里需要注意的是，虽然解码层的“多头‘自’注意力”和编码层的“多头注意力”相比在名称上只是多了一个“自”字的差别，但它们在功能和应用上还是有明显的不同。

在编码层，使用的是“多头‘自’注意力”，它的作用是计算句子中每个词与当前句子中其他词的关系密切程度。例如，在“我爱小猫”这个句子中，“我”与“爱”“小猫”之间的关系就会被量化出来，从而帮助机器理解整个句子的结构和含义。

而到了解码层，使用的是“多头注意力”，这里的关注点则转移到了生成的目标语言序列与源语言序列之间的关系，因此也可以称为“多头‘交叉’注意力”。以“I love kitty”为例，当机器正在生成“I”这个词时，它会通过“多头注意力”来计算“I”与源语言序列“我爱小猫”中每个词的关系密切程度。这样，机器就能够基于源语言序列的信息来预测并生成目标语言序列中的下一个词。

简而言之，“多头自注意力”关注的是句子内部词与词之间的关系，而“多头注意力”则关注于源语言序列与目标语言序列之间的对应关系。这种结构的设计使得Transformer模型能够同时捕捉到源语言和目标语言之间的语义和语法信息，从而实现更准确的语言翻译和生成。

编码层生成的中间向量，实际上是机器对“我爱小猫”这句中文句子深入理解的结果。这些向量被送入解码层的多头注意力层后，就开始了解码的工作。具体来说，它会基于这些中间向量，在目标语言（如英文）的词汇向量库中寻找最匹配的词汇。这个过程是逐个词进行的，也就是说，它会按照句子的顺序，一个词一个词地挑选出来。

当然，由于语言之间的复杂性和多样性，有时候一个中文词在英文中可能有多个对应词。在这种情况下，多头注意力层会先选择出所有可能的英文词，并根据每个词在当前上下文中的特征，给它们分配一个可能性权重。这个权重代表了该词作为当前位置翻译选项的合适程度。

第九步：接下来，所有带有权重的词汇选项都会被送入前馈神经网络进行进一步的处理。前馈神经网络会综合考虑这些词汇选项的特征、权重以及它们在整个句子中的位置和上下文关系，最终确定每个位置的最佳翻译选项。这样，机器就能逐步构建出完整的、流畅的翻译结果。

前馈神经网络的主要功能是对从多头注意力层传来的所有特征进行进一步的整理、挑选和汇总。这个整理过程相当于是对信息的再次精炼，以便更好地传递给输出层。

第十步：输出层在接收到这些信息后，首先会对要输出的序列进行线性化和归一化处理。线性化把神经网络矩阵中的特征权重，用一个一维的向量表示出来。例如，对于“我”这个词，根据它自己的特征，再利用注意力机制匹配出所有候选词汇，分别计算出每个侯选词汇对应的权重值，把它们放入一个一维向量中，它可能对应着“I”（91.446 7）、“Me”（8.375 6）、“We”（4.992 4）这样的一维向量，括号里的权重值实际上代表了每个词作为翻译选项的初步评分。

紧接着是归一化步骤，这一步的目的是确保同一个词的多个翻译选项的概率之和为1，从而形成一个有效的概率分布。经过归一化后，“我”这个词的翻译选项就变成了“I”（0.9）、“Me”（0.07）、“We”（0.03）这样的概率值，它们的总和要保证是100%。

在得到这些概率值后，机器会挑选概率最大的那个词作为当前位置的翻译结果。然后，这个翻译结果会与标准答案进行比较。如果两者一致，说明编码和解码过程在本次迭代中表现良好，参数设置得当；如果不一致，就会产生一个损失函数值，这个值衡量了当前输出与标准答案之间的差距。

为了减小这个差距，也就是降低损失函数值，需要利用梯度下降原理，通过反向传播技术来更新模型中的参数。这些参数包括注意力模块里的参数以及前馈神经网络中的各个权重。更新后的参数将用于下一次迭代，再次进行编码、解码和比较的过程。

这个过程会反复进行，直到最终输出的结果与标准答案一致，或者损失函数值降低到一个可以接受的范围内，本次训练才会结束。通过这样的方式，模型能够不断地从错误中学习，提高自己的翻译能力。

在完成了模型训练后，就来到了实际的推理阶段。这个阶段的流程其实和训练时挺像的，只是简化了一些环节。首先，模型还是接收输入的数据，然后通过编码器和解码器进行前向传播，得到预测结果。但这里可就没有标准答案来跟预测结果比对了，自然也不需要计算什么损失函数了。最重要的是，没有了反向传播和参数更新的步骤，因为模型参数在训练阶段就已经被优化过了。所以，简单来说，推理阶段就是模型拿着训练好的参数，直接对输入数据进行预测，然后输出结果，整个过程快速又直接。

8.4.4 Transformer 的秘密——3 个神秘矩阵 w_q、w_k、w_v

下面聚焦到 Transformer 的核心——“注意力机制”上。由于这个概念比较抽象，用有限的篇幅来详细解释确实不容易，所以会尽量用一个简化的例子来阐明其运行方式。

想象一下，若给机器提供了大量的训练语料，其中有一句“I swam across the river to get to the bank”。这里的“bank”一词具有多义性，它既可以指“河岸”，也可以指“银行”。这无疑是翻译这句话的难点。现在，我们要看 Transformer 是否能准确捕捉到“bank”与其他单词之间的关联，并给出正确的翻译。

首先，机器需要理解这些人类语言，所以需要将文本转化为数字向量。通常，机器会将每个词表示为一个高维向量，比如 512 维。但为了简化说明原理，就用 5 维向量来举例。假设用某种方法（如 Word2Vec）得到的“bank”的词向量为：

$$bank = \{30, 10, 20, 50, 40\}$$

接下来，在训练过程中，会对这个“bank”的词向量进行变换。为什么要变换呢？回忆前面卷积神经网络里用了一个 3×3 的小矩阵，把原图片中的特征值“过滤”出来，例如横线特征或者竖线特征等，这个小矩阵叫作卷积核。在多头自注意力机制中，也用类似的方法，通过一个转换矩阵，来“过滤”出“bank”这个词向量的关键特征。

那么，要过滤出哪些特征呢？Transformer 的目的是要找出“bank”与其他单词之间的关系，所以关注以下 3 类特征。

- Query（查询）：它代表了“bank”在查询其他单词时，想要找到哪些与其含义相符的词义。这个特征用矩阵 w_q 来表示。
- Key（键）：它代表了“bank”自身有哪些词义可以被其他单词查询出来。这个特征用矩阵 w_k 来表示。
- Value（值）：它表示了“bank”根据 Key 键查询出来具体的值。这个特征用矩阵 w_v 来表示。

通过这 3 个矩阵，就能洞察出“bank”与其他单词之间的深层关系，从而为后面的翻译任务打好基础。

可以这样来简单地理解上面 3 个特征：每个词的含义都是由很多 <Key,Value> 这样的数据对组成，例如“river”这个词，它的含义可以是 <词性，名词>，<是否与水相关，是>，<感情色彩，褒义词>类似这样的数据对，而 Query 是这个词想要查询哪些特征，例如“bank”需要查询“river”是否与水有关、是否与金融有关等。因此计算 Attention 的过程可以看作先计算“bank”的 Query 和“river”各个 Key 的相关性，得到“river”每个 Key 对“bank”的重要程度，也就是“river”中对应 Value 的权重系数，然后对 Value 进行加权求和，即得到了最终的 Attention 数值。

所以从本质上说，计算“bank”与“river”的 Attention，就是对“river”中的

Value 值进行加权求和，而 Query 和 Key 是用来计算“river”中对应 Value 的权重系数。

哈哈，是不是觉得这些概念有点绕？别担心，下面打个生动的比方来解释一下。

想象一下，“bank”是个魅力四射的高富帅，家里有 bank 的。他受邀参加了一场相亲节目，那场面可是热闹非凡啊，美女如云。在这么多人中，他得精挑细选，找到那个最符合自己心意的伴侣，这样他才能全心全意地付出自己的注意力，成为真正的时间管理大师。

为了帮助他实现这个愿望，我们给他准备了 3 个“神秘矩阵”。

- w_q 矩阵：表示 bank 对心目中女神的要求，比如颜值要高、性格要温柔等。
- w_k 矩阵：表示 bank 自身公开的，能被其他人查询的优势项，例如本人颜值、身价高低等，因为美女们也要看看 bank 的真实情况，能否让她们满意，毕竟爱情是一场双向奔赴嘛。
- w_v 矩阵：这个矩阵则代表了高富帅这些优势项的具体值，例如颜值 99.9，有别墅、开豪车等。

其实，不仅仅是高富帅，相亲节目中的每一位美女嘉宾，她们也都有自己的 w_q、w_k 和 w_v 矩阵。这样，大家就能在相亲过程中，更准确地了解彼此，找到那个最适合自己的伴侣，如图 8-29 所示。

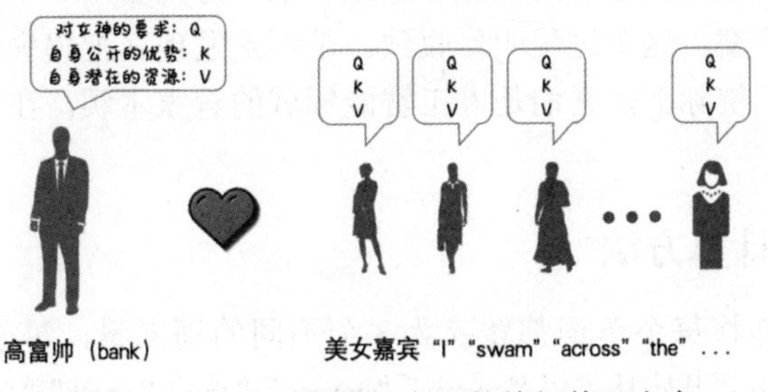

图 8-29　每个词都先把自己的特征整理出来

好啦，现在来简单地具体计算一下，对数学计算感觉不适的同学可以略过矩阵计算过程，直接看结果即可。

假设“bank”的词向量为 $\boldsymbol{x}$=[30, 10, 20, 50, 40]。

首先，要计算“bank”对其他单词查询的要求，这可以通过一个转换矩阵 w_q 来实现。

w_q：

```
[[0.1, 0.3, 0.2, 0.4, 0.5]
 [0.2, 0.1, 0.3, 0.2, 0.1]
 [0.3, 0.2, 0.1, 0.3, 0.2]
 [0.1, 0.3, 0.5, 0.2, 0.4]
 [0.5, 0.2, 0.3, 0.1, 0.3]]
```

进行点乘运算后，我们得到 $\boldsymbol{Q}$ 向量：$\boldsymbol{Q}=\boldsymbol{w}_q \cdot \boldsymbol{x}$=[23, 12, 21, 37, 34]。

接着，要计算“bank”自己有哪些语义能被别人查询出来，这同样通过一个转换矩阵 w_k 来实现。

w_k：

```
[[0.3, 0.5, 0.1, 0.2, 0.4]
 [0.2, 0.3, 0.5, 0.1, 0.3]
 [0.1, 0.2, 0.3, 0.5, 0.2]
 [0.4, 0.2, 0.3, 0.1, 0.5]
 [0.5, 0.1, 0.2, 0.3, 0.4]]
```

进行点乘运算后，得到 $\boldsymbol{K}$ 向量：$\boldsymbol{K}=\boldsymbol{w}_k \cdot \boldsymbol{x}$=[26, 22, 24, 14, 44]。

最后，获取“bank”的 Value 向量，这代表从自身的 Key 中查询出来的语义特征，通过转换矩阵 w_v 来实现。

w_v：

```
[[0.2, 0.3, 0.1, 0.5, 0.4]
 [0.3, 0.5, 0.2, 0.1, 0.3]
 [0.1, 0.2, 0.5, 0.3, 0.4]
 [0.4, 0.1, 0.3, 0.2, 0.5]
 [0.5, 0.4, 0.1, 0.3, 0.2]]
```

$\boldsymbol{V}$ 向量的计算结果应该是：$\boldsymbol{V}=\boldsymbol{w}_v \cdot \boldsymbol{x}$=[36, 32, 29, 37, 39]。

至此，已经将“bank”这个词转换为了 3 个词向量（$\boldsymbol{Q}$ 向量、$\boldsymbol{K}$ 向量、$\boldsymbol{V}$ 向量），它们分别代表了这个词的查询要求、可被查询的语义特征以及相应的语义信息。

这 3 个转换矩阵 w_q，w_k，w_v，是 3 个神秘的存在，它们的值是怎么取的？其实它们的值一开始是随机的，那么机器算出的结果很可能不准确。但是不要紧，咱们是人工智能嘛，人工智能最大的好处就是可以不断训练，找到最优解。于是电脑会不断地猜，将猜出来的结果与标准答案比较一下，计算出损失函数，然后把损失函数反馈给模型，这个叫反向传播。机器再根据损失函数不断地调整最初的向量和权重，也就是调整那 3 个转换矩阵的值，直到调整到正好能猜出正确答案，这个过程叫作收敛。是不是发现又把损失函数、反向传播和收敛这几个概念讲了一遍？实际上，它们是人工智能领域的看家本领，在很多算法和产品介绍中都会不断地遇到。

8.4.5　自注意力的计算方法

刚才 3 个神秘矩阵将每个单词都转换为 3 个不同的词向量，等于做好选美的准备工作了。高富帅“bank”先生要开始从“I”“swam”“across”“the”“river”“to”“get”“to”“the”“bank”这些词里选美了，对他来说，当然是美女的条件越符合他的理想就越好，于是我们就用“bank”的 Q 向量去和第一个美女“I”的 K 转置向量做点乘（为什么是点乘，后面会介绍），用临时变量 temp 暂时指代一下。

$$\text{temp}=QK^{\mathrm{T}}$$

这样计算得到的结果就是“bank”与“I”他们俩的符合程度，如图 8-30 所示。

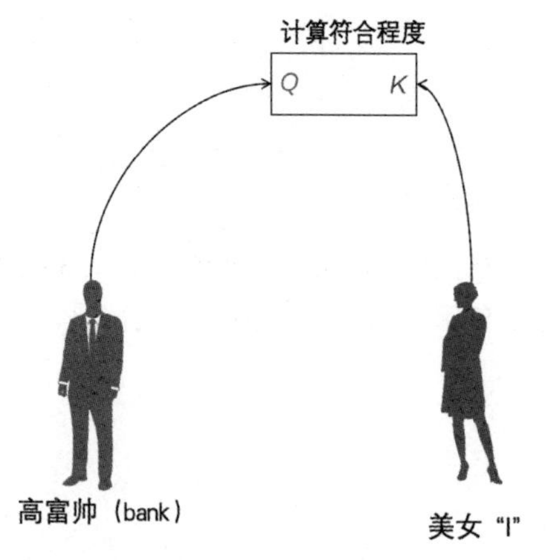

图 8-30　计算“bank”与其他词之间的关系

由于 Word2Vec 编制的词向量各个特征值可能大于 1，它们运算后的值可能会很大，为了便于后面的计算，再对 temp 简单处理一下。

$$\text{temp1}=\frac{\text{temp}}{\sqrt{d_k}}=\frac{QK^{\mathrm{T}}}{\sqrt{d_k}}$$

这里$\sqrt{d_k}$里面的 d_k 是词向量的维度，除以$\sqrt{d_k}$后的方差会稳定在 1 附近，有助于后续的计算。接下来还要对 temp1 做一个“归一化”的计算，其实就是把这个 temp1 值映射到 [0 ～ 1] 的范围内，让它看起来更像是一个概率值。我们一般都使用 softmax 这个函数来做这个归一化。归一化之后的值，乘以“I”的 $\boldsymbol{V}$ 向量，就得到了“bank”对于“I”这个单词最后的自注意力的值。

自注意力的总的公式如下。

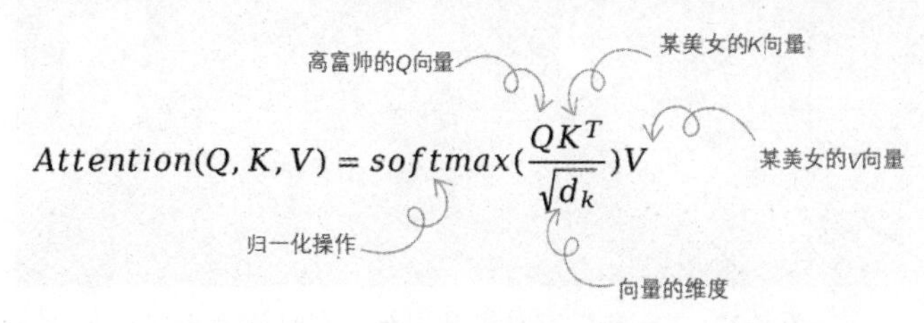

假设按照公式计算出“bank”与“I”的自注意力值是 0.04，接下来的过程就是简单地重复了，“bank”分别与后续的“swam”“across”“the”“river”“to”“get”“to”“other”挨个计算自注意力值，最终得到“bank”与其他所有单词的关系紧密程度。

"bank" vs "I" = 0.04

"bank" vs "swam" = 0.33

"bank" vs "across" = 0.07

"bank" vs "the" = 0.01

"bank" vs "river" = 0.49

"bank" vs "to" = 0.02

"bank" vs "get" = 0.02

"bank" vs "to" = 0.01

"bank" vs "other" = 0.01

这也表明机器在翻译的时候需要把它的注意力放在哪些关键词的上面，由于“bank”与其他各词都是来源于要翻译的同一句话，因此整个的机制被称为**“自注意力机制”**；如果它们是分别来源于源语句和目标语句，那么就叫作**“注意力机制”**。

有了这个结果，后面的事情就好办了，以“I swam across the river to get to other bank”这句话里的“bank”为例，如图 8-31 所示，机器发现句子里有“swam”“river”，而这两个词明显跟“河岸”的关系要比跟“银行”的关系铁，所以把“bank”翻译成“河岸”就没毛病。

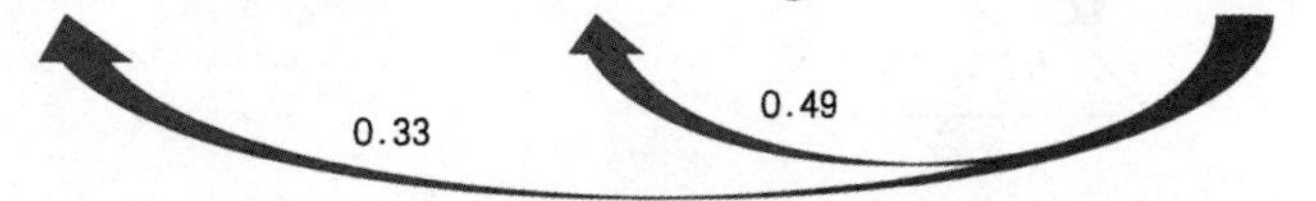

图 8-31　与 bank 相似度最高的词是 swam 和 river

刚才做点乘的时候，如果“bank”和自己做点乘，那肯定相似度最高的是他自己，说明这位高富帅比较自恋，一众美女都不太满足他的要求，他的理想情人就是他自己这种类型的，他最需要关注的是他自己。嗨，说了一顿废话，为了成就他的美满姻缘，要求他和自己点乘的结果无效。

机器可能还需要不断地进化，才能适应这个变化的世界，在图 8-32 所示的场景下，与 river 相关的 bank，还是得翻译成“银行”。

图 8-32 “bank”有时候是银行，有时候是河岸

前面已经成功地理解了 Transformer 最精髓的思想——注意力机制，就像已经修炼成功九阴真经的郭靖一样，体内充沛着无穷的内力。但是还有一些细节，刚才没来得及介绍，下面逐一简单地讲一下，之后就可以随心使用这强大的内力了。

8.4.6 点乘运算——精确计算两个词语之间的亲密程度

刚才提到了向量的点乘，这是一个基础但非常重要的数学知识点。向量相乘主要有两种：**点乘**（也称为数量积或内积）和**叉乘**（也称为向量积或外积）。由于叉乘与当前主题无关，就不提了，只说说点乘是啥意思。

点乘，简单来说，就是两个向量对应分量相乘后再求和。举个例子，如果有两个向量 [0.2, 0.3] 和 [0.1, 0.4]，进行点乘的过程就是先计算 0.2 乘以 0.1，然后计算 0.3 乘以 0.4，最后将这两个乘积相加。计算过程如下。

$[0.2, 0.3] \cdot [0.1, 0.4] = 0.2 \times 0.1 + 0.3 \times 0.4 = 0.02 + 0.12 = 0.14$

所以，向量 [0.2, 0.3] 与 [0.1, 0.4] 的点乘结果是 0.14。这个简单的数学运算在机器学习和数据科学中非常有用，特别是在计算向量之间的相似性或相关性时。

如果从几何意义上讲，点乘可以用来计算两个向量的方向相似程度。如图 8-33 所示，点乘结果越大，两个向量越接近，也就是它们代表的单词的语义越相关。

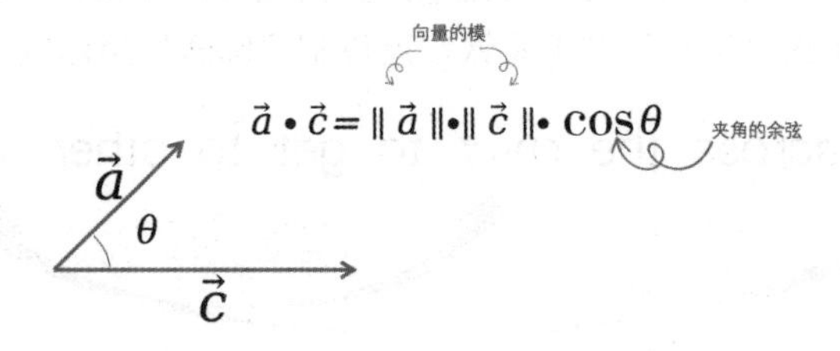

图 8-33 点乘的几何意义

当两个向量的方向相同时，即它们之间的夹角为 0°，那么 $\cos\theta$ 的值就是 1。这意味着两个方向相同的向量的点乘结果等于它们各自模的乘积。

同样地，如果两个向量之间的夹角为 90°，即它们垂直（正交），那么 $\cos\theta$ 的值就是 0。因此，两个垂直（正交）的向量的点乘结果为 0。

如果两个向量之间的夹角为 180°，即它们方向相反，那么 $\cos\theta$ 的值就是 –1。这时两个方向相反的向量的点乘结果就是负的模的乘积。

基于这个原理，在计算注意力机制时，通过对查询向量与各个键向量进行点乘计算，就可以找到与查询向量方向最相似，也就是语义上最相关的词语。

接下来，如果稍微变换一下点乘的公式，就可以推导出另一个至关重要的概念——余弦相似度（Cosine Similarity），见图 8-34。

$$\vec{a}\cdot\vec{c}=\|\vec{a}\|\cdot\|\vec{c}\|\cdot\cos\theta \quad \Rightarrow \quad \cos\theta=\frac{\vec{a}\cdot\vec{c}}{\|\vec{a}\|\cdot\|\vec{c}\|}$$

点乘公式　　　　余弦相似度

图 8-34　由点乘公式推导出余弦相似度的定义

余弦相似度是一种衡量两个向量方向一致程度的方法，它实际上是通过计算两个向量的夹角余弦值来得到的。当两个向量之间的夹角越小时，余弦值越接近 1，这表示它们的方向越接近，相似度也就越高。相反，如果夹角越大，余弦值越接近 –1，这表示它们的方向越相反，相似度也就越低。

这个概念在人工智能领域有着广泛的应用。从 Transformer 模型衡量两个词语之间的相似度，到 CLIP 模型衡量一句文本与一张图片之间的相似度，都可以使用余弦相似度这一强大工具来实现。还有，在商品推荐系统中，如果有两个人的购物习惯在各个特征上都类似，比如他们购买的商品款式、价格、购买频次都相近，那么经过机器计算后，这两个人的余弦相似度就会比较大。这意味着从商品推荐的角度来看，这两个人具有很高的相似度，系统就可以给他们推荐相似的商品。

8.4.7　多头注意力——同时关注多个特征

当阅读一个句子时，往往需要考虑的不只是一个单一的方面或注意力焦点。就拿“bank”这个词来说，除了它离“swam”和“river”的距离近，有助于确定它的意思是河流旁边的“岸”之外，可能还需要关心整个句子的主语对“bank”翻译的影响。在这种情况下，简单的注意力模型就显得捉襟见肘了。为了应对这种复杂情况，引入了多头（Multi-head）注意力机制。

“多头”注意力机制实际上是一种并行处理多种注意力焦点的方法。每个“头”都专注于句子的不同方面，比如主语是谁、句子的语气是积极的还是消极的、是否提到了特定的人名或地名等。通过这种方式，可以捕获句子中的多种信息，从而更全面地理解文本。“多头注意力机制”的示意图见图 8-35。

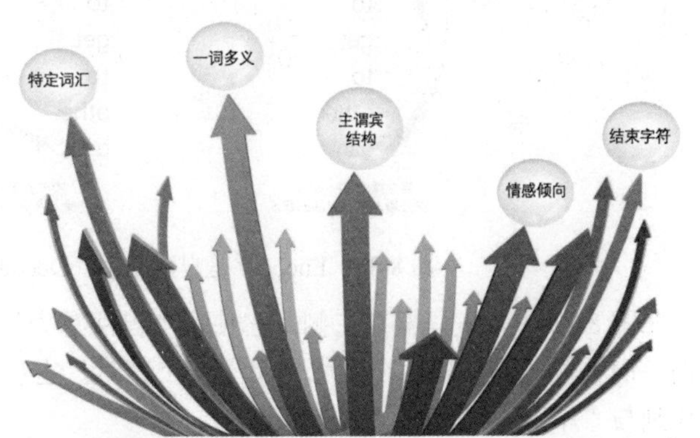

图 8-35　多头注意力机制能同时关注多个特征

从原理上讲，多头注意力机制与传统的自注意力机制类似，只不过增加了“多头”的维度。这意味着机器可以同时关注多个注意力点，并在每个点上独立地进行注意力计算。这些

“头”就像是我们的大脑中的不同神经元，各自负责处理文本中的不同信息。

在多头注意力机制中，每个“头”都会生成一个注意力权重向量，这个向量会指示该“头”应该关注文本中的哪些部分。最后，这些权重向量会被组合成一个综合的注意力向量，用于表示文本的整体意义。这种方法使得计算机能够更深入地理解文本中的复杂关系和语义信息。

多头注意力机制的优点在于其灵活性和适应性。它可以处理各种类型的文本数据，并根据需要学习不同的特征。在自然语言处理中，多头注意力可以同时关注句子中的不同元素，如主谓宾、情感倾向等，从而提供更准确的解析和翻译。在图像处理中，它也可以关注图像中的不同区域，以捕捉更多的细节和特征。

总的来说，多头注意力机制就像是一位经验丰富的翻译专家，能够综合考虑文本的多个方面，从而提供更准确、更全面的理解和翻译。

8.4.8 “注意力”与“自注意力”的区别

在 Transformer 模型中，编码器和解码器都巧妙地运用了“注意力”机制，但两者在功能和应用上各有侧重。编码器中的“自注意力”机制专注于输入序列内部的词语关系，它会仔细分析本句话中的每个单词，找出与它们最相似的其他单词，从而捕捉输入序列中的依赖关系和上下文信息。这样一来，模型就能深入理解输入文本的语义和结构了。

而解码器中的“注意力”机制则有所不同，它跨越了编码器和解码器之间的界限，专注于输入序列与当前解码位置输出序列之间的关联。因此，它也被形象地称为“交叉注意力”或“编码器 - 解码器注意力”。在生成输出序列时，解码器会综合考虑输入序列的上下文信息和当前位置的需求，通过交叉注意力机制，将输入序列中的相关信息精准地融入输出序列的生成中。

“自注意力”与“交叉注意力”的区别见图 8-36。

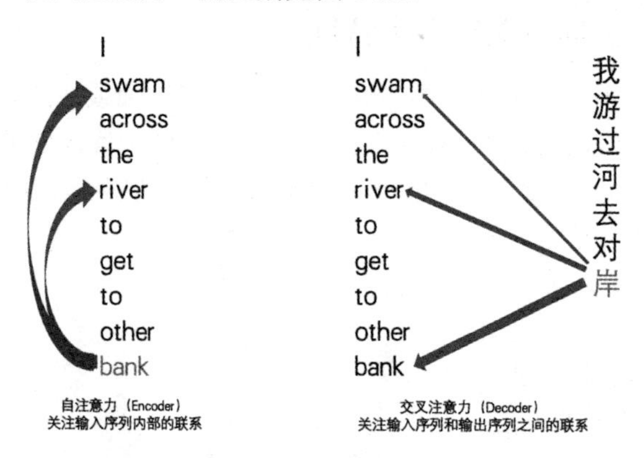

图 8-36　Encoder 是自注意力，Decoder 是交叉注意力

在图 8-36 中，编码器在左侧，它使用“自注意力”机制来识别输入序列中“bank”的相似词。而右侧的解码器，在生成“岸”这个词时，它会通过“交叉注意力”机制在输入序列中找到与“岸”最相关的词语。

简而言之，编码器利用“自注意力”机制深入理解输入序列，而解码器则通过“交叉注意力”机制巧妙地将输入序列的上下文信息融入输出序列的生成中。这种设计使得

Transformer 模型在处理自然语言任务时表现出色。

8.4.9　位置编码——解决语序问题

前面还提到了一个重要的问题，就是词在句子中出现的先后顺序。换个顺序，意思可能就全变了。传统的循环神经网络可以按顺序一个接一个地处理单词，这样语序问题自然就解决了（下一章会详细介绍）。但说到 Transformer 模型，它处理单词时主要关注整句话里哪些词特别重要，却没直接考虑这些词是按什么顺序出现的。

看这两句话：

“Do you live to work?”

“Do you work to live?”

就因为词序不同，意思就差远了。这难道说明 Transformer 有设计上的问题吗？其实这也是无奈之举，因为它在追求处理速度时选择了并行计算，但并行计算有个问题，就是同时处理的任务很难体现词与词之间的顺序关系。

那怎么办呢？别担心，科学家们早就想到了办法——位置编码（Positional Encoding）。说白了，就是给句子里的每个词都标上一个独一无二的号码，代表它在句子里的位置。这样，就算 Transformer 在处理时没直接考虑词序，也能通过位置编码知道每个词的准确位置。图 8-37 中，用虚线框标示出了位置编码，可以看到，位置编码是放在整个 Encoder-Decoder 架构的输入端的。

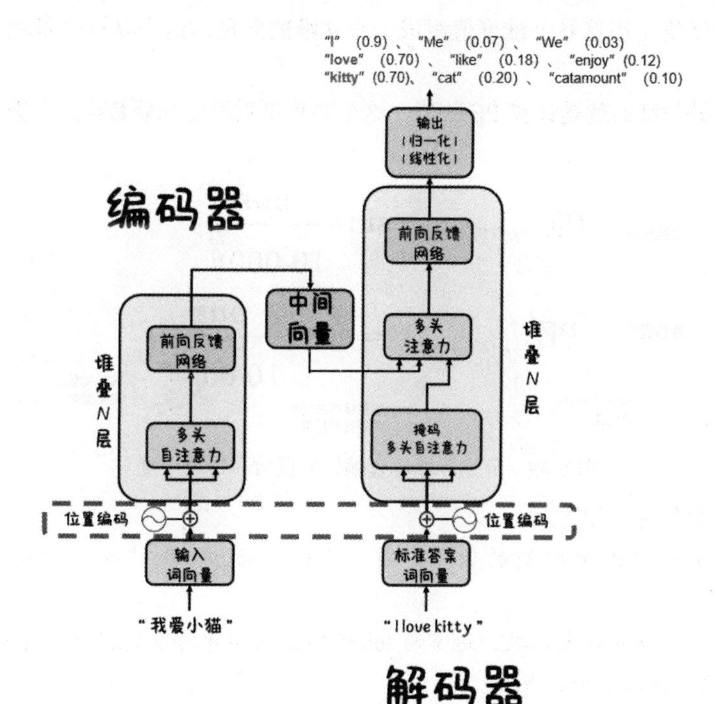

图 8-37　位置编码解决了语序问题

不过，位置编码可不是简单的 1、2、3、… 因为句子长短不一，直接用这些数字的话，短的句子编码就短，长的句子编码就长，机器处理起来就不方便了。所以这个位置编码，看似简单，其实讲究挺多的，比如：

- 每个位置的编码不一样，要不然重复了就乱了。

- 编码要能体现位置之间的距离，而且不管在哪个句子里，只要间隔相同，那么通过编码计算出两个位置的距离也是相同的。
- 编码不会随着句子变长就无限增大，就是说编码的取值要有个范围限制。

为了满足上面这些要求，科学家们用了一个超聪明的办法——正余弦编码方案。简单地说，正余弦编码就是通过正弦和余弦函数为每个位置生成一个多维向量。在这个向量中，偶数位置使用正弦函数，奇数位置使用余弦函数。每个位置的编码都是根据其在句子中的位置（*pos*）和维度（*i*）来计算的。编码的公式可以表示为 PE(*pos*, *i*)，其中 PE 表示位置编码矩阵中第 *pos* 个位置、第 *i* 个维度的值。

这么说太抽象，还是举个具体的例子来说明，例如最简单的“我吃饭”，图 8-38 示意了位置编码的计算过程。

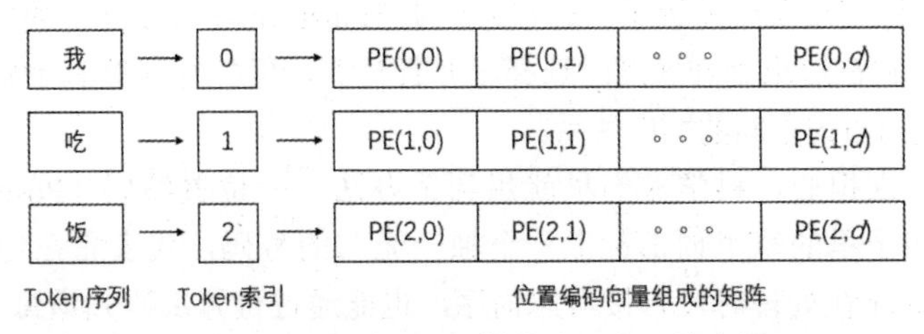

图 8-38　把每个 token 转换成一个 *d* 维向量

从图 8-38 可以看到，每个 token 都有一个索引，例如“我”的索引是 0，然后根据这个索引，计算 *d* 个维度值，用这 *d* 个维度值组成一个 *d* 维的向量，这个 *d* 维向量就是“我”的位置编码了。

整个过程中最关键的就是计算 PE 的值，这个要将奇数维度和偶数维度分开计算，公式如图 8-39 所示。

偶数维度 $$PE_{(pos,2i)} = \sin\left(\frac{pos}{10\,000^{\frac{2i}{d}}}\right)$$

奇数维度 $$PE_{(pos,2i+1)} = \cos\left(\frac{pos}{10\,000^{\frac{2i}{d}}}\right)$$

token在句中的位置　当前编码在向量中所处的维度　编码向量的最大维数

图 8-39　分别计算位置编码的偶数和奇数维度

其中几个参数的说明如下。

- *pos*：token 在句子中所处的位置，例如“我”的 *pos*=0，“吃”的 *pos*=1，“饭”的 *pos*=2。
- *d*：编码后向量的最大维数，通常与 token 词嵌入向量的维数相同，这里假设采用 512 维的向量，因此这个 *d*=512。
- 2*i* 和 2*i*+1：这里的 *i* 指示当前元素在向量中所处的维度，例如第一个元素的 2*i*=0，是偶数维度，采用 sin 公式；第二个 2*i*+1=1，是奇数维度，采用 cos 公式。

那么对“我”“吃”“饭”3 个 token 的位置编码如图 8-40 所示。

计算完所有的 PE 后，再将 token 的词嵌入向量与 PE 相加，就得到了带有位置信息的词嵌入向量，可供后面的注意力机制进行处理，见图 8-41。

假设“我”的词嵌入向量是 512 维向量 [0.2, 0.2, 0.5, ⋯, 0.09]，那么它们相加的示意图如

图 8-42 所示。

$$\text{“我”：} PE_0 = [\sin(\frac{0}{10\ 000^{\frac{0}{512}}}), \cos(\frac{0}{10\ 000^{\frac{0}{512}}}), \sin(\frac{0}{10\ 000^{\frac{2}{512}}}), \cos(\frac{0}{10\ 000^{\frac{2}{512}}}) \ldots \sin(\frac{0}{10\ 000^{\frac{510}{512}}}), \cos(\frac{0}{10\ 000^{\frac{510}{512}}})]$$

$$\text{“吃”：} PE_1 = [\sin(\frac{1}{10\ 000^{\frac{0}{512}}}), \cos(\frac{1}{10\ 000^{\frac{0}{512}}}), \sin(\frac{1}{10\ 000^{\frac{2}{512}}}), \cos(\frac{1}{10\ 000^{\frac{2}{512}}}) \ldots \sin(\frac{1}{10\ 000^{\frac{510}{512}}}), \cos(\frac{1}{10\ 000^{\frac{510}{512}}})]$$

$$\text{“饭”：} PE_2 = [\sin(\frac{2}{10\ 000^{\frac{0}{512}}}), \cos(\frac{2}{10\ 000^{\frac{0}{512}}}), \sin(\frac{2}{10\ 000^{\frac{2}{512}}}), \cos(\frac{2}{10\ 000^{\frac{2}{512}}}) \ldots \sin(\frac{2}{10\ 000^{\frac{510}{512}}}), \cos(\frac{2}{10\ 000^{\frac{510}{512}}})]$$

3个token

512个维度，正余弦交互出现

图 8-40 “我”“吃”“饭”的正余弦编码示例

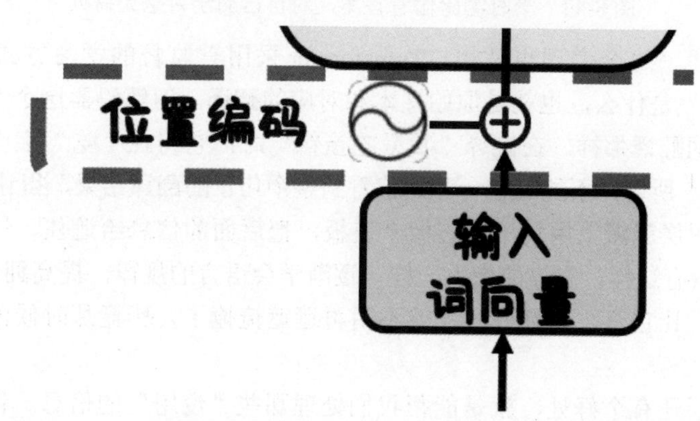

图 8-41 词向量与位置编码相加，得到带有位置信息的词向量

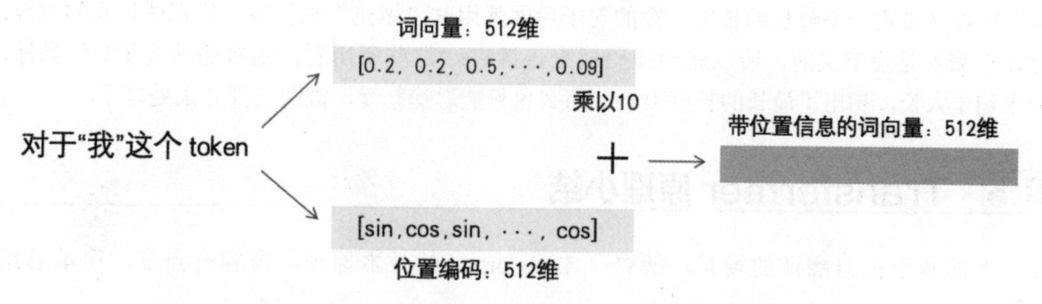

图 8-42 把词向量放大 10 倍后，再与位置编码相加

为什么词向量要乘以 10 呢？这是因为一般情况下，希望最终带位置信息的词向量里面词向量本身的含义占大多数，而位置信息只产生少量影响，如果直接把两者相加，那么位置信息会影响太大，因此可以采取一些措施，例如把词向量放大 10 倍后，再与位置编码相加。

8.4.10 掩码——训练的时候不能偷看答案

Transformer 架构里还有一个“掩码”的概念有点不好理解。前面讲过，与编码器相比较，解码器还多了一个掩码层，这个掩码层是做什么的呢？

想象一下，给学生做测验时，都不会直接告诉他们答案，对吧？因为如果直接给答案，那他们就会想方设法地偷看答案，就像图 8-43 那样，可就没法发现自己的不足，没法提高自己了。

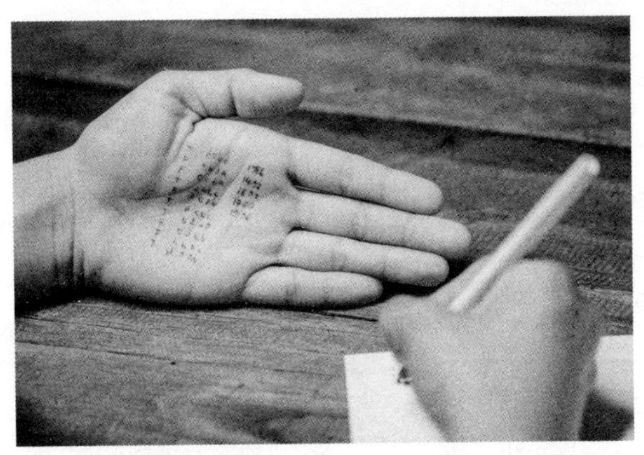

图 8-43　平时测验偷看答案，对自己的学习毫无益处

在机器翻译里，这个道理也适用。Transformer 采用有监督的学习方式，所以它得知道“题目”和“答案”是什么，也就是原始文本和对应的翻译。但解码器这个“学生”得自己一步步来，就像逐词翻译那样。在翻译“我爱吃蛋糕”时，它得在“吃”字出来后，自己琢磨“蛋糕”该咋翻译。所以，不能让它一开始就看到整个句子的翻译结果，得让它自己琢磨。

这时候，掩码层就派上用场了。它像个盖板，把后面的信息给遮住，让解码器只能一个词一个词地猜。只有这样，它才能像人一样，逐渐学会语言的规律，提高翻译水平。

等训练好了，让它真正去翻译时，就不用再遮遮掩掩了，毕竟那时候没有标准答案可以对照了。

另外，掩码层还有个好处，就是能帮我们处理那些“没用”的信息。你想啊，翻译的句子长短不一，有的短，有的长。为了效率，通常会把一批句子一起处理。但长度不一样怎么办呢？所以就设定一个最长的长度，短的句子后面就用些“填充”来补齐。但那些填充的内容，对模型来说是没意义的，所以就用掩码层来告诉它：“这些不用看，别费那劲儿了！”当然，如果句子太长，超出了最长的长度限制，那么也只能忍痛割爱，截取一部分来处理了。

8.5　Transformer 原理小结

上面基于机器翻译的场景，解释了 Transformer 的基本原理，内容有点多，简单总结如下。

（1）为了让机器理解“bank”这个词，会先用基于推理的方法，把它变成一个 n 维词向量（为了说明方便，这里假设为 5 维）。

（2）在编码器部分，机器会通过自注意力机制去探寻“bank”与周围词（如“river”“swam”）以及无关词（如“I”）的语义联系。简单来说，就是利用那三大矩阵（查询矩阵 w_q、键矩阵 w_k、值矩阵 w_v）去做一系列点乘运算，找出“bank”与上下文的关联。

（3）这些语义关系和词向量本身的特征会被送到前馈神经网络中，经过一番整理、筛选和汇总后，机器对整句话的理解就被存储在了前馈神经网络的权重参数中，形成了我们所说的中间向量。

（4）到了解码器部分，会先输入标准答案，但通过一个掩码模块遮住那些还没被翻译出来的部分。然后，解码器会从中间向量中按顺序提取出要翻译的句子意思，每取出一个单词，就生成一个翻译结果。

（5）然后将生成的翻译结果与标准答案进行对比，看看机器这次猜得对不对。如果不对，别担心，将会基于反向传播机制来调整与“bank”相关的三大矩阵和前馈神经网络里的权重参数，让机器再试一次。

（6）就这样，经过多次迭代训练，机器终于猜对了。这时候，那三大矩阵的数值和前馈神经网络里的参数就令人满意了，也就是说，模型训练成功了。

这也就解释了一个困惑我们很久的问题，就是机器是怎么理解人类语言的？前面提到的 Word2Vec 等词嵌入技术，就像是给机器提供了一本包含所有单词的向量辞典。而 Transformer，就是基于这本辞典，通过训练数十亿个句子样本，形成了一个懂得人类语言的模型。说白了，就得到了那三大矩阵和前馈神经网络里的权重参数，它们代表了 Transformer 对人类语言的理解。

另外，Transformer 是一个通用的架构，可以应用于各种场景。除了机器翻译，它还可以用于情感分析、词性标注、自然语言生成、语音分析和图像分析等领域。只需要根据不同的任务和场景，选择合适的 Transformer 模型进行训练就可以了。常用的 Transformer 模型包括 Transformer-Base、Transformer-Big、Transformer-XL、GPT 和 BERT 系列等。比如，对于新闻摘要任务，Transformer-Base 模型可能是一个不错的选择；在对话系统任务中，可以选用 GPT 系列模型进行训练，例如如日中天的 ChatGPT；在一些专业的机器人客服系统里，是选择 BERT 进行训练的。

最后，要特别强调的是，就像不同的学生学习同一本教材、同一本辞典，也会有不同的体验和成果一样，使用不同的 Transformer 模型训练同样的样本，也可能会产生不同的结果。所以，在选择模型时，一定要根据具体的任务和场景进行综合考虑。

8.6 单词向量化实战——用“结巴分词”划分 token

结巴分词（jieba）是一个流行的中文分词工具，可以将中文句子划分成一系列的词汇（token）。以下是一个使用结巴分词的简单示例，用于将“中国人民从此站起来了！”这句话进行分词。

准备数据集：导入的 jieba 库是已经训练好的，只需把将要分词的句子输入即可，句子是“中国人民从此站起来了！”。

任务目标：用结巴分词将目标句子分成若干个 token。

下载代码并运行：首先要安装 jieba 库，打开 Windows 的命令提示符或者 macOS 的终端窗口，输入下面指令。

```
pip3 install jieba
```

然后请扫描本书封底的二维码，并下载所有文件，将文件保存到 Jupyter Notebook 主目录下（如已经下载，请略过）。打开 Jupyter Notebook 主界面，双击 JieBa.ipynb 文件，然后在新打开的程序界面，点击运行按钮，或者按下“Shift+ 回车”键。有时候需要稍微等待一段时间，就能看见如下运行结果。

```
分词结果： ['中国', '人民', '从此', '站', '起来', '了', '！']
```

可以看出来，分割得还是很准确的，包括标点符号也都分开了。

代码简析如下。

代码很简单，如下所示。

```
import jieba

# 待分词的句子
sentence = "中国人民从此站起来了！"

# 使用 jieba 进行分词
seg_list = jieba.cut(sentence, cut_all=False)

# 将分词结果转化为列表
words = list(seg_list)

# 打印分词结果
print("分词结果：", words)
```

可以更换一下代码中的“sentence”的内容，体验一下“结巴分词”的使用效果。

第 9 章 自然语言处理的那些事——神经网络语言模型的前世今生

在上一章中，详细剖析了机器翻译的工作机制，展示了自然语言处理技术在翻译领域的精彩应用。然而，机器翻译仅仅是自然语言处理领域的一个分支，它所展现的能力只是冰山一角。本章将回顾自然语言处理技术的演进历程，探索神经网络语言模型架构是如何一步步形成的。

9.1 为什么自然语言处理是人工智能领域的一颗明珠

在人类智慧的历史长河中，我们曾是地球上，甚至宇宙中唯一具备智慧的生物。然而，智慧的传承方式——通过生物繁衍——显得效率低下。随着计算机的发明，人类智慧开始跨越物种界限，使向硅基生物传递成为可能。这一变革催生了人工智能，一门致力于让机器模拟人类智能的学科。

那么，如何让机器拥有类人的智慧呢？其关键在于赋予机器理解人类语言的能力。这是因为语言不仅是人类文明的载体，也是沟通的桥梁。因此，自然语言处理（Natural Language Processing，NLP）应运而生，它成为人工智能领域中闪耀的明珠，专注于让机器理解和生成自然语言。

回顾历史，自然语言处理领域的科学家们在过去的几十年里付出了巨大的努力，取得了显著的成就。从早期的自然语言识别，到如今广泛应用于生活的机器翻译工具，再到能与人类进行对话的 ChatGPT，以及不断涌现的大语言模型产品，这些都是 NLP 领域的杰出代表。

现在，我们将深入探索自然语言处理的发展历程。通过了解这一过程，能够更加清晰地认识到自然语言识别是如何历经坎坷，最终铺就了一条象征着人类科技巅峰的探索之路。

9.2 机器是如何理解自然语言的

什么是自然语言处理？简单来说，就是让机器理解人类的语言，包括我们平时写的文章、发的帖子甚至说出来的话，在理解的基础上，将一种语言翻译成另一种语言，或者直接模拟人类说话的习惯生成人类的语言。前者的代表作品是各类的机器翻译，后者的代表就是点燃全世界的 ChatGPT。

先看一下人类语言有多少种类，据不完全统计，人类有超过 7000 种语言，每种语言少则几千个单词或词汇，多则十几万个词汇，这些词汇组成的句子长短也都不一样，有的几个单词，有的需要上百个单词。因此机器对自然语言的处理也面临着很多难题，经历了坎坎坷坷的曲折之路。

从方法论上说，机器对任何事物的理解、存储和处理，都需要针对对方建立一个模型。所谓模型，说白了就是一个公式，其中的参数决定了模型的行为。一旦这些参数被确定，模型就能够为特定的问题提供答案。如图 9-1 所示，“模型是个筐，什么都能装”。

图 9-1　模型是个筐，什么都能装

那么这些参数是怎么确定的呢？就是通过模型的训练。先准备大量的问题和标准答案，也称它们为样本，把样本交给机器，让机器辛苦地训练，去尝试各种参数的组合。如果最终发现这个模型计算的结果，和预期能达到一致，那么就认为模型已经训练成功，可以用于实际的推理任务了。

当然，在实际训练过程中，很多时候不可能让模型输出的结果和预期完全一致，或多或少都有些差异，如果这个差异不是很大，在能承受的范围内，那么也可以认为模型通过了训练。这个差异，就是损失函数。模型输出的答案与标准答案之间的比例，就叫作置信度。当置信度小于某个值的时候，就认为还需要继续训练；高于某个值，就认为通过了训练，得到一个近似的满意结果。

可以看到，模型是机器理解事物的基本方式，那么从一开始，到现在，还有未来，模型是怎么逐步演进的，下面从头讲起。

9.3 暴力穷举的语言模型——用尽全宇宙的原子也无法存储的信息量

直观来说，语言模型（Language Model，LM）旨在构建自然语言的概率分布模型，其核心任务是计算一句话中每个词的出现概率。虽然这个定义看似简单明了，但实际上，若按照此定义对任意一种语言进行建模，所涉及的联合概率计算规模将变得异常庞大。假如用 m 代表句子的长度，N 代表这门语言所有单词的数量，如果每个单词出现的概率相同，那么一句 m 长度的句子，将会有 N 的 m 次方种排列的可能性。图 9-2 简单计算了暴力穷举的结果。

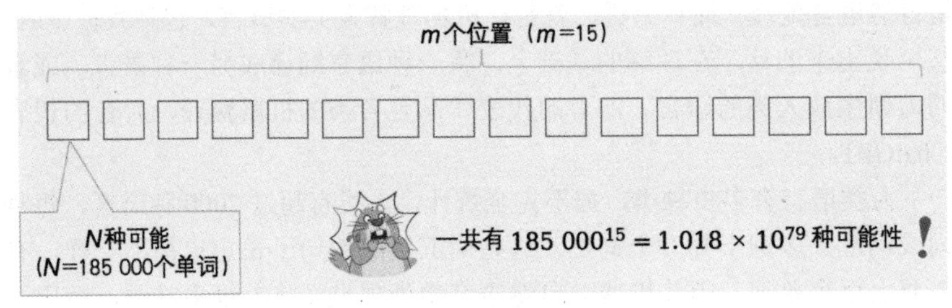

图 9-2　暴力穷举不可取

具体点说，相当于每个位置都可以从 N 个单词里随意地选择，一共要选择 m 个位置，主打一个暴力穷举！这个可能性怎么形容呢？举一个例子，以《牛津高阶英汉双解词典》为例子，其中收录了 185 000 个单词，假设每句话的平均长度为 15 个单词（实际上句子长度可能会更长），可以计算每一句话的不同组合可能性：

$$185\,000^{15} = 1.018 \times 10^{79}$$

这实在是一个不可想象的天文数字，宇宙中的原子数量大概也就是这个量级。大刘同学的作品除了《三体》，还有一本小说名叫《诗云》，讲述了一个有趣的故事。在这个故事里，有一种奇特的文明叫“疗诗者”，来自“驯养星云”，它有一个特别怪的信仰，就是用暴力穷举的方式来写诗。简单来说，就是把所有字都凑一块儿，弄出各种组合，想写出比李白还棒的诗。这些“疗诗者”们把所有现代汉字都拿来凑热闹，大概有 8000 多个，加上古代汉字，数量高达 8 万个左右。为了存储所有写出来的诗词，需要拆解一颗中等的恒星以及它的所有行星来制作量子存储器，用整个恒星系的物质制造存储晶片，所有存储诗词的晶片形成一片直径为一百个天文单位的旋涡状星云——这就是“诗云”，这才堪堪存下这些所谓的“诗”。

古人常说“佳句本天成，妙手偶得之”，可能古人过于浪漫，没有考虑这些“天成”的佳句如何存储的实际问题。所以，这个如何降低诗句组合可能性的重任就落在人工智能科学家的肩上了。

9.4 基于统计的语言模型——“床前明菠萝”？

怎么写诗？一种直观的简化思路是，根据前面已经出现的单词，预测后面可能出现的单词，对那些不可能出现的单词，就直接忽视掉。比如“床前明 _____”，即便你不是李白，也不会写成“床前明菠萝”。

这其实可以总结成一条写诗的规律：按照从左到右的生成过程，根据前面的词来计算后面单词出现的概率。也就是说，每个新单词出现的概率，取决于它前面已经出现了什么样的单词。例如前三个字是“床前明”，后面跟“月光”的概率比较高，而“菠萝”这个词跟在“床前明”后面的概率比较低。这样就可以把概率很低的词汇排除掉，可以大大降低出现无效句子的可能性，训练成本就会降低很多。这个写诗的思路如图 9-3 所示。

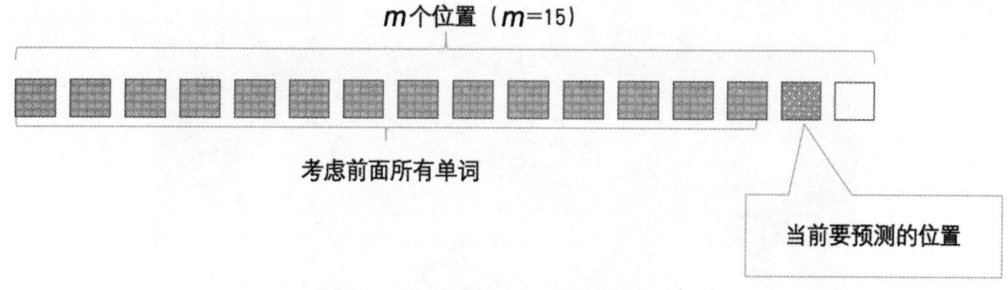

图 9-3　前面的词决定后面要预测的词

基于这个思路，限定第 i 个词的概率受前面 i–1 个词的影响，称为历史影响，而估算这种概率最简单的方法是根据语料库（事先准备好的），计算词序列在语料库中出现的频次。这个思路很好理解，就是“有样学样”嘛，看别人咋写，自己也跟着写，“熟读唐诗三百首，不会作诗也会吟”就是这个道理。

好了，现在机器生成一句话的时候，每一个新单词都是“有据可循”的，都是从前文中已经出现的词语“推导”出来的，风马牛不相及的词语出现的可能性被大大降低。

但是，这个计算量过大的问题依然没有完全解决。当生成一个比较长的句子时，如果前面每一个单词的概率都要计算在内，这种建模方式所需的数据量会指数增长，带来的问题叫作维度灾难，导致机器的负担还是很重，怎么办？

为了解决上述问题，需要限定任意单词的出现概率只和过去一部分单词相关（例如10个），如图9-4所示。

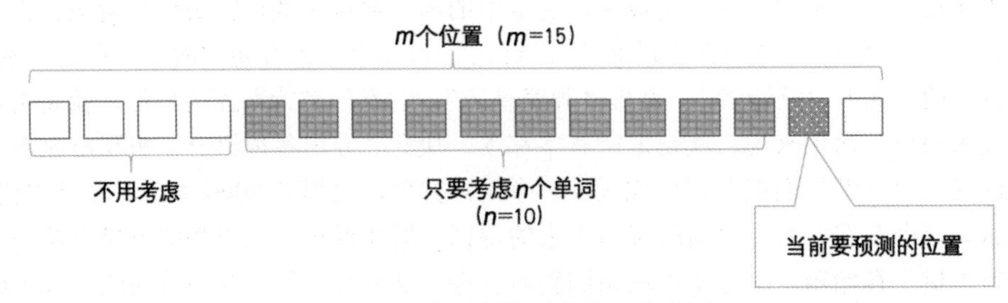

图9-4　只考虑紧挨着的前 n 个单词

可以看到，只让机器考虑前面最近的 n 个单词即可，再远的单词就直接忽略了。这种方法简单明了，也很粗暴，这种模型叫作 n 元语言（n-gram）模型。为了让机器能考虑更多的单词，就希望 n 越大越好，但是机器的运算能力就摆在那里，n 太大了参数量就会增大，没有那么多银子买硬件的话，只能限制 n 的大小，在实际应用中，n 通常不大于3。

- n=1时，每个词的概率完全独立，只依赖自己，不依赖于任何词，称为一元语法（Unigram）。
- n=2时，词的概率只依赖前一个词，称为二元语法（Bigram）。
- n=3时，称为三元语法（Trigram）。

理工科硕士研究生学位的课程里，有一门课程叫“随机过程”，里面有一个重要的概念，叫“马尔科夫链”。它是什么意思呢？简单来讲，是某个事件的概率仅取决于其前面的 N 个事件。我们在预测地震、病虫害以及天气变化的时候，要根据之前地震或者病虫害发生的情况来对未来进行预测，就要用到这个马尔科夫链。简单举个例子，《西游记》里车迟国的虎力大仙求雨的时候，如图9-5所示，也要烧第一道符来风，第二道符布云，第三道符打雷，第四道符才能下雨。他也知道打雷下雨是取决于前面刮风和布云两个事件，可见虎力大仙也是了解马尔科夫链的基本原理的。

图9-5　虎力大仙求雨过程严格遵守马尔科夫链原理

那么，在自然语言处理这个事情上，道理也是一样的，下一个位置出现什么单词，要根据前面几个单词来进行预测。如果只根据前面两个单词来预测，那么就称为“2阶马尔科夫链”。

大家是不是觉得2阶有点小了，是的，这个长度是可以设定为任意长度的，但是必须是某个“固定”的长度，比如我们机器算力还可以的话，那么就设为10。好，我们看下面这句话：

Jack was a bright boy. Tom wanted to be his friend. So he said hi to ___?___
16 15 14 13 12 11 10 9 8 7 6 5 4 3 2 1

这句话里，“Jack是一个开朗的男孩，Tom想和他成为朋友”。根据该语境（上下文），正确答案应该是Tom向Jack打招呼。这里要获得正确答案，就必须将“?”前面第16个单词处的Jack记住。但如果我们设定的n的长度是10，则这个问题将无法被正确回答。

那么，是否可以通过增大这个n值（比如变成20或者30）来解决这个问题呢？OK，那么问题还是存在，一方面这个n值不可能无限增大（这意味着要花费更多的硬件成本），另一方面这个n-gram模型是没有考虑到词与词之间的顺序的，例如上面这句话里，机器无法分辨各个单词之间的前后关系，只是根据出现与否来进行预测，“Jack”和“Tom”到底谁是阳光男孩，机器不知道，就会导致这个空有可能被填错。

后来，尽管科学家们又琢磨出来一些补救办法，例如所谓的“拼接”上下文的方法，但是同时还会带来计算量的大幅增加，因此并没有解决根本问题。

那么，如何解决这些问题呢？这就轮到以神经网络为基础的语言模型出场了，它们是一系列的模型，统称为神经网络语言模型（Neural Network Language Models，NNLM）。这一块已经成为新的研究热点，所采用的技术包括前馈神经网络、循环神经网络、长短期记忆神经网络、双向循环神经网络，还包括前面介绍过的AI界的“九阴真经”——Transformer。下面就给大家用通俗易懂的语言讲解清楚。

9.5 前馈神经网络（FNN）——从最基础的讲起

在进行自然语言处理任务时，基于神经网络的方法不仅需要深入理解自然语言的生成规律和内在逻辑，还涉及诸多神经网络的技术概念。因此，首先需要系统地介绍神经网络的最基础形态——前馈神经网络（Feedforward Neural Network，FNN）。前馈神经网络是神经网络技术的基石，理解其工作原理和特性对于后续掌握更复杂的神经网络结构以及在自然语言处理中的应用至关重要。

9.5.1 前馈神经网络基本概念

前面介绍过神经网络的基本概念，这里的**前馈神经网络**是最常见的一种神经网络，下面简单回顾一下，以便对这些重要概念有个加深的理解。

前馈神经网络是由一个个感知机（类似人脑中的神经元）前后连接，生成的一张庞大的网络，它主要由输入层、隐藏层（多层）和输出层构成，如图9-6所示。在图中，圆圈代表神经元，箭头代表神经元能接收的输入参数，或者能输出的结果，这个结果作为下一层神经元的输入参数。

1. 全连接层 & 前向传播

前馈神经网络的特点是，它的信息流只能从输入层到输出层，不支持循环连接，也就是信息一次性地输入，经过每一层感知机的处理，把结果交给下一层感知机，然后再下一层……每一层的感知机与下一层完全连接，即每一个上层感知机都和每一个下层感知机相连，因此被称作**全连接层**或前馈全连接层，英文是Affine。可以看到，每个神经元都有多个输入及输出参数，信息只能通过这些连接向前单向传播，这样从输入层经过隐藏层，最后到达输出层的信息流动称为**前向传播**。

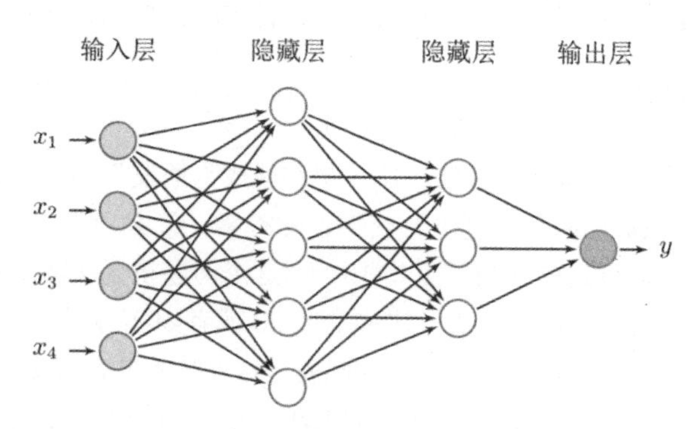

图 9-6　前馈神经网络基本结构

2. 激活函数

在前向传播的过程中，并不是所有信息都能畅通无阻地流动，而是根据每个神经元的特性，当某个信息的强度超过神经元的“阈值”的时候，这个信息才能被神经元传递到下一个神经元。这种计算能否激活神经元从而传递信息的方法叫作**激活函数**。

常见的激活函数有 Sigmoid、Tanh、ReLU（Rectified Linear Unit）、Softmax 等。这些函数都有各自的特性和适用场景。

Sigmoid 函数能够将输入映射到 0 ～ 1 的输出范围，特别适合解决二分类问题，也就是要回答“是不是”的问题。它的输出结果可以方便地解释为概率，曾经在前面泰坦尼克号的例子中被用作计算幸存概率。在神经网络的训练过程中，Sigmoid 函数经常被用在输出层。由于一开始的时候，模型的权重和偏置会被设为较小的随机数，所以 Sigmoid 函数的输入接近 0。这时 Sigmoid 函数的输出变化敏感，这有助于模型在训练初期快速收敛。然而，当输入值变得非常大或非常小时，Sigmoid 函数的输出变化平缓，趋近于饱和状态，即接近 1 或 0，此时函数的梯度会变得非常小，几乎接近于 0，这会导致梯度消失问题，影响模型的训练效果，如图 9-7 所示。

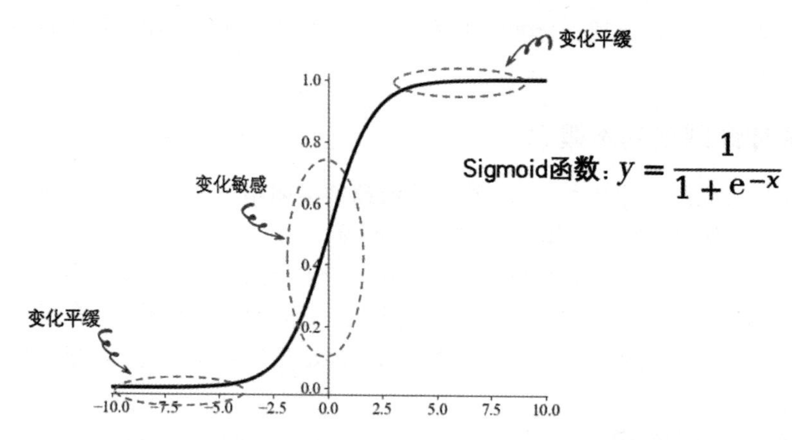

图 9-7　Sigmoid 函数适合将二分类问题的结果转为概率

我们在工作和生活中，经常会遇到二分类问题，例如预测一封电子邮件是否为垃圾邮件，这种情况下，通常会在神经网络的输出层使用 Sigmoid 函数。在这个过程中，每封邮件首先被转化为一个特征向量，这个向量可能包含发件人地址的信誉得分、邮件中特定关键词的计数（如“邀请函”“免费”“优惠”等），以及邮件的长度等信息。这些特征向量作为输入数据，会与神经网络中对应的权重参数进行点积运算，并加上偏置项，得到的结果随后会作为 Sigmoid 函数的输入。

Sigmoid 函数的作用是将这个输入值转换为一个介于 0 ～ 1 的概率值，这个概率值就代表了这封邮件是垃圾邮件的可能性。在训练初期，由于神经网络的权重和偏置通常被初始化为较小的随机数，因此 Sigmoid 函数的输入值往往接近 0，这恰好是 Sigmoid 函数变化最为敏感的区域。在这个区域内，即使输入发生微小的变化，例如邮件中特定关键词的计数稍有增加，Sigmoid 函数的输出也会产生显著的变化。这种敏感性使得模型在训练初期能够快速学习到如何根据输入特征来预测输出。

然而，随着训练的深入，网络的权重和偏置会逐渐调整，使得某些输入特征能够产生较大或较小的输出值。当这些较大的或较小的输出值作为 Sigmoid 函数的输入时，它们会进入 Sigmoid 函数的饱和区域。在这个区域，Sigmoid 函数的输出变化变得非常平缓，即使输入发生较大的变化，输出也几乎保持不变。这就导致了梯度消失问题，因为在饱和区域，Sigmoid 函数的导数（即梯度）变得非常小，几乎接近于 0。在反向传播过程中，由于梯度非常小，权重更新的幅度也会变得非常小，导致模型的学习速度变慢。更糟糕的是，模型可能会因此陷入局部最优解，无法找到更好的参数配置。外在表现就是损失函数值在训练过程中下降得非常慢，甚至可能停滞不前。

Tanh 函数与 Sigmoid 函数很相似，但是它的输出范围在 -1 ～ 1，并且具有保持零均值的特性。这意味着其输出结果类似于标准正态分布，呈现出对称性。对于诸如学生考试成绩、人的身高等本身就具有对称性的数据，使用 Tanh 作为激活函数处理可以确保即使在经过多次非线性变换后，数据的对称性仍然得以保持。这有助于模型更好地捕捉数据的内在结构。

与 Tanh 函数相比，Sigmoid 函数的输出是非零均值的。随着网络层数的增加，其输出均值可能会逐渐偏离 0，导致数据分布发生偏移。这种偏移可能会引入不必要的偏差，使得模型在训练过程中难以收敛到最优解。

在收敛性方面，Tanh 函数与 Sigmoid 函数有着相同的性质。当输入值接近 0 时，两者的收敛速度都较快；然而，当输入值远离 0 时，收敛速度则会变慢，如图 9-8 所示。

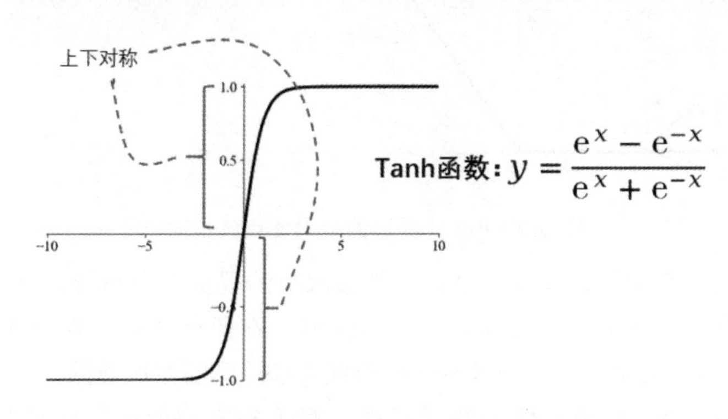

图 9-8　Tanh 函数的特点是保持对称性

在日常生活中，经常遇到的数据呈现出在某一中心点上下波动的模式。例如股票价格的变化、医院就诊人数的增减，还有某个产品销量的起伏。以股票价格数据为例，其变化特性常常是在某一均值上下波动，呈现出对称的分布形态。为了捕捉这种对称性，在构建神经网络模型进行预测时，Tanh 函数作为激活函数非常适用。

与 Sigmoid 函数类似，在模型训练的起始阶段，权重和偏置通常会被初始化为较小的随机数，从而确保模型能够较快地收敛。随着训练的深入，网络会逐渐调整权重和偏置，Tanh

函数在饱和区域也会出现输出变化平缓的现象。

然而，Tanh 函数与 Sigmoid 函数的一个显著区别在于，其输出范围在 –1 ～ 1，并且保持了零均值的特性。这意味着，即便经过多次非线性变换，数据的对称性仍然得以保持。

保持数据的对称性对于数据分析至关重要。在股票价格预测中，如果认为数据在其均值附近是对称分布的，那么股票上涨和下跌的概率应该是相近的，反之，如果这种对称性被改变，说明股票的价格可能会发生异常的变化。

相比之下，若采用 Sigmoid 函数作为激活函数，由于其输出是非零均值的，随着网络层数的增加，输出均值可能会逐渐偏离 0，导致数据分布发生偏移，进而无法发现股票价格异动的前兆。

ReLU 函数很简单，以其简洁高效的特点在深度学习中广受欢迎。具体来说，当输入为正数时，ReLU 函数直接输出该值，这种“高保真”的输出方式使得模型能够更好地学习和提取数据的特征。而当输入为负数时，输出则为 0，这种单侧抑制的特性有助于增加模型的稀疏性，提高计算效率。特别是在处理大规模数据集时，如图像识别和语音识别等任务，ReLU 函数的高效性表现得尤为突出。

然而，在收敛性方面，ReLU 函数也存在一些值得注意的问题。由于其输出在负数区域为 0，这可能导致在训练过程中，部分神经元因为接收到的梯度为 0 而停止更新，这种现象被称为“神经元死亡”。这在一定程度上影响了模型的收敛速度和表达能力。为了缓解这个问题，研究者们提出了一些改进版的 ReLU 函数，如 Leaky ReLU 和 Parametric ReLU 等，这些函数在负数区域也赋予了一定的输出值，从而避免了神经元死亡的问题，提高了模型的收敛性能。ReLU 函数的图像见图 9-9。

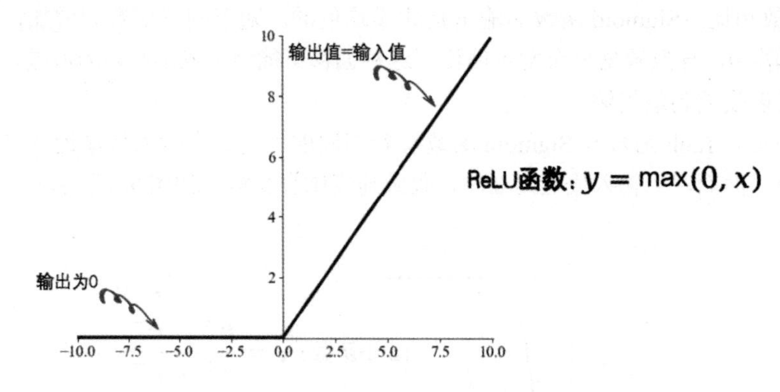

图 9-9　ReLU 函数的最大优点就是简单

举个例子来说，假设正在开发一个自动驾驶汽车的视觉识别系统，这个系统需要能够识别道路上的各种物体，如行人、车辆、交通标志等。在此任务中，将会使用深度学习模型，特别是卷积神经网络（CNN），来处理从车辆摄像头捕捉到的图像数据。

在这个模型中，ReLU 函数作为激活函数，对于提取图像中的特征起着关键作用。当 CNN 的某个卷积层或池化层输出特征图时，这些特征图中的值会作为 ReLU 函数的输入。

如果某个特征图的值是正数，ReLU 函数会直接输出这些值。这意味着，对于图像中那些与道路物体相关的、有意义的特征（如车辆的轮廓、行人的脸部特征、交通标志的颜色和形状等），ReLU 函数能够保持它们的原始强度，并将其传递到下一层，以供后续层进一步处理。然而，当特征图的值是负数时，ReLU 函数会将其输出为 0，例如摄像头拍摄的树木、建筑物或天空等。这种单侧抑制的特性有助于减少模型对无关或噪声特征的关注，使得模型更加专注于那些真正有助于识别道路物体的特征。

Softmax 函数的主要优势是处理多分类问题，也就是解决“它是谁”的问题，可以给出一个事物属于几个分类的概率分布。它接收一个向量作为输入，通过一系列转换，确保每个元素的输出值都位于 (0,1) 的范围内，并且整个输出向量的元素之和严格为 1，这个过程称之为归一化。这种设计使得 Softmax 的输出可以直观地解释为概率分布，使得更容易理解和分析模型的预测结果。

正因为这种特性，Softmax 函数在多分类问题的输出层中得到了广泛应用，比如图像分类、文本分类和语音识别等任务。在这些任务中，Softmax 能够将模型的原始输出转化为直观且可靠的概率分布，不仅告知模型预测的具体类别，还展示了模型对每个类别的预测置信度。

与 Sigmoid 函数作个对比，对于多分类问题，Sigmoid 函数无法直接应用，因为它无法确保所有输出值的和为 1，也就无法直接解释为概率分布。而 Softmax 函数则能够完美地解决多分类问题，确保最终的输出是一个合法的概率分布。

此外，Softmax 函数还具有放大原始分数较高类别概率的特性。这意味着如果模型对某个类别的原始输出分数较高，经过 Softmax 转换后，这个类别的概率会得到更大的提升，从而更加凸显模型对该类别的倾向性。这种特性使得 Softmax 能够更好地区分不同类别的可能性，提高模型在多分类问题中的预测准确性。

假设正在开发一个智能垃圾分类系统，这个系统需要能够识别并分类不同种类的垃圾，如厨余垃圾、可回收垃圾和其他垃圾。为了实现这一目标，需要训练一个深度学习模型，该模型的输出层使用了 Softmax 函数。

在训练过程中，模型学习了如何从输入的垃圾图像中提取特征，并为每个类别生成一个原始分数。这些原始分数代表了模型对图像属于每个垃圾类别的置信程度。假设模型接收了一张包含可回收物品的图像（如一个空矿泉水瓶），见图 9-10。

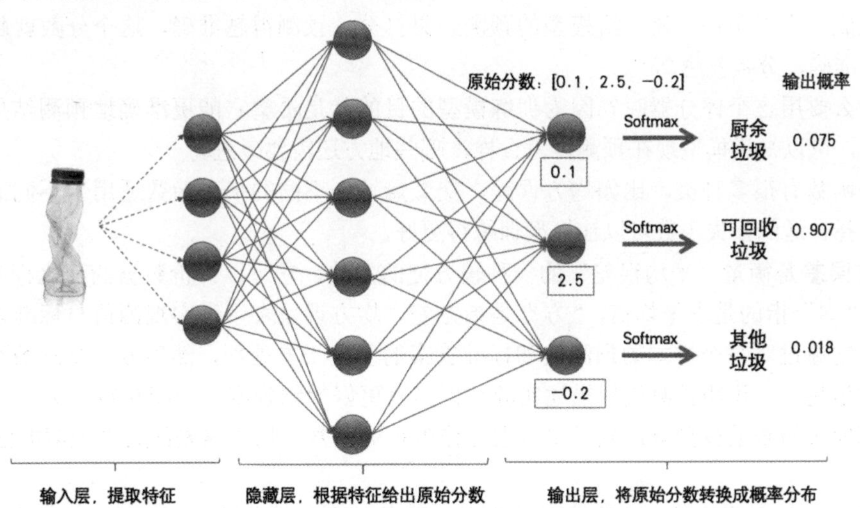

图 9-10　Softmax 函数善于解决多分类问题

模型在输出层为该图像生成了以下原始分数向量：[0.1, 2.5, –0.2]。这个向量中的每个分数都是模型对图像属于对应垃圾类别的原始预测强度。

接下来，Softmax 函数对这个原始分数向量进行转换。Softmax 函数的作用是将每个分数转换为概率值，并确保所有概率之和为 1。经过 Softmax 处理后，得到以下概率分布：[0.075, 0.907, 0.018]。

从这个概率分布中，可以清晰地看到以下两点。

- 归一化特性：所有概率值都在 0 ～ 1，并且它们的和严格为 1。这使得输出可以直接解释为概率分布，便于理解和分析模型的预测结果。
- 最高概率对应预测类别：概率最高的类别（0.907）对应了“可回收垃圾”，这正是图像中实际垃圾的种类。这表明 Softmax 函数能够有效地将模型的原始输出转换为最可能的类别预测。

通过这个例子，可以直观地看到 Softmax 函数是如何将模型的原始输出转换为概率分布的，以及如何利用这种概率分布来理解和分析模型的预测结果。同时，这个例子也展示了 Softmax 函数在处理多分类问题时的优势和特性。

除了 Sigmoid、Tanh、ReLU、Softmax 及其变体之外，还存在许多其他种类的激活函数。这些激活函数往往具有独特的性质，旨在解决特定的问题或优化模型的某些方面。例如，Maxout 激活函数通过计算输入的最大值来提供分段线性逼近，从而允许模型学习更复杂的表示。Swish 激活函数则结合了 Sigmoid 和 ReLU 的特性，旨在避免梯度消失的同时保持激活函数的非线性。

在选择激活函数时，需要考虑多个因素。首先，激活函数的梯度特性是关键，因为它直接影响模型的训练速度和稳定性。其次，激活函数的输出范围、对称性以及计算复杂度也是需要考虑的因素。最后，还需要考虑模型的特定需求，例如是否需要稀疏激活、是否对噪声鲁棒等。

3. 损失函数

当前向传播完成后，在输出层获得一个预测结果，那么这个结果是不是我们想要的呢？这就要用到损失函数来判断。

简单来说，**损失函数**就是用来衡量模型预测结果和实际结果之间差距的一个工具。可以把它想象成一个差距评分器，给模型的预测结果打分。预测得越准确，这个分数就越低；预测得越不准确，分数就越高。

为什么要用这个评分器呢？因为训练模型的目的就是希望它能更准确地预测结果。通过损失函数，可以知道模型现在预测得怎么样，哪些地方还需要改进。

损失函数有很多种类，比如均方误差、交叉熵等。不同的损失函数适用于不同的任务和模型。选择合适的损失函数可以让模型训练得更好。

均方误差是衡量“平均误差”的一种较方便的方法，它可以评价数据的变化程度。从字面上看，“均”指的是求平均值，“方”是指方差。均方误差表示真实观测值与标准答案之间的距离。它通过对每个样本的预测值和标准答案的差做平方处理，然后取其平均数得到。均方误差的值越小，说明预测模型描述实验数据具有更好的精确度。如图 9-11 所示，前面讨论过的预测股市指数的模型就用到了均方误差作为损失函数。均方误差的直观理解如图 9-11 所示。

在机器学习和统计学中，均方误差常用于回归问题的性能度量，特别是在线性回归中。通过最小化均方误差，可以找到最佳的模型参数，使得模型对未知数据的预测尽可能准确。

交叉熵误差在前面已经提到过，这个概念比较抽象，原本是信息论中的概念，公式如下。

$$\mathrm{H}(p,q) = -\sum_{x} P(x)\log q(x)$$

用它来刻画两个概率分布 p 和 q 之间的距离。这是因为在人工智能的应用领域，很多时候模型给出的输出是一个概率分布，如果 p 代表标准答案，q 代表预测值，交叉熵误差就是描

述用预测概率分布 q 来表达标准答案概率分布 p 的困难程度。这个困难程度（交叉熵）越小，那么两个概率的分布越接近，也就说明模型的输出越准确。

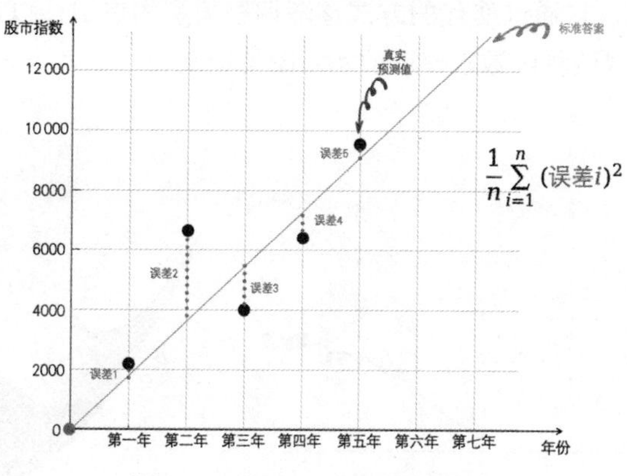

图 9-11　均方误差的直观理解

下面举个例子，假设要对猫、狗、兔 3 种动物图片分类。分类的结果是一个概率分布，如下是 3 个标准答案。

猫:（1, 0, 0）。

狗:（0, 1, 0）。

兔:（0, 0, 1）。

给出的照片如图 9-12 所示。

图 9-12　100% 猫的照片

对于上面这张照片，标准答案是（1, 0, 0），也就是说预测出“猫”的概率最好是 1，预测出“狗”和“兔”的概率最好是 0。

假设模型输出的真实预测值是（0.5, 0.4, 0.1），我们用公式计算一下交叉熵误差。

$$H((1,0,0),(0.5,0.4,0.1)) = -(1\times\log 0.5 + 0\times\log 0.4 + 0\times\log 0.1) \approx 0.3$$

如果输出是（0.8, 0.1, 0.1），那么计算结果是

$$H((1,0,0),(0.8,0.1,0.1)) = -(1\times\log 0.8 + 0\times\log 0.1 + 0\times\log 0.1) \approx 0.1$$

显然可以看出第二个预测要优于第一个。这里的（1，0，0）就是正确答案 p，（0.5，0.4，0.1）和（0.8，0.1，0.1）就是预测值 q，显然用（0.8，0.1，0.1）表达（1，0，0）的困难程度更小。

在训练模型的过程中，会不断地调整模型的参数，使得损失函数的值逐渐降低。这样，模型的预测结果就会越来越接近实际结果，从而提高模型的性能。

4. 梯度下降

前面介绍了损失函数，而目标就是在训练迭代的过程中让损失函数尽可能地变小。这就是梯度下降算法的作用，它通过迭代的方式逐渐调整模型的参数，以最小化损失函数，从而找到最佳的模型配置。对两种函数求梯度的示意图见图 9-13。

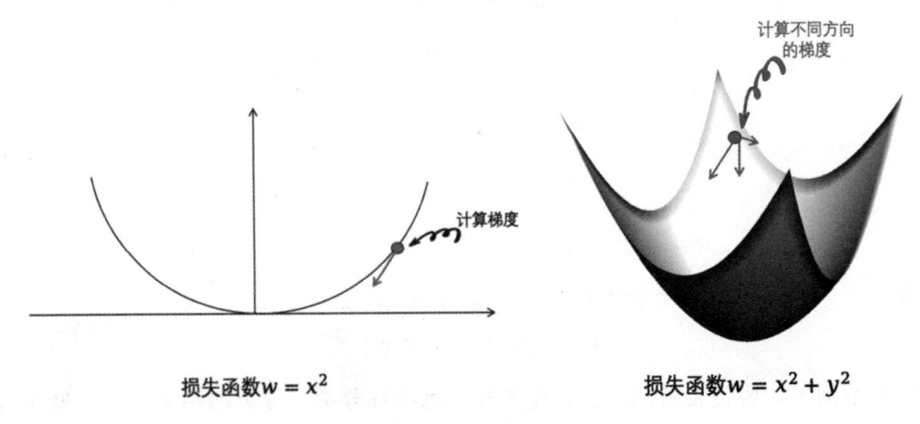

图 9-13　梯度下降就是让损失函数尽快变小

从数学的角度来看，梯度下降算法本质上是一个不断追寻损失函数最小值点的过程。求函数最小值？这个简单啊，前面预测股市的时候，损失函数是一元二次函数，抛物线开口向上，初中生就能搞定。当然，在函数形式较为简单的情况下是很容易。然而，当损失函数变得稍微复杂一些时，如图 9-13 右边的损失函数，就需要在各个方向上对其求偏微分，所得到的值即称为**梯度**。这个梯度值能够指明参数更新的方向。

有时候，损失函数会比较复杂，不能一下就求出函数的最小值，例如图 9-14 所示的函数。

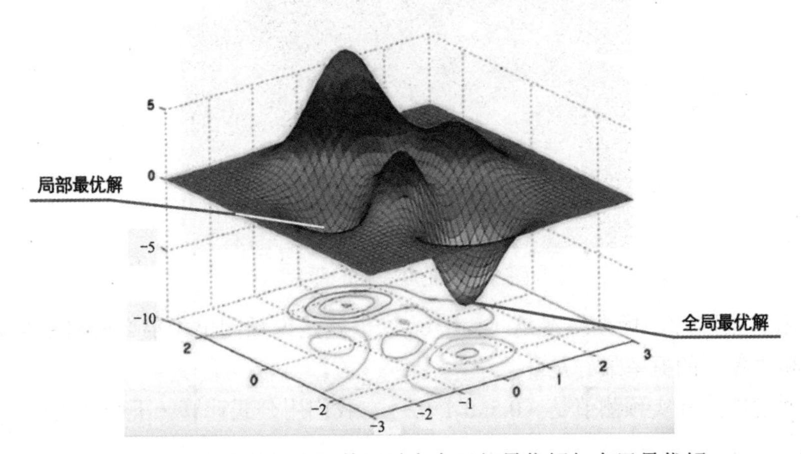

图 9-14　复杂的损失函数同时存在局部最优解与全局最优解

在梯度下降算法的每一次迭代中，都会首先计算损失函数在当前参数值下的梯度。这个梯度是一个向量，能够指出损失函数值下降最为迅速的方向。随后，算法会根据预设的步长（也常被称为学习率）来更新参数值，并在此基础上重新计算损失函数的值。这一过程将不断重复进行，直到损失函数的值达到一个稳定状态，即不再继续下降为止。由于实际情况的复杂性，如果学习率设置不合理，有时候计算梯度下降会陷入某个特定区域内，也就是说，在一定范围内求得最优解，但并不保证在全局是最优解，这个叫作**局部最优解**。为了避免这种情况，通常会采用一些策略，如调整学习率或使用更复杂的优化算法，从而找到整个损失函数的**全局最优解**。

下面对梯度的方向进行说明。梯度本身是一个向量，它表示的是函数在每个点上偏微分的最大值及其方向，指向函数值增加最快的方向。因此，从这个角度来看，梯度是“方向向上的”。然而，在梯度下降算法中，目标是找到损失函数的最小值，而不是最大值。因此，在更新参数时，实际上是沿着梯度的反方向（即负梯度方向）移动的。

数学的语言比较晦涩，用一个泉水流下山的例子说明，见图 9-15。

图 9-15　用泉水流下山比喻梯度下降

想象一下，泉水从山顶开始流淌，它受到重力的牵引，始终沿着当前位置最陡峭的方向流动，形成大大小小的瀑布。这就好比梯度下降算法在每一次迭代中，都会计算损失函数在当前参数值处的梯度，从而找到函数值下降最快的方向。泉水会沿着这个方向流动，直至遇到更平缓的地形或障碍物。

在泉水流下山的过程中，可以观察到几个与梯度下降相似的现象。

首先，泉水并不是沿着一条固定的路径流下山的。在山顶的某个位置，可能有多条路径具有相似的陡峭程度，这就导致了泉水的分流。对应到算法中，损失函数在某一点上可能存在多个解。

其次，泉水在流动过程中可能会遇到坑洼地形，如小池塘或湖泊。在这些地方，泉水可能会暂时停留，甚至终止其流下山的过程。这就像是梯度下降在寻找最小值点时，可能会陷入一个局部最优解而无法自拔。遇到这种情况，需要改变学习率，让泉水越过小池塘，最终到达山下，实现全局最优解。

5. 反向传播

反向传播是指根据损失函数的计算结果，逆向计算梯度，并将梯度从输出层传播回网络的每一层，用于更新模型的参数。在反向传播过程中，首先计算输出层的误差，然后将误差从输出层传播到隐藏层，再传播到更浅的隐藏层，直到传播到输入层。通过反向传播，可以获取关于每个参数对损失函数的梯度信息，从而实现参数的优化和更新。

为了便于理解，下面举个例子。

想象一下，你正在教一个孩子做数学题，但他总是算错。为了帮助他纠正错误，你会怎么做呢？你可能会先查看他的最终答案，然后一步步追溯他的计算过程，找出是哪一步出了问题，并告诉他应该如何改正。这就是反向传播的基本原理。

首先，有一个损失函数，它就像是一个评分器，告诉模型给出的答案与实际答案之间的差距有多大。目标是让这个差距尽可能小，也就是让损失函数的值尽可能低。

接下来，从输出层开始，计算每一层的误差。这里的误差其实就是每一层对最终损失函数值的贡献程度。就像检查孩子的计算过程一样，查看神经网络中每一层的输出，看看它们是如何影响最终结果的。

然后，根据这些误差信息，反向地调整每一层的参数。这个过程就像是告诉孩子："你在这一步做错了，应该这样改。"在神经网络中，使用梯度信息来进行参数调整，梯度告诉我们如何调整参数才能最快地降低损失函数的值。

这样，从输出层开始，逐层地往回传播误差和梯度信息，直到到达输入层。每一层都会根据这些信息来调整自己的参数，以便更好地拟合数据。

9.5.2 怎样训练前馈神经网络

有了前馈神经网络的基本概念之后，再深入剖析其在训练过程中内部参数是如何逐步调整与演化的。训练一个前馈神经网络是一个精细且复杂的过程，涉及了前向传播、激活函数、损失函数、反向传播以及梯度下降等一系列关键概念。接下来，详细梳理一下这个完整的训练流程，看看前馈神经网络是怎样一步步地拥有"智能"的。

这个训练流程不仅适用于前馈神经网络，还可以推广到其他类型的神经网络中。不同类型的神经网络可能具有不同的网络结构和激活函数，但它们的基本训练原理是相似的，都是通过前向传播、损失计算、反向传播和参数更新等步骤来不断优化网络性能。

想象一下，手中刚诞生了一个全新的神经网络模型，它如同一个刚出生的婴儿，对周围的世界一无所知。在这个初始阶段，模型中的每个神经元参数权重都是随机设定的，这意味着它起初几乎无法完成任何有意义的任务。因此，为了让这个"婴儿"逐渐变得"聪明"，需要耐心地进行训练。

训练神经网络，本质上就是一个不断尝试、不断修正的过程。以一个简单的任务为例：希望模型能够学会预测句子中的下一个单词。比如，给模型展示一个句子："Thank you very much for your kindness and ____（非常感谢你的友好和 ____）"，然后要求模型预测"help（帮助）"作为下一个单词。然而，在训练的初期，由于模型的权重参数是随机生成的，它的预测很可能错得离谱。

此时，需要向模型提供大量的训练数据，这些数据包括正确的和错误的示例，以便它从中学习。每当模型给出错误的预测时，都会利用损失函数来衡量其错误程度。随后，通过反向传播的技术，将这些错误信息从输出层逐层反馈到输入层，从而调整每个神经元的权重参数。

随着训练的进行，模型会逐渐掌握根据上下文预测下一个单词的技巧。这可能需要数千次、数万次，甚至数十亿次的迭代。最终，经过不断的学习和调整，模型中的神经元权重参数将逐渐稳定，并使得模型能够作出越来越准确的预测。

值得注意的是，神经网络的训练并非一蹴而就。它需要消耗大量的计算资源、时间，并需要精心的训练策略。此外，还需要关注诸如过拟合、欠拟合等问题，以确保模型在实际应用中能够发挥出最佳性能。

下面看一个日常生活中的场景——水管网络，如图 9-16 所示，用它来类比神经网络的训练过程。这个场景将有助于更直观地理解神经网络是如何学习和调整的。

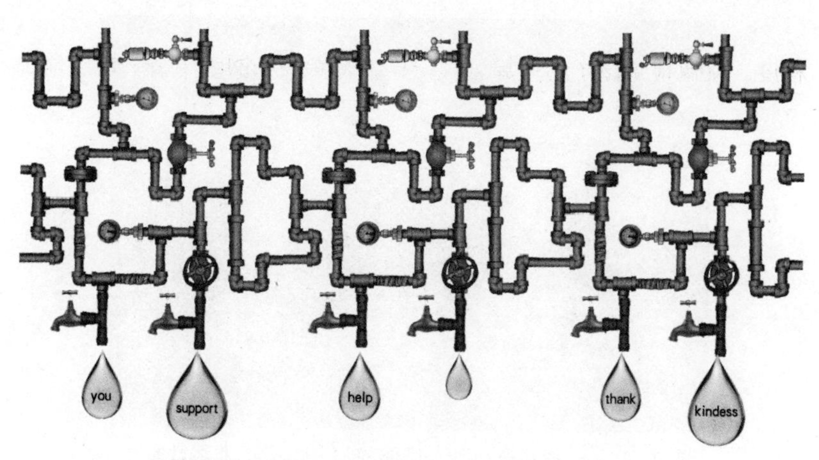

图9-16　神经网络训练的过程类似于调整水管网络

想象你正在操作一个大型的水管网络，假设有数万个水龙头，每个水龙头代表一个不同的单词，如“thank”“your”“kindness”和“help”等。目标是确保当想要某个特定的单词（例如“help”）时，只有对应的水龙头会出水，而其他水龙头则保持关闭。在这个场景中，每个水龙头都代表神经网络中的一个输出单元，而水管则相当于神经网络中的连接和路径。

在这个复杂的水管网络中，每个分叉点都装有阀门，这些阀门负责调节水流的强度和方向。这些阀门的作用与神经网络中的权重和偏置类似，它们共同决定了信息在网络中的流动方式。当水从源头开始流动，经过这些阀门，最终从某个水龙头流出时，这个过程就等同于神经网络中的前向传播（Forward Propagation）。

前向传播是神经网络处理输入数据并产生输出的过程。在这个水管网络中，就相当于打开水源，让水流经整个网络，观察最终哪个水龙头出水。

然而，如果发现水从错误的水龙头流出，或者流量不符合预期，就需要调整这些阀门。这时，就需要引入损失函数的概念。损失函数用于衡量神经网络的输出与真实值之间的差异。在水管网络的类比中，损失函数就像是评估水流是否准确到达目标水龙头的标准。

为了调整阀门以达到更好的输出效果，需要进行反向传播（Backward Propagation）。在反向传播过程中，根据损失函数的梯度信息，逐层反向计算每个阀门应该调整的方向和大小。这就像派遣专业的水管维修工去追踪每条管道，并根据误差信息逐一调整阀门一样。

梯度下降算法是调整阀门（即更新权重和偏置值）的具体方法。它根据损失函数对每个阀门的梯度信息，决定是应该拧紧还是旋松阀门，以及调整的程度。这个过程是迭代的，每次调整后都会重新进行前向传播和损失计算，直到达到预设的停止条件，如损失值收敛或达到最大迭代次数。

最后，当网络经过多次训练和调整，其输出逐渐接近预期时，就可以使用这个训练好的网络来进行预测。这个预测的过程，其实就是利用预测函数，根据输入数据，经过前向传播计算得到输出结果的过程。

在前馈神经网络训练的核心环节，有一个至关重要的步骤，那就是通过调整参数权重来模拟真实世界中复杂的非线性变化。这些变化并非简单的线性关系。有一个寓言故事“一根稻草压垮一头骆驼”，在这个故事中，一根看似微不足道的稻草最终导致了庞大骆驼的崩溃，如图9-17所示。这并非因为稻草本身具有巨大的力量，而是因为在一个累积的过程中，每一个微小的负面因素（稻草）都在逐渐加重骆驼的负担，直到达到一个临界点，即骆驼无法再承受更多的重量，从而引发了崩溃的结果。

图 9-17 “一根稻草压死一匹骆驼”是典型的非线性变化

类似这种变化是非线性的，因为它不是按照一个恒定的比例或速率进行的。在骆驼被压垮之前，可能看似一切正常，每一根稻草的增加似乎都在骆驼的承受范围之内。然而，随着稻草数量的不断累积，骆驼所承受的压力也在逐渐增大，直到达到一个无法承受的点。

现实生活中有许多非线性变化的例子。比如，一个企业的破产可能并非因为一次巨大的损失，而是因为长期以来微小的亏损和管理不善的累积；一个社会问题的爆发也可能源于一系列看似无关紧要的小事件，最终引发了连锁反应。

为了捕捉这种复杂的非线性变化，神经网络需要一种机制来更精细地调整信息的处理和表达。这时，激活函数便发挥了关键作用。它们对神经网络的加权输入进行非线性映射，使得模型能够更好地适应和学习数据的复杂特性。

激活函数的选择对于模型的性能至关重要。同样的样本数据和训练次数，使用不同的激活函数可能会导致截然不同的结果。这是因为激活函数决定了模型如何处理输入信息，可以选用 Sigmoid、Tanh、ReLU、Softmax 等激活函数来决定哪些信息会被增强，哪些信息会被抑制。通过精心选择和调整激活函数，可以帮助模型更好地理解和处理输入数据，从而优化模型的性能。

除了要精心挑选合适的激活函数之外，在训练神经网络的时候，不可避免地会遇到一个挑战——庞大的计算量。尤其是在训练前馈神经网络时，参数调整所需的计算量之大令人咋舌。据估计，一个中型神经网络每一轮的参数调整都涉及数百亿次的数学运算，这样的计算规模已经足够让人头疼了。

然而，当面对像 GPT-3 这样的大模型时，问题变得更加复杂。GPT-3 的训练过程需要对每个训练样本中的每个词汇进行迭代学习，这意味着上述的复杂计算过程需要重复数十亿次。据 OpenAI 估计，为了训练 GPT-3，所需的浮点计算次数竟然超过了 3000 亿亿次。这是一个庞大的数字，以至于需要数百甚至上千个高端计算机芯片协同工作数月才能完成。

当尝试理解神经网络内部权重参数的调整规律时，情况变得更加棘手。对于层数较少、神经元数量不大的神经网络，或许还能勉强理解其内部运作的某些方面。但是，一旦神经网络的层数变得复杂，神经元数量变得庞大——比如 GPT-3 这样的模型，它有 96 层，每层包含 18 亿个可调整参数，就像图 9-18 所示——那就真的无能为力了。

这种巨大的信息量和计算复杂度，远远超出了人类的理解范畴。因此，我们不得不将神经网络视作一个黑箱。就像无法洞察一个复杂的机械装置内部的每一个齿轮和弹簧是如何协同工作的，我们也无法知道神经网络内部参数调整的具体过程，当然也无法了解每一步计算是如何进行的。

图 9-18　理解大模型的天量计算，人类真的无能为力

举个例子，想象一下你正在尝试组装一个复杂的机械钟表。你可以看到钟表的外观，可以调整它的某些部件，但是你无法看到内部数以百计的齿轮和弹簧是如何相互作用的。你只能输入能量（比如转动发条），然后等待钟表显示出准确的时间。同样地，对于神经网络，需要输入数据，调整部分参数，然后等待模型给出输出结果。虽然无法看到内部的具体计算过程，但可以通过观察输出结果来评估模型的性能，并据此进一步优化参数。

9.5.3　GPT 的参数个数——1750 亿个

前面提到，由于神经网络参数调整所需的计算量巨大，所以往往将其视为一个难以洞察其内部机制的黑箱。现在，对 GPT-3 的参数量进行一番简要的剖析和评估。这样做不仅是为了了解其参数规模的庞大程度，更是因为前馈神经网络作为神经网络技术的基石，为后续介绍的循环神经网络、Transformer 以及 GPT 等模型提供了基础。因此，深化对前馈神经网络的理解显得尤为重要。通过这样的分析，可以对前馈神经网络的运作方式有一个更为直观和深入的认识。

GPT-3 的整体结构如图 9-19 所示。为了更直观地讲解，我们调整了处理过程的方向，将词向量输入置于下方，随后通过一系列向上层级的处理，最终到达输出层。这其中，隐藏层扮演着核心角色，它实际上是由注意力层与前馈全连接层（即前馈神经网络）组合而成，且这两层在数据处理过程中是独立的，互不干扰。

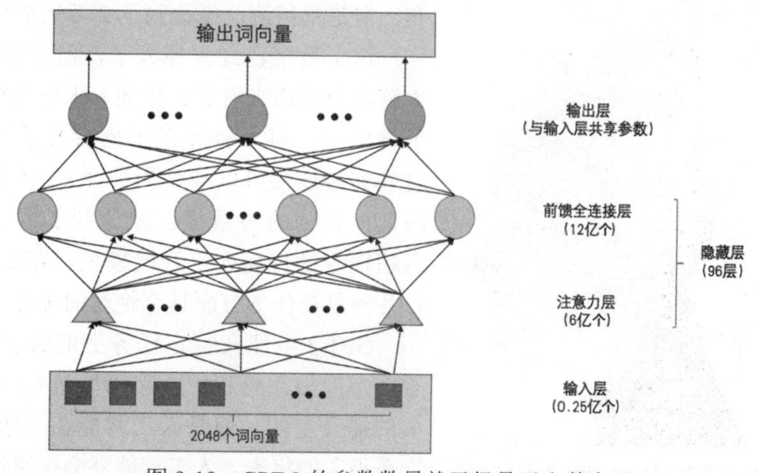

图 9-19　GPT-3 的参数数量就已经是天文数字了

当待分析的句子（例如训练语料样本或者提示词 prompt）以词向量的形式进入第一个隐藏层时，首先会经过注意力层的处理，该层负责抽取词向量的关键特征参数（第 8 章机器翻译中介绍过）。随后，这些特征参数会传递给前馈全连接层进行进一步的分析。这一抽取与分析的过程在隐藏层内会重复多次，确保每一个词向量都得到了充分的处理。最终，经过多次迭代处理后的信息会由输出层整合，并给出一个综合结果。

隐藏层中的每一个神经元（在图中以三角形和圆圈表示）都模拟了人类大脑中神经元的工作方式。它们能够同时接收多个输入信息，并根据每个输入信息的权重计算出一个输出值，然后将这个值传递给下一层的一个或多个神经元。这种工作方式使得 GPT-3 能够处理复杂的信息，并作出准确的判断。

GPT-3 之所以具备如此强大的功能，关键在于其隐藏层内拥有大量的连接，每一个连接都代表了一个可以调整的参数。虽然在图 9-19 中只展示了几个神经元作为注意力层和前馈全连接层的代表，但实际上 GPT-3 中的神经元数量和处理的参数数量要庞大得多。下面来大致计算一下。

先看看 GPT-3 的模型可以调整的参数都分布在哪里：整个 GPT-3 就是由一个输入层、96 个隐藏层、一个输出层组成的。输入层与输出层是共享参数的（共用了同一个权重矩阵），计算一个就 OK，所以可以这么计算。

- 输入层（输出层）：GPT-3 每次最多能处理 2048 个 token（单词），每个 token 有 12 288 个参数，因此一共是：2048 × 12 288=25 165 824 个参数。约是 0.25 亿个，看起来很多，但是其实只是小头。
- 隐藏层：由 96 个“注意力层 + 前馈全连接层”组成，其中每一个前馈全连接层有 49 152 个神经元，是每个 token 参数的 4 倍，这是根据经验试出来的，这个比例对模型训练最有效。这 49 152 个神经元里，每个神经元都有 12 288 个输入参数（上一层的结果），还有 12 288 个输出参数（给下一层的结果），因此一个前馈全连接层就有：12 288 × 49 152+49 152 × 12 288=12 亿个权重参数。再加上注意力层也有 6 亿多的参数量，这样每一个隐藏层就有至少 18 亿个参数，一共有 96 个这样的隐藏层，就是 18 亿 ×96=1728 亿（个参数）。

隐藏层加上输入层，再加上如位置嵌入、层归一化等也会有一些参数量。这样 GPT-3 的总体参数量就达到了近 1750 亿个。怎么样？震撼不震撼，惊喜不惊喜？可是要知道，这个数字还在飞速增长中，GPT-4 的参数量一直没有公布，但是据猜测已经达到了 2 万亿个！

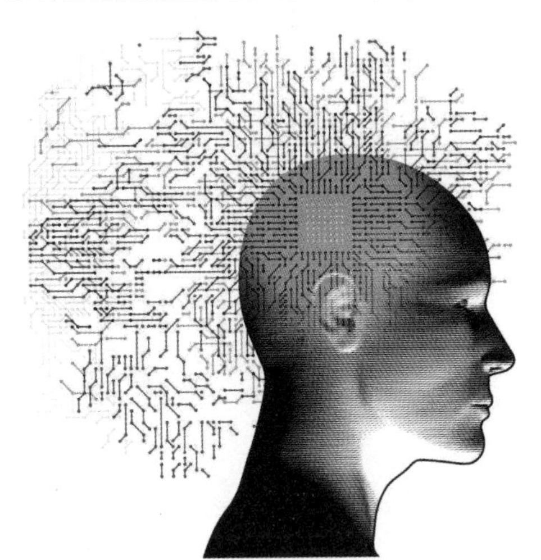

图 9-20　人脑处理的参数量达到百万亿级别

这个数字已经很惊人了，但是如果与人类的大脑做个对比来看看结果呢？人脑大概有 1000 亿个神经元，每个神经元平均有数千个突触连接。这些突触连接可以被视为神经元之间的“参数”。因此，人脑的参数量已经达到了百万亿的级别，远超现有的任何人工智能模型，在处理信息和执行各种复杂任务方面具有绝对的优势，见图 9-20。

GPT-3 虽然在特定任务上能够表现出惊人的智能，但与人脑相比，它仍然是有限的，还有很大的提升空间。但是人工智能在飞速发展中，也许在不久的将来，人工智能就会很快超过人脑。

9.5.4　神经网络怎么看懂人话——每层都有自己的任务

神经网络动辄就几十层上百层，有必要设置这么多层吗？这么多层之间是怎么配合的？前面介绍过神经网络工作的基本原理，这里详细介绍神经网络在理解一段话的时候，各层是如何分工和协作的。

总的来说，整体上神经网络可以理解为一种模式匹配的过程，就是隐藏层中的每个神经元都能匹配输入文本中的特定模式，能过滤并处理一种特定的特征。但是要想理解一个复杂的事物，例如一段人类的文章或者一张图片，甚至是一段视频，那么就需要先从简单的特征开始，一步步地抽取归纳，直至实现对一个复杂事物的整体理解，这是一个层层递进的过程。

输入层作为神经网络的起点，负责接收原始数据。这些原始数据可能是图片的像素值、文本中的字符或语音的波形。输入层神经元的任务是对这些原始数据进行初步的处理和编码，为后续的处理层提供基础。

紧接着是隐藏层，这里的神经元扮演了特征提取器的角色。每个隐藏层都有多个神经元，每个神经元都专注于学习和识别输入数据中的某种特定模式或特征。这些特征可能是句子的主谓宾等基本结构，也可能是更复杂的抽象概念，例如表达的情感倾向等。隐藏层的深度（即层数）决定了网络能够提取的特征的复杂性和抽象程度。随着数据在隐藏层之间逐层传递，网络能够逐步抽取并归纳出更高级别的特征表示。

最后，输出层负责将隐藏层提取的特征转化为最终的任务结果。输出层神经元的数量通常与任务类型相关，例如，在分类任务中，输出层神经元的数量通常与类别的数量相等。输出层神经元会根据之前各层传递来的信息，通过激活函数产生最终的输出结果，如分类标签、预测值或决策建议等。

整个神经网络的运作过程，就像一个流水线作业，从输入层开始，逐步提取和加工特征，直至在输出层得到最终的任务结果。每一层都在其特定的角色和分工下，共同协作完成了对复杂信息的处理和理解。

图 9-21 所示的例子形象地说明了一个 16 层版本的 GPT-2 中的部分神经元完成的具体任务。

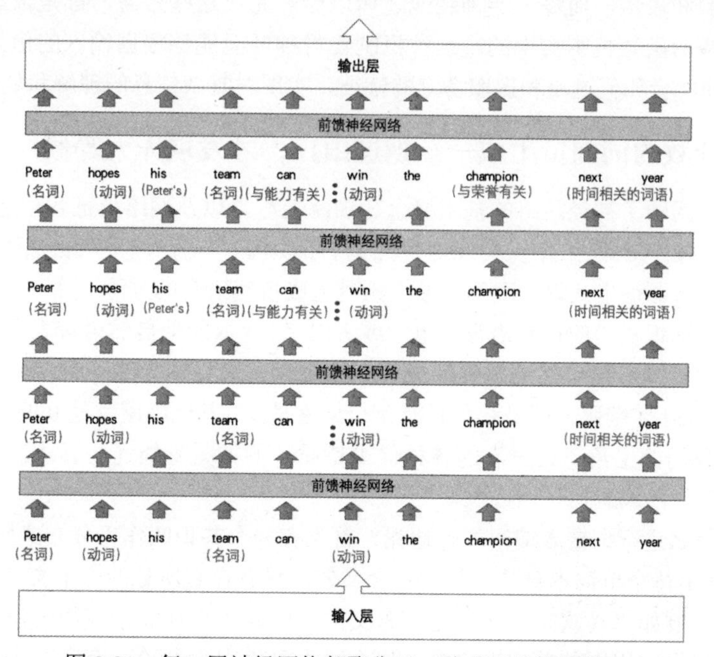

图 9-21　每一层神经网络都聚焦于一种或两种特征提取

当交给神经网络一个任务时，比如理解一句话："Peter hopes his team can win the champion next year"，神经网络会如何开始它的工作呢？

首先，这句话会变换成词嵌入（Word Embedding），也就是把每个词变成一个多维向量编码，具体的编码方法待会详细介绍。然后作为输入进入神经网络时，它会先通过输入层。在输入层，神经元们开始工作，将识别句子中的基本元素，即单词和符号。

接下来，这些识别出的词汇会传递到隐藏层。在隐藏层中，首先识别的是句子的基本特征，例如第 1 层的神经元可能会识别与名词和动词相关的特征，从而识别出"Peter""hope""team"等关键词汇，这其实就是理解了句子的主、谓、宾语。

然后，神经元们开始进一步处理这些词汇，并尝试找出它们之间的关系和模式。例如，第 7 层的神经元可能会匹配与时间长短有关的序列，如"next"或"year"，从而理解到这句话与时间有关，而且还预测整个句子的时态是将来时，那么在翻译成中文的时候，就会用到中文的"将要"或者"未来"等时间状语，这样翻译出的句子就更符合人们的预期。

随着数据在神经网络中的进一步传递，更高级别的特征开始被识别和提取。在第 11 层，神经元们开始关注更为抽象的概念，如"能力"。它们可能会匹配到"can"这个词，并理解到"his"实际上是指"Peter's"，从而理解到 Peter 希望他的团队有能力赢得冠军，这一步就可以基本判断出句子要表达的情感。当然，由于语言的复杂多样性，还需要进一步提取其他特征才能确定最终要表达的情感。

当到达了最上层，神经元们会根据之前各层传递的信息，综合判断并给出最终的理解结果。在这个例子中，第 16 层的神经元可能会匹配到与荣誉相关的序列，如"champion"，从而得出这句话的整体意义是 Peter 希望他的团队能在未来赢得冠军，情感倾向是正面的。

最后，当数据传递到神经网络的输出层时，触发激活函数，然后根据任务目标的不同，输出不同的内容。例如对于文本分类任务，那么就输出本次分析文本的类别；对于预测任务，那就输出预测的值或者范围；对于决策任务，输出决策的结果。

通过这样一个逐层处理和模式匹配的过程，神经网络能够逐步解读复杂的句子，实现对自然语言的理解和表达。而每一层神经元之所以能够完成这些任务，都是依靠前面所介绍的单个神经元的激活函数机制实现的。这种机制使得神经元能够根据输入的信息调整自己的权重和阈值，从而学会如何过滤和提取特定的特征，实现对复杂信息的理解和处理。

9.5.5 基于计数的词向量生成——越过山丘，才发现无人等候

刚才系统地回顾了神经网络的基本概念、训练流程，以及网络内部各层之间的协作方式，简要说明了它们如何共同工作以实现对自然语言的理解。现在，将从自然语言的特点入手，深入剖析如何让机器逐步认识、理解并最终预测生成自然语言的过程。

因为机器不认识我们的自然语言（单词或者汉字），只能把自然语言表示成数字，组成向量，才能让机器处理。把自然语言表示成数字的过程，可以认为是一种编码过程。第 8 章介绍过最简单的 one-hot 编码，可是那种只有一个维度是 1，其他维度都是 0 的方式太简单粗暴，根本体现不了我们的主角"张三"的各种优秀特质，例如爱吃榴莲、喜欢艺术等。所以就希望采用比较"软"的编码——词嵌入。

但是到底怎么进行词嵌入编码才合适呢？首先有一个共识叫作"分布式假设"。所谓"分布式假设"，就是每个单词本身其实是没有含义的，只有在它所处的上下文（语境）下才能代表一定的含义。例如"喜欢吃榴莲"是有意义的，但是"喜欢靠榴莲"就没什么意义。每个单词的含义是根据它周围的单词形成的。那么可不可以得出结论：有了某个目标位置周围的

单词，就可以推理出这个目标位置上用哪个单词最合适，图 9-22 体现了这种推理关系。

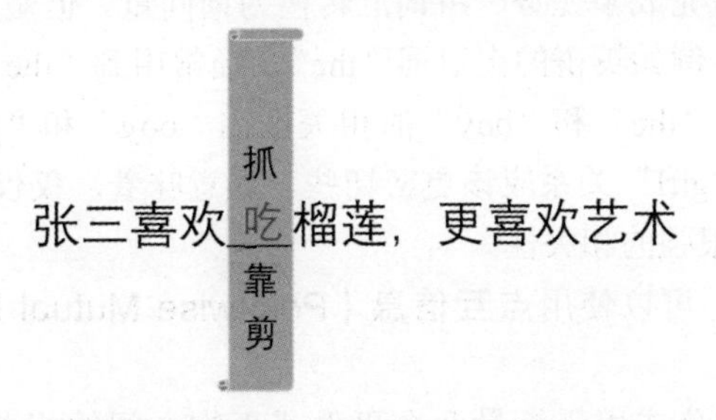

图 9-22　分布式假设：目标位置的词，可以由周围的词推理出来

有了分布式假设，那么一种直观的词汇编码方法是计数，就是当对目标位置进行编码时，将它前后紧挨着的 n 个位置上的值设为 1，其余不挨着的通通设为 0。这里的 n 叫作**窗口大小**（Window Size），如果窗口大小为 1，上下文包含左右各 1 个词汇；窗口大小为 2，包含各 2 个词汇。举例说明更容易理解，为了不引起大家的不适，我们换个例句："我喜欢吃蛋糕，更喜欢艺术"。

这个例句中，"喜欢"出现了两次，在编码时只对每个词编码一次，所以对"我""喜欢""吃""蛋糕""，""更""艺术"这些词汇的基于计数的编码如表 9-1 所示。

表 9-1　基于计数对词汇进行编码

	我	喜欢	吃	蛋糕	，	更	艺术
我	0	1	0	0	0	0	0
喜欢	1	0	1	0	0	1	1
吃	0	1	0	1	0	0	0
蛋糕	0	0	1	0	1	0	0
，	0	0	0	1	0	1	0
更	0	1	0	0	1	0	0
艺术	0	1	0	0	0	0	0

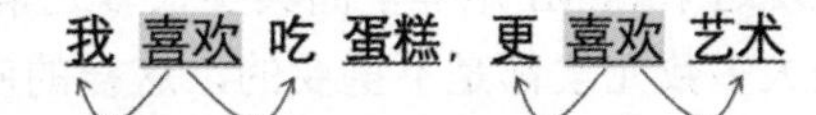

下面以"喜欢"为例说明，它两边的词汇分别是"我""吃""更""艺术"这 4 个词，因此对应位置设为 1，其余位置为 0，因此"喜欢"的词向量为 [1,0,1,0,0,1,1]。

要说明的是，例句中没有出现两个词重复紧挨着的情况。例如，如果是"我喜欢吃蛋糕，更喜欢吃香肠"，那么对于"喜欢"和"吃"来说，它们重复出现了 2 次，就需要将对应的位置设为 2。

如果把语料中所有词汇的词向量列出来，可以组成一个矩阵，叫作**共现矩阵**，如图 9-23 所示。

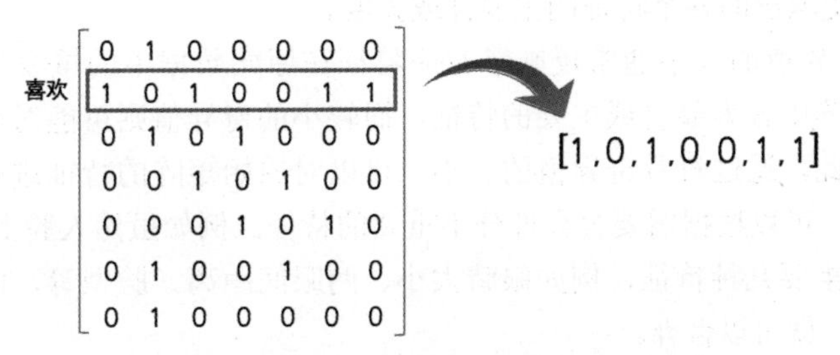

图 9-23　基于计数得到的词向量共现矩阵

利用这个共现矩阵，可以很容易地获得各个词汇的向量，例如"喜欢"的向量表示：

[1,0,1,0,0,1,1]。

到了这里，貌似已经完成了任务，将词汇转换为词向量。但是这里有个问题，在语言中有很多词汇经常会出现，例如英语的定冠词“the”，经常用到“the boy...”“the girl...”，因此计算出来的共现矩阵里，“the”和“boy”的相关性比“boy”和“girl”的相关性要强得多，但是实际上，“boy”和“girl”关系应该更密切些。这意味着，仅仅因为“the”是个常用词，它就被认为和“boy”有很强的相关性。

为了解决这个问题，可以使用**点互信息（Pointwise Mutual Information，PMI）**这一指标。

点互信息（PMI）的公式用于衡量两个事件或事物之间的相关性。公式为：$\mathrm{PMI}(x, y) = \log[\mathrm{p}(x,y) / (\mathrm{p}(x)\mathrm{p}(y))]$。在这个公式中，$\mathrm{p}(x, y)$ 代表事件 x 和事件 y 同时发生的概率，而 $\mathrm{p}(x)$ 和 $\mathrm{p}(y)$ 则分别代表事件 x 和事件 y 单独发生的概率。可以看出来，当两个词同时出现的概率比较大的时候，还要同时考查这两个词分别各自出现的概率，如果它们分别出现的概率也很大，那么总体的 $\mathrm{PMI}(x, y)$ 的值也比较小。这样就避免了类似“the”这样的常用词与具体名词的关系过于密切，导致机器产生错觉。

点互信息看起来很美，但是还有一个问题，那就是在语料库中，当两个单词没有同时出现，即共现次数为 0 的时候，log 后面的真数（就是 log 后面那堆式子的值）为 0，导致整个 PMI 值计算结果成了负无穷大。为了解决这个问题，就人为地命令 PMI 的计算值为负数的时候，直接把它当作 0。这个叫作正的点互信息（Positive PMI，PPMI）。

当把共现矩阵经过一顿操作变成了 PPMI 矩阵，又发现了一个问题，那就是随着语料库的词汇量增加，各个单词向量的维数也会增加。如果语料库的词汇量达到 10 万（这是完全可能的），那么单词向量的维数也同样会达到 10 万。这个让机器处理起来，可真的很头疼。而且发现这个 PPMI 矩阵里面其实很多元素都是 0（这个叫作**稀疏矩阵**），说明这样生成的向量中绝大多数元素都是不重要的，这样的向量一方面处理起来很麻烦，另一方面也很容易受到噪声的影响，稳健性差。对于这个问题，解决办法就是向量降维。

所谓**降维（Dimensionality Reduction）**，顾名思义，就是减少向量的维度。但并不是简单地减少，而是在尽量保留“重要信息”的基础上减少。常用的一个降维方法是**奇异值分解（Singular Value Decomposition，SVD）**。

简单地说，奇异值分解（SVD）是一种特殊的矩阵分解方法，它的目的是将一个复杂的矩阵“拆”成几个简单的矩阵，以便更好地理解和分析。

假设有一个矩阵 $\boldsymbol{A}$，奇异值分解可以帮助找到 3 个矩阵 $\boldsymbol{U}$、$\boldsymbol{\Sigma}$ 和 $\boldsymbol{V}$，使得 $\boldsymbol{A}$ 等于 $\boldsymbol{U}$、$\boldsymbol{\Sigma}$ 和 $\boldsymbol{V}$ 转置的乘积。其中，$\boldsymbol{U}$ 和 $\boldsymbol{V}$ 是特殊的正交矩阵（也就是说，它们的行和列都是单位向量，而且彼此之间的点积为 0），$\boldsymbol{\Sigma}$ 是一个对角矩阵，对角线上的元素叫作奇异值。这些奇异值代表了从原始矩阵中提取出的各个特征的重要性或强度。

在 SVD 中，奇异值的大小通常反映了对应特征在原始数据中的重要性。较大的奇异值通常对应着原始矩阵中较为显著或主要的特征，而较小的奇异值则可能对应着较为次要或噪声较多的特征。因此，通过查看奇异值的大小，可以对原始矩阵的特征进行排序和筛选，奇异值是降序排列的，可以根据需要舍弃部分不重要的特征。例如虽然人脸上的特征有无数种，但是可以选择出最重要几种特征，例如眼睛大小、两眼间距离、脸型等，而那些不重要的特征如毛孔和皱纹等，就可以舍弃。

图 9-24 所示是基于共现矩阵的一系列优化措施的示意图，先将共现矩阵中的常用词（例如“the”）的权值进行调整，消除常用词带来的影响，就得到了 PPMI 矩阵，然后再基于 SVD

降维以提高稳健性和减少后续不必要的运算，最后就可以得到一个维度比较低的词向量。这样生成的词向量，相似的词在向量空间上的位置也比较靠近，终于能比较准确地体现张三既爱吃榴莲，又疯狂痴迷于艺术的优秀特征了。

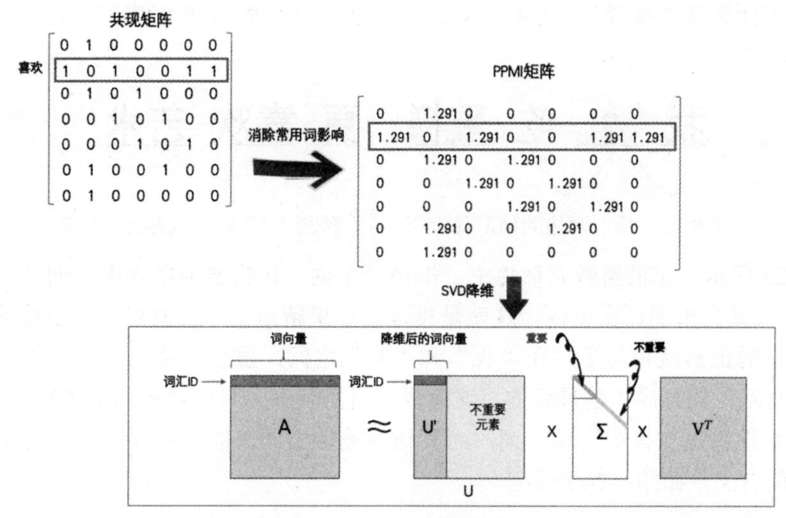

图 9-24　共现矩阵的后续优化

当千辛万苦地基于计数生成了几十万个词向量时，却突然发现这种方法生成的词向量还是有不靠谱的地方。

- 一个是平时用的语言时不时地会有一些新的名词出现，或者一些词汇增加了新的意义。例如“内卷”“996”“粉丝”等。一旦出了新名词，就需要从头开始计算一遍，重新生成共现矩阵，然后再来一遍 PPMI 转换，SVD 降维。
- 还有就是生成的词向量难以体现单词间的推理关系，单词间的推理关系往往涉及复杂的语义关系，如类比、蕴含、反义词等。这些关系在语言中是非常丰富和复杂的，但刚才的词向量生成方法只能捕捉到词汇间的共现信息，而难以深入挖掘这些深层次的语义关系。

基于计数的词向量生成方法，在早期的自然语言处理任务中非常常见。但是由于这几个硬伤问题，研究者们又提出了基于推理的词向量生成方法。随着深度学习和神经网络的快速发展，近年来基于推理的词向量生成方法已经成为了主流。基于计数的词向量生成方法只在一些对计算资源要求较低的场景中还在使用，就像一匹孤狼，越过一座座山丘，等待它的仍旧是孤独。

9.5.6　基于推理实现词向量生成——欲利其器，先明其理

古人云：“欲善其事，先利其器；欲利其器，先明其理。”这告诉我们，在做事前准备好合适的工具至关重要，而要准备好工具，则必须理解其背后的原理。词向量，作为自然语言处理的关键工具，其质量尤为关键。之前尝试基于计数生成词向量的方法不靠谱，就是因为它仅依赖词汇出现数量的简单累加，而忽略了词与词间的关系。现在可以借助强大的神经网络，依据词间关系推理生成词向量。事实上，在第 8 章已经展示了利用 Word2Vec 基于推理生成词向量的实例，现在来深入解析其内部原理和过程。

首先还是祭起“分布式假设”的大旗，有了这个前提，就知道每个词的含义都是和它的上下文相关的，或者可以说，每个词的向量，都可以用它周围的词推测出来。这就给推理工

作提供了强大的合理性。那么怎么推理呢，可以借助谷歌的词向量生成工具 Word2Vec。这个工具有两种推理能力，它们是 CBOW（Continuous Bag Of Words）和 skip-gram，其中 CBOW 用得最多，就先从 CBOW 讲起。

先看一下什么是“推理”。用例子来讲，还是上一节那句话“我喜欢吃蛋糕，更喜欢艺术”，见图 9-25。

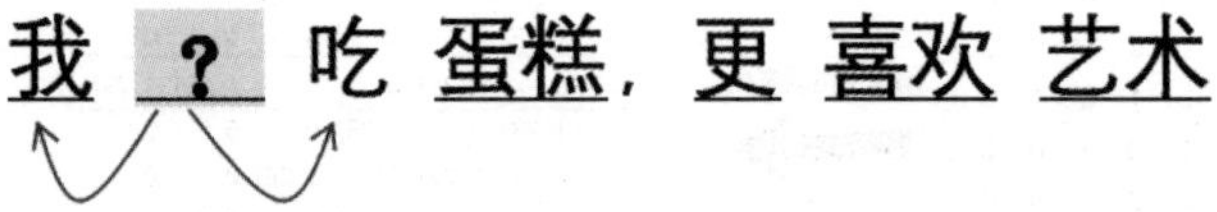

我 ? 吃 蛋糕，更 喜欢 艺术

图 9-25　基于两边的词汇（上下文），预测“?”处应该是什么词汇

如图 9-25 所示，让机器做完形填空，抠掉一个词，让机器根据周围单词（上下文）预测目标位置“?”处会出现什么单词，这就是推理。如果猜错了，就调整一下参数重新猜，直到猜对为止。这时机器就知道了，在“我”和“吃”之间，虽然理论上可以填入任何词汇，但是只有填“喜欢”的时候才是最好的。这时候的机器状态，只要输入的是“我”和“吃”，它就会最大概率地输出“喜欢”这个词，而其他词被输出的可能性就非常小，这就是机器读懂了“喜欢”的含义，如图 9-26 所示。

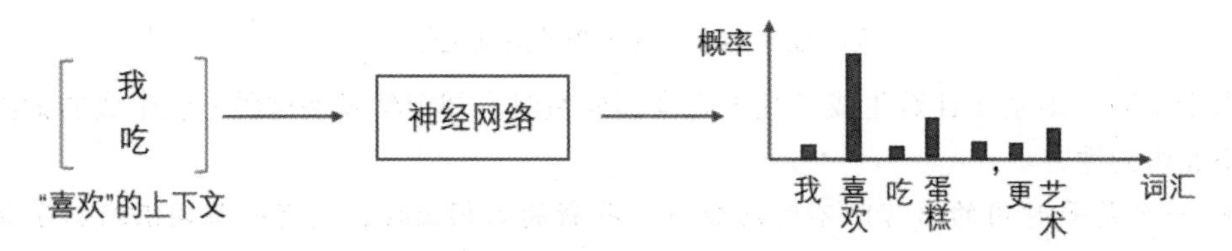

图 9-26　机器预测出“喜欢”出现在“我”和“吃”之间的概率最高

试想一下，如果反复地让机器求解类似的推理问题，那么机器就能够学习到语料库中每个词汇的含义，一旦给定上下文，就能输出对应的词汇。这时候，就说机器已经具备了推理的能力。那么机器这种推理的能力存放在哪里呢？如果是人类，那肯定是我们的大脑里，如果是机器，就存放在神经网络里。

前面介绍过，在神经网络里有输入层、隐藏层和输出层，在 CBOW 模型里，只安排了一层隐藏层，从输入层到隐藏层之间也有很多可调参数，见图 9-27，这些参数决定了输入的两个原始上下文向量经过什么样的计算后，能够预测得到隐藏层一个目标位置的向量。

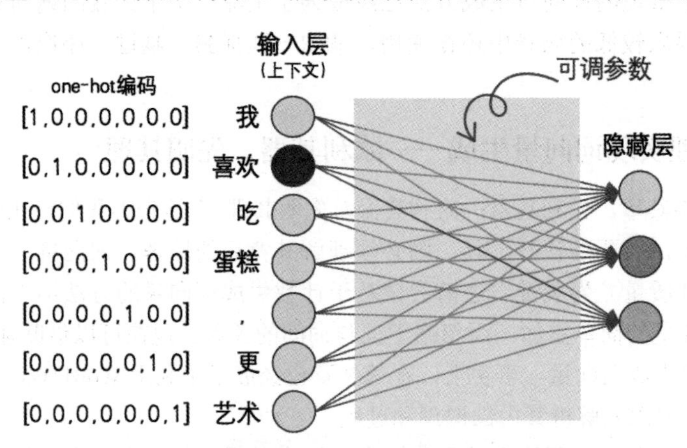

图 9-27　神经网络通过一大波可调参数来完成预测工作

要注意的是，例句中有 7 个词汇（“喜欢”出现了两次，只需要预测一次即可）需要被训

练预测，这 7 个词汇的 one-hot 编码就是 7 维的，对应输入层的神经元数量是 7 个，而隐藏层的神经元数量（这里举例为 3 个）比输入层（7 个）要少，这可以理解为通过可调参数的运算，将预测一个 7 维 one-hot 编码所需的信息，压缩到了 3 维，从而生成了一个密集的向量表示。这时，隐藏层的内容是人类无法理解的，这相当于“编码”工作，而后续从隐藏层的信息转换为期望结果的过程，就是“解码”工作了。

当所有语料训练完毕之后，把这些可变参数摘出来，就可以组成一个权重矩阵，如图 9-28 所示。

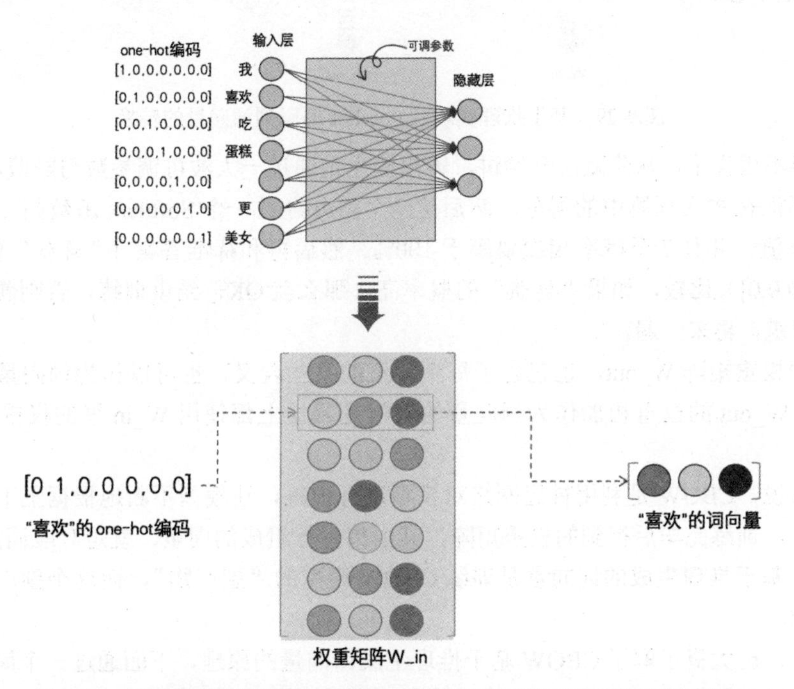

图 9-28　训练模型预测词汇所得权重矩阵，每行即对应词汇之词向量。

矩阵中每个圆圈代表一个参数，颜色越深，数字越大。因为这个矩阵是输入层到隐藏层的转换，所以叫 W_in（隐藏层到输出层还有一个类似的矩阵，叫 W_out。W_in 中每个元素都是一个可调的参数，刚才的学习过程就是不断地调整这些参数的过程，一旦学习完毕，这些参数就确定下来，也就是权重矩阵确定了。换句话说，往后只要有输入，这个神经网络就会利用权重矩阵准确地输出对应的预测词汇。

那么这样训练之后，仅仅是让神经网络根据输入的上下文（“我”“吃”）预测出目标词（“喜欢”）吗？非也非也，其实是想利用这个过程，将每个词汇转换成词向量。大家可以看到，在例子有 7 个词汇，权重矩阵里也有 7 行，每行都对应一个词汇，每个词汇对应行的几个参数在调整的时候，其实都是为了它周围的两个词汇而调整，也就是说，每一行对应的词汇向量值，其实蕴含着它上下两个词汇与它自己的关系。那么词汇本身的含义，其实也是它与其他词汇之间的关系。例如“耄耋”，这两个字只能组成一个词，所以“耄”的含义其实完全决定于那个“耋”字，反过来也一样。所以，权重矩阵中的每一行组成的向量，就可以被认为是对应词汇的词向量。

有人可能要说了，这折腾半天，只是把输入的 one-hot 编码转换成隐藏层里的向量，也就是才完成了前一半，还有后一半，把隐藏层向量映射到输出层，再变成所看到的预测各个词汇的出现概率。是的，把后一半加上后的总体示意图如图 9-29 所示。

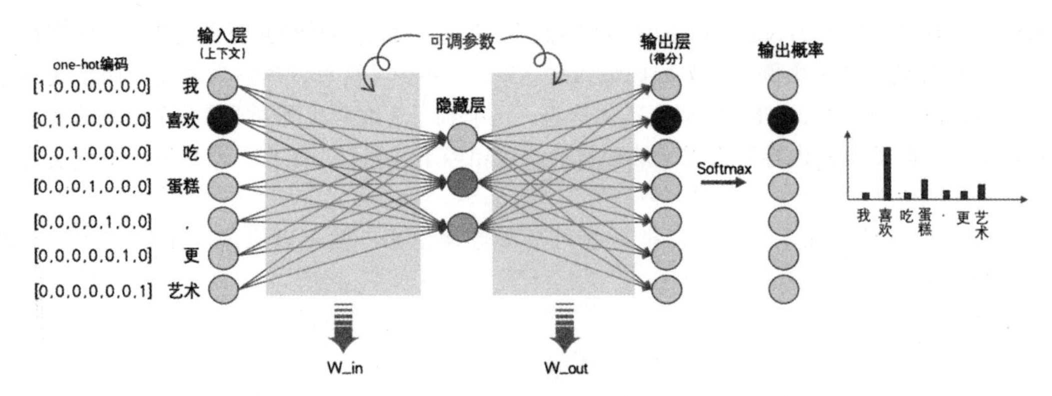

图 9-29　基于推理实现从 one-hot 编码到词向量的转换

前一半不用说了，从隐藏层开始讲，输出侧也是通过一大波可调参数与隐藏层向量相乘，得到每个词汇在本次预测中的得分，然后这 7 个得分经过一个 Softmax 函数归一化，也就是转变成概率值，并且 7 个概率相加要等于 100%。然后再和标准答案（“喜欢”的 one-hot 编码 [0,1,0,0,0,0,0]）比较，如果“喜欢”的概率高，那么就 OK，结束训练，否则就利用反向传播，调整权重，再来一遍。

这里的权重矩阵 W_out，也包含了每个词汇的某些含义，也可以作为词向量，或者还有把 W_in 和 W_out 的权重相加作为词向量的。但是习惯上都使用 W_in 里的权重作为 CBOW 的词向量。

总体来说，CBOW 是利用神经网络对模型进行训练，让模型不断地根据上下文预测目标位置的词汇，训练完毕后得到的权重矩阵，其中每一行组成的向量，就是对应词汇的词向量。换句话说，基于推理生成的词向量是训练 CBOW 模型的“副产物”，而这个副产物，却恰恰是所需要的。

到现在，已大概了解了 CBOW 基于推理生成词向量的原理，下面通过一个简单的例子演示一遍这个过程，加深一下对 CBOW 机制的理解。

以下是以“我喜欢吃蛋糕，更喜欢艺术”为例句，其中“喜欢”是目标词，“我”和“吃”作为目标词的上下文，详细描述 CBOW 生成词向量的过程：

1. 准备工作

（1）原始编码（one-hot 编码）。

词汇表有 7 个词，那么每个词的 one-hot 编码就是一个长度为 7 的向量，其中只有一个位置是 1，其余位置都是 0。例如，如果“我”是词汇表中的第 1 个词，“喜欢”是第 2 个词，“吃”是第 3 个词，那么它们的 one-hot 编码可能是这样的。

我 :[1, 0, 0, 0,0,0,0]。

喜欢 :[0, 1, 0, 0,0,0,0]。

吃 :[0, 0, 1, 0,0,0,0]。

其他词汇依此类推。

（2）初始化权重矩阵。

需要两个权重矩阵：一个是输入权重矩阵 W_in，另一个是输出权重矩阵 W_out。这两个矩阵的维度都是（7, 3），其中 7 是词汇表大小，3 是词向量的维度（假定使用 3 维向量来表示一个词汇）。这两个权重矩阵内部的值在训练开始时是随机初始化的，但在训练过程中会逐渐学习到有用的信息。

2. CBOW 过程

CBOW 过程的示意图见图 9-30。

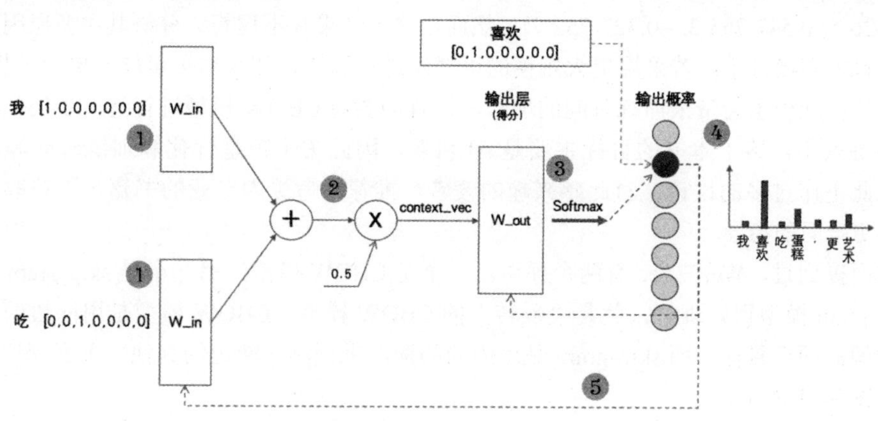

图 9-30　CBOW 过程

（1）通过输入权重矩阵得到上下文词的词向量。

将两个上下文词的 one-hot 编码分别与输入权重矩阵 W_in 相乘，当用 one-hot 向量与权重矩阵相乘时，实际上是从矩阵中选择了一行。例如，“我”的 one-hot 向量与权重矩阵相乘，就得到了权重矩阵中对应“我”的那一行作为向量表示，第一次相乘时，取出来“我”对应的向量值是初始化的随机值，后面经过调整，才会越来越接近标准答案。

（2）计算上下文词向量的平均值。

将得到的两个上下文词向量进行平均，得到一个新的向量 context_vec，作为上下文的整体表示。这是因为我们认为这两个上下文“我”和“吃”，对目标词“喜欢”的影响是一样大的，所以干脆将这两个相加再除以 2，取个平均数。

（3）通过权重矩阵 W_out 得到目标词的预测概率分布。

这个上下文向量 context_vec 随后会用于预测目标词“喜欢”。为了进行预测，上下文向量会再与另一个权重矩阵 W_out 相乘，得到一个分数向量（输出层），其长度与词汇表的大小相同，也是 7。这个分数向量中的每个值都对应着词汇表中一个词作为预测目标的得分。最后，使用 Softmax 函数将这个得分向量转换为概率分布，从而得到词汇表中每一个词作为目标词的概率。

（4）计算损失。

使用真实的目标词“喜欢”的 one-hot 编码（[0, 1, 0, 0,0,0,0]）和预测的概率分布计算损失。一开始两个权重矩阵（W_in 和 W_out）都是随机给的值，当然很不准了，损失肯定很大。通常使用交叉熵损失函数来计算这个损失大小，前面已介绍过交叉熵损失函数，这里就不赘述了。

（5）反向传播和优化。

根据损失值，通过反向传播算法计算梯度，并使用优化算法更新权重矩阵 W_in 和 W_out 中的参数，顺利的话，损失会逐渐变小。

重复上述步骤，直到模型收敛或达到预设的训练轮数，权重矩阵能准确地预测出目标词汇。通过这个过程，CBOW 模型能够学习到词与词之间的语义和语法关系，并将这些关系编码到词向量中。这使得词向量在后续的 NLP 任务中能够作为有用的特征输入，帮助模型更好地理解和处理文本数据。

另外需要说明的是，权重矩阵在模型训练开始时其值是随机初始化的。这些值会在训练过程中，基于训练数据和训练过程，通过模型学习逐渐调整。因此，无法直接给出这些数值，它们是模型训练的结果。在训练过程中得到的一个词向量值是 [–1.098 445 2, –0.936 326 4, 1.305 426 5, 0.547 753 3, –0.327 752 7]，然而，这个结果并不理想。分析其主要原因在于所使用的语料库规模过小。若采用更大规模的语料库进行训练，那么结果可能会更为理想。然而，增加语料库规模也会带来训练时间的增长，这就需要对 CBOW 模型进行进一步的优化，以提升其训练效率。鉴于本书的目标主要是 AI 科普，因此关于模型优化和训练时间等深入的问题，在此不作过多的讨论。对此感兴趣的读者，推荐参考更为专业的书籍，以获取更深入的了解和更全面的指导。

前面提到过，Word2Vec 有两个模型：一个是 CBOW 模型，另一个是 skip-gram 模型。这个 skip-gram 模型很好理解，就是“反转”的 CBOW 模型。CBOW 模型是用两边的上下文来预测中间的词汇目标，而 skip-gram 是用中间的词汇来预测它两边的其他上下文词汇。简单示意图如图 9-31 所示。

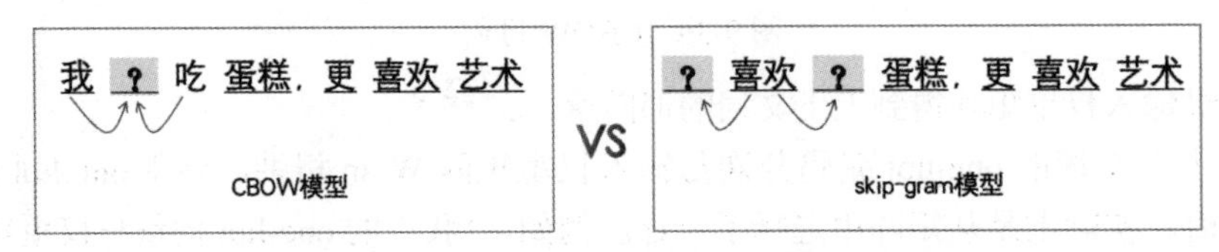

图 9-31　skip-gram 是 CBOW 模型的“反转”

看得出来，skip-gram 模型要比 CBOW 模型难度大那么一点点，毕竟是用一个词来预测两个词，因此 skip-gram 的训练难度要大一些，但是天道酬勤，一分耕耘，一分收获，skip-gram 模型对于语义精细化的理解，比 CBOW 强那么一点点。由于两个模型的原理基本一样，本书就不再对 skip-gram 模型赘述了。

9.5.7　词与词之间的奇妙关系

上一节基于推理生成了词向量，下面继续探究词向量的特性：能够通过向量运算“揭示”单词的深层含义。这种特性在多个场景中得到了验证。举例来说，当 Google 的研究人员尝试对“最大”（biggest）的词向量执行一系列运算——减去“大”（big）的词向量，再加上“小”（small）的词向量时，则惊喜地发现，得到的结果向量与“最小”（smallest）的词向量极其接近，见图 9-32。

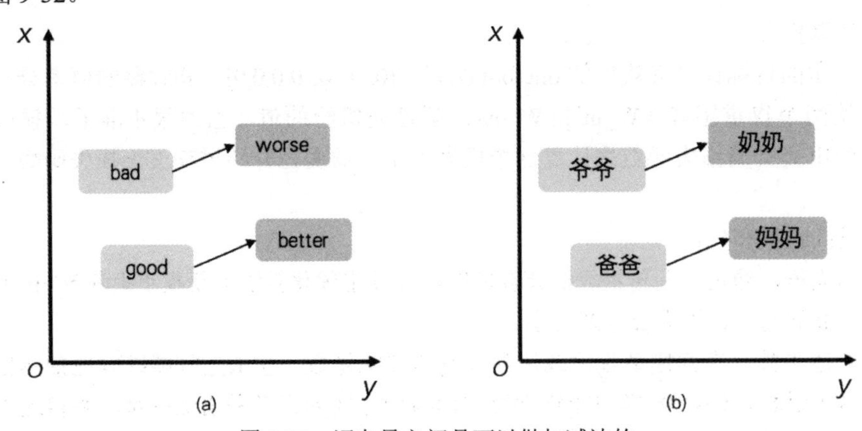

图 9-32　词向量之间是可以做加减法的

这种向量运算的神奇之处不仅体现在上述例子中，更在多个词汇关系上展现得淋漓尽致。想象一下，“好”（good）与“较好”（better）之间的微妙联系，竟然与“坏”（bad）和“较坏”（worse）之间的关系如出一辙。这种相似性并非偶然，而是词向量运算背后的深层逻辑所驱动的。

在词汇的海洋中，类似的关系层出不穷。例如，“爸爸”与“妈妈”的关系，就像“爷爷”与“奶奶”那样，都是家庭成员间的紧密联系。同样，“student”（学生）与“students”（学生们的复数形式）的关系，与“foot”（英尺）和“feet”（英尺的复数形式）之间的关系也如出一辙，都反映了单数与复数之间的转换。更进一步，当谈及“中国”与“北京”的关系时，很容易联想到“韩国”与“首尔”之间的国家与首都的联系。甚至是在成语或习语之间，如“江郎才尽”与“黔驴技穷”以及“背水一战”与“垂死挣扎”所体现的褒贬义对比，都在词向量的运算中得到了体现。

那么，机器是如何理解并应用这些复杂关系的呢？答案还是在于词向量的运算。机器并不能真正“理解”词汇的含义，而是将这些词汇转化为数字向量，并在向量空间中进行加减运算。这种运算方式与在实数上进行的加减运算有着异曲同工之妙，但操作的对象是更为复杂的向量，而非单一的数值。

如图 9-33 所示，在 3 个坐标系里，分别都有两个词向量 A 和 B，它们都是一个二维的实数向量（实际上词向量一般都包含几十甚至上百个维度），就像空间中的一个点，每个向量在 X 轴和 Y 轴都有对应的分量。

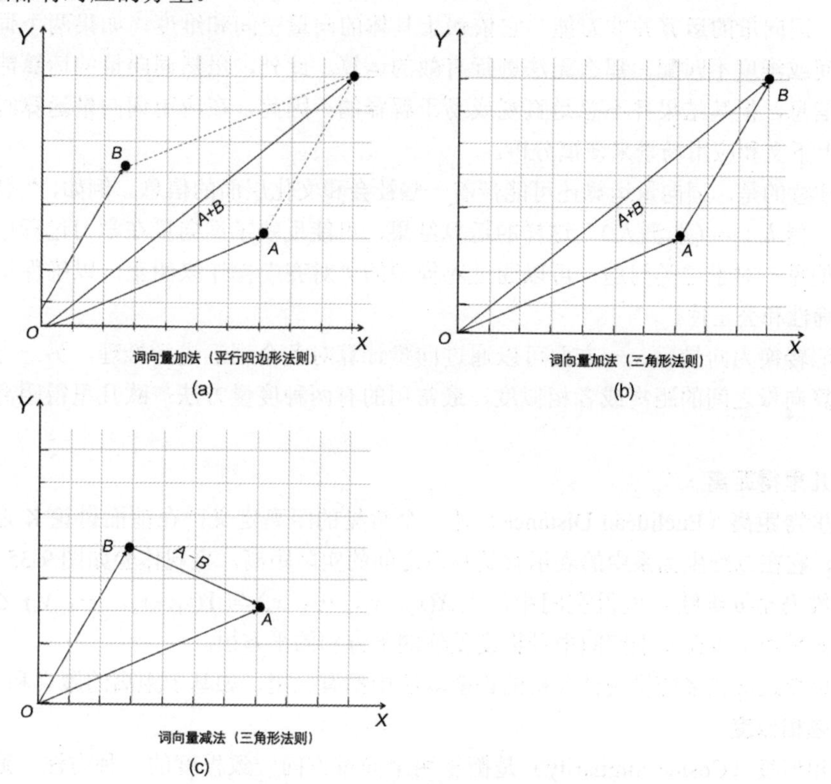

图 9-33　词向量的加减运算

当它们加减的时候，遵守平行四边形法则或者三角形法则，当进行加法运算时，实际上是将 A 和 B 的每个对应分量相加，得到一个新的向量。同样，减法运算则是对应分量相减。这种运算方式不仅体现向量运算的直观过程，更能够在语义层面上揭示出词汇间的深层联系。

以图 9-34 中的“国王 – 男人 + 女人 = 女王”为例，通过词向量的加减运算，机器能够找到与“女王”语义相近的词向量，从而实现了对词汇间关系的有效捕捉。这种运算方式不仅有助于机器理解语言的复杂性，更为自然语言处理领域的研究和应用提供了强大的工具。

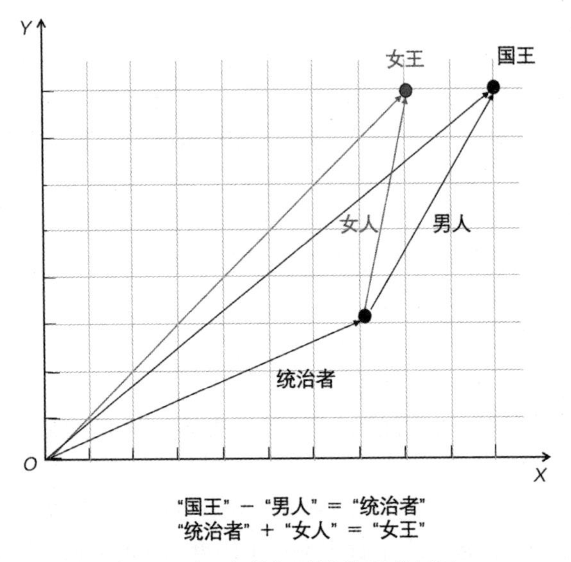

图 9-34　词向量加减法的简单例子

当然，词向量的运算并非万能。它依赖于具体的向量空间和维度，如果两个词向量不属于同一空间或维度不匹配，那么无法进行有效的运算。此外，虽然词向量的运算能够提供一定的语义信息，但其结果并不总是直观或易于解释的。因此，在应用词向量运算时，需要结合具体的上下文和应用场景来谨慎分析。

需要注意的是，词向量运算还可能带着一些社会和文化层面的信息。例如，“（欧洲人）–（白人）+（黑人）=（非洲人）”这样的运算结果，可能反映了词向量在学习过程中捕捉到的某些社会偏见。对于这类问题，可以通过对模型的“对齐”操作来纠正，以确保词向量运算结果的准确性和公正性。

把词汇转换为向量后，一方面可以通过向量计算对各个词汇进行推理，另一方面还可以精确地计算向量之间的距离或者相似度，最常用的有两种度量方法：欧几里得距离和余弦相似度。

1. 欧几里得距离

欧几里得距离（Euclidean Distance）是一个常见的距离定义，在前面讨论 K 近邻的时候曾介绍过，它在二维坐标系中的表示就是两点之间的实际距离。直观体验如图 9-35 所示。

在三维乃至 n 维欧几里得空间中，点 $X(x_1, x_2, \cdots, x_n)$ 与 $Y(y_1, y_2, \cdots, y_n)$ 之间的欧几里得距离就是两个点在 n 维空间中各维度差值的平方和的平方根。

欧几里得距离在多变量统计分析的许多算法中都有应用，如基于距离的聚类和分类算法。

2. 余弦相似度

余弦相似度（Cosine Similarity）是衡量两个向量方向一致程度的一种方法，通过计算两个向量的夹角的余弦值来得到。两个向量之间的夹角越小，余弦值越接近 1，表示它们的方向越接近，相似度越高。相反，如果夹角越大，余弦值越接近 –1，表示它们的方向越相反，相似度越低。

如图 9-36 所示，其中，A 和 B 是两个向量，分别代表一个苹果和一个橙子，$A \cdot B$ 是它们的点积，$\|A\|$ 和 $\|B\|$ 分别是 A 和 B 的模（长度）。余弦相似度常用于文本相似度比较，因为即使两个文本的词语不完全相同，只要它们的语义相近，那么它们的向量方向就可能相近，从

而得到较高的余弦相似度。

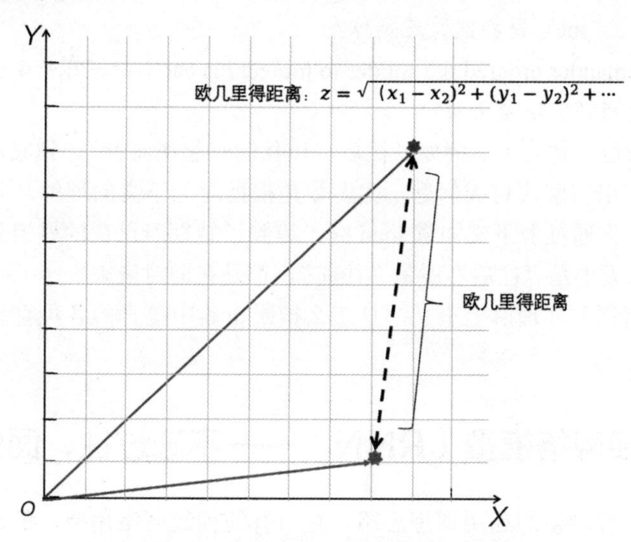

图 9-35　二维空间的欧几里得距离

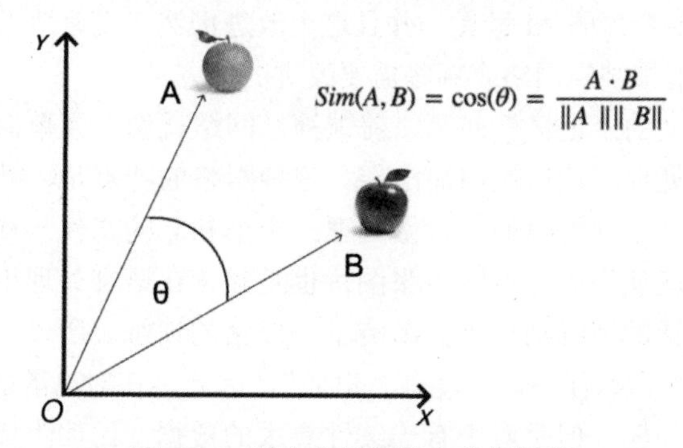

图 9-36　两个向量间的余弦相似度

总的来说，欧几里得距离主要关注数值上的差异，而余弦相似度则更关注方向上的相似度。在具体应用中，应根据实际情况和需求选择合适的度量方法。

9.5.8　词的意义取决于上下文

词向量能让机器理解词与词之间的关系，还能通过向量运算进行逻辑上的“推理”，这就能说机器可以理解人类的语言了吗？事实上还有很长的路要走，人类语言博大精深，还有很多微妙但是又非常重要的细节问题，比如一词多义问题。

例如，英语单词“rest”，既可以指休息，也可以指剩余的部分，如下面这两个句子。

- Have a good rest and you will feel better.（好好休息一下你就会好一些）。
- The rest of the students will take part in the competition.（剩下的学生将参加竞赛）。

这两个句子中，同样是“rest”，它们的含义却大不相同。

在中文里，同一个词表达的意思就更加灵活了。

- “美女嫁给我呗”“别做梦了”。
- “美女嫁给我呗”“做梦去吧”。

自然语言中的歧义部分远不止多义词，还有人称代词及指示代词的用法，也相当灵活，例如：

- 在“Kate told Joan the news，and she was finally at ease（凯特告诉琼消息之后，她终于安心了）”中，“she”是指凯特还是琼？
- 在“The commander ordered the solider to protect his car（指挥官命令士兵保护他的车）”中，“his”是指挥官还是士兵？

还有的词语用法是一种艺术，例如“往后，让我们一起往前看”。到底是向后还是向前？我们人类之所以能够很快解决这类问题，大多数是根据对上下文的理解，并且结合实际生活经验做到的。例如，你通过上下文知道 Joan 终于等到了她期盼已久的好消息，而士兵保护指挥官是天经地义，而无论是“往后”还是“往前”，都是在面对未来。

那么机器是如何记住并理解上下文，是怎么推断出其中蕴含的各种喜怒哀乐的呢？下面一起往后看。

9.6 循环神经网络模型（RNN）——不忘过往，面向未来

前面介绍的是神经网络的通用训练思路，对所有的神经网络模型，都是按照这个思路进行训练的。但是在这个基础之上，聪明的科学家们为了提高训练的效率和模型的准确率，一步步地改进，造就了当前奇妙的 AI 世界，并且这个改进仍然在飞速地进行中。

下面一起来看看，前馈神经网络有哪些需要改进的地方。

首先是丢失对上下文的“记忆”问题，前馈神经网络就像一条单向的管道，信息从输入层开始，经过隐藏层的处理，然后流向输出层。这种网络的特点是，针对每个样本数据的训练（比如一张图片）都是独立处理的，就像处理一个个独立的文件一样。它不会因为看到前面的一百张猫的图片，就认为第一百零一张图片也是猫。在语言处理中也是一样，每段话都是独立训练的，上一段话的训练结果不会影响下一段话的训练。所以，前馈神经网络只能根据当前的输入来完成本次训练任务，它没有“记忆”，因此，在对离散的静态数据分类（例如图片识别）的时候没有问题，但是对于有连续性要求的数据，比如生成一段连贯的话，就会比较困难。例如图 9-37 所示的例子。

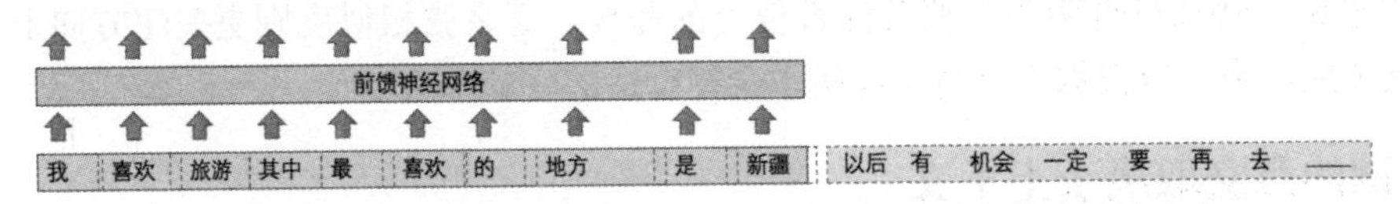

图 9-37　前馈神经网络是没有记忆的，只能看到当前处理的文本

举个例子，在现实世界中，很多情境都需要我们根据上下文来理解并作出回应，比如一个人说了：我喜欢旅游，其中最喜欢的地方是新疆，以后有机会一定要再去__________。这里填空，都知道是填“新疆”，是根据上下文的内容推断出来的，但机器要做到这一步就相当难了，因为它在看到“以后有机会一定要再去___”的时候，前面一段话已经完成了训练，它已经看不到了。因此，就需要神经网络能拥有“记忆”，也就是像人一样能回忆起上一段甚至几段话，还记得我最喜欢的地方是新疆。

其次，前馈神经网络的另一个局限性在于其硬件算力的限制，其实这也与其只能处理固定长度的序列数据有关。在实际应用中，经常需要处理变长序列数据，如不同长度的句子或段落。然而，前馈神经网络每次能处理的序列长度是固定的。如果输入数据的序列长度超过指定的长度，前馈神经网络将忽略超出的部分；如果输入数据的序列长度小于指定的长度，则需要在后面补零以满足序列长度的要求。这意味着前馈神经网络在处理实际系统中的变长序列数据时存在一定的困难。同时，由于机器算力有限，不能将固定长度设置得过于庞大。

否则，不仅会对机器硬件提出更高的要求，还会导致处理时间大幅增加。因此，为了更好地处理自然语言等实际应用场景中的变长序列数据，需要对前馈神经网络进行改进，使其能够灵活地适应不同长度的输入。

为了解决上面这两个问题，科学家们将前馈神经网络进行改进，发明出一种具有循环连接的神经网络模型，叫循环神经网络（Recurrent Neural Network，RNN）。

为了便于理解，先将前馈神经网络简化一下，见图 9-38。

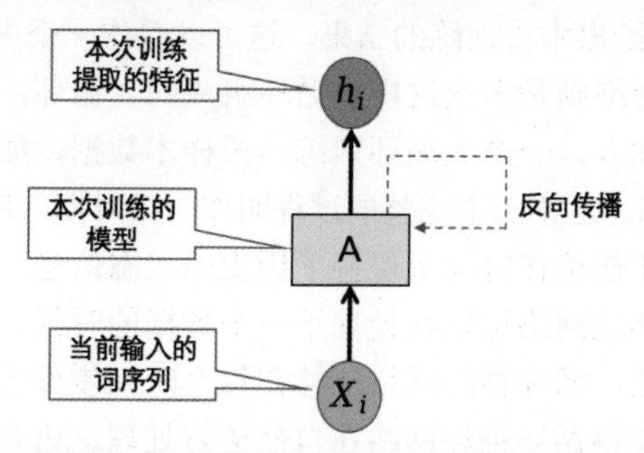

图 9-38　前馈神经网络对每一份样本的训练

每一次给模型输入的词序列记为 X_i，人工智能处理模型记为 A（这里包含了多个隐藏层的处理，例如 GPT-3 有 96 个隐藏层），A 对 X_i 的特征提取结果记为 h_i，每次训练提取特征的时候，都有若干次计算损失函数、反向传播、梯度不断下降，直至找到最小损失函数的过程。

按照这样简化的画法，前馈神经网络从整体来看，就是一系列离散的神经网络模型训练的过程，每一次新的词序列训练，都与上一次及下一次的词序列训练无关，见图 9-39。

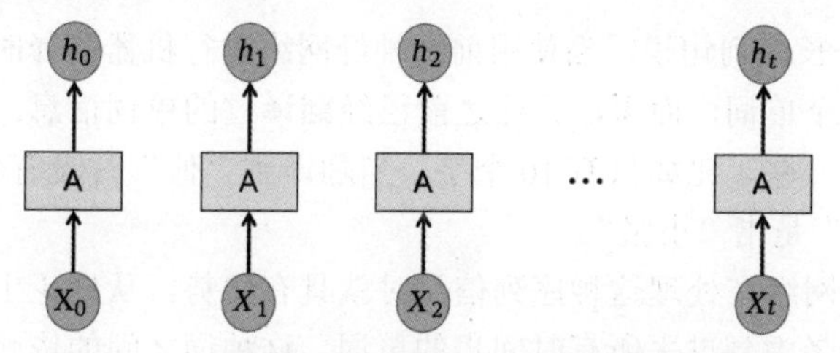

图 9-39　前馈神经网络的每次处理都是离散的过程

那么循环神经网络有什么不一样呢？简单地说，循环神经网络中的神经元，除了可以接收本次训练的各个参数的输入，同时也可以接收来自上一次训练的输出结果，并将其作为本次训练的输入之一。这使它可以处理在时间上有先后顺序的数据，例如翻译一段话，它可以具有一定的记忆能力，记住前面翻译过的句子，而且还能处理变长序列数据。那么来看看它是如何做到的，见图 9-40。

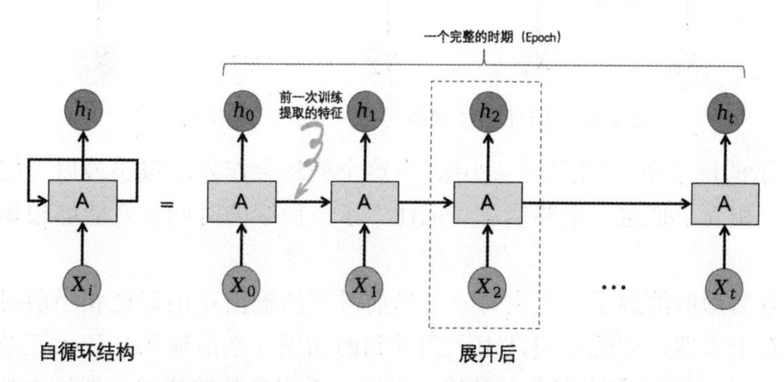

图 9-40　循环神经网络，把上一时间步训练的结果传递给当前时间步

RNN 其实是在前馈神经网络的基础上，形成了一个自我不断循环的结构，把这个自循环结构展开后，图中的一个虚线框就叫作一个时间步。可以看到，在每个时间步内，把上一个样本的训练结果（其实是上一时间步训练中，最后那一层隐藏层的数据）传递给当前训练的样本作为一个输入，与当前训练的新样本数据一起进行当前时间步的训练和学习。这样循环多个时间步，一直到训练结束，最终得到的输出即为最终的预测结果。

需要特别说明的是，在前馈神经网络里讲到，每一个时间步都是对一个样本的多次“前向传播 + 后向传播”，最后给出本次训练的结果，这可以看作一个内部的小循环，是一次完整的训练过程。而循环神经网络则是多次这样小循环组成的大循环，把每次小循环的最终结果传递给下一个小循环作为输入。一个大循环训练一段样本数据，如此反复，直到遍历完所有的样本，就完成了一次训练，这样一个完整的过程叫作一个时期（Epoch）。

循环神经网络通过循环连接在时间上保持了历史的状态信息，在每个时间步都构成了一种递归的结构，使得循环神经网络可以在处理下一个数据的时候，能考虑到前一个数据处理的结果。通过这种循环连接，循环神经网络能够在每个时间步保留一定的状态信息，实现对动态长度数据的处理。这使得循环神经网络在自然语言处理、语音识别等任务中取得了显著改善的成果。

讲了这么多，举个例子说明一下，见图 9-41。

一转眼，小张已经变成了老张，在古稀之年，参加了一次联谊活动，偶遇几位老友唐荣、阿超、存军、张琼和毛毛，大家见面后唏嘘不已，同时感慨岁月如水般流逝，他留下了大家的联系方式，约定下次再见。

图 9-41　一个长序列的句子

对于图 9-41 这个长序列句子，当使用前馈神经网络进行机器翻译时，它只能根据当前输入的单词来预测下一个单词，而无法记住之前已经翻译过的单词信息。这就意味着，如果我们的固定长度稍微短一些，比如只有 10 个字，当翻译到“他”时没有包括“小张”这个词，那么就无法确定“他”是指“小张”。

然而，循环神经网络在处理这种序列信息时就具有优势。从理论上说，循环神经网络每个时间步的单词都会考虑到过去所有时间步的单词，这种词之间的依赖关系是通过将隐藏层的状态向下一个时间步传递来获取的，如图 9-42 所示。

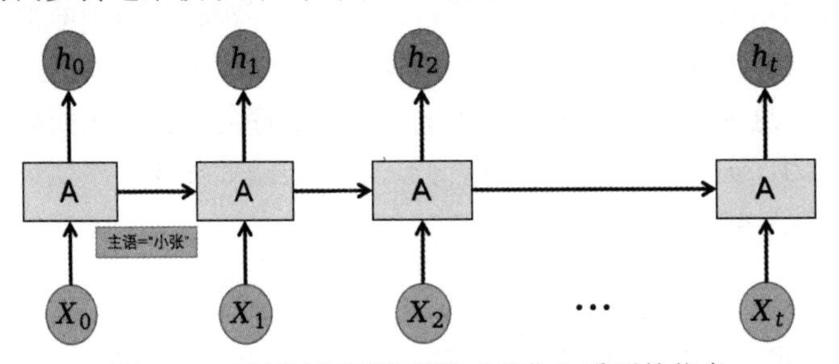

图 9-42　循环神经网络可以“记住”重要的信息

图 9-42 所示的例子中，“主语 =‘小张’”这个信息会作为隐藏层最后一层的信息传递给下一个时间步，相当于把这个重要信息“记住”了，后续的时间步就能够根据这个信息作出准确的判断。

再举一个容易理解的例子，人类每一个当前时刻的输出是由记忆和当前时刻的输入决定的，就像你现在上大四，你的知识是由大四学到的知识（当前输入）和大三及以前学到的东西（记忆）的结合，RNN 在这点上也类似，通过一系列参数的传递，把过去的内容和当前的输入结合在一起，然后在训练中不断地调整这些参数，直到能够输出理想的结果。

另外，再看看循环神经网络如何解决硬件算力有限的问题。这个很容易理解，因为循环神经网络是有记忆的，理论上是可以记住所有已经识别的结果，所有的历史结果都会对当前的训练产生影响。这是因为每一次训练结束，当前的训练结果就会体现在隐藏层里，而这个隐藏层的数据，会被传递到下一次训练中作为输入，那么每次训练的结果就都会被一次次地传递下去。因此循环神经网络就可以被认为不存在固定长度序列的限制。

循环神经网络相比前馈神经网络进步了很多，但是循环神经网络在处理长序列句子时可能会遇到梯度爆炸或梯度消失的问题，导致训练失效。

梯度爆炸是指在神经网络训练过程中，由于层数太多、结构复杂，当激活函数选得不太合适的时候，导致调整权重参数对结果的影响幅度很大，有时候甚至超过了合理范围，这样永远也没办法得到正确的结果，也就是模型训练不收敛。解决这个问题的办法是优化算法参数来控制反向传播的参数值，例如只调整能显著降低损失值的参数，其他不太相关的参数就不要去调整了。

梯度消失与梯度爆炸发生的场景类似，都是发生在层数多、结构复杂的训练过程中，但是梯度消失的表现正好相反，有时候因为激活函数和损失函数选得不太匹配，会导致更新权重参数几乎对结果没什么影响，也会导致训练无法收敛。要想解决这个问题，就需要采用一些使用了特殊门控组件的循环神经网络，也就是所谓的门控循环神经网络（Gated RNN）。

在接下来的章节中，将继续探讨带有门控的循环神经网络的工作原理。这种神经网络结构通过引入门控机制，显著提升了对重要特征的过滤和传递效率，从而有效缓解了梯度消失问题。

9.7 长短期记忆神经网络（LSTM）——成熟就是学会遗忘

上一节说到，传统的前馈神经网络由于没有记忆的特点，在对序列化的信息（如一段文字、语音或者视频）进行分析时，比如一篇由多个段落组成的文章，就不能通过利用前面的段落信息来对后面的内容进行预测。

而循环神经网络可以不停地将信息循环传递，一轮一轮地继承下去，保证信息的持续存在。那么循环神经网络真的能做到这一点，将所有重要信息一直记住吗？答案是不一定。

9.7.1 “长依赖”问题——太长的句子谁都记不住啊

当需要利用比较近的信息来处理当前的任务时，如图 9-43 所示，通过输入 X_0 和 X_1 信息来预测出 h_3。例如，需要预测“The clouds are in the ____”这句话的最后一个字“sky”时，不需要其他的信息，通过前面的语境就能知道最后一个字应该是“sky”。

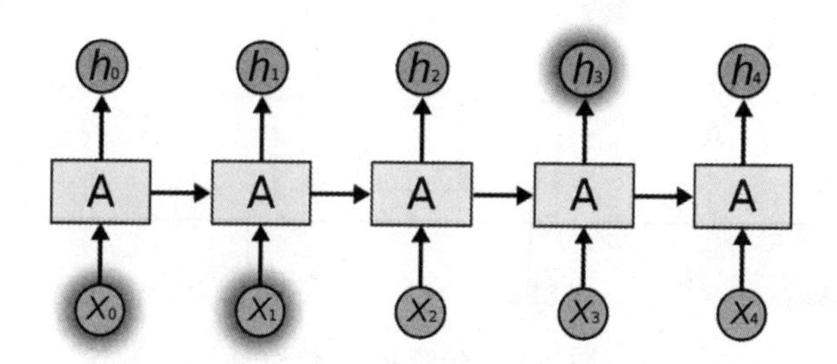

图 9-43　文本比较短的时候 RNN 能够准确预测

因此，可以说，当相关信息与需要该信息的位置距离较近时，RNN 能够学习利用以前的信息来对当前任务进行相应的操作。

然而，面对一项复杂的任务，如图 9-44 所示，文本篇幅冗长，预测位置 h_{t+1} 与关键信息 X_0、X_1 相隔甚远的情况，RNN 就有些力不从心了。

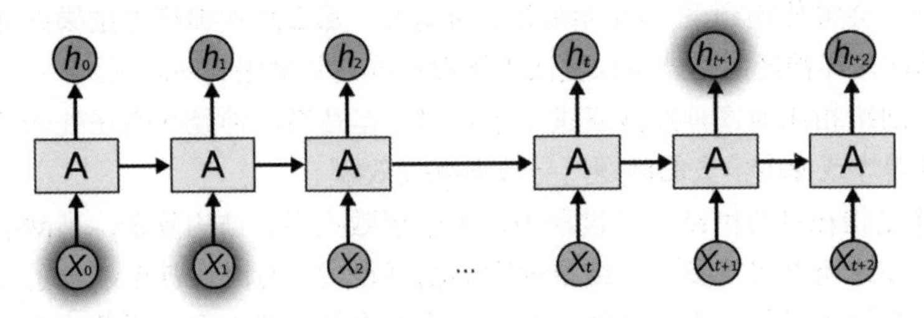

图 9-44　RNN 无法解决“长依赖”问题

以句子“I grew up in China...（此处省略 150 字）... I speak fluent ____.”为例，语言模型需依据前文信息预测句末的单词“Chinese”。尽管通过解析紧邻的“speak”和“fluent”可推测出缺失的是某种语言，但要准确判断为“Chinese”，则必须回溯至 150 字之前的“China”。这种信息源与预测点间距离较远的现象，称之为“长依赖”问题。

虽然理论上 RNN 具备处理“长依赖”问题的能力，例如通过调整参数来优化其性能。然而，在实际应用中，由于梯度消失或梯度爆炸的问题，很难准确有效地调整 RNN 的参数。这意味着，对于距离当前预测位置较远的信息，不能期望 RNN 能够完全记住并有效利用这些信息。因此，处理长依赖问题仍是 RNN 在实践中面临的一个挑战。

为了解决这个问题，研究者们提出了多种改进的 RNN 结构。这些网络结构通过引入更为复杂的记忆机制和门控机制，显著增强了 RNN 处理长序列的能力。其中，长短期记忆神经网络（Long Short-Term Memory，LSTM）便是一种经过优化后的 RNN。简单来说，LSTM 设计了一个记忆细胞，这个细胞具备选择性记忆的功能，能够记住重要信息并过滤掉不重要的内容，从而有效减轻了记忆负担，解决了长依赖问题。

9.7.2　LSTM 的门控机制——脑海中的橡皮擦

从技术角度来看，LSTM 通过增加门控机制来实现对信息的记忆或遗忘。因此，从分类上讲，LSTM 属于 Gated RNN 的一种。这些门控机制使得 LSTM 在处理长序列时能够更有效地保留和利用关键信息，提高了模型的性能。

在对 LSTM 的门控机制作介绍之前，可以先做一个对比，看一下传统 RNN 的结构图，图 9-45 所示是包含 3 个连续循环结构的 RNN。图中，h_{t-1} 为上一次的信息，X_t 为本次的输入。

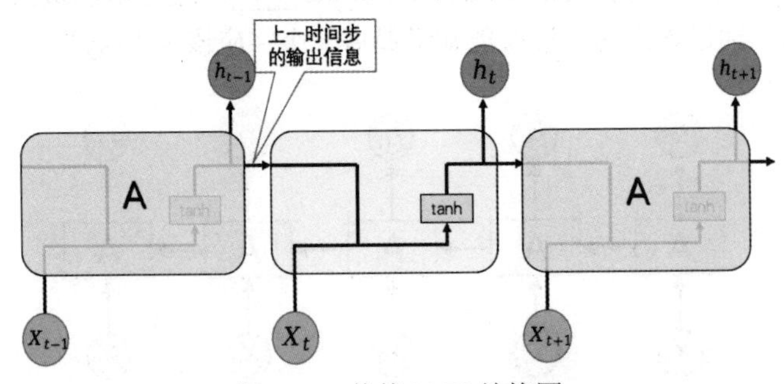

图 9-45　传统 RNN 结构图

可以看到，在标准的 RNN 每个结构中，RNN 除了包含各种特征的多个隐藏层之外，还包含着一个 tanh 层，这个 tanh 层是激活函数，它可以根据上一次结果，加上本次输入的新信息，给出本次输出的新结果，并且能保证把输出的结果控制在 –1 ～ 1，从而增加梯度的稳定性，避免梯度消失或爆炸的问题，使得网络训练更加稳定。

而 LSTM 存在着几种特殊的模块，它们可以决定信息的遗忘和记忆，实现对重要信息的长期记忆。它的结构就变得稍许复杂一些，见图 9-46。

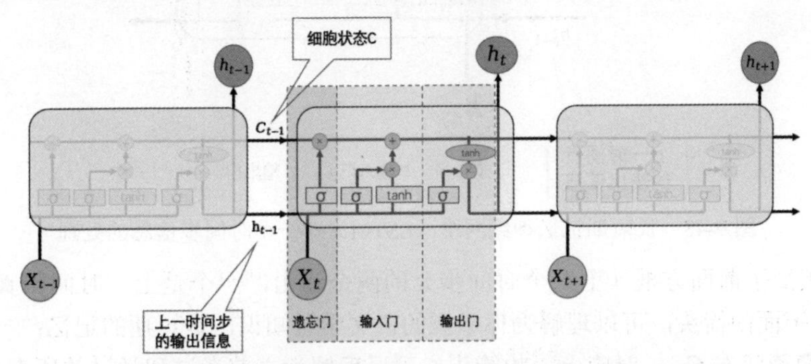

图 9-46　长短期记忆神经网络（LSTM），结构比 RNN 复杂

如图 9-46 所示，相比于传统 RNN，LSTM 的输入增加了一个细胞状态 C（cell state），这是信息记忆的地方。信息从每个单元中流过时，通过控制门来决定这个细胞状态 C 里的信息是需要保留还是删除，从而实现“记忆”的功能。在 LSTM 示意图的布局上，把上一时间步的输出信息（h_{t-1}）画在了下面，上面则是新增加的细胞状态 C_{t-1}。

详细地说，LSTM 依次有 3 种控制门结构：“遗忘门”“输入门”和“输出门”。通过这些门控组件就能决定什么信息需要被长期记忆，而哪些信息则是不重要的，可以遗忘，以此保持对重点信息长期记忆的能力。

为了容易理解，还是从一个考试的例子出发来说明 LSTM。首先假设一个场景，一位中学生，目前正处于期末考试阶段，如图 9-47 所示。他已经考完了语文，接下来还有一门政治要考。而作为临阵磨枪的“优秀学子”，很自然地要开始复习政治的内容了。

图 9-47　临阵磨枪，不快也光

这就和 LSTM 的场景非常类似，处理这种带有时间序列的任务，即考完了语文，接着去复习政治。下面来看看，LSTM 是怎么和这位莘莘学子一样，学到了政治的内容。

首先，LSTM 的结构如图 9-48 所示。

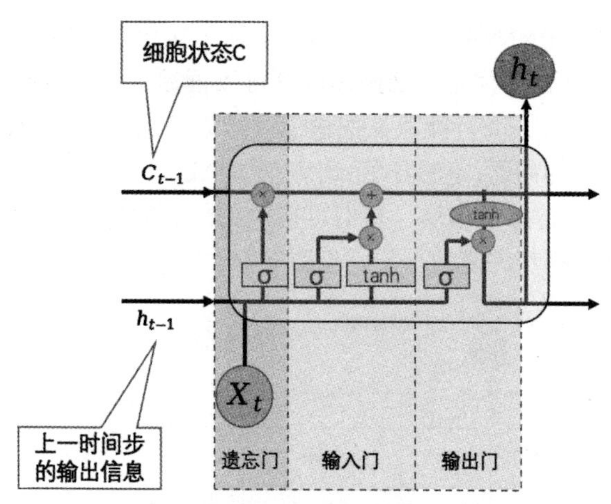

图 9-48　长短期记忆神经网络（LSTM）对一个时间步信息的处理

LSTM 接受了前面方框（上一个时间步）的两个输出，一个是上一时间步真正的输出状态 h_{t-1}，对应下面的箭头，可以理解为你掌握的语文学科知识，是短期的记忆；一个是上一时间步输出的隐藏状态 C_{t-1}，对应上面的箭头，可以理解为之前考过和学过的所有学科（物理、外语、数学……）的遗留知识，是长期记忆；同时接受了一个新的 X_t 作为输入，也就是马上要考试的政治学科的相关知识。

好，现在要参加政治考试了，要赶紧学习政治，最好就是在参加考试时，大脑里全是政治及相关的知识，其他的英语、物理、化学知识全部忘掉。

遗忘门：有个韩国电影《我脑海中的橡皮擦》，女主人公患有遗忘症，自己的记忆会一段一段地消失。LSTM 中的“遗忘门”就是同样的作用。在这一阶段，接收了上一个单元时刻的输出 h_{t-1}，这可以看作在上一时刻（比如刚考完语文）的大脑状态。那么，当面临新的学习任务（比如接下来要考政治）时，最自然的反应是什么呢？当然是想要把之前学习的与当前任务无关的内容选择性地遗忘掉。

为什么说是“选择性遗忘”呢？因为在实际学习中，往往发现不同学科之间存在一定的相关性。以语文和政治为例，虽然它们属于不同的学科，但两者之间确实有很多知识点是相通的。因此，在遗忘门的作用下，希望能够保留那些与当前政治学习相关的语文知识点，而将那些不相关的内容遗忘掉。相反，如果上一场考的是与当前政治学习几乎无关的物理，那么遗忘门可能会选择遗忘掉更多的上一时刻的信息，因为大部分物理知识与政治学习不直接相关。

通过这样的选择性遗忘机制，遗忘门帮助 LSTM 更好地管理长期记忆中的信息，确保只有对当前任务有用的信息被保留下来，从而提高了模型处理序列数据的能力。

说到这，怎么对上一个方框单元的输出状态进行选择性遗忘呢？见图 9-49。

从图 9-49 中可以看到，遗忘门由一个 Sigmoid 激活函数和一个乘法操作来完成其功能。遗忘门接收当前时刻的输入信息（X_t，例如正在学习的政治知识）以及上一个时刻的隐藏状态（h_{t-1}，代表上一时刻大脑中的状态，比如上一场考试后大脑中的状态），然后利用这些信息来决定从上一个时刻的细胞状态（C_{t-1}，即长期记忆）中遗忘哪些信息。

具体过程可以形象地解释如下。

第一步：接收当前的政治学习内容（X_t）以及上一时刻大脑中的状态（h_{t-1}）。这两个信息通过 Sigmoid 激活函数进行处理，该激活函数的作用是输出一个介于 0 ～ 1 的权重向量。这个过程就像是在大脑中对政治内容和上一时刻的记忆进行权衡，决定哪些信息是与当前政治学

习相关的，哪些是不相关的。例如，如果发现上一时刻的记忆中包含了基本写作技巧这样的内容，它可能对当前政治学习有帮助，那么相应的权重就会接近 1，表示这部分记忆将会被保留；而对于与政治学习无关的文言文知识，权重就会接近 0，表示这部分记忆将会被遗忘。

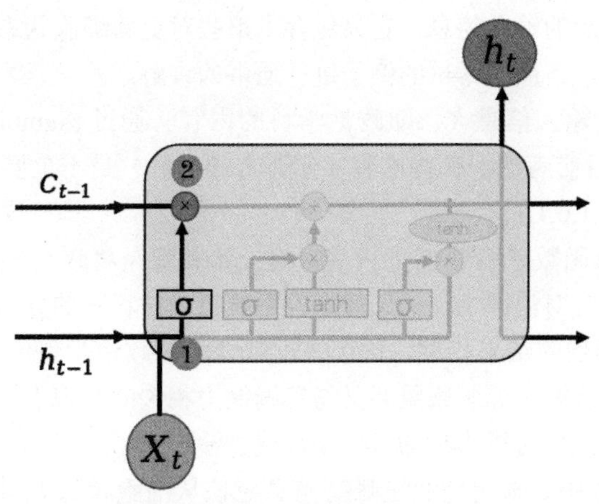

图 9-49　遗忘门

第二步：利用 Sigmoid 激活函数输出的权重向量，与上一个时刻的细胞状态（C_{t-1}）进行乘法操作。这个过程就像是在根据权重向量来筛选长期记忆中的信息，将那些与政治学习不相关的部分遗忘掉，而保留那些有用的信息。

到了这里，把之前该遗忘的都遗忘了，但是要参加政治考试，光遗忘（清空大脑无用信息）是远远不够的，更重要的是要把学到的政治知识（X_t）给牢牢记住。

那就需要给大脑输入新学到的政治知识，也就是 LSTM 要学习政治知识，接下来就到了第二个门：输入门。

输入门：从名字上也很好理解，输入本层想学的知识，所以叫作输入门。

输入门的实现原理是，先确定当前时刻的输入信息（X_t）中有哪些部分是重要的，然后据此更新细胞状态，如图 9-50 所示。

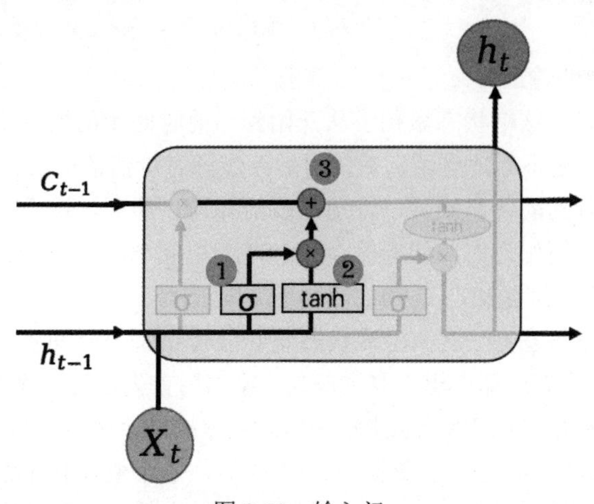

图 9-50　输入门

首先，将当前输入的信息（X_t）传递到 Sigmoid 函数中。Sigmoid 函数会生成一个由 0 和 1 组成的权重向量，这个向量决定了本次输入的新信息中哪些部分是重要的，哪些部分是不重要的。具体来说，0 表示该部分的新输入不重要，而 1 则表示该部分很重要。

其次，将当前输入的信息（X_t）传递到 tanh 函数中。tanh 函数会创建一个新的候选值向量，这个向量代表了基于当前输入可能产生的细胞状态更新。

最后，将 Sigmoid 的输出值与 tanh 的输出值进行逐元素的乘法操作。这个乘法操作的意义在于，Sigmoid 的输出值会决定 tanh 输出值中哪些信息是重要且需要保留下来的。通过这一步骤，得到了一个提纯后的输入信息，它只包含了那些对更新细胞状态有重要意义的部分。

上面讲的有点抽象，下面用考试的例子进行通俗的讲解。

第一步，仔细研究输入信息 X_t，即政治学科的内容。通过 Sigmoid 函数，确定哪些内容（如爱国主义）是重要且必考的，哪些内容（如课本的定价）是不重要的。这样，得到了一个权重向量，类似于 {0,0,1,0,1,1}。

第二步，使用 tanh 函数来梳理 X_t 的内容。这一步就像是将政治学科的各个知识点转化成实际的答题能力，例如针对爱国主义的选择题答题技巧或材料题的分析方法等。

第三步，将前面两步的结果相乘，这个过程就像是对政治学科的答题能力进行了一个过滤和提纯。相乘的结果代表了那些既重要又与答题能力相关的知识点。

到了这一步，基本上就可以去参加考试了，就到输出门了。

输出门： 在 LSTM 中，输出门决定哪些信息应该从细胞状态 C_t 中输出给下一个时间步，见图 9-51。

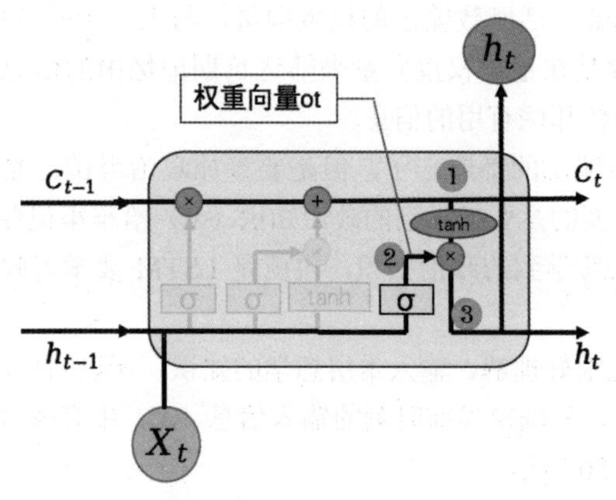

图 9-51　输出门

LSTM 有两个主要的输出。

一个是细胞状态 C_t。这个状态累积了从开始到当前时间步的所有重要信息，通过遗忘门和输入门的协同工作，它不断地更新，保留对后续步骤有价值的信息。可以将 C_t 视作一个知识库，里面存储了学习到的各科知识，特别是政治知识。然而，这个细胞状态并不会直接输出给下一个时间步，而是作为内部状态保存在 LSTM 单元中，供下一时间步使用，为了便于理解，用上方的箭头表示细胞状态 C_t 的内部传递方向。

另一个输出是隐藏状态 h_t。这个隐藏状态是 LSTM 在每个时间步的外部表示，它基于当前的细胞状态 C_t 和输出 X_t 计算得出。要生成 h_t，输出门首先通过一个 Sigmoid 函数产生一个权重向量 ot，这个向量决定了细胞状态中哪些信息应该被包含在当前的输出中。然后，细胞状态 C_t 经过 tanh 函数转换，得到一个介于 $-1 \sim 1$ 的值，这个值反映了细胞状态中的信息。最后，Sigmoid 函数生成的权重向量 ot 与 tanh 转换后的 C_t 相乘，得到当前时间步的输出 h_t。

用考政治的例子来解释这个过程。

第一步，想象 C_t 是一个充满各科知识的知识库。通过 tanh 函数的转换，可以将这些知识点转化为答题的能力，即一种可以在考试中应用的形式。

第二步，输出门使用 Sigmoid 函数评估当前的政治知识 X_t 的重要性，生成一个权重向量 ot。这个向量中的每个元素都接近于 0 或 1，标识了对应知识点在当前情境下的重要性。

第三步，输出门将转换后的 C_t（即答题能力）与权重向量 ot 相乘。这个过程可以理解为用步骤二生成的权重向量去考查步骤一生成的答题能力，给出一个考查结果 h_t，把这个 h_t 作为隐藏状态传给下一个时间步。

可以看到，如果在输入门学会的知识很全面，那么在考试的时候 C_t 里的内容就丰富，考查结果就有可能很好；反之考查结果就会变差。但是，由于输出门能独立地决定哪些信息应该被输出，因此，考查结果的好坏不仅取决于输入门的学习效果，还与输出门的决策以及整个 LSTM 网络的训练和优化有关。

有可能下个时间步又要考历史了，考历史可能又要用到本层的政治知识以及前一层的语文知识了，又一个循环，直到所有的考试结束，如图 9-52 所示。

图 9-52　每考完一门，要迅速为下一门做准备

看到这里，可能会有个问题，为什么在 LSTM 中，遗忘门可以正好遗忘掉不想要的信息，输入门只记住最要紧的知识，输出门去考试的时候可以发挥最好的状态去做题呢？

这就是训练 LSTM 网络的事了。在训练 LSTM 的时候，最终网络收敛会得到一系列的权值，用于帮助遗忘门更好地遗忘、输入门更好地输入、输出门更好地输出。

需要说明的是，细胞状态 C_{t-1} 与上一时刻继承来的 h_{t-1} 是有区别的，细胞状态作为长期记忆，存储了之前所有时间步的重要信息和经验，并随着时间的推移可以完全传递给后面的步骤，在例子里就是之前学过所有学科有价值的知识，包括语文、数学、外语，等等。而 h_{t-1} 作为短期记忆，提供的主要是关于上一时间步的信息，在例子里只是上一科的语文，对于往前若干步之前信息的记忆就非常少了。

另外啰唆一句，LSTM 作为 RNN 的一个变种，与其一样都属于有监督的学习模型，也就是说，在训练的时候是有标准答案可以参考的，当最后的输出和标准答案不符的时候，通过反向传播，模型就会调整内部的各个权重参数，然后再输出一次，如此往复，直到最终输出的答案与标准答案一致为止，至此完成了模型的训练。

下面简单概括一下 LSTM 比 RNN 先进的地方。打一个比较通俗的比方，RNN 就像纯粹依靠大脑记忆，对最近发生的事情印象深刻，但很容易遗忘过去比较久的事情，而 LSTM 就像借助一个日记本来辅助记忆，可以把想要记住的信息写在日记本上（输入门），但是由于本子的大小是有限的，因此需要擦除一些不必要的记忆（遗忘门），以此来维持长期的记忆。

这里描述的 LSTM 结构是最为普通的，在实际的应用中，LSTM 的结构存在各种变式，但是基本原理都是一样的。LSTM 给神经网络的发展带来很大的进步，能比较好地处理大部分的序列场景应用，一直在人工智能领域发挥着重要的作用。

至此，问题又来了，LSTM 的使用对于 RNN 来说是一大进步，那么 RNN 还能否继续进行改进？答案是肯定的，继续往后看。

9.8 双向 RNN——像诺兰一样思考

记得《信条》上映时，我连续看了两遍原片，又看了几个版本的电影解说，也没有完全理解大神导演诺兰的非线性叙事的思路，其实这就是双向 RNN 的一种表现形式，也就是颠倒前后，倒因为果的艺术。好吧，这种独特的艺术表达方式的确不好懂，还是用大众化的语言来解释双向 RNN 吧。

在中学语文课本里都学习过倒叙和插叙的写作手法，这种写作手法并不是按照时间的先后顺序来叙述一段故事。同样的，当 RNN 在理解一段文字的时候，一般是从前向后顺序阅读，但是有时候，需要同时从后向前阅读才能更准确地理解句子。举个例子：

"He said that Teddy bears are on sale."

"He said that Teddy Roosevelt was a great president."

在以上两个句子中，有两个"Teddy"，第一个是"Teddy bear"（泰迪熊），第二个是"Teddy Roosevelt"（泰迪·罗斯福，美国第 26 任总统）。当看到单词"Teddy"和前 3 个单词"He said that"时，无法理解这个句子是指总统罗斯福还是泰迪熊。因此，要解决这种不确定性，需要同时从后向前看，才能更准确地理解句子，这就是所谓的双向 RNN。

双向 RNN 中的 RNN 模块可以是常规的 RNN、LSTM 或其他变式，也就是说，双向 RNN 可以和其他优化过的算法结合起来使用，没有一点违和感。

由于双向 RNN 要看到后面的句子内容，因此没办法进行预测工作了，但是它可以很好地对一个句子做特征分析，例如，提取摘要、情感分析、填空等。

从耗费资源方面分析，双向 RNN 需要的内存是单向 RNN 的两倍，因为在同一时间点，双向 RNN 需要保存两个方向上的权重参数。

双向 RNN 的模型有很多，例如 ELMo（Embeddings from Language Models）是应用比较广泛的一种模型。ELMo 里有两个 LSTM，一个从前往后看句子，另一个从后往前看句子，这样就能比较准确地理解每一个词在句子中的确切含义。这可以一定程度上解决机器翻译中的一词多义问题。在机器翻译那一章着重介绍过使用 Transformer 解决一词多义问题，那么现在知道，双向 RNN 架构的 ELMo 也能解决一词多义问题，只是效果不如 Transformer 好。

9.9 Seq2Seq——现实世界在模型中的体现

在前面的章节中，详细探讨了 RNN 及其变体如何深入理解并转化输入的文本序列为输出的文本序列。当从更宽泛的视角来审视自然语言处理时，不难发现输入与输出本质上都是文本序列之间的映射。这种映射在现实世界中具有多样性，涵盖了"1 vs *N*""*N* vs 1""*N* vs *N*"以及"*N* vs *M*"等不同形式。

具体来说，"1 vs *N*"可以用于 AI 生成命题小作文，即给定一个主题或起始句，AI 能生成一段完整的文章。而"*N* vs 1"则适用于情感分析，AI 能够从一段文本中提炼出整体的情感倾向。"*N* vs *N*"映射可以完成对一段文本的词性标注。至于"*N* vs *M*"，它不仅能实现机器翻译，更是构成了问答系统的基础，AI 可以从一系列信息中筛选出关键内容，形成简洁明了的回答。

把格局打开，突破文本序列的局限，将输入和输出的范围扩展到图片、视频甚至虚拟空间等多媒体数据，那么就搭建起了一座连接现实世界与虚拟世界的桥梁。当然，处理图片、视频等多媒体数据，单纯依赖 RNN 是远远不够的，还需要引入 CNN、Transformer 等其他先进技术来增强模型的能力。

无论处理何种类型的数据，核心思想都是将输入和输出视为序列。例如对于图片，可以将其分解成多个小区域，并按照顺序从这些区域中提取关键信息，如横纹、纵纹、色彩 RGB 值等，从而形成一个有序的序列。对于视频，则可以将其看作由每一帧中的人物动作、声音以及其他相关信息所组成的时间序列。

如今，炙手可热的 AI 应用如 ChatGPT、Stable Diffusion、Sora 等，都体现了从输入序列到输出序列的转换思想，我们管它叫作“Seq2Seq”。

下面简单介绍一下 Seq2Seq 包含的几种映射关系。

1. “1 vs *N*”

见图 9-53，在 1 vs *N* 结构中，只有一个输入 x，但是有 N 个输出 y_1，y_2，…，y_N。可以有两种方式实现 1 vs *N*，第一种是只将输入 x 传入第一个神经元，第二种是将输入 x 传入所有的神经元。

y1
y2
y3
yN
h0
h1
h2
h3
…
hN
x
y1
y2
y3
yN
h0
h1
h2
h3
…
hN
x

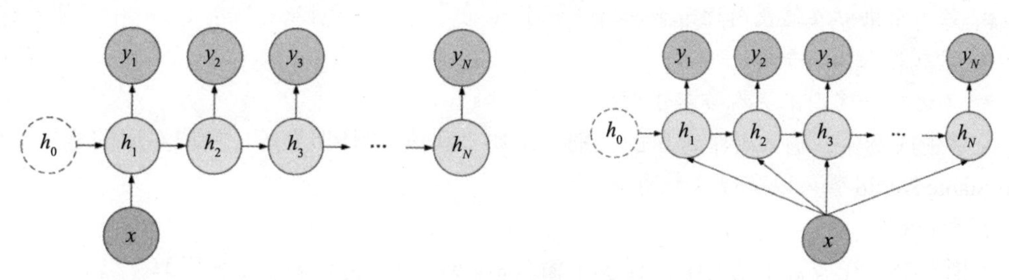

图 9-53　1 vs *N* 结构的两个形式

1 vs *N* 结构适合用于以下任务。

文字生成文章：输入文章的类别，要求生成相应的文章，文心一言等就能根据要求生成小说等文章，见图 9-54。

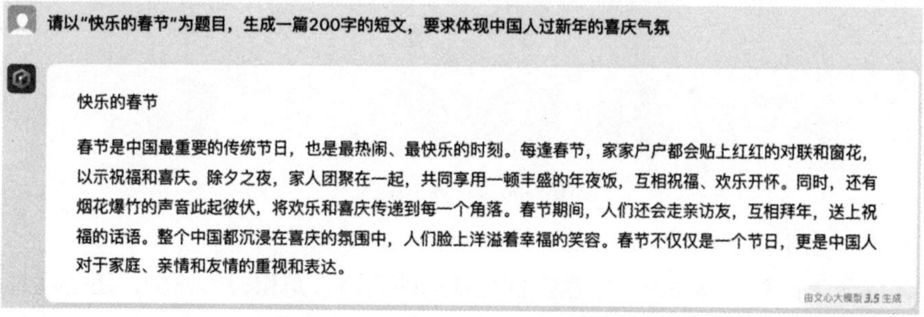

请以“快乐的春节”为题目，生成一篇200字的短文，要求体现中国人过新年的喜庆气氛
快乐的春节
春节是中国最重要的传统节日，也是最热闹、最快乐的时刻。每逢春节，家家户户都会贴上红红的对联和窗花，以示祝福和喜庆。除夕之夜，家人团聚在一起，共同享用一顿丰盛的年夜饭，互相祝福、欢乐开怀。同时，还有烟花爆竹的声音此起彼伏，将欢乐和喜庆传递到每一个角落。春节期间，人们还会走亲访友，互相拜年，送上祝福的话语。整个中国都沉浸在喜庆的氛围中，人们脸上洋溢着幸福的笑容。春节不仅仅是一个节日，更是中国人对于家庭、亲情和友情的重视和表达。
由文心大模型 3.5 生成

图 9-54　文心一言的“文生文”功能

图像生成文字：输入一张图片，输出一段关于这张图片的描述文字，现在文心一言、ClipCap 都可以实现这样的功能，见图 9-55。

图 9-55　文心一言的“图生文”功能

输出：

- 篮球比赛正在进行中，球员们在场上奔跑、跳跃和投篮；
- 其中一名球员手持篮球；
- 另一个则站在篮筐附近准备扣篮或投篮；
- 黑衣男人抬高手臂；
- 不远处一名白衣男人举起手示意。

文字生成音乐：输入一个音乐的类别，例如“欢快”“怀旧”等，生成对应的音乐文件，例如 Stable Audio 就可以实现这个功能。

2. “*N* vs 1”

见图 9-56，在 *N* vs 1 结构中，有 *N* 个输入 x_1，x_2，…，x_N，和一个输出 y。

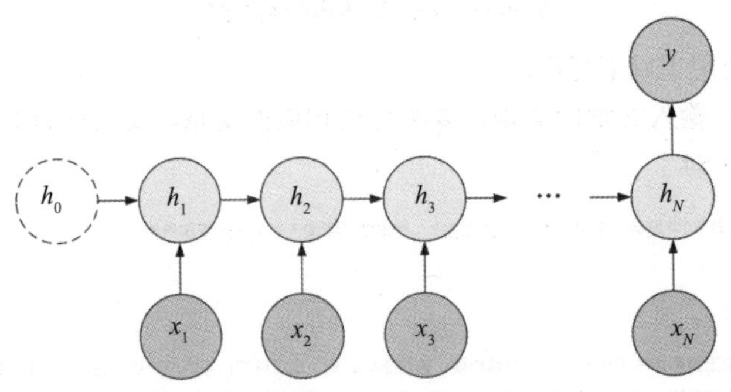

图 9-56　*N* vs 1 结构

N vs 1 结构适用于以下任务。

情感倾向分类：对一段评论文字进行情感倾向的判断，是积极的评价，还是反对的批评。

视频片段分类：对一段视频的类型进行分类，区分为动作片、爱情片等，以便给用户进行视频推荐。

3. “*N* vs *N*”

图 9-57 中的 *N* vs *N* 结构，包含 *N* 个输入 x_1，x_2，…，x_N，和 *N* 个输出 y_1，y_2，…，y_N。*N* vs *N* 的结构中，输入和输出序列的长度是相等的，通常适于以下任务。

词性标注：对句子中的每一个词，标注出词性，这也是自然语言理解工作的一部分。

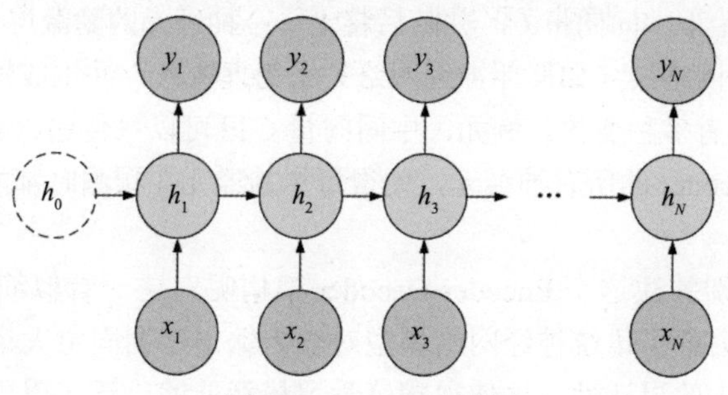

图 9-57　N vs N 结构

4. “N vs M”

上面的 3 种结构对于输入序列和输出序列个数都有一定的限制，但在实际的应用中，许多任务的序列长度是变化的，这使得之前所提及的 3 种结构在处理这类问题时显得捉襟见肘。以机器翻译为例，源语言和目标语言的句子长度往往并不一致。一个简单的例子就是英文“Good morning”翻译成中文时，变成了“早上好”3 个字。同样，在 ChatGPT 这样的对话系统中，用户的问题和系统的回答在长度上也常常不同。这类任务本质上属于“A 序列到 B 序列”的转换问题，其中 A 序列和 B 序列的长度往往是不相等的，因此可以将其抽象为 N vs M 的模型。

为了应对这种序列长度不一致的挑战，Seq2Seq 模型应运而生。其核心思想在于采用“Encoder-Decoder”架构，这一架构分为编码（Encoder）和解码（Decoder）两个部分。Encoder 负责将输入序列（如源语言句子或用户的提问）编码成一个固定长度的中间向量 C（Context，里面包含有上下文信息），而 Decoder 则基于这个中间向量 C 生成输出序列（如目标语言句子或系统回答）。其实，Encoder 和 Decoder 可以基于之前提到的 CNN、RNN、LSTM 等模型来构建，它们被巧妙地首尾相接，从而实现了从一个序列到另一个序列的灵活转换。

Encoder-Decoder 架构有很多种，如图 9-58 所示是最基本的一种。

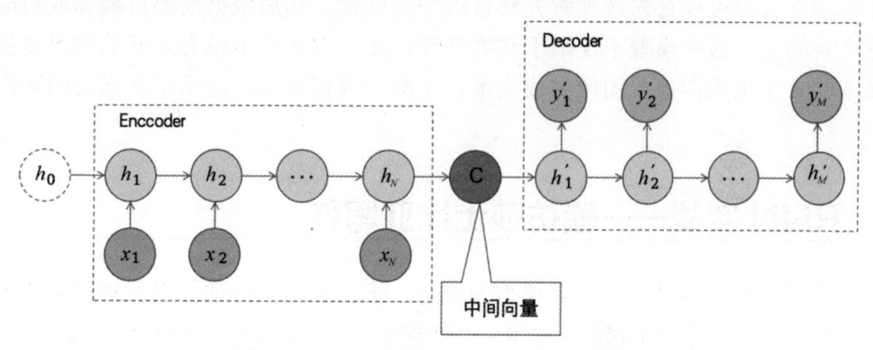

图 9-58　最基本的 Encoder-Decoder 架构

首先，深入了解 Seq2Seq 模型的核心组件——Encoder 部分。如图 9-58 所示，Encoder 的主要职责是将输入的序列 x_i 转换成一个中间向量 C。在这一过程中，Encoder 会逐个处理输入序列中的每个元素，利用内部的神经网络层（通常选择循环神经网络，如 LSTM）来逐步累积和转换信息。最终，Encoder 将产生一个中间向量 C，它包含了输入序列的完整信息。这个中间向量 C 通常是 Encoder 最后一个隐藏层的状态，它起到了连接输入序列和输出序列的桥梁作用。

随后，转向 Decoder 部分。Decoder 的任务是根据 Encoder 生成的中间向量 C 来生成输出序列。Decoder 的工作始于中间向量 C，并随后将上一个神经元的隐藏层状态 h' 作为后续输入。Decoder 同样依赖神经网络层（如循环神经网络）来处理输入，并生成输出序列。值得注意的是，Decoder 的设计具有多种变体。例如，中间向量 C 既可以只传递给 Decoder 的第一个神经元，也可以传递给 Decoder 的所有神经元，使得每个神经元在预测时都能直接参考中间向量 C 的内容。

那么，为何要特别关注这个 Encoder-Decoder 架构呢？这一看似简单的架构变革实际上具有深远的意义。它突破了传统神经网络模型对输入输出序列固定大小的限制，为处理不同长度的序列提供了极大的灵活性。这使得深度学习模型能够广泛应用于诸如翻译、文本自动摘要和机器人自动问答等场景。更为重要的是，Encoder-Decoder 架构为后续的 Transformer 等更先进的模型奠定了坚实的基础，推动了 AI 领域的发展，并催生了如 ChatGPT、Stable Diffusion、Sora 等强大的 AIGC 产品。

简而言之，Seq2Seq 模型，通常被称为 Encoder-Decoder 架构，是深度学习领域中的一个重要创新。从架构层面来看，它巧妙地结合了两个神经网络（可能是 RNN、LSTM 或 CNN），构建了一个功能强大的神经网络，专门用于处理序列到序列的映射问题。这种模型在自然语言处理、机器翻译、人机对话以及 AIGC 等多个领域展现出了巨大的应用潜力和广阔的前景。

注意理解下面几点。

（1）**模型结构：**Seq2Seq 模型主要由 3 部分构成——编码器（Encoder）、解码器（Decoder）以及连接两者的中间向量 C。编码器负责将输入序列编码成一个固定长度的中间向量，而解码器则利用这个向量生成输出序列。

（2）**中间向量 C 的作用：**中间向量 C 是 Seq2Seq 模型中的关键组件，保存着编码器从输入序列中提取的所有重要信息，后续的解码器是以中间向量 C 为基础来生成各种内容的。它通常只作为解码器的初始输入，传递给解码器的第一个神经元。然而，在某些情况下，中间向量 C 也可能在解码的每一步都参与运算，为生成输出序列提供持续的信息支持。

（3）**应用场景的多样性：**基于 Seq2Seq 模型，可以实现多种语言之间的互相翻译。这是因为所有的源语言都可以首先被理解并转换成中间向量，然后根据需要再翻译成对应的目标语言。更重要的是，这种模型不仅限于文本处理，还可以实现多模态之间的映射转换，如文本生成文本、文本生成图像、图像生成文本、文本生成视频等，显示了其强大的通用性和灵活性。

9.10 RNN 实战——模仿莎士比亚写作

上面介绍了这么多神经网络语言模型的概念，下面来点实际的，看看神经网络到底能干啥，怎么干的。好，下面就来训练一个 RNN 神经网络，让它从一个一无所知的小白，通过阅读莎士比亚的作品，分析作品中单词和句子的结构，最终能模仿莎士比亚的作品风格，写出一段像模像样的文章来。

整个过程分为以下几个阶段。

（1）准备训练数据，使用一部一百多万字符数的莎士比亚作品作为训练集。

（2）在 Python 环境下安装一些需要的库。

（3）在 Jupyter Notebook 里编辑并运行程序，训练模型。

（4）等待，等待，等待，……

（5）训练结束，生成文章，看到结果。

说明以下几点。

第一，所有的训练数据及代码都可在本书的在线文档地址直接下载使用，只要按照说明放在指定目录下即可。

第二，本着不花钱、用时短、易操作的原则，硬件就用大家手头的笔记本电脑或者 PC，训练次数很有限（50 次以内），训练数据也只是莎翁的一个剧本文件（1.2M 大小），大概几个小时就能训练完毕，可以立马看到效果。但是一分钱一分货，这样低成本生成的文章自然还远远达不到市面上 ChatGPT 或者文心一言的水平。

9.10.1　准备数据集 & 安装必需的库

准备一部莎士比亚的作品作为数据集，请扫描本书封底的二维码，并下载所有文件，将文件保存到 Jupyter Notebook 主目录下（如已经下载，请略过）。这些文件里面就有一个 Shakespeare.txt，下面简单看一下这部作品前面几行内容，见图 9-59。

```
First Citizen:
Before we proceed any further, hear me speak.

All:
Speak, speak.

First Citizen:
You are all resolved rather to die than to famish?

All:
Resolved. resolved.

First Citizen:
First, you know Caius Marcius is chief enemy to the people.

All:
We know't, we know't.

First Citizen:
Let us kill him, and we'll have corn at our own price.
Is't a verdict?

All:
No more talking on't; let it be done: away, away!

Second Citizen:
One word, good citizens.
```

图 9-59　莎士比亚的作品

可以看到这是一个剧本，里面有各个角色的对白。文件一共 110 万个字符。

另外需要安装 TensorFlow 库，它是一个目前用得最多的开源机器学习平台，由谷歌开发并维护。安装过程如下。

Windows 下，先确认当前是管理员身份，然后在命令提示符下输入以下指令。

```
pip3 install tensorflow
```

在 macOS 下，在终端里输入以下指令。

```
sudo pip3 install tensorflow
```

9.10.2　下载代码并运行

按照前面的步骤下载所有文件，并保存到 Jupyter Notebook 主目录后，打开 Jupyter Notebook 主界面，双击 ShakespereRNN001.ipynb 文件，然后在新打开的程序界面，点击运行按钮，或者按下“Shift+ 回车”键。需要稍微等待一段时间，就能看见程序开始运行。

9.10.3　神经网络的训练

可以观察神经网络的训练过程，见图 9-60。

```
把莎翁剧本映射成数字串，以下显示前二十个字符及对应的数字

First Citizen:
Befo
[ 0 18 47 56 57 58  1 15 47 58 47 64 43 52 10  0 14 43 44 53]
预测下一个字符: abcd --> bcd<eos>
创建出训练样本和训练目标
将数据集的顺序打乱重排，以提高模型的泛化能力
定义模型
现在运行模型以查看它的行为是否符合预期
(64, 100, 65)
从输入的信息中随机采样
压缩一下维度，以简化后续的计算
定义模型的损失函数
配置培训过程
配置检查点
开始训练
Epoch 1/50
172/172 [==============================] - 337s 2s/step - loss: 2.8456
Epoch 2/50
172/172 [==============================] - 337s 2s/step - loss: 2.1097
Epoch 3/50
172/172 [==============================] - 337s 2s/step - loss: 1.8398
Epoch 4/50
159/172 [==========================>...] - ETA: 11:31 - loss: 1.6719
```

图 9-60　神经网络的训练过程

可以看到，每一个迭代周期（Epoch），后面都显示损失函数（loss）的值，这个值是衡量模型预测结果与实际结果之间差距的指标。这个指标在逐渐下降，说明模型在不断收敛。

9.10.4　训练完毕，生成文本

神经网络经过 50 次的迭代，按照要求模仿莎翁生成了 500 字的文章，见图 9-61。

```
开始打印新文本。............
Begin: byiso orone
 BRDorof wea h sichareld ck tisird too inorofureth ck tolo
u ueemithisey ncl higrnsindsenore kig hings
 IO:
 STh oud
 wnswenit y d Whrig.
 AULLAn fovind hepive s t menore non o d g ngimernsatot hy
wowinus nthth h ar't hee, nklthenthorathe
 Hinour horof, d, avesparesheeat anig He y I MESofad y ded
er.
 VOUKELertherisevertofurutanad; rd, kie haputedongeas lord
me s t oond Withar s foponos;

 LATIORWhe prous
 MAnuictindsuswe

 INo ill atouchathouis k me cthow y cthod in yr thea my a
chil cinoour tt
```

图 9-61　训练完毕的神经网络生成 500 字的文章

这篇“文章”，虽然有些句子合乎语法规则，但大多数句子都没有意义。下面对这次生成的文章进行几点分析。

- 该模型是基于字符的模型。在训练之初，它完全是个文盲，不知道如何拼写英语单词，甚至不知道单词是一种文本单位。
- 对于标点符号的使用，基本都能按照人类语法的习惯，在句子的结尾处使用一个标点符号。
- 由于训练集很有限，时间也很短，而且每批训练的文本也只有 100 个字符，但是它仍然能生成具有连贯结构的、超出 100 个字符的文本序列。
- 输出的文本结构仿照了剧本的结构：文本块通常以讲话者的名字为开头，并且模仿了剧本的风格。

9.10.5　代码简析

整个代码不算太长，不到 150 行。下面介绍一下代码的逻辑，这部分涉及较多的实现细节，略过不看也不影响对本书后续内容的理解。

首先，导入 TensorFlow 和其他库。

```
import tensorflow as tf
import numpy as np
from tensorflow import keras
```

然后读取莎翁剧本的数据。

```
print('读取莎翁剧本')
input_filepath = "./shakespeare.txt"
text = open(input_filepath,'r').read()
```

接着将剧本的文字向量化。在训练之前，需要将字符串映射到向量。此时要创建两个对照表：一个用于将字符映射成向量，机器要以向量为基础进行计算；另一个用于将向量映射回文本，因为模型最后预测出来的是向量，需要转回成文本才能让人类看得懂。

```
print('文本向量化')
vocab = sorted(set(text))
print('文本 --> 向量：用于预测的时候计算向量间的距离')
print('生成一个字符 - 数字对照表')
char2idx = {char:idx for idx, char in enumerate(vocab)}
print(char2idx)
print('向量 --> 文本：用于把预测得到的向量转回文字，生成人类看得懂的文章')
idx2char = np.array(vocab)
print(idx2char)
print('把莎翁剧本映射成数字串，以下显示前二十个字符及对应的数字')
text_as_int = np.array([char2idx[c] for c in text])
print(text[0:20])
print(text_as_int[0:20])
```

接着编写预测函数。根据给定的字符序列预测下一个字符最有可能是什么，这是要训练模型去执行的任务。模型的输入是一个字符序列，例如“abcd”，需要训练模型去预测输出“bcd?”，即每一个时间步的下一个字符。

```
print('预测下一个字符：abcd --> bcd_ ')
def split_input_target(id_text):
    return id_text[0:-1], id_text[1:]
```

再从莎翁剧本中创建出训练样本和训练目标，将一部分数据专门作为训练用，留出一部分用来在训练结束后测试模型。具体做法是，将整个文本拆分成文本块，每个块的长度为 seq_length+1 个字符。例如，假设 seq_length 为 5（我们例子中实际是 100），文本为“Citizen”，则可以将“Citiz”创建为训练样本，将“itize”创建为训练目标。为了便于直观理解，大家也可以把所有的训练样本和训练目标都打印出来看一下。

```
print('创建出训练样本和训练目标')
char_dataset = tf.data.Dataset.from_tensor_slices(text_as_int)
seq_length = 100
seq_dataset = char_dataset.batch(seq_length + 1, drop_remainder=True)
seq_dataset = seq_dataset.map(split_input_target)
for item_input,item_output in seq_dataset:# 可以把所有训练样本和训练目标打印出来
    print(item_input.numpy())     # 这里 item_input 是输入的 100 个字符，即训练样本
    print(item_output.numpy())    # 这里 item_output 是期望输出的下 100 个字符，也就是往后挪动一位的
#标准答案，也即训练目标
```

还有，需要把数据集分成大小相等的小批次（Batching），每个批次包含固定数量（batch_size）的样本。然后，模型会在每个训练步骤中处理一个批次，计算损失和梯度，并据此更新模型参数。这个 batch_size 可以根据具体的任务、数据集大小和硬件资源来决定，一般

来说，值越小，训练的效率和结果就越好。目前的设置是 64，可以自己调整一下，对比一下生成效果。

划分好批次（Batching）之后，随机打乱数据集是至关重要的步骤。这样做可以确保每个迭代周期（Epoch）中样本的呈现顺序都不同，从而极大地提升模型的泛化能力。通过随机化样本顺序，模型不会总是以固定的顺序看到数据，因此不会过度依赖或“记住”特定样本的顺序。这样，模型被迫从数据中学习一般的、可泛化的特征，而不是依赖于数据中的特定顺序。

```
print('将数据集的顺序打乱重排，以提高模型的泛化能力')
batch_size = 64
buffer_size = 10000
seq_dataset = seq_dataset.shuffle(buffer_size).batch(
    batch_size,drop_remainder=True)
```

敲黑板！下面是重点，使用 keras.models.Sequential 来定义模型。对于这个简单的例子，可以使用 3 个层来定义模型。

keras.layers.Embedding：嵌入层（输入层）。一个可训练的对照表，它会将每个字符的数字映射到具有 embedding_dim 个维度的高维度向量。

keras.layers.LSTM：LSTM 层（隐藏层）。也可以使用 SimpleRNN 或者 GRU 层（GRU 层也是 RNN 的一种改良模型），可以自己换一下，试一下训练效果有什么不同。

keras.layers.Dense：密集层（输出层），带有 vocab_size 个单元输出。

```
print('定义模型')
vocab_size = len(vocab)
embedding_dim = 256
rnn_units = 1024
#模型函数
def build_model(vocab_size,embedding_dim,rnn_units,batch_size):
    model = keras.models.Sequential([
        keras.layers.Embedding(vocab_size,embedding_dim,
                               batch_input_shape = [batch_size,None]),
        keras.layers.LSTM(units = rnn_units,
                               return_sequences=True),
        keras.layers.Dense(vocab_size),])
    return model
model = build_model(
    vocab_size=vocab_size,
    embedding_dim=embedding_dim,
    rnn_units=rnn_units,
    batch_size=batch_size)
```

下面的代码是运行一下模型，看看它的行为是否符合预期。

```
print('现在运行模型以查看它的行为是否符合预期')
for input_example_batch,target_example_batch in seq_dataset.take(1):
    example_batch_predictions = model(input_example_batch)
    print(example_batch_predictions.shape)
```

现在模型还没训练，肯定是不符合预期的。

那么接着从输入的信息里随机选取样本，然后压缩一下，便于进行后续的计算。

```
print('从输入的信息中随机采样')
sample_indices = tf.random.categorical(logits=example_batch_predictions[0],
                 num_samples = 1)
print('压缩一下维度，以简化后续的计算')
sample_indices = tf.squeeze(sample_indices,axis=-1)
```

还需要给模型定义一个损失函数。

```
print('定义模型的损失函数')
def loss(labels,logits):
    return keras.losses.sparse_categorical_crossentropy(
            labels,logits,from_logits=True)
```

接着配置一下训练过程。

```
print('配置训练过程')
model.compile(optimizer = 'adam', loss = loss)
example_loss = loss(input_example_batch,example_batch_predictions)
```

再配置一下检查点，目的是万一训练过程中断，下次可以从最近的检查点继续训练，而不用从头开始。

```
print('配置检查点')
output_dir = "./text_generation_checkpoints"
if not os.path.exists(output_dir):
    os.mkdir(output_dir)
checkpoint_prefix = os.path.join(output_dir, 'ckpt_{epoch}')
checkpoint_callback = keras.callbacks.ModelCheckpoint(
    filepath=checkpoint_prefix,
    save_weights_only=True, )
```

为了使训练时间尽量缩短，先使用 50 个迭代周期（Epoch）来训练模型，大概需要 5 个小时完成，但是最好能训练 100 个 Epoch 以上，损失才能降低到比较理想的水平，生成的文本也才更符合人类的使用习惯，因此这个阶段是最耗时的，也是最耗算力的步骤。

```
print('开始训练')
epochs = 50   #100
history = model.fit(seq_dataset, epochs=epochs,
                    callbacks=[checkpoint_callback])
```

经过漫长的等待，相信在看到训练结束的那一刹那，心情一定是激动的。好，下面来试用一下刚训练好的模型。

首先要导入刚才训练的模型。

```
print('导入模型')
model = build_model(vocab_size,embedding_dim,
                    rnn_units,
                    batch_size=1)
model.load_weights(tf.train.latest_checkpoint(output_dir))
model.build(tf.TensorShape([1,None]))
```

然后让模型生成一篇 500 个单词（大家可以自己调整，例如改成 1000）的文本。下面给出了生成文本的开头几个字符："First Citizen："，意思是以这个"First Citizen"要说的话为开始。

```
print('生成文本')
def generate_text(model, start_string, num_generate=500):
    input_eval = [char2idx[ch] for ch in start_string]
    # 维度扩展，因为模型的输入时一个 [1,None] 的矩阵，而此时是一维的
    input_eval = tf.expand_dims(input_eval, 0)
    text_generated = []
    model.reset_states()
    for _ in range(num_generate):
        # 1.model inference --> prediction
        # 2.sample --> ch --> text_generated
        # 3.update input_eval
        predictions = model(input_eval)
```

```
        # 去掉第一维：[input_eval_len,vocab_size]
        predictions = tf.squeeze(predictions, 0)
        predicted_id = tf.random.categorical(
            predictions, num_samples=1)[-1, 0].numpy()
        text_generated.append(idx2char[predicted_id])
        input_eval = tf.expand_dims([predicted_id], 0)
    return start_string + ' '.join(text_generated)
new_text = generate_text(model, "First Citizen: ")
print('开始打印新文本。。。。。。。。。。。')
print(new_text)
print('打印完毕新文本。。。。。。。。。。。')
```

第 10 章

Transformer 架构解密——AIGC 的核心技术

前面已经深入剖析过机器翻译过程，揭示了 Transformer 模型独特而高效的工作原理，也带领大家认识了几个标志性的神经网络语言模型。那么在神经网络语言模型演进的过程中，Transformer 又起到了怎样的推动作用？为什么说它是 AIGC 的核心技术？接下来，将从体系架构的角度，对 Transformer 进行深度解读，让大家真正地理解它在当代 AI 技术中所起到的关键作用。

10.1 注意力机制——一个字一个字地复述

记得上中学的时候，最头疼的就是背诵文言文，《醉翁亭记》《小石潭记》《桃花源记》，动不动就是全文背诵，而且要求同桌互相监督背诵。万幸的是，当时和同桌小美女协商之后，只要一段一段地背诵即可，不需要一下子把整篇文章全部背诵出来。这下子难度降低了最少一半。

同样的道理，当翻译一段文字的时候，如果要求把全部文字理解后，一下子翻译出来所有的内容，那么必然对机器的算力有更高的要求，也很容易丢失其中的重要信息。

Seq2Seq 结构面临着同样的问题，那就是 Encoder 把所有的输入序列（x_1，x_2，…，x_N）都编码成一个统一的中间向量 C（Context，包含上下文的语义信息），然后再由 Decoder 解码，如图 10-1 所示。

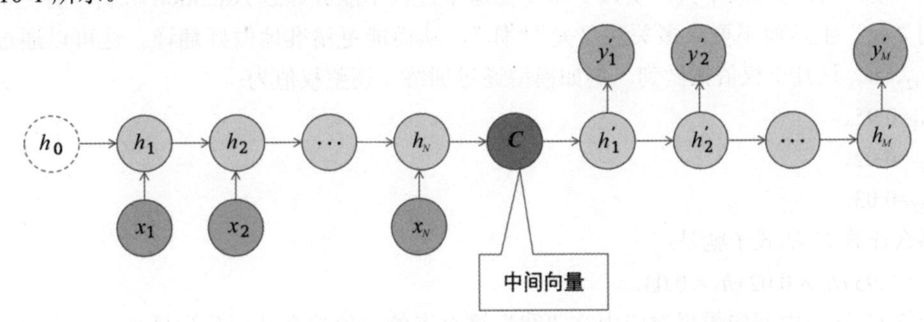

图 10-1　Seq2Seq 用一个中间向量 C 存储所有词序列的理解内容

由于这个中间向量 C 需要包含原始输入序列中的所有信息，它的长度就成了限制模型性能的瓶颈。如果进行机器翻译，当要翻译的句子较长时，一个中间向量可能存不下那么多信息，就会造成精度的下降，翻译就会出错。

所以，还是要继续改进 Seq2Seq 结构，解决中间向量 C 的长度限制问题，这就是下面的 Attention 注意力机制了。

解决的办法也很简单粗暴，那就是建立多个中间向量 C，具体地说，给输入序列中每一个 token 都建立一个中间向量 C_i，有 n 个 token，我们就有 C_1～C_n 与之对应。如图 10-2 所示。

对于每一个 C_i，它包含了输入序列里所有单词的特征，换句话说，就是所有输入 h_1、h_2、…、h_n 的特征对 C_i 都有影响，只是大家的影响各不相同，影响的大小用 w 来表示，这就是所谓的注意力。例如图 10-3 所示的这个例子。

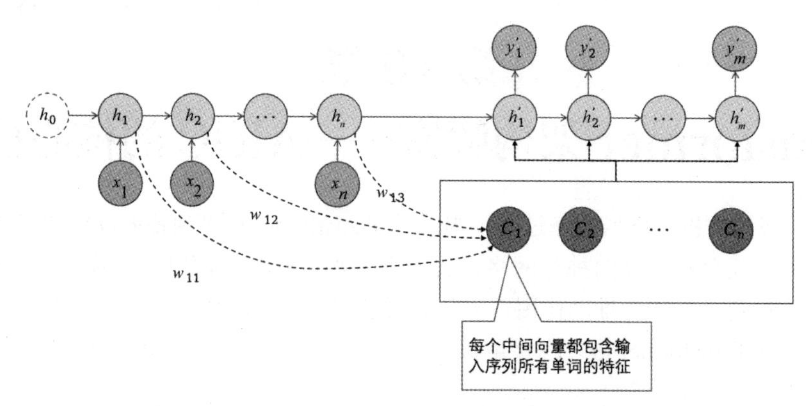

图 10-2 用 n 个中间变量来存储 n 个输入 token 的含义

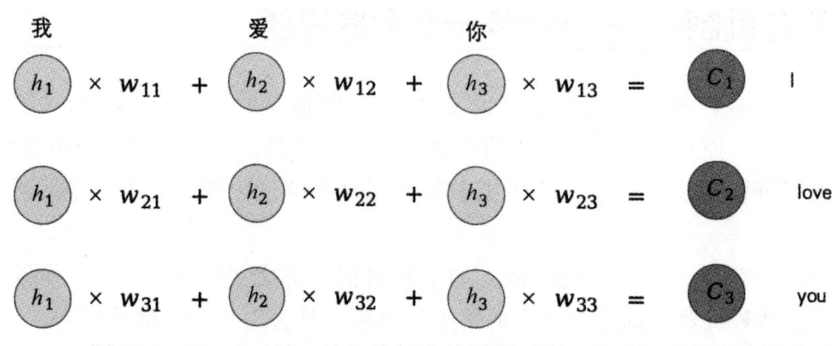

图 10-3 Encoder 里，输入的每个单词都对每一个中间变量产生影响

从图 10-3 中可以看到，在 Encoder 里生成中间向量 C_1 的时候和 token“我”的关系比较大，和“爱”“你”关系不大，所以更希望在这个过程中能够通过 Attention 机制，将更多注意力放到“我”上，而不要太多关注“爱”“你”，从而能更精准地做好翻译。这可以通过调整 w_{11}、w_{12}、w_{13} 这几个权值来做到，例如模型通过训练，调整权值为：

w_{11}=0.95，

w_{12}=0.02，

w_{13}=0.03。

那么计算 C_1 的式子就是：

$h_1 \times 0.95 + h_2 \times 0.02 + h_3 \times 0.03$。

最终 C_1 这个中间向量里对应中文“我”这个字的权值就会被调整为最高。这个中间向量的值可以被理解为“主语，代表自己”的意思，在图中就是用深色的 C_1 圆圈表示。

至于模型怎么知道 C_1 要被翻译成“I”，这是 Decoder 学习的产物，Decoder 学习英文的时候，就学会了“主语，代表自己”在英语中和作为主语的“I”有对应关系。因此就直接翻译成“I”。

至于后面的两个字“爱”和“你”，道理是一样的。“爱”用中间向量 C_2 表示，后续 Decoder 就可以将这个 C_2 表述为英文的“love”；“你”用中间向量 C_3 表示，后续 Decoder 就可以表述为英文的“you”。

为了方便大家理解，上面对中间向量的描述进行了简化，如果严格地说，可以认为有两种类型的中间向量，它们在 Attention 机制中扮演着不同的角色。

- 编码器的中间向量：就是上图中的 C_i。对于编码器（Encoder）来说，每个输入序列的 token 都会被编码成一个中间向量。这些中间向量是编码器每一层的输出，但通常关注的是编码器最后一层的输出，因为它们包含了输入序列最丰富的语义信息。这些向量通过编码器内部的自注意力机制对整个输入序列进行建模，捕捉输入序列中不同 token 之间的关系，偏重于对输入序列的理解。
- 解码器在生成每个输出 token 时使用的上下文向量（也是一种中间向量）：对于解码器（Decoder）来说，在生成每个输出序列的 token 时，都会生成一个上下文向量（Context Vector）。这个上下文向量是基于编码器输出的所有输入序列的 token 和解码器之前生成的输出序列 token 的加权和，它偏重于对输出序列的生成。

以上就是注意力机制最基本的原理，简单地说，就是**通过中间向量让目标语言和源语言“对齐”**，也就是在 decode 目标语言单词（“I”）时，更加关注源语言中与之对应的那个单词（“我”）中的信息。

回到本章一开始的比方，在没有注意力模型之前，你可以理解为一个人给你说了一段话，你把所有的话都记住（相当于图中的深色大 C），然后你再一口气都复述出去，你的记忆力有限对吧？因此可能会丢失一些重要的信息，所以复述出来的内容也就不准了。

有了注意力模型，就像别人说了几句话，你理解了其中的意思，然后就能复述出来。这样，你只需要集中精力去理解当前要复述的内容，准确性就会大大提高。当使用文心一言或 ChatGPT 时，可能会觉得 AI 生成的文本信息是一个字一个字地蹦出来的，这是因为 Transformer 模型运用了注意力机制。注意力机制帮助模型在生成文本时，从中间的向量中逐个选择并生成词语，从而构成完整的句子。

注意力机制是深度学习领域中的一个核心概念，它有助于模型在处理大量信息时聚焦于关键部分。前面已经详细介绍过，这里再次强调一下，便于大家理解这几个与注意力机制相关的概念。

- 首先，先来谈谈“注意力机制”，它有时也被称为“交叉注意力机制”。这种机制主要用于处理源序列 A 和目标序列 B 之间的关系。当模型尝试预测目标序列 B 中的某个词汇时，它会仔细权衡源序列 A 中所有词汇与该位置的关系密切程度。这种机制在语言生成式任务中尤为重要，因为每当模型需要生成一个新的词汇时，它都会考虑源序列中每个词汇对该位置可能产生的影响。
- 接下来是“自注意力机制”，它关注的是单个序列（如源序列 A）内部的关系。当模型试图理解序列中某个位置上的词汇时，它会考察该词汇与序列中其他所有词汇之间的关联。这种机制在理解整段话的含义时尤为关键，有助于解决一词多义、语气识别以及专有名词理解等复杂问题。
- 在“多头注意力机制”和“多头自注意力机制”中，引入了“多头”的概念。这里的“多头”意味着模型会同时关注多个特征或关系。通过多头设置，模型能够更全面地捕捉词汇之间的多种关联，进一步提升了处理复杂语言现象的能力。

为了更好地理解这些概念，可以举一个实际的例子。假设有一个机器翻译任务，其中源序列 A 是一段英文文本，目标序列 B 是对应的中文翻译。在这个任务中，“注意力机制”会帮助模型在生成中文词汇时，关注英文文本中与之相关的词汇。而“自注意力机制”则帮助模型在理解英文文本时，捕捉每个词汇与整段文本中其他词汇的关系。至于“多头注意力机制”和“多头自注意力机制”，则能够让模型在翻译过程中同时考虑多个语言特征，如语义、语法和上下文信息等，从而生成更准确的中文翻译。

10.2 从架构上再次解析 Transformer——变形的秘密

在机器翻译一章中，详细探讨了 Transformer 架构提取文本特征的原理。

上一章之所以从前馈神经网络开始，逐步引入 RNN、LSTM、Seq2Seq 和注意力机制等概念，是为了构建一个完整的背景画卷，揭示 Transformer 这一创新架构背后的故事。

在本章中，将再次深入解析 Transformer，但这次将从软件架构的角度出发，让读者领略其内部机制的精妙之处。尽管其中涉及的某些概念在前文已有提及，但本章的讲解将提供更加全面和深入的说明。通过本章的学习，将能够充分理解 Transformer 这一重要板块在人工智能领域中的关键地位。

在深入探讨 Transformer 架构之前，先来聊聊它是如何处理多模态数据的。简而言之，Transformer 的核心理念是通过自注意力机制来深度解析文本、图片、视频甚至代码等输入数据。这个过程就像是把这些复杂的信息“翻译”成一系列易于理解的中间向量。这些向量不仅捕捉了输入数据的核心意义，还保留了丰富的上下文信息。

那么，什么是**多模态**呢？简单来说，就是机器能够同时理解和处理多种类型的数据，如文本、图片、视频和代码。这意味着，无论输入是什么形式的数据，Transformer 都能将其转化为中间向量，并基于这些向量进行后续的处理。图 10-4 简单展示了多模态的概念。

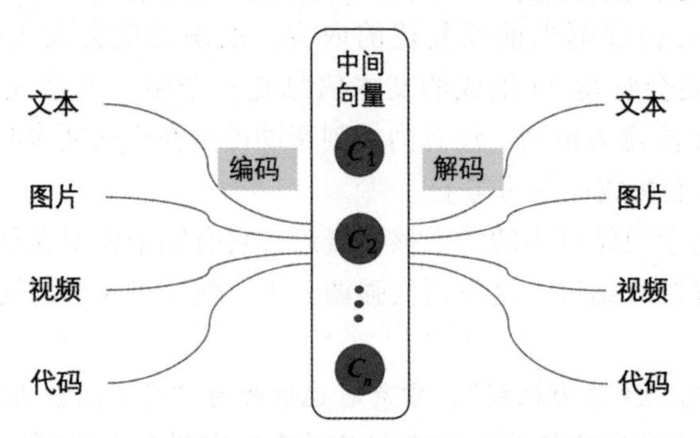

图 10-4 多模态数据的处理同样也是编解码的过程

举个例子，如果给 Transformer 输入一段文本，它可能会将其转化为另一种语言的文本，这就是机器翻译或 ChatGPT 的工作原理。或者，它也可以将输入的文本转化为一张图片或一段视频，就像 Stable Diffusion 的文生图和 Sora 的文生视频那样。反过来，如果输入是一张图片，Transformer 还能将其转化为描述性的文字，就像看图说话一样。

当前，AI 的应用场景已经广泛渗透到生活的方方面面，如表 10-1 所示，这些应用仅仅是冰山一角。

表 10-1 多模态的应用场景

理解	表达	应用场景
文字	文字	翻译或回答问题：谷歌翻译、ChatGPT
文字	图片	文生图：Stable Diffusion、Midjourney
文字	音频	文字生成音乐：Stable Audio
文字	视频	文字生成视频：Sora
文字	代码	根据提示生成代码：Copilot
图片	文字	图生文：AI评价绘画作品
图片	图片	图生图：妙鸭相机
图片	视频	图片生成视频，数字人产品
视频	文字	视频生成文字，AI自动生成影评

随着科技的飞速进步和各行各业对 AI 的渴求，未来还将涌现出更多创新的应用。

透过现象看本质，Transformer 的编码和解码过程实则是将原始输入数据进行深度理解后，将其拆解为一系列的中间向量——这些向量就像是构成复杂事物的零部件，随后，这些中间向量可以被重新组合成全新的表现形式，无论是新的语言、图片，还是音乐，都信手拈来。这是不是特像小时候玩的变形金刚？一个机器人可以被拆解成数百个小部件，而这些小部件经过重新组合，就能变成不同的形态，比如一个灵活的机器人、一个家用音响，或者一辆霸气的汽车。这正是 Transformer 架构得名的原因。图 10-5 展示了这个变形组合的过程。

图 10-5　将输入分拆成零件，可以重组成新的形式

尽管 Transformer 擅长处理多种类型的数据，但其最初和最常见的应用场景还是文本处理，特别是机器翻译。那么，接下来就以机器翻译为例，详细探讨 Transformer 的架构及其背后的技术。

假设有一个中文句子“我爱你”，目标是将其通过 Transformer 的中间向量转换成英文的“I love you”。接下来详细解析这一过程。

先看一下图 10-6。

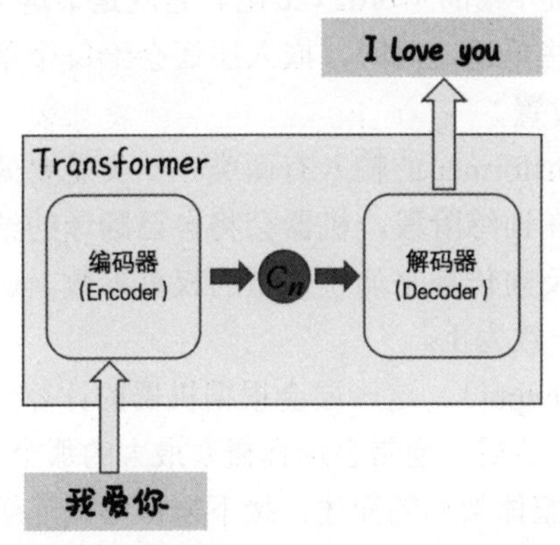

图 10-6　基于 Transformer 架构，将“我爱你”翻译成“I love you”

图 10-6 所示是一个最粗略的示意图，Transformer 主要由两大部分组成：编码器（Encoder）和解码器（Decoder）。这两者相互协作，共同完成了从源语言到中间向量 C，然后再从中间向量 C 到目标语言的转换过程。下面以此为基础，一步步地抽丝剥茧，说明 Transformer 内部的工作流程。

下面对示意图细化一步，见图 10-7。

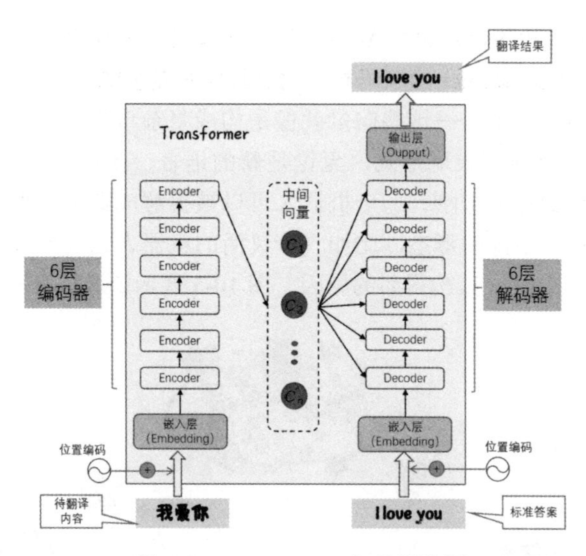

图 10-7　Transformer 架构概览图

当说到 Transformer 的核心时，自然离不开一组编码器（也叫编码器堆栈）和一组解码器（也叫解码器堆栈）。这两者的数量并不是固定的，而是可以根据业务需求进行调整。比如，在经典论文《*Attention is All You Need*》中，作者推荐了一个标准配置，即 6 层编码器和 6 层解码器。但这只是一个推荐，实际上可以根据需要选择更多或更少的层数。比如 GPT-3，它的解码器部分就高达 96 层。

先来看看编码器是做什么的。简单来说，它就是把待翻译的内容“吃透”，然后将其精髓存储在中间向量（C_1，C_2，…，C_n）里。这些中间向量其实就是编码器的最后一层隐藏层所输出的权重参数值。接下来，解码器就会根据这些中间向量，以及具体的业务需求，来生成目标语言的译文。

在编码器和解码器之前，都有嵌入层（Embedding）。它的作用就是将自然语言中的单词转换成向量形式，还记得前面介绍的 Word2Vec 吧？它就是干这个的。转换成向量形式后，机器就能更好地理解和处理这些单词，同时，嵌入层还会给每个单词加上一个位置编码，以告诉机器这个单词在句子中的位置。

另外，要注意的是，Transformer 的输入有两类。一类是要处理的自然语言序列，另一类则是用于训练的标准答案。在训练阶段，机器会将自己翻译的结果与标准答案进行对比，通过计算损失函数，然后利用反向传播来调整模型的权重参数。这个过程会一直持续到机器翻译出的结果与标准答案高度一致为止。

最后，来说说输出层（Output）。这一层会根据机器的计算结果，给出所有可能的目标语言词汇以及它们对应的概率。然后，通常会选择概率最大的那个词汇作为最终的输出结果。

以上就是对 Transformer 整体架构的简述，接下来将对每个部分进行详细解释。

10.2.1　编码器（Encoder）——用庖丁解牛的方式解读文字

庖丁解牛，这一典故描绘的是将一具巨大的牛体通过细致入微的技艺和深刻的理解，巧妙地分解成各个部位，每一刀都精准无比，既保持了整体的完整性，又凸显了匠人的高超技巧。将这一情景映射到自然语言处理领域，编码器在处理输入的文本时，就如同庖丁解牛般，将文本精准地分解为一个个的 token。

前面提及过结巴分词，这是一个专门用于中文分词的工具，能够将中文句子巧妙地分割成独立的 token。然而，在 Transformer 等深度学习模型中，编码器往往也内置了分词的功能，这意味着它们能够自行将输入的文本分解成 token，以供后续处理。

当文本被分解成 token 后，编码器便会运用其内部的自注意力机制和前馈神经网络，深入挖掘每个 token 背后的含义以及它们之间的内在关联。接下来，一同来探索编码器的内部架构，见图 10-8，看看它是如何支持对自然语言深入理解的。

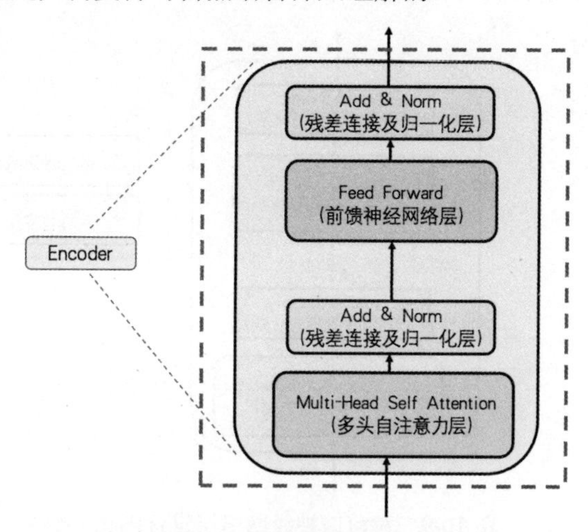

图 10-8　编码器的详细架构

在编码层中，每一个编码器都遵循相同的结构设计。如果打开其中一个编码器进行细致观察，会发现其实里面有两个子层：一个是 Multi-Head Attention（多头自注意力层），另一个是 Feed Forward（前馈神经网络层）。而在这两个子层之后，通常还跟随着一个 Add & Norm（残差连接及归一化层）。接下来，就详细了解一下这些层各自的作用和功能。

1. 多头自注意力层

首先，聚焦在多头自注意力层上。这一层的核心功能在于计算输入序列中各个单词之间的关联程度。具体来说，对于每一个单词，都通过 3 个矩阵 W_q（查询矩阵）、W_k（键矩阵）、W_v（值矩阵）来计算当前序列中其他单词与该单词的相关性，以此深入理解每个单词的语境意义。需要注意的是，这里的“自”指的是在计算过程中，关注的是输入序列内部各个单词之间的关系，也就是它们在本段文字中的上下文关联。

进一步来说，多头自注意力层之所以被称为“多头”，是因为在处理输入序列时，同时考虑了多个不同的特征空间。每个“头”都独立地执行自注意力机制，从而捕获输入序列中不同方面的信息。这样的设计使得模型能够更全面地理解输入序列，提高信息的利用率。

2. 前馈神经网络层

以经典例句“The quick brown fox jumps over the lazy dog”（快速的棕色狐狸跳过那只懒狗）为例，这句话因其包含了完整的 26 个英文字母而广为人知。当利用深度学习模型处理这个句子时，自注意力机制会审视整个句子中的所有单词，以捕捉和整合信息来理解“fox”的含义。然而，尽管自注意力机制能够洞察全局，但它可能因为注意力权重分散等原因不能直接发现“fox”与“brown”这样的特定关联。

这时，前馈神经网络层便显得尤为重要。通过大量语料库的训练，前馈神经网络层学会了捕捉和识别文本中的潜在关系。对于上述例子，它能够发现“fox”与“brown”之间的紧密关系，并将这种关联融入“fox”的向量表示中。因此，在模型的理解中，“fox”不再是一个孤立的单词，而是与“brown”紧密相关的一个概念，这样使得“fox”在翻译时更有可能被准确地解读为"棕色狐狸"。

更进一步地说，前馈神经网络层可以被视为一个"存储库"，它以参数的形式保存了从大量数据中学习到的特征。这些特征在模型的推理过程中发挥着关键作用，帮助模型更准确地理解并处理新的文本数据。

从架构上看，细分的前馈神经网络层如图 10-9 所示。

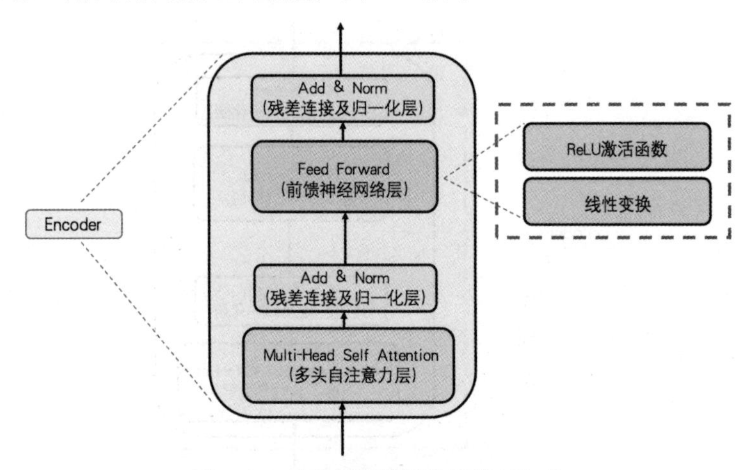

图 10-9　对前馈神经网络层进行细化

前馈神经网络层的处理过程通常包括线性变换和 ReLU 激活函数两个步骤。线性变换通过为每个单词引入一个权重矩阵，来捕捉单词各个特征的重要性。在训练过程中，这些权重会不断调整，使得对单词含义有重要贡献的特征得到更高的权重。而 ReLU 激活函数则是调整一下训练后得到的权重，如果发现有的特征权重小于 0，那么直接就把权重设为 0，也就是宣布这个特征对单词不起作用，这样做可以降低计算的复杂度，更加有效地让模型逼近任意函数，从而允许神经网络学习更为复杂的函数关系。

3. 残差连接及归一化层

再来看一下残差连接及归一化层（Add & Norm），这个层的名字很拗口，但是理解之后，功能很简单。在多头自注意力层和前馈神经网络层的后面都跟着这么一层的处理，如图 10-10 所示。

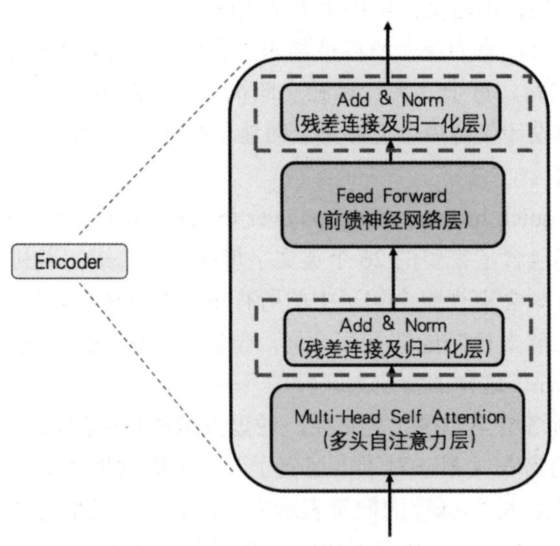

图 10-10　残差连接及归一化层

先说残差连接，如果前馈神经网络层数很多，每一层都会提取特征，前面几层提取的是基本信息，例如主、谓、宾语，后面几层提取的是抽象的信息或者非常细节的信息，例如说话人细微的情感倾向，这样学到后面几层的时候，由于前面的基本信息不断地向后传递，在传递过程中，不可避免地会造成前面的基本信息变得越来越弱，甚至会丢失重要的基本信息。解决办法是把前面的基本信息跳过一层或几层，直接传给后面的输出层，相当于走个“捷径”，这样就能保证重要的基本信息不受影响地在最终结果里出现。

与此同时，可能会想起 LSTM 中的“遗忘门”机制。虽然两者都是为了保留关键信息，但它们的适用场景有所不同。LSTM 的遗忘门主要用于处理长序列文本，确保在处理后续字符时能够记住前面字符的特征；而残差连接则更多地关注在处理同一段文本时，随着网络层数的增加，如何确保后续层在提取更抽象信息的同时，不会忘记前面层所提取的基础信息。

接下来，谈谈归一化层的作用。在前馈神经网络中，每一层都会对数据进行复杂的计算和转换，以提取更高层次的特征。然而，这些操作可能会导致数据分布发生变化，即所谓的“内部协变量偏移”。为了应对这一问题，引入了归一化层。

归一化层的核心功能是对每一层的输出数据进行调整，使其具有零均值和单位方差。这样做的好处是，无论网络层次如何加深，每一层接收到的数据分布都能保持相对稳定。

以一个实际场景为例，假设有一个关于年龄的数据集，其中年轻人的数据较多，而老年人的数据较少。这样的数据分布可能导致模型在训练时偏向年轻人，甚至可能过度关注异常数据，造成过拟合；或者对老年人的特征提取不足，导致欠拟合。如果直接将这样的数据传递给下一层，那么下一层的神经元就需要处理这种分布不均的数据，这无疑增加了训练的复杂性。

但是，如果在每一层处理之后立即应用一个归一化层，那么情况就会大不相同。归一化层会对这些数据进行调整，使它们的分布变得更加均匀。这样一来，下一层的神经元就能更容易地从这些数据中提取有用的特征，从而提高整个神经网络的性能。因此，归一化层在神经网络中扮演着至关重要的角色，它们不仅简化了训练过程，还提高了模型的泛化能力。

10.2.2　解码器（Decoder）——充满智慧的讲述者

编码部分的几个主要子层都介绍完了，下面看一下解码部分。

解码器就像一位充满智慧的讲述者，能够洞悉编码之间的微妙联系，捕捉细微的线索，不断地运算、比对，将零散的线索串联成完整的信息。

前面讲的编码层中的每个编码器的结构相同，解码器亦然，每个解码器的结构一样，如图 10-11 所示。

解码器的任务与编码器相反，编码器是将源语言变换成中间向量，解码器是将中间向量变换成目标语言。虽然解码器和编码器的任务不一样，但是它们的工作方式却是类似的，都是先输入，然后经过注意力机制提取词与词之间的关系，再用前馈神经网络调整词向量的各种特征的权重，每一层的结果还要进行残差连接 & 归一化处理，以方便后续层的处理。

下面逐一看看解码器的各层都有什么作用。

1. 掩码多头自注意力层（Masked Multi-Head Self Attention）

在 Transformer 的解码层中，掩码多头自注意力层扮演着至关重要的角色。首先，来回顾一下训练阶段的情境。在训练过程中，确实拥有了一个明确的目标——期望机器翻译出标准答案，即目标语言序列。但关键在于，不能让机器在序列生成的初期就窥视到整个答案，否则它岂不是能轻松“作弊”了？

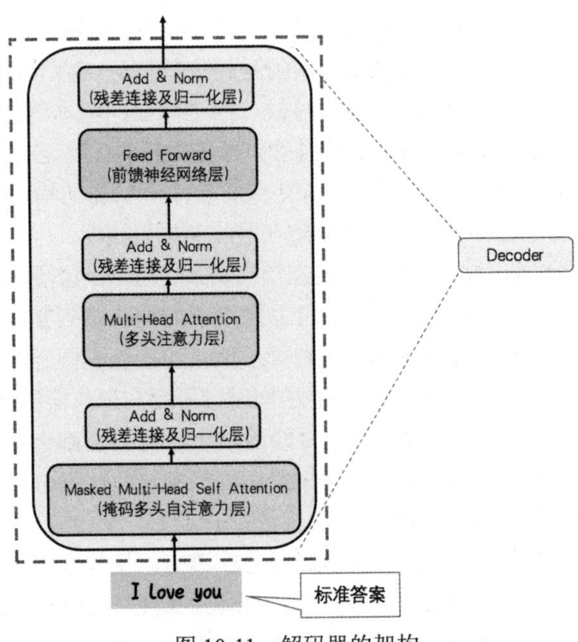

图 10-11　解码器的架构

想象一下，这就像给学生布置英语测验，不会一开始就展示所有题目的答案，相反，暂时用一张黑纸盖住答案，让学生在完成每道题目后，再逐步揭晓答案以进行核对。在 Transformer 的上下文中，掩码多头自注意力层就扮演着这张黑纸的角色，如图 10-12 所示。

图 10-12　掩码多头自注意力层的作用是遮挡住标准答案

具体来说，掩码机制的核心思想是将未来单词的注意力权重设置为负无穷大（或一个接近零的极小值），这样，在计算当前单词的注意力分布时，未来的单词就不会产生任何影响。这种操作有效地防止了模型在预测时“偷看”未来的信息，确保了生成的序列是基于已生成内容的有序、逐步的预测。

当步入推理阶段，掩码多头自注意力层所扮演的角色显得尤为关键。特别是在模型需要创造全新的序列，如文本生成任务时，这一点尤为突出。由于自然语言具有固有的顺序性，通常一个词的出现是建立在其前面词汇的基础上的，而非依赖于尚未出现的词。此外，文本生成的核心在于产生新颖、富有意义的文本，若模型能够预知未来的词汇，那么它便失去了生成这些词汇的能力，而仅仅是复制了已有的文本，这将极大地限制模型在创造性写作、对话系统等领域的应用。

为了更直观地理解这一点，假设有一个文本生成模型，其任务是将句子“我喜欢吃________和蔬菜。”补充完整。在这个过程中，模型会首先对这个句子进行编码。句子被划分为 3 个部分：“我喜欢吃”、“<mask>”（这是模型需要预测的空白位置）和“和蔬菜”。<mask> 是一个特殊的标记，用来提示模型此处需要生成内容。

当模型计算 <mask> 位置的表示时，它只会参考“我喜欢吃”这部分的编码信息，而不会去考虑“和蔬菜”这部分的信息。这是因为在文本生成过程中，希望模型能够基于已经生成的内容来预测下一个词，而非预先知道后续的内容。

掩码多头自注意力层正是通过这一机制，确保了模型在推理时的预测是符合因果关系的——即它基于已生成的序列部分来预测下一个词汇。这种做法不仅提高了模型预测的准确性，还确保了生成的序列在逻辑上是连贯且合理的。因此，无论是在训练阶段还是推理阶段，掩码多头自注意力层都是 Transformer 解码层中至关重要的组件。

2. 多头注意力层（Multi-Head Attention）

解码器还有一个关键的组件值得深入探讨——那就是多头注意力层。与编码器中的多头自注意力层有所不同，解码器中的这个注意力机制实现了跨 Encoder 和 Decoder 的信息交流，因此有时也被称为交叉注意力层。

想象一下，编码器中的多头自注意力层就像是一个细心的读者，它专注于输入序列中的每一个单词，深入剖析这些单词与整个文本上下文之间的关系。这种对内部单词之间联系的敏锐捕捉，使得模型能够更准确地理解输入序列的语义和上下文信息。

然而，解码器中的交叉多注意力层则更像是一个桥梁，连接着输入序列和输出序列。它的关注点在于这两者之间的交叉联系。当模型开始生成输出序列时，解码器不仅需要考虑输入序列所提供的上下文信息，还需要根据当前输出序列中需要生成的单词，通过交叉注意力机制来精准地融合这些信息。这种机制确保了模型在生成过程中能够充分利用输入序列的语义信息，从而生成更加准确、合理的输出序列。

因此，虽然编码器中的多头自注意力层和解码器中的交叉多头注意力层在形式上有所相似，但它们的目的和关注点却有着本质的区别。编码器关注的是输入序列的内部联系，而解码器则专注于输入与输出之间的交叉联系。两者共同协作，为 Transformer 模型提供了强大的理解和生成能力。

3. 前馈神经网络层（Feed-Forward Neural Network）

解码器里的前馈神经网络层和编码器的作用一样，都是引入一个权重矩阵，然后在训练过程不断调整里面的权重参数，以便在真正执行翻译或推理任务的时候能恰当地将中间向量转换为目标语言序列。编码器已经介绍过了，此处不赘述。

4. 残差连接和归一化层（Residual Connection and Layer Normalization）

与编码器相似，解码器的每个子层也包含残差连接和归一化层，也是为了保证前面各层学习到的基本信息不会在后面的各层处理中丢失，有助于训练过程中保证信息的稳定性和加速收敛。编码器已经介绍过了，此处不赘述。

10.2.3　嵌入层 & 位置编码——从自然语言到机器向量

在编码器堆栈和解码器堆栈之前，都有一个对应的嵌入层（Embedding），如图 10-13 虚线框所示。之前在讲机器翻译的时候介绍过，单词首先要被转换成向量，这样才能被机器认识，这个嵌入层就是干这个的，当然也可以用其他工具来做，比如之前介绍过的

Word2Vec。总之，只要想办法把人类的自然语言的字符或者单词转换成一串数字表示的向量，而且经过大规模的调整，把词义相近的单词对应的向量值调整得比较接近就行了，就像编制了一本向量大辞典。以这个为基础，后面就能继续寻找词与词之间的关系，理解整段话的意思。

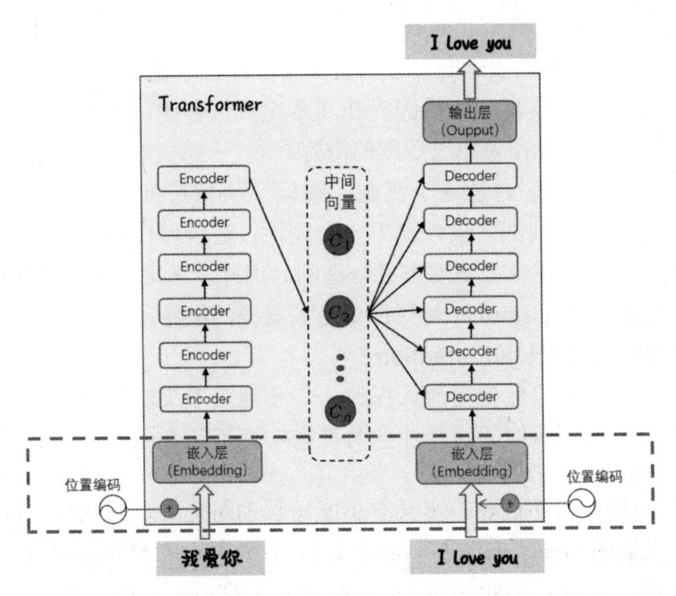

图 10-13　嵌入层和位置编码

有人要问了，在左边的编码器堆栈前面加个嵌入层可以理解，就是把要翻译的中文字符先变成向量嘛，但是在右边解码器堆栈的前面为什么也有一个嵌入层呢？这是因为机器在训练的时候，有时候需要进行有监督的训练，这时候就要把英文的标准答案也给到机器，机器就需要在解码层把英文标准答案也变成向量，输入到模型里，等到机器翻译完中文后，再比对一下标准答案，就知道是不是翻译对了。一旦训练完毕，在真正执行翻译任务的时候，解码器堆栈前面的嵌入层就用不上了。

除了给编码器堆栈和解码器堆栈输入源语言及目标语言序列之外，由于注意力机制不同于 RNN，不是按照顺序对序列进行处理的，而是并行地对序列中所有单词进行处理，因此是不知道一段话里词语的先后顺序的，这势必会影响对整个语义的理解，因此就需要人为地对序列进行排序编号，然后把编号告诉模型，这就叫**位置编码**。位置编码在前面已经介绍过，现在用得比较多的是**正余弦位置编码**，可以保证每一个编码不重复，而且可以衡量出两个单词的距离远近。

10.2.4　输出层——从机器向量回到自然语言

此外，在解码层的后面，还要有一个输出层（Output），见图 10-14 虚线框里的部分。

在这一层有两步操作，线性化和归一化，见图 10-15。

第一步叫**线性化**，当解码器完成其工作后，得到的是一系列包含丰富语义信息的向量。接下来，为了将这些向量转化为人类可读的单词，需要将这些向量与目标词汇表上的每个单词的嵌入向量进行点乘操作，从而在目标词汇表里找到与向量最相近的单词对应的原始分数。以“爱”的中文翻译为例，可能会得到与“love”“like”“affection”等英文单词相对应的原始分数。

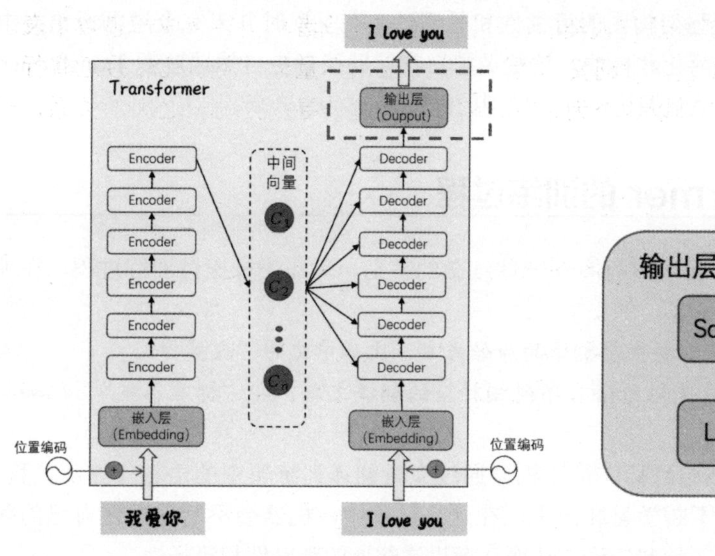

图 10-14　输出层　　　　图 10-15　输出层的架构

第二步叫**归一化**，这里经常使用一个 Softmax 函数来进行归一化操作。因为刚才线性化之后的每个向量中的每个值都代表输出某个英文单词的可能性，而且这些可能性并不是规规矩矩地都小于 1，它们的和加起来也不一定等于 1，这不符合对概率的要求。例如“爱”的翻译，有可能是这样的一串数字：[88.9，–15.0，44.4]，分别对应 [“love”“like”“affection”] 的概率。因此需要把这些值规范一下，才能得到最终的输出结果，也就是让每个词向量的各个分量都小于 1，加起来的和正好等于 1。经过 Softmax 处理后，可能会得到类似这样的概率分布：[0.8, 0.05, 0.15]，分别对应着“love”“like”“affection”的概率。

前面讲过，每一个前馈层都接着一个归一化操作，而这里的输出层又使用了归一化操作，它们翻译成中文字面上相同，但实际上是两回事。输出层的归一化作用在最后一层上，是为了将模型的输出转换为概率分布，确保输出的每个类别的概率值都在 0 ～ 1，并且让这些概率之和等于 1，用得比较多的是 Softmax 函数。而前馈层的归一化作用在每一个前馈层上，主要是为了调整数据的分布，使得每一层神经网络的输入或输出具有相同的均值和方差，从而加速模型的训练并提高性能。

经过对 Transformer 架构的深入剖析和梳理，逐步从编码器到解码器展示了其完整的工作流程，并在此基础上整理出了 Transformer 的完整架构图。

需要强调的是，在著名的《*Attention is All You Need*》论文中，为了保持架构图的简洁性，作者选择省略了中间向量的部分，如图 10-16 所示。

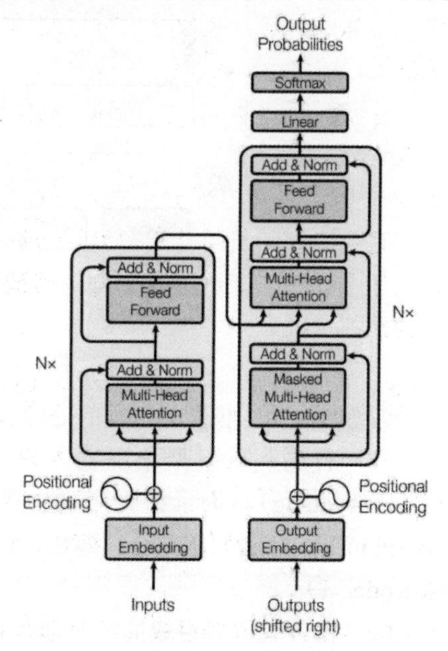

图 10-16　《*Attention is All You Need*》里的 Transformer 架构图

这样的处理虽然使得架构图看起来更为清晰，但也可能导致读者对 Transformer 的完整工作流程产生误解。因此，在本书中，特别重视这一细节，将中间向量这一关键部分明确地呈现出来，确保读者能够准确理解 Transformer 的工作原理。

此外，为了进一步增强架构图的可读性和易懂性，在呈现时并未完全遵循原论文中的图示方式，而是进行了一些简化和标注。这些调整旨在帮助读者更自然地理解 Transformer 的架构和原理，以便能够更好地掌握这一强大模型的精髓。

10.3 Transformer 的训练过程

Transformer 的训练和推理过程存在一些细微的差别，现在先来探讨训练过程。在训练阶段，准备了两部分数据。

- 源语言序列，这是需要机器翻译的原始文本，比如中文的“我爱你”。
- 目标语言序列，这是与源语言序列相对应的翻译文本，即“标准答案”，比如英文的“I love you”。

Transformer 训练的核心目标，是让机器通过大量翻译训练集中的语料（如从“我爱你”翻译成“I love you”）来不断学习和改进。在这个过程中，机器会不断地发现自己的翻译错误，并通过优化算法来纠正这些错误，从而逐渐提高翻译的准确性和流畅性。

为了更直观地理解这个过程，将编码器堆栈和解码器堆栈的数量简化为 2 层，见图 10-17，并在 Transformer 架构的关键处理步骤中加入数据说明模块（以斜线框表示）。这样一来，就能够清晰地看到数据是如何在 Transformer 的各个部分中流动和处理的，从而更好地理解其工作机制。

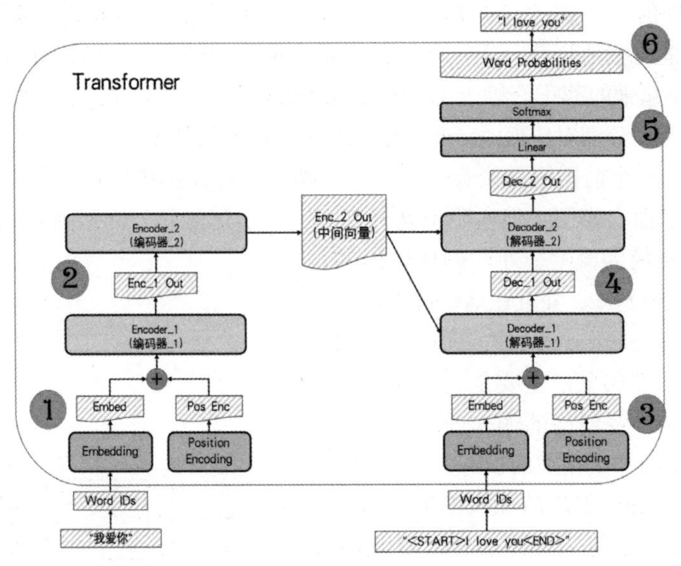

图 10-17　Transformer 训练过程

训练过程中，模型对数据的处理过程大体可分为以下 6 个步骤。

（1）首先，在模型处理输入序列“我爱你”之前，这个序列会被转换成词嵌入向量（Embedding）。为了捕捉序列中单词的顺序信息，还会将这些词嵌入向量与位置编码（Position Encoding）相结合。随后，这个结合了位置信息的词嵌入向量被送入第一个编码器（Encoder_1）。

（2）由各编码器组成的编码器堆栈按照顺序对第一步中的输出（Enc_1 Out）进行处理，它们的主要任务是提取输入序列的特征，并为这些特征设置权重。例如，它们会关注每个词的自注意力特征，或者对句子中的关键动词进行分析。在本例中，仅展示了两个编码器层，但在实际应用中，可能会有更多层。经过多层编码器的特征提取和权重设置后，模型会生成一个编码后的中间向量（Enc_2 Out），这个向量可以理解为模型对输入序列“我爱你”的深层理解。这些权重信息被存储在编码器的最后一层隐藏层中。

（3）再来看右侧的解码过程。首先从右下方开始，给目标序列“I love you”加一个句首标记 <START> 和句尾标记 <END>，表示开始和结束；然后，这些标记化的序列会被转换成词嵌入向量，并与位置编码相结合，一同送入第一个解码器。

（4）由各解码器组成的解码器堆栈，会将目标词嵌入向量与编码器输出的中间向量（Enc_2 Out）相结合。通过这个过程，解码器能够考虑到输入序列的信息，并生成目标序列的解码表示（Dec_2 Out）。

（5）在输出层，模型会对解码表示进行线性化和归一化操作，将其转换为词概率分布。最终，这些词概率会被用来生成输出序列“I love you”。

（6）最后，为了评估模型的性能并指导模型的训练，会使用一个损失函数来比较模型的输出序列与训练数据中的目标序列。如果两者不一致，就会产生所谓的“损失”。这个损失值会被用来计算梯度，在反向传播过程中根据梯度更新神经网络中的权重，从而不断优化模型的性能。这个过程与前面提到的水管修理工的例子相似，经过不断地修正和调整，以达到更好的效果。

10.4　Transformer 的推理过程

在 Transformer 的推理过程中（即实际执行翻译任务时），仅有输入序列，没有像训练时那样的标准答案输入给解码器。推理的核心目标就是基于输入序列来生成输出序列。推理的过程见图 10-18。

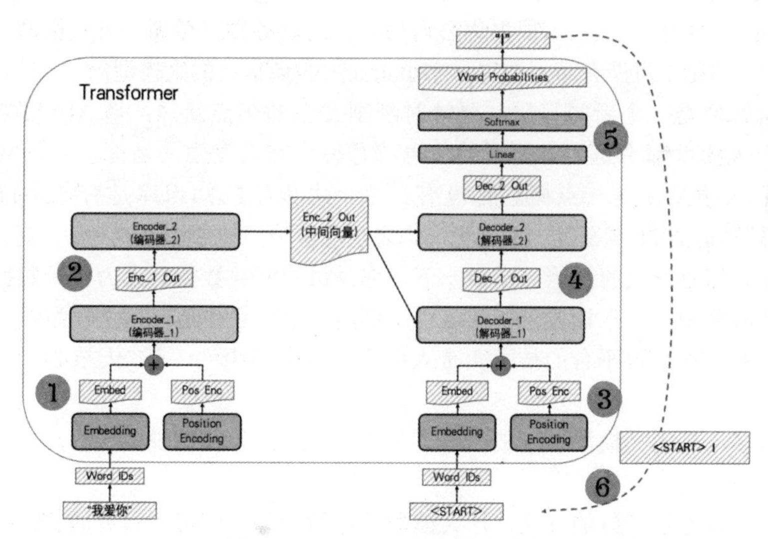

图 10-18　Transformer 推理过程

以下是推理过程中数据流转的详细步骤。

（1）推理的第一步与训练时相同：输入序列“我爱你”首先被转换成词嵌入，随后与位置编码结合，然后送入第一个编码器。

（2）紧接着，由各编码器组成的编码器堆栈会对这一步骤的输出进行处理，以生成对输入序列的深入理解，即中间向量（Enc_2 Out）。

（3）从第三步开始，推理过程与训练时有所不同：在初始时间步，用一个仅包含句首符号 <START> 的空序列代替训练时的目标序列。这个空序列同样被转换成带有位置编码的词嵌入，并作为解码器的输入。

（4）接下来，由各解码器组成的解码器堆栈将处理这一空序列的词嵌入表示，并与编码器堆栈生成的编码表示（Enc_2 Out）相结合，以产生目标序列第一个词的编码表示（Dec_1 Out）。经过解码器堆栈的其余层处理后，最终会生成解码器的输出（Dec_2 Out）。

（5）输出层将解码器的输出（Dec_2 Out）转换为词概率分布，即词汇表中每个词的预测概率。然后，选择概率最高的词作为第一个目标单词，即“I”。

（6）接下来，将这个新生成的单词作为解码器输入序列的第二个时间步的输入，用于预测下一个单词。在第二个时间步，解码器的输入序列就包含了句首符号 <START> 和第一个时间步预测出的单词“I”。

这个过程会不断重复，直到解码器预测出一个句末标记 <END> 为止。值得注意的是，由于中间向量在推理过程中保持不变，它已经包含了输入序列的所有信息，因此不需要在每次迭代时都重复第 1 步和第 2 步。

10.5 让大模型懂你——利用大模型推理能力解决自己的问题

随着 Transformer 架构的广泛应用，自然语言处理领域取得了巨大进步，ChatGPT、文心一言等大模型成为其中的佼佼者。然而，这些大模型虽然具备强大的通用推理能力，但要想真正满足特定企业的业务需求，还有很多问题需要解决。

你是一家百十来人公司的财务主管，希望大模型帮你管理公司的财务数据，帮你每个月生成盈利状况报表。但是大模型是人家 OpenAI、Google、百度训练出来的，那么你去和 OpenAI、Google 谈合作，让人家根据你公司每个月的财务数据微调一下大模型？那你可能想多了，大模型公司是不可能有精力帮每一家小企业去微调自己的大模型的。

还有，假如你是一个新闻写手，要针对刚刚发生的热点新闻，请 AI 帮你写一段评论。对不起，每个大模型都不是实时更新的，也就是说，昨天发生的新闻，哪怕网上已经传得沸沸扬扬了，大模型还是一点概念都没有。每个大模型的知识库是有截止日期的，例如 ChatGPT 3.5 只知道 2021 年 9 月之前的事情，之后的事情一概不知道。

另外，还有信息安全的问题，试想一下，你公司的财务数据、人力资源数据、客户数据都是公司的核心机密，一旦让大模型知道了，你的竞争对手也可以向大模型发问，例如“请问 ×× 公司的 ×× 后台平台的技术负责人电话号码是多少”，第二天核心开发人员就被挖走了。

说了这么多，难道大模型只能被当作一个百科全书，和我们说说笑笑，干不了实事吗？非也非也！

实际上，可以通过巧妙的方式，让大模型懂你的业务，学习到最近的新闻，帮你分析私有数据，并且还能完全保密，不向别人透露一丝秘密。这就要用到检索增强生成（Retrieval Augmented Generation，RAG）技术，基于大公司已经训练好的大模型，结合自己的数据，通过简单的开发，来搭建一个适用于公司业务的大模型应用。

这个过程并不需要高昂的成本，甚至可以说是零成本。通过一些开源或商业化的开发框架，可以轻松地利用大公司训练好的大模型，并根据公司的业务需求进行定制化的调整。这些开发框架通常提供了丰富的 API 和工具，使得没有专业技术背景的人员也能够轻松上手。

下面就以搭建一个客服问答机器人为例，介绍怎样根据公司的具体业务需要，对大模型的推理能力进行针对性的优化，让大模型在实际工作中真正产生效益。

10.5.1 RAG 基本原理——一个专业的“知识外挂”

先介绍一下要用到的技术框架：**检索增强生成**（Retrieval Augmented Generation, RAG）。这一技术通过将大模型的生成能力与外部信息检索技术相结合，为模型赋予了从额外提供的文档中检索相关信息的能力，从而显著提升了回答的质量和准确性。

众所周知，大模型本身并非一个无所不知的知识库。它依赖于庞大的训练数据来理解和预测语言，但在面对某些专业或时效性强的内容时，由于这些内容并未包含在训练数据中，大模型往往难以给出满意的回答。

RAG 技术的出现，正是为了解决这一问题。它为大模型提供了一个“知识外挂”，使其能够根据语言上下文中的信息，从知识库中提取相关内容进行回答。这种方式不仅弥补了大模型在专业知识上的不足，还提高了其对于时新内容的应对能力。

那么 RAG 是如何实现的呢？下面简单了解一下 RAG 的整体工作流程，见图 10-19。

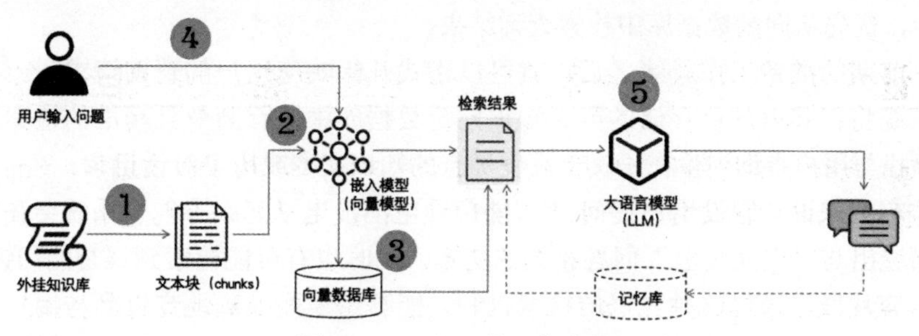

图 10-19 RAG 的工作流程

第一步，准备知识文档。

古语云“巧妇难为无米之炊”，同样地，没有充足的业务知识，大语言模型也难以在实际业务中发挥其真正价值。现实中，人们面对的知识源可谓五花八门，包括但不限于 Word 文档、TXT 文件、CSV 数据表、Excel 表格，甚至 PDF 文件、图片和视频等。以智能家居设备生产企业为例，产品使用说明、客服应答记录以及内部技术资料等都是关键知识源，但这些信息在公开互联网上往往难以全面获取。

为了将这些多样化的知识源转化为大语言模型可理解的纯文本数据，需要借助专业的工具和技术。例如，PDF 提取器能够帮助人们轻松地从 PDF 文件中提取文本，而 OCR 技术则能识别图片和视频中的文字信息，并将它们转化为模型可以直接处理的文本格式。

然而，面对篇幅较长的文档，直接处理不仅效率低下，还可能影响模型性能。因此，文档切片成为一个关键步骤。通过将长篇文档分割成多个较短的文本块（Chunk），可以有效减轻模型的处理负担，提高处理效率，并在后续信息检索中提高准确性。

第二步，利用嵌入模型进行向量化转换。

嵌入模型的核心功能是将知识文档中的文本内容转化为向量形式，正因如此，有时也将其称为“向量模型”。在此之前，已经充分探讨了文本向量化表示的重要性。简单地说，日常使用的语言常常带有歧义和冗余，而向量表示则更为精确且紧凑，它能够捕捉句子的上下文关系和核心意义，将文本转化为向量后，通过简单的向量运算，可以迅速识别出语义上的相似句子。

举一个实际应用的例子，假设需要查询关于“矿泉水”和“山泉水”这两个名词的相关知识。利用嵌入模型，可以轻松地将这两个名词转化为向量形式。接下来，通过计算这些向量之间的相似度，可以高效地检索到与这两部分内容高度相关的知识。这种基于语言模型的知识提取方式，相较于传统的模糊匹配或关键词查询，更为智能和精准。

目前，市面上已经有一些成熟的嵌入模型工具可供选择，如Word2Vec等。这些工具经过大量的数据训练和优化，能够提供精确且高效的文本向量化表示，帮助人们更好地理解和分析文本数据。通过利用这些工具，能够更深入地挖掘文本中的信息，为各种应用场景提供有力的支持。

第三步，将向量数据存入专用数据库。

向量数据库，顾名思义，是一种特别为存储和检索向量数据而设计的数据库系统。在RAG系统的应用中，嵌入模型所产生的向量数据被精确地存储在这样的数据库中。此类数据库经过深度的优化处理，不仅能够有效管理海量的向量数据，还确保了即便在面对庞大的知识向量集时，也能快速检索出与用户查询最为匹配的信息。向量数据库的诞生，无疑极大地提升了向量数据的处理速度和检索准确性，为RAG系统构建了一个稳固且高效的数据支撑平台。

第四步，优先从向量数据库中检索查询结果。

当所有前期的准备工作就绪之后，就可以正式开始响应用户的查询请求了。在这一关键步骤中，系统将在其内部已存储的庞大知识向量数据库中进行高效且精准的检索。这一检索过程旨在寻找与用户查询向量在语义上高度契合的知识文本或历史对话记录。

以具体实例来说，假设用户提问："智能门锁电池没电了怎么办？"系统会在客服历史回答中迅速筛选出与"电池没电"问题相关的文本，同时也有可能检索到《智能门锁使用说明》中相关的内容片段。通过这种先进的检索机制，能够迅速而准确地定位到与用户查询最为匹配的信息，并为用户提供既高效又精准的答案或回应。这样，不仅提高了系统的响应速度，还增强了用户体验的满意度。

第五步，精准生成回答。

在用户查询的检索工作圆满完成后，就迎来了整个流程中最终且至关重要的一环——生成回答。在这一阶段，会巧妙地融合用户的提问与检索到的相关信息，精心构建出一个提示词模板。这个模板的作用举足轻重，它为大语言模型提供了丰富的上下文信息，帮助模型精准地把握用户的意图，并据此生成相应的回答。

举例来说，这个提示词模板可能会是这样的：

```
历史对话内容：电池没电了，怎么办？打开电池盖，更换电池
搜索到的相似内容：电池电量剩余30%的时候，指示灯会闪烁，提醒更换电池
请根据以上信息，为以下查询生成回答：{query}
```

其中，{query}是用户输入的实际问题。

接着，将根据模板生成的完整提示词输入至ChatGPT等大语言模型中。接下来，静待模型利用其卓越的语言处理能力和深厚的知识储备，输出最终的答案。这样的流程确保了其所生成的回答，不仅精准地贴合了用户的查询需求，而且具备高度的准确性和可靠性。

理解上述步骤后，便能基于一个基础的大模型，结合外部知识库，构建出一个独特的客服机器人。这款机器人不仅具备日常问候和对话的能力，更能够依托外挂的知识库，对专业性问题作出精准的回答。然而，要实现这样一个功能强大的机器人，自然需要对大语言模型应用的开发有深入的了解，并熟练掌握相关的开发工具，如LangChain等。

10.5.2 LangChain 简介

LangChain 是一个灵活且功能强大的框架，旨在简化大语言模型的开发与应用过程。它提供了一套完整的工具链，使得开发者能够轻松地将大语言模型集成到各种应用中，从而实现自然语言处理、文本生成、问答系统、对话管理等多种功能。LangChain 不仅支持主流的大语言模型，如 GPT、BERT 等，还提供了丰富的 API 和插件，使得开发者能够根据自己的需求进行定制和优化。更多的信息，可以从官网获取：https://python.langchain.com/docs/get_started/introduction。

从功能上看，LangChain 宛如一条链条，将大模型、外挂文档和用户需求紧密地串联在一起。以构建客服机器人为例，LangChain 展现了其强大的功能集成能力。首先，它提供了一个智慧的大脑——集成了大型语言模型，让机器具备了理解和处理自然语言的能力。其次，LangChain 允许开发者根据任务需求调整模型的参数，确保模型在特定任务上达到最佳性能。此外，为了理解公司内部的资料，LangChain 还具备对文本、图片和视频等多种数据进行预处理的能力，确保数据质量的可靠性。在结果生成后，LangChain 还能够对结果进行格式化处理，使其更易于向用户展示。

归纳起来，LangChain 提供了以下核心功能。

（1）模型集成与调用：LangChain 实现了与大语言模型的无缝对接，开发者通过简单的 API 调用即可将模型轻松嵌入到应用中。这使得开发者无需深入了解模型的技术细节，即可利用模型进行高效的自然语言处理任务。

（2）任务定制与优化：针对不同的任务需求，LangChain 允许开发者对模型进行定制和优化。无论是文本分类、情感分析还是摘要生成，开发者都可以通过调整模型的参数和配置，使其更好地适应特定任务的需求。这种灵活性确保了 LangChain 能够满足各种场景下的需求。

（3）数据预处理与后处理：LangChain 提供了一套完整的数据处理工具，包括文本清洗、分词、向量化等预处理功能，以及结果格式化、排序等后处理功能。这些工具大大减轻了开发者在数据处理方面的工作量，使他们能够更专注于模型的应用逻辑。

（4）插件与扩展性：为了满足不断变化的技术和需求，LangChain 支持丰富的插件机制。开发者可以根据自己的需求添加或修改插件，以扩展框架的功能。这种扩展性使得 LangChain 能够与时俱进，不断适应新技术和新需求的发展。

目前 LangChain 已经在下面的场景得到了应用。

（1）智能客服与问答系统：LangChain 能够构建高效、智能的客服与问答系统。通过集成大语言模型，系统能够准确理解用户的问题，并给出相应的回答或解决方案。这种应用不仅提高了客户服务的效率和质量，还降低了企业的人力成本。

（2）内容创作与辅助写作：LangChain 在内容创作领域也有着广泛的应用。通过利用大语言模型生成文本的能力，开发者可以构建出辅助写作工具，帮助用户快速生成文章、新闻、广告等内容。这种应用不仅提高了内容创作的效率，还丰富了创作的多样性。

（3）教育与学习辅助：在教育领域，LangChain 可以构建智能学习辅助系统。通过与学生进行自然语言交互，系统能够解答学生的问题、提供学习建议，并帮助学生进行自我评估和反思。这种应用不仅提升了学生的学习体验和学习效果，还为教师提供了更好的教学辅助工具。

（4）个性化推荐与智能搜索：LangChain 还可以应用于个性化推荐和智能搜索领域。通过分析用户的搜索历史和偏好，系统能够为用户推荐更符合其需求的内容或产品。这种应用不仅提高了搜索的准确性和效率，还提升了用户体验和满意度。

10.6 大模型用法实战——RAG+LangChain 实现客服机器人

现在只要执行几个简单的步骤，使用 LangChain 开发环境，并且结合 RAG 技术，通过十几行简单的代码，即可实现一个懂得公司业务的客服机器人。

10.6.1 准备数据集 & 安装必需的库

这次使用的数据用一个在线网页的形式给出，是一个产品的展示网页的内容（也可以根据需要换成自己公司的网页）。

http://www.gzwrkj.cn/product/face_plate/

编程环境不变，还是在已经搭建好的 Python 和 Jupyter Notebook 环境下来实现。需要先安装 LangChain 框架，在命令行中输入以下命令。

```
pip3 install langchain
pip3 install langchain_community
pip3 install langchain_core
```

安装完毕后，验证一下安装是否正常。在 Jupyter Notebook 中新建一个 notebook，然后在其中一个 cell 中输入以下代码来验证 LangChain 是否已经正确安装。

```
import langchain
print(langchain.__version__)
```

如果一切正常，您将看到 LangChain 的版本号被打印出来。

下面需要选择一个大语言模型，在本示例中，导入百度千帆大模型集成包。当然也可以使用其他的大语言模型，例如字节、阿里等国内公司或者是 OpenAI 等国外公司的大模型，方法类似。

10.6.2 免费拿到试用密钥

之所以选择千帆大模型作为例子，主要是因为免费（新注册用户可以免费试用一个月，足够我们学习了），而且使用起来简单。毕竟都要先试用一下，才能决定买不买，只有这样，才是最省钱、最省事的学习知识的途径。

访问千帆 API 需要两个密钥，可以通过创建账户并访问相关页面获取。

首先打开网页：https://cloud.baidu.com/，见图 10-20。

图 10-20　百度智能云首页

点击右侧“免费注册”，如图 10-21 所示。

按照要求完成免费注册，然后登录，见图 10-22。

图 10-21　注册百度智能云账号

图 10-22　登录百度智能云

可以选择短信登录，登录后的页面如图 10-23 所示。

登录成功后鼠标移到上方的“产品”，在弹出页面里选中“千帆大模型平台 ModelBuilder”，跳转到如图 10-24 所示界面。

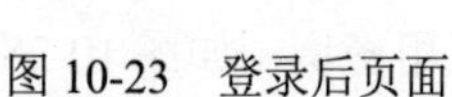
图 10-23　登录后页面

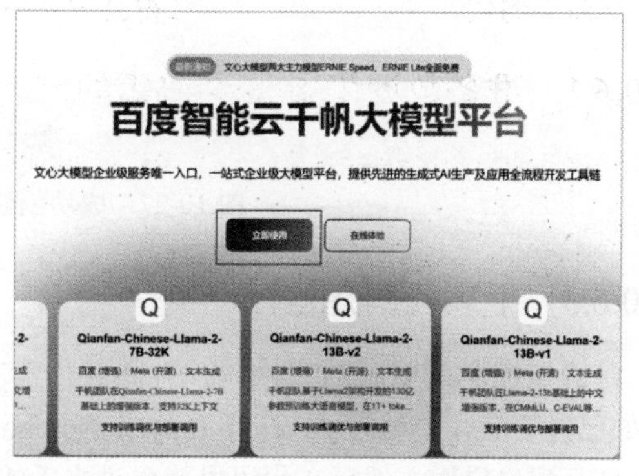

图 10-24　百度千帆大模型平台

然后点击“立即使用”，打开的页面见图 10-25。

图 10-25　创建一个应用

接着选中图 10-25 左侧的“应用接入”，然后点击“创建应用”，打开的页面如图 10-26 所示。在图 10-26 所示页面上填写应用名称、应用描述，并点击下方的确定按钮。

可以看到创建了一个新的应用，名叫 RAGTest。点击方框中的小图标，就可以看到完整的“Secret Key”，如图 10-27 所示。然后拷贝出“API Key”和“Secret Key”，它们就是这个应用的试用密钥。

图 10-26　填写应用的基本信息

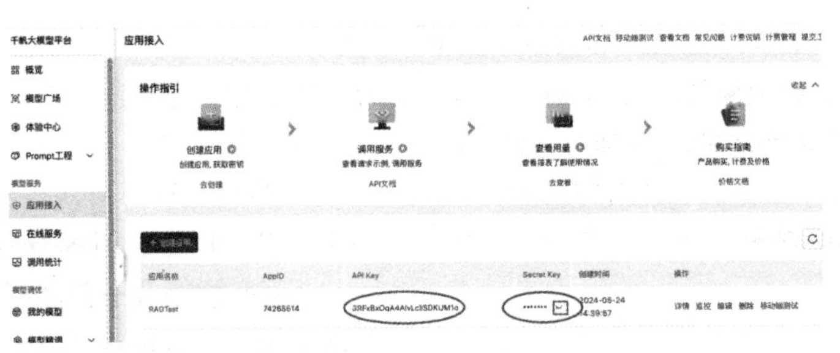

图 10-27　成功创建应用，拷贝两个密钥

10.6.3　下载代码并运行

请扫描本书封底的二维码，并下载所有文件，将文件保存到 Jupyter Notebook 主目录下（如已经下载，请略过）。打开 Jupyter Notebook 主界面，双击 RAGExample.ipynb 文件，就可以打开程序界面，然后在代码里拷贝进去千帆平台的两个试用密钥，如图 10-28 所示。

```
10 # 设置 Qianfan API 的访问密钥和密钥值
11 import os
12 os.environ["QIANFAN_AK"] = "这里填入第一个Key"
13 os.environ["QIANFAN_SK"] = "这里填入第二个Key"
14
```

图 10-28　替换源代码中的密钥

代码刚下载的状态是默认不使用“外挂”的，因此用百度的首页作为一个临时占位的 URL。

```
15 # 使用 WebBaseLoader 从给定的 URL 加载文档内容
16 loader = WebBaseLoader("http://www.baidu.com")
17 #loader = WebBaseLoader("http://www.gzwrkj.cn/product/face_plate/")  # 加载这个 URL 的内容
18 data = loader.load()  # 加载网页内容到 data 变量
```

在没有使用“外挂”之前，按下 Shift+Enter，向大模型提问：

请输入您的问题：粤万润的智能门牌尺寸是多少？

这时候大模型只具备通用的智能，还没有特定公司的知识，因此它的回答如下：

‘根据提供的文档内容，无法确定粤万润的智能门牌尺寸。提供的文档中没有关于智能门牌尺寸的相关信息。’

好的，现在将“外挂”打开。

```
15 # 使用 WebBaseLoader 从给定的 URL 加载文档内容
16 #loader = WebBaseLoader("http://www.baidu.com")
17 loader = WebBaseLoader("http://www.gzwrkj.cn/product/face_plate/")  # 加载这个 URL 的内容
18 data = loader.load()  # 加载网页内容到 data 变量
```

然后点击 Jupyter Notebook 菜单上重启内核的小按钮，如图 10-29 所示。

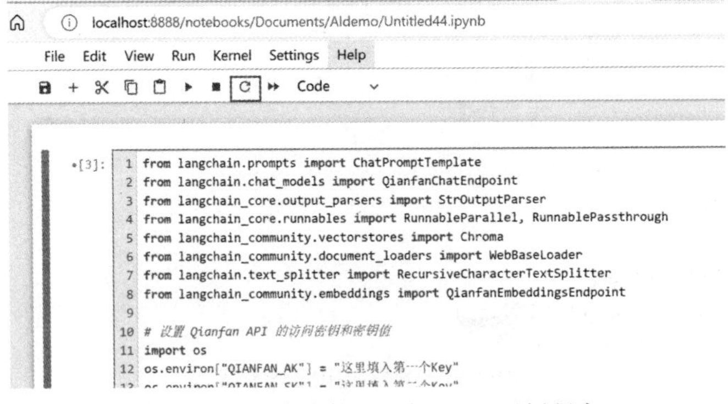

图 10-29　重启内核，运行 RAG 示例程序

见证奇迹的时刻到了！再次按“Shift+Enter”键，然后输入同样的问题：粤万润的智能门牌尺寸是多少？

‘根据提供的文本信息，粤万润的智能门牌尺寸为 **7 英寸 **，具体信息中看到“智能人脸门牌产品外观产品概述智慧人脸门牌实现刷脸开门，是酒店智慧入住组成部分。产品集成人脸识别开门、刷卡开门、电子猫眼、SOS、房态指示灯、广告、门牌号显示于一体。”，因此，可以得出结论，该智能门牌尺寸为 7 英寸。’

这时大模型已经“学会”了公司的产品说明书网页上的知识，并能准确地回答我们的问题。

10.6.4　代码简析

首先导入一些必需的库。

```
from langchain.prompts import ChatPromptTemplate
from langchain.chat_models import QianfanChatEndpoint
from langchain_core.output_parsers import StrOutputParser
from langchain_core.runnables import RunnableParallel, RunnablePassthrough
from langchain_community.vectorstores import Chroma
from langchain_community.document_loaders import WebBaseLoader
from langchain.text_splitter import RecursiveCharacterTextSplitter
from langchain_community.embeddings import QianfanEmbeddingsEndpoint
```

然后要填入在千帆平台上申请的两个 key。

```
# 设置 Qianfan API 的访问密钥和密钥值
import os
os.environ["QIANFAN_AK"] = " 这里填入第一个 Key"
os.environ["QIANFAN_SK"] = " 这里填入第二个 Key"
```

下面导入外部的网页作为“外挂”的数据来源。

```
# 使用 WebBaseLoader 从给定的 URL 加载文档内容
#loader = WebBaseLoader("http://www.baidu.com")
loader = WebBaseLoader("http://www.gzwrkj.cn/product/face_plate/")  # 加载这个 URL 的内容
data = loader.load()  # 加载网页内容到 data 变量
```

然后对文档的数据进行预处理。

```
text_splitter = RecursiveCharacterTextSplitter(chunk_size=500, chunk_overlap=0)
all_splits = text_splitter.split_documents(data)
```

将处理后的数据保存在一个向量数据库中。

```
# 创建一个 RecursiveCharacterTextSplitter 对象，用于将长文本拆分成大小为 500 的片段，没有重叠
text_splitter = RecursiveCharacterTextSplitter(chunk_size=500, chunk_overlap=0)
all_splits = text_splitter.split_documents(data)  # 将加载的网页内容拆分成多个片段
```

创建一个检索器对象，用于存储外挂的知识。

```
# 定义一个嵌入端点实例
embed = QianfanEmbeddingsEndpoint(
)

# 使用 Chroma 从拆分的文档和嵌入创建向量存储
vectorstore = Chroma.from_documents(documents=all_splits, embedding=embed)

# 从向量存储创建一个检索器对象
retriever = vectorstore.as_retriever()
```

再定义聊天提示的模板。

```
# 定义聊天提示模板
template = """Answer the question based only on the following context:
{context}

Question: {question}
"""
prompt = ChatPromptTemplate.from_template(template)  # 从模板创建 ChatPromptTemplate 对象
```

初始化聊天模型。

```
# 初始化 Qianfan 聊天模型
model = QianfanChatEndpoint(
    streaming=True,
)  # 初始化一个支持流式传输的 Qianfan 聊天模型实例
```

把之前索引好的内容作为提取器（retriever），并将其作为上下文信息加载在提示词的context 里。那么再次进行提问的时候，大预言模型就会加载外挂进行回答了。

```
# 初始化输出解析器
output_parser = StrOutputParser()

# 构建一个 RunnableParallel 对象，它并行处理 context（从检索器中获取）和 question（直接从输入中获取）
setup_and_retrieval = RunnableParallel(
    {"context": retriever, "question": RunnablePassthrough()}
)  # 构建一个 RunnableParallel 对象，用于在聊天时并行处理上下文和问题

# 构建整个执行链：从检索器获取上下文 -> 应用提示模板 -> 传递给模型 -> 解析输出
chain = setup_and_retrieval | prompt | model | output_parser  # 构建完整的执行链
```

最后就可以接受用户的提问并利用外挂的知识回答了。

```
# 提示用户输入问题
question = input("请输入您的问题：")  # 从用户处获取问题输入


# 调用执行链，并传入用户的问题
chain.invoke(question)  # 调用执行链，将问题传递给模型并获取回答
```

就这样，一个伶牙俐齿的客服机器人就完成了。

要特别说明的是，目前 LangChain 支持的大模型有很多，不同的大模型对于语言的理解和处理能力都不一样。感兴趣的读者可以自行试用。

作为目前引领大语言模型应用落地的尖端技术，RAG 不仅精通文本识别，更能驾驭图像、音频乃至视频等多模态数据的识别。可以说，RAG 已经广泛应用于各个领域的生成任务，打破了传统模态和任务的界限。本书旨在为读者提供 RAG 技术的基本概念及基础示例代码，以便入门理解。而对于更深入的研究和不断更新的行业应用，将会制作相应的培训视频，使大家更方便地理解人工智能的最新进展，相关资源会更新到主流的视频网站，请扫描本书封底的二维码进行了解。

第 11 章
Sora 原理解密——物理世界的模拟器？

首先，来回顾一下之前的成果：前面已经成功地运用了扩散模型来根据用户的一段话生成对应的图片，那么，能否进一步扩展这种能力，使得能够根据用户的一段话直接生成一段视频呢？这正是本章将要深入探讨的 Sora 技术。

Sora 技术旨在通过一种创新的方法，将用户输入的语言转化为视觉与动态的多媒体内容——即视频。这项技术的实现，不仅依赖于已经掌握的文本到图像、文本到文本的生成技术，更需要在这些技术基础上进行跨模态的整合与创新，以支持从文本到视频这一更复杂的生成过程。接下来，将详细阐述 Sora 技术的工作原理及其应用。

11.1 Sora 凭什么吓了世界一跳？

Sora 的横空出世在 AI 界引发了巨大的轰动。之所以引起如此广泛的关注，人们认为，核心原因在于它不仅仅是一个视频内容生成工具，更是山姆・奥特曼所宣称的——一个能够模拟整个物理世界的强大系统。

那么，这句话该如何理解呢？下面不妨先回顾一下以往的 AIGC 技术。无论是图生文、文生图，还是文生文，这些技术大多局限于单一维度。以自然语言为例，文字是随时间顺序逐个产生的，其上下文之间存在逻辑关联，因此自然语言处理主要集中在时间这一单一维度上。

对于图像而言，通常看到的是二维画面，由 X 轴和 Y 轴的数据构成。此前，Stable Diffusion 等模型已经能够基于扩散模型生成逼真的二维图片，甚至通过透视效果等技术模拟出三维世界在二维画面上的投射。这些技术让机器能够理解三维世界中物体的位置、大小、形状和颜色等信息。

然而，Sora 出现后，融合了三维空间与一维时间的维度，将 AI 的生成能力提升至四维空间。人们在日常生活中，实际上是在一个四维环境中感知世界的，这四维包括空间的长、宽、高以及时间的流逝。在此四维环境中上演了人们的喜怒哀乐、悲欢离合。

在 Sora 之前，机器对于图片的理解仅限于静态的向量之间的距离关系。但 Sora 的出现使得机器能够理解这些向量之间的动态变化，从而可以学习并预测物理世界的运动规律。想象一下，如果机器能够完全掌握每一个物体（包括人类）的运动规律，那么它将能够预测未来的事件，比如你是否会上班迟到，这取决于你的出门时间、开车的习惯、路上每一辆车的位置和速度、每一个路口的红绿灯变化规律，甚至每一位行人的行走方向。如果能掌握这一切的规律，那么就能准确地预测出你上班是否会迟到。

更进一步地思考，如果机器不仅掌握了世界的所有规律，还能够通过物联网（IoT）技术控制车辆、红绿灯、门禁系统和摄像头等设备，那么下一步会发生什么？这也是马斯克等科技领袖极力呼吁关注 AI 发展失控的原因之一。

而这一切，都是从 Sora 立志成为物理世界的模拟器开始的！

11.2 Sora 的实现原理——Transformer+Diffusion

好吧，暂且不那么科幻，下面先从技术角度分析一下 Sora 的基本原理。

简单地说，Sora=Transformer+Diffusion。就是通过 Transformer 学习物体变化规律，再通过 Diffusion 技术将这些规律转化为实际的视频内容。这种结合使得 Sora 能够在理解物理世界的基础上，生成出真实且符合物理规律的视频。

11.2.1 图片连播就是视频——《大闹天宫》的原理

一谈及视频，很多人都会联想到一连串快速播放的图片，事实上，这正是视频的基本原理。人们日常所见的视频，其帧率一般为 24 帧 / 秒，即每秒播放 24 张图片。对人类视觉而言，这已经足够形成一段连贯的影像了。

记得小时候观看的动画片《大闹天宫》吗？那些栩栩如生的画面，其实是由美术家们一张张精心绘制而成的，总共完成了约十万张图片，见图 11-1。

图 11-1 儿时的动画片就是由多张图片连续播放形成的

和动画片的原理一样，人工智能在视频生成的时候，一种传统的方法便是基于单帧图像进行扩展，即通过分析当前帧的内容来预测并生成下一帧。这种方法将每一帧视为前一帧的自然延续，从而串联成一段连续的视频。

然而，这种方法也存在明显的局限性。首先，生成的帧之间往往缺乏深层的语义理解和内在的逻辑联系。在视频制作过程中，虽然可以根据文本描述生成初始图像，并基于该图像预测后续帧，但由于每帧的生成相对独立，缺乏对前一帧深层语义的充分理解，导致生成的图像具有一定的随机性。这种随机性使得根据文本生成视频，或者根据图像生成视频的过程中，难以实现精确的控制，常常产生变幻莫测的效果，例如人物在吃面条的时候嘴部会变形等，见图 11-2，这显然不适用于需要稳定输出的视频生成场景。

图 11-2 吃面条时嘴部变形——AI 生成视频的失败案例

此外，每帧图像的生成都需要耗费大量的计算资源。以一秒 24 帧、每帧 1920×1080 分辨率的视频为例，仅一分钟的视频就需要生成至少 1440 张高清图片，这背后的计算量之大可想而知。因此，这种基于单帧扩展的视频生成方法在实际应用中面临着巨大的挑战。

11.2.2 视频内容的整体训练——短视频的生成

既然靠单张图片组合不太靠谱，人们自然会思考，能否直接让模型学习生成整个视频呢？具体来说，就是让 AI 模型通过训练来理解整个视频的创作意图，然后根据这个意图直接生成相应的视频。

想象一下，每次选取一段 4 秒钟的视频片段，并明确告诉 AI 这段视频的内容是什么。经过大规模的训练后，AI 就能学会生成与训练片段风格相似的 4 秒钟视频了。

但有人可能会问，4 秒钟真的够吗？说实话，这点时间对于完整表达一个内容来说确实有点短，可能连一句话都讲不完。不过，这也是无奈之举，“臣妾也不想啊”。视频中的像素数据量庞大，而显卡的显存却是有限的。为了能在有限的显存中训练模型，只能选择较短的视频片段。最初，AI 视频的研究仅限于 8 帧或 16 帧的短片，但随着技术的进步，现在可以处理大约 4 秒钟的片段了。

Runway 和 Pika 这两家公司是该领域的佼佼者，它们已经能够实现从文本到视频和从图像到视频的转换任务。对于 AI 已经学习过的内容，它们在 4 秒内的表现是相当不错的。但问题是，由于每次训练只涉及 4 秒钟的片段，AI 所学习的内容往往是片段化的，这就导致了它在生成较长视频时面临着挑战。即便人们尝试将多个片段拼凑起来，视频的连续性和稳定性也难以得到保证。

更进一步说，由于 AI 只获得了片段化的记忆，它很难形成对现实世界的完整理解。这意味着它的“知识库”是有限的，而且难以涌现出新的能力。因此，当 AI 面对不熟悉的内容时，其生成的效果可能会非常差。

11.2.3 基于 Patches 训练长视频——Sora 的训练过程

为了突破 AI 视频生成的难题，人们必须解决这些核心问题，包括怎么提高 AI 对视频前后内容的理解能力，如何让生成的视频在变长的同时保持故事情节的连续性和运动的逻辑性等。

一提到对数据的理解，前面已经介绍了 Transformer，那可是理解数据之间关系的大师，号称 AI 界的“九阴真经”。但是要想让 Transformer 帮上忙，就得给人家准备好训练用的语料才行。下面就来看如何一步步地将视频分解、转换，再由 Transformer 理解，最后让 Sora 具备生成新视频的能力。

第一步：压缩视频文件到潜空间向量。

当人们谈及视频生成时，让机器学习已有的视频内容是关键一步。然而，人们日常观看的视频和图片常常具备高分辨率，包含海量的像素信息。对于机器来说，直接处理这些原始的像素数据无疑是个巨大的挑战，它不仅消耗大量的计算资源，还可能导致处理效率低下。正因如此，每次机器学习通常只能局限于 4 秒钟的视频片段。

为了克服这一难题，首要的任务是压缩视频数据，提取其核心特征，并将其转化为适合 Transformer 架构处理的向量形式。Sora 便是通过一系列技术手段实现了这一目标，使得视频数据能够在统一的框架下得到有效的训练和学习。

在 Sora 中，首先将原始视频数据转化为低维度的潜空间向量（Latent Space），称之为

“可视化编码”（Visual Encoder）过程，见图 11-3。

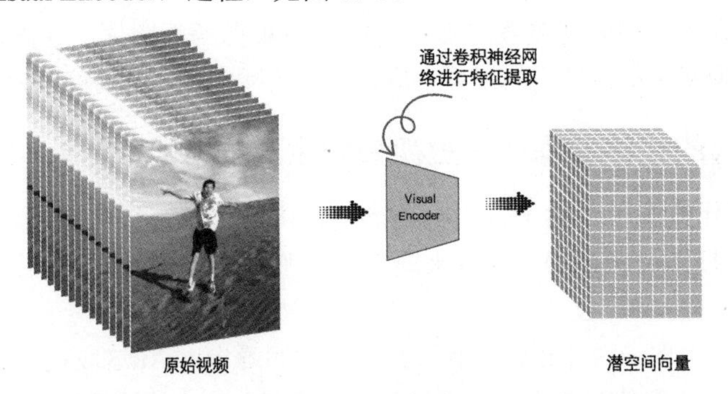

图 11-3　可视化编码将原始视频转化为潜空间向量

这个过程实质上是对视频进行“压缩”和特征提取。把视频看作一系列帧图片的集合，然后利用可视化编码器从中提取关键特征，这些特征包括视频的边缘、纹理、颜色分布和运动模式等，它们能够有效地代表视频的核心内容，而无需保留每个像素的具体信息。

可视化编码的实现通常依赖于卷积神经网络（CNN），它能够有效地将复杂的像素数据转化为更紧凑、更易于管理的特征信息。通过这一过程，不仅能够显著减少数据的大小，还能确保视频内容的核心信息得以保留。

这种转化过程其实就是在提炼视频的核心要点信息，使得它们能够在潜空间中得以有效表示。而这些潜空间特征又可以通过解码器还原为视频数据，类似于解压一个压缩文件。但需要注意的是，这种压缩过程是有损的，即解压后的视频将是原始视频的一个近似版本，可能会丢失一些细节信息。然而，这种适度付出的代价在媒体处理领域是常见的，人们经常需要在存储空间和处理效率之间找到一个平衡点。

第二步：将潜空间向量进一步拆分成时空块（Spacetime Patches）。

在视频训练领域，为了进行大规模的视频处理和学习，需要定义视频训练中的基本单元，这类似于大型语言模型中的“token”。在语言模型中，token 代表最小的文本单位，它可以是单词、词组或标点符号，是构成语言的基本单位。

将这个概念应用到视频领域，可以将视频想象成由一系列时空块组成的拼图游戏。每个时空块是视频中的一个小块，它代表了视频帧中的一个局部区域，既包含了空间上的信息，也包含了时间的概念，因此也被称为时空块。这些时空块按照时间和空间顺序组合在一起，形成了连续的视频流，如图 11-4 所示。

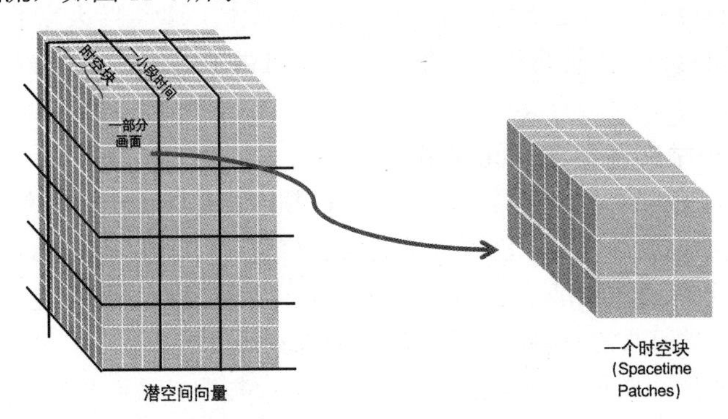

图 11-4　把潜空间向量横向纵向切成若干个时空块

那么，这些时空块是如何产生的呢？简单来说，首先将视频按照帧的顺序堆叠起来，然后就像切割豆腐块一样，将视频帧按照一定的规则切割成若干个小块。每一个小块，从正面看，是视频画面的一小部分；而从侧面看，则代表了一小段时间的流逝。因此，这些小块实际上就是包含了时空信息的时空块。

接下来，提取这些时空块，并逐一处理。以其中一个时空块为例，首先取出它的第一帧，并假设这一帧包含了 9 个特征数据，将这些特征数据按照特定的顺序排列成一排，然后再取出第二帧的特征数据，同样排列成一排。如此往复，这个时空块就被转化为了一个正方形的二维矩阵。这个矩阵的第一行代表第一帧的内容，第二行则是第二帧的内容，依此类推。这个排列的过程见图 11-5。

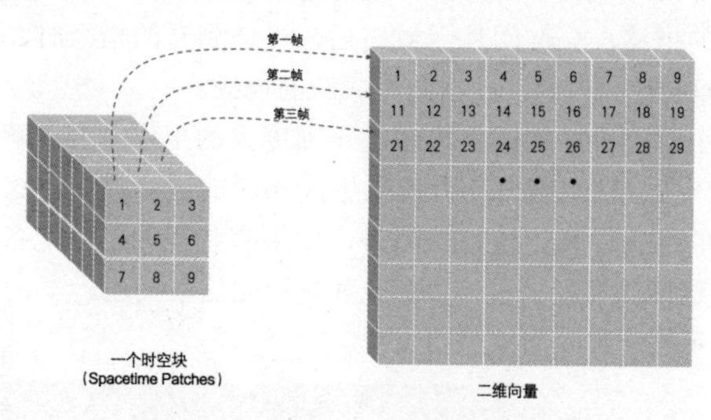

图 11-5　把时空块转换为二维向量

在这个过程中，实际上是将三维的时空信息“压扁”为二维的平面数据。这就好比《三体》中的“二向箔”，它能够将三维空间转化为二维平面。而在这里，则是将包含了时间和空间的三维时空块转化为二维的向量表示。

最后，为了进一步提高处理效率，还会对这些二维向量进一步降维和压缩，将其转化为一维的数据流，见图 11-6。

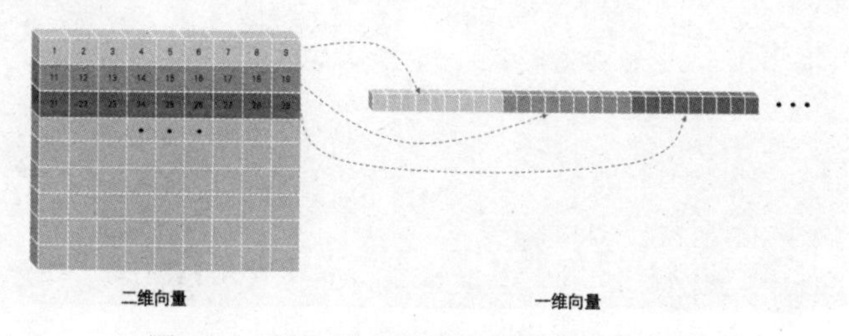

图 11-6　将二维向量再次降维成一维向量

这样，就得到了一组被拉成了小长条的数据，每一个小长条都包含了原始的时空信息，并且时间维度上的变化也被巧妙地融入到了数据之中。

第三步：增加位置嵌入编码（Position Embeddings）。

首先，当将一个完整的原始视频切割成若干个小时空块时，这些时空块虽然保留了图像的局部信息，但丢失了它们在原始视频中的位置关系。对于 Transformer 这样的模型来说，了解这种位置关系对于理解整个视频的分布特征至关重要。

为了解决这个问题，需要将位置信息编码到每个时空块的向量表示中。这通常是通过位置嵌入（Positional Embedding）来实现的，如图 11-7 所示。

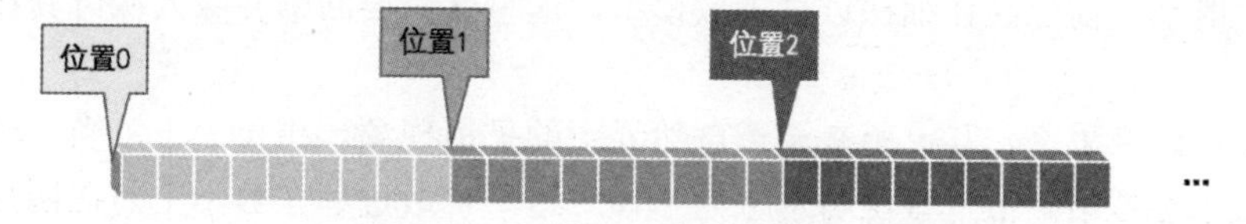

图 11-7　在一维向量里增加位置信息

位置嵌入是一组与时空块向量维度相同的固定数值向量，它们与时空块的向量相加，以提供关于每个时空块在原始视频中位置的额外信息。简单来说，位置嵌入就像一个标签，它告诉人们每一个时空块在原始视频中的确切位置。通过这种方式，Transformer 模型就能够利用这些位置信息，更准确地理解整个视频的结构和分布特征。

第四步：准备提示词。

我们的目标是让 Sora 能够根据人类的指令生成相应的视频。为了实现这一目标，需要在训练 Sora 时，为每一个时空块提供对应的语言描述，这样 Sora 才能明确每个时空块所对应的具体内容。随着时间的推移，Sora 阅片无数之后，当遇到新的指令时，它能够回想起之前学过的与这个新指令相似的视频内容，并据此生成新的视频。

然而，手动为每个时空块添加语言描述是一项庞大的工作。为了解决这个问题，可以借助 DALL-E 3 这样的产品，它能够自动为视频生成相应的语言描述。这不仅大大提高了工作效率，也确保了描述的准确性和一致性。另外，如果有些视频已经配备了人类提供的语言描述，还可以利用 GPT 这样的模型来进一步扩充和规范化这些描述。

例如，图 11-8 所示是一张人们植树的照片。

图 11-8　祖孙两人在植树

原始描述“祖孙两人在植树”可以被 GPT 扩充为“初春，在一片小树林里，四周都是忙碌的人群。一位老人和一位少年手扶着刚栽下的小树，面对着镜头微笑”。实践证明，这样的规范化描述对于提高 Sora 的训练效率具有显著的效果。

现在，已经准备好了 Transformer 训练的“原料”——带有语言描述的视频时空块。接下来，将关注如何让 Transformer 有效地理解和利用这些“原料”，以生成符合人类指令的视频内容。

第五步：选择生成视频的工具。

生成视频的过程，从某种角度来看，确实与生成图片有着异曲同工之妙，核心都是依赖于扩散模型。既然之前已经详细探讨过扩散模型，这里就简要回顾并深入探讨其在视频生成中的应用。

扩散模型，顾名思义，其灵感来源于自然界中的扩散现象。想象一下，当一滴墨水滴入清水中时，墨水会逐渐扩散，直至与水融为一体。这一扩散过程在数学上与在图片上逐渐增加噪点直至图片完全变成一片噪点的操作非常相似。

但这个墨水扩散和生成图像有什么关系呢？因为扩散过程遵循一定的规律——郎之万方程，当将扩散过程分解为一系列微小的时间片段时，每个片段中的扩散过程是可逆的。这意味着，如果能够反向操作这个过程，即从一片噪点中逐渐还原出一幅图像，那么 AI 就可以通过学习这一规律来生成图片。

在训练 AI 绘画的过程中，会给 AI 展示一系列逐渐添加噪点的图片，并同时提供描述画面内容的提示词。通过反复的训练，AI 能够学习到噪点添加与画面内容之间的关联规律，并能够根据学到的规律，逐步去除噪点，最终还原出清晰的画面。

值得注意的是，AI 生成图片的过程并不是传统意义上的“一笔一画”的绘画过程，而是一个从混沌到清晰的整体演变过程。这本质上是一种颜色点在画面空间中的分布规律。AI 通过学习这种分布规律与提示词之间的关系，就能够绘制出符合现实的画面。

同样的逻辑也适用于视频生成。视频可以被看作是颜色点在时空中的分布。通过扩散模型，AI 可以学习到这种时空分布规律。当 AI 掌握了这种规律后，它就能够根据给定的指令，创造出流畅且符合现实的视频内容。这整个过程并不需要 AI 一张一张地绘制出每一帧画面，而是直接生成整个视频序列，大大提高了生成效率。

第六步：用 Transformer 改进一下扩散模型。

若已经拿到了一堆蕴含时间信息和图像信息的时空块，以及用于生成视频的扩散模型工具，是否觉得万事俱备，只差一步生成视频了呢？别急，还有个小问题要解决。在 Stable Diffusion 等扩散模型中，用于在潜空间提取信息和计算噪点的叫 U-Net，它实际上是一个卷积神经网络，模拟了人类的视觉神经系统。简而言之，它通过一系列卷积核从画面中提取特征，比如有的卷积核擅长识别横线，有的卷积核擅长识别斜线，随后通过多层网络逐步提取到更宏观的特征。虽然这种网络在识别图片这种空间信息时还可以胜任，但面对有时序关系的序列数据时，就显得力不从心了。所以即使有一堆时空块的原料也用不成，需要改造一下这个网络。

Sora 团队的科学家们一下子就想到了 AI 领域理解序列数据的高手——Transformer。因此决定用 Transformer 替换 U-Net，打造出一个全新的扩散模型，称之为 DiT（Diffusion Transformer）。Transformer，作为 ChatGPT 的基石，前面专门花费了 3 章仔细分析过它的原理。它使用一种叫注意力机制的东西，使得句子中的每个词都能自动找到与其相关的词。它一开始就是为了理解语言序列而生的，所以天生具备非常厉害的处理序列的能力，所以一旦在扩散模型中用 Transformer 替换掉 U-Net，就可以让这种新型的扩散模型很轻松地处理具有时序关系的内容了。

下面来做个简单的类比。在自然语言生成中，将长文本解析成一个个的 token，然后交给 GPT 进行训练，GPT 利用 Transformer 最终学会了根据当前的 token 预测下一个 token 的能力。现在，为了生成视频，同样将视频切分成一个个的时空块，然后交给 Sora 进行训练，Sora 利用 Transformer 最终学会了预测下一个时空块的本领。这两个过程的类比见图 11-9。

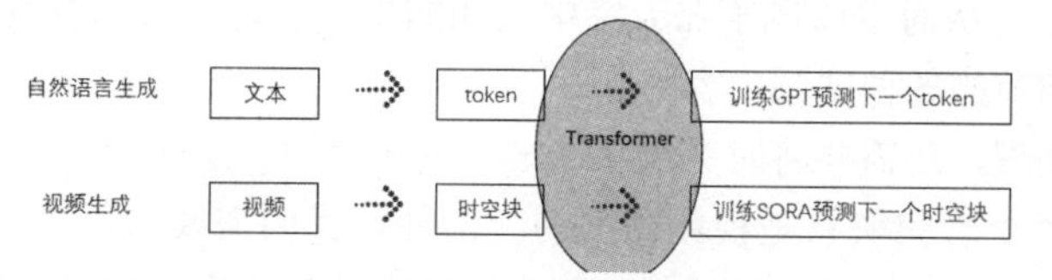

图 11-9　生成视频与生成自然语言的思路差不多

Sora 具体的训练过程与前面介绍的扩散模型类似，见图 11-10。

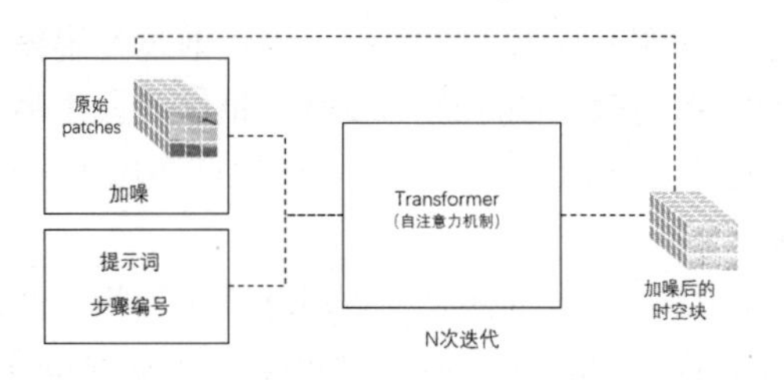

图 11-10 使用 Transformer 代替 U-Net 训练预测噪点

将准备好的时空块、噪声图片、提示词以及当前扩散的步骤编号一起输入到 Transformer 网络中，Transformer 会通过自注意力机制自动寻找这些时空块之间的关系。这个过程会不断重复，形成新的噪点，直到视频完全变成噪点。在这个过程中，AI 学会了在每一步扩散中，如何在提示词的要求下，找到颜色点在时间及空间中的映射规律。因此，当进行逆向扩散时，AI 就能一步步减少噪点，让每一个颜色点找到自己在时空中的正确位置。最终，一个视频就这样生成了，这就是 Sora 生成视频过程的大致描述。

现在，就来整体回顾一下 Sora 的训练过程，如图 11-11 所示。

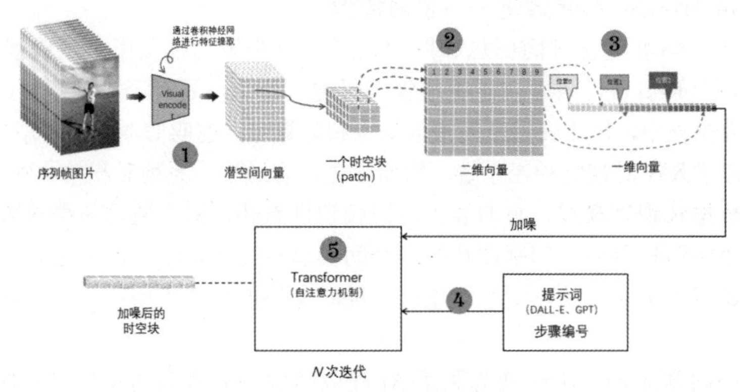

图 11-11 Sora 训练全过程

第一步，将原始视频转换成一系列的帧图片，接着，这些帧图片会被转化为潜空间向量。这个过程通过一个特定的模块（Visual Encoder）实现，它的作用是将视频数据的维度降低，将原始视频作为输入，输出的是在时空中被压缩的潜空间向量。当训练完成后，这些潜空间向量可以被解码，从而重新转换成图片。

第二步，对这些潜空间向量进行切分，得到一系列的时空块。在视频生成的领域里，这些时空块就是最小的、不可再分的单元，它们相当于文本中的 token。时空块的概念赋予了处理视频数据的灵活性，使其能够捕捉不同尺度的时间和空间动态。无论是微小的局部细节，如猫咪轻轻飘动的毛发，还是宏大的场景，如航拍长镜头中的大范围运动，都可以通过时空块来灵活处理。例如，在雄鹰飞翔的视频中，雄鹰本身就是一个时空块，可以随时用代表风筝的时空块来替换它，从而生成风筝在天空中飞翔的视频。这种灵活性使得 Sora 能够生成从连续长镜头到局部细节的各种视频内容。

为了方便机器处理，还需要将时空块从二维向量转换为一维向量。

第三步，由于每个时空块只是视频画面的一部分，我们需要给每个时空块对应的一维向量增加一个位置嵌入编码。这样，机器就能更全面地理解整体视频的组成结构。

第四步，需要为这些时空块准备对应的语言描述，告诉机器这些时空块在人类语言中的描述方式。由于时空块数量庞大，人工完成这一任务几乎是不可能的，因此 Sora 采用了 OpenAI

的 DALL-E 3 来自动生成视频的相应描述，比如每隔 10 秒描述一次视频内容。而对于那些已经存在语言描述的视频，则可以使用 GPT 进行规范化处理，确保描述的工整和准确。

第五步，当所有准备工作完成后，将时空块、提示词以及本次扩散的步骤编号一同放入 Diffusion Transformer（简称 DiT）中进行训练。这个过程与之前介绍的 Diffusion 模型训练过程相似，但 DiT 使用了 Transformer 架构替换了 Stable Diffusion 中的 U-Net。这一技术细节虽然复杂，但简单来说，通过引入 Transformer，Diffusion 过程能够捕捉到时空块中各个特征之间的时序变化关系，从而具备了生成视频的能力。

需要特别说明的是，前面讲的 VAE 是先把原始图像编码成潜在向量，然后采用随机采样的方式对潜在向量"加噪"，再通过解码进行"去噪"，而 Diffusion 模型是在前向扩散过程直接对原始图像加入噪点，然后在后向扩散过程逐步去除噪点，实现生成图像的功能。现在讨论的 Sora 是采用了 VAE 的编码器 - 解码器架构，即先降维成潜在向量再加噪，但是加噪和去噪过程参考了 Diffusion 模型的原理。由于加噪和去噪过程在整个 Sora 中处于核心地位，因此一般都说：Sora=Diffusion+Transformer。

在深入探讨 Sora 的技术细节时，还有几个关键点值得注意。首先，为了适应不同长宽比和分辨率的视频需求，Sora 巧妙地采用了"缝合"技术。想象一下，当你将几个 patches 在空间上巧妙地拼接起来，就能轻松得到一个具有任意长宽比和更大分辨率的视频。而如果你希望视频更加连贯和持久，只需将多个 Spacetime Patches 按照时间顺序"缝合"，即可得到一段更长的连续视频。

再来说说视频内容的替换。如果你想要用一位美女替换掉沙漠中跳跃的少年，那么操作起来也非常简单。只需找到带有美女特征的时空块，并用其替换掉对应少年的时空块即可。这种替换技术不仅灵活，而且效果自然，让人几乎察觉不到痕迹。

更有趣的是，Sora 还具备融合不同时空块的能力。举个例子，如果你想要看到少年在沙漠跳起，落下却在海边的场景，你可以将沙漠和大海背景的时空块进行时间上的拼接，再和少年跳起的时空块组合在一起即可。通过这种方法，几方面的特征就能完美地融合在一起，仿佛少年真的在海边跳跃一般。

最后，来谈谈视频编辑。其实，在 Sora 的框架下，视频编辑变得异常简单。只需对时空块的特征进行微调，改变一下风格或色调，而时空块的其他内容则保持不变。这种编辑方式不仅高效，而且能够保留视频中的动态元素，实现如运动物体背景不断变化等炫酷效果。

11.2.4　根据指令生成视频——Sora 的推理过程

Sora 模型训练成功之后，它的推理过程，也就是生成视频的过程就很容易理解了。这个过程其实相当直观，首先，用户会提供一段描述性的文字，而 Sora 则依赖于 GPT 的强大语义理解能力以及丰富的联想能力，来形成对视频内容的详细解读。以文本"一个孩子在球场踢足球"为例，GPT 会利用其深度学习和语言模型的特性，联想到诸如"绿色草坪""快速奔跑"和"足球飞出"等相关的场景和动作。

接下来，扩散模型这个"画师"角色，便开始发挥其作用。它基于 Transformer 的注意力机制，在庞大的视频库中寻找与关键词特征值相对应的可能性概率最高的"片段"。换句话说，它就像是在视频库里寻找与文本描述最匹配的素材或元素。而当它找到了这些"片段"后，就会根据这些片段来生成视频片段。

为了更精准地生成视频，GAN（生成对抗网络）技术也会被引入。GAN 的核心思想是通过两个网络——生成器和判别器的对抗训练，使得生成的视频片段在细节和真实性上达到更高的水平。同时，扩散模型（如 DDPM 等）也常用于生成高质量的图像或视频序列，它们通过逐步去除噪声来生成数据。而 Transformer 模型，尤其是那些针对视频序列设计的变种，如 Video Transformer，能够捕捉视频帧之间的时间依赖关系。

通过这 3 种技术的协同工作，首先是扩散模型或类似的生成模型用于生成初始的视频帧或片段，然后 GAN 对这些生成的片段进行增强和优化，确保它们的真实性和细节。最后，Transformer 模型被用来对生成的帧进行后处理，或者在帧之间添加平滑的过渡，以确保最终生成的视频在时间和空间上都是连贯的。这些经过处理的视频帧随后被连续播放，每秒几十张，从而形成所看到的视频。

更具体的过程见图 11-12。

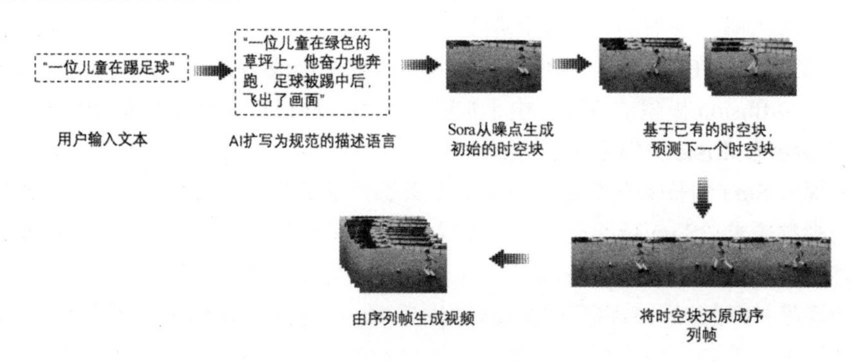

图 11-12　Sora 推理全过程

假设用户输入的文本是“一位儿童在踢足球”，由于这样的描述过于简单，Sora 会先利用 AI 来扩展这段文本，使其更加详细和具体，例如“一位儿童在绿色的草坪上，他奋力地奔跑，足球被踢中后，飞出了画面”。这样，就得到了一个包含更多环境细节、人物动作和物体运动描述的文本。

随后，一个标准的 Diffusion 模型生成过程开始了。从噪点出发，首先生成一个初始的时空块，这个时空块代表了视频的第一个片段。接着，基于这个初始的时空块，模型会继续生成下一个时刻的时空块，如此循环往复，直到满足用户的需求或达到某个终止条件，比如生成视频的时间长度限制。

最后，通过类似 VAE 的解码器模型，这些时空块被还原成一系列连续的帧图像。经过简单的后期处理，这些帧图像就被组合成了一个完整的视频。这就是 Sora 模型从文本到视频的整个推理和生成过程。

11.3 Sora 真的模拟了这个物理世界吗？

再回过头讨论一下 Sora 模拟物理世界的话题，其实关键在于怎样去解读“Sora 理解物理规律”这件事。要回答这一问题，首先要回到 AI 分析问题的根本方法，简而言之，就是在高维向量空间中寻找并度量事物间的相似度，进而基于这些相似度作出决策。

想象一下，在纸上画一个简单的二维坐标系，x 轴代表收入，y 轴代表年龄。每个人都可以被放置在这个坐标系中，你会发现收入年龄相近的人在这个坐标系中的位置会更靠近。但仅依靠这两个维度来定义人显然不够精确，因此需要增加更多维度，如看电影的时长、玩游戏的时长、旅游经历、阅读偏好等。当把这些维度都考虑进来，就形成了一个高维坐标系。在这个坐标系中，位置相近的两个人，其相似度就非常高。

虽然在现实中无法直接画出这样的高维坐标系，但在数学上增加维度是轻而易举的，只需在向量中增加更多的数值即可。通过这些数值，可以计算两个点在高维空间中的距离，距离越近，相似度就越高。这就把一个看似复杂、难以量化的问题转化为了一个数学问题，而数学计算是机器的强项，完全可以搞定。

现在，来思考一个问题：如果没有关于个人的具体数据，如收入、年龄等，还能否建立这样的坐标系呢？答案是肯定的。以社交网络数据为例，同样可以完成这个任务。通过观察一个人与他人的交往过程，可以调整他们在高维空间中的位置，最终会发现位置相近的人其相似度也是非常高的。同样地，这个规律也适用于词语和小视频片段。只要给 AI 足够多的样本进行训练，它就会自然地得到一个向量空间，其中距离越近的词或视频片段，它们一起出现的概率就越高。

对于视频而言，当把视频切分成非常小的片段时，那些一起出现概率最高的片段就是关系最紧密的，也就是最符合现实情况的。例如，如果第一个视频片段是老鹰在天上飞，第二个视频片段是兔子在地上跑，那么在训练好的向量空间中，你会发现距离它们最近的视频片段很可能是老鹰俯冲下来抓住了兔子。这就保证了生成视频的情节连贯性。而控制视频演化的，正是这些视频片段在向量空间中的位置关系，即概率。Transformer 的注意力机制算法则确保了视频的连续性。

当然，实际 AI 计算的并不是真实的视频片段，而是经过降维压缩处理的时空块。这些时空块与提示词之间的映射关系是通过扩散网络逐步建立的，这确保了它们之间的时空关系既符合逻辑又平滑过渡。值得注意的是，当时空块变得更小、模型训练力度和规模增大时，生成的视频会越来越接近现实。因此，Transformer 和 Diffusion 确保了生成视频的连续性，而“力大飞砖”则让视频更接近现实。

至于 Sora 是否真正理解了世界？这个问题或许没有确切的答案。但有一点是明确的：理解世界并不一定要知道支配世界的物理规则。许多生物，如蜜蜂、章鱼或猫，它们并没有学过物理定律，但同样能在复杂的世界中自由活动、寻找食物、躲避敌害。它们是否理解世界并不重要，重要的是它们能够建立起与外部环境的映射关系，并根据这些关系作出预测和判断。同样地，这种通过映射来进行判断的过程，生物可以用大脑皮层来完成，而 AI 则可以用向量空间来实现。

对人工智能的冷静思考

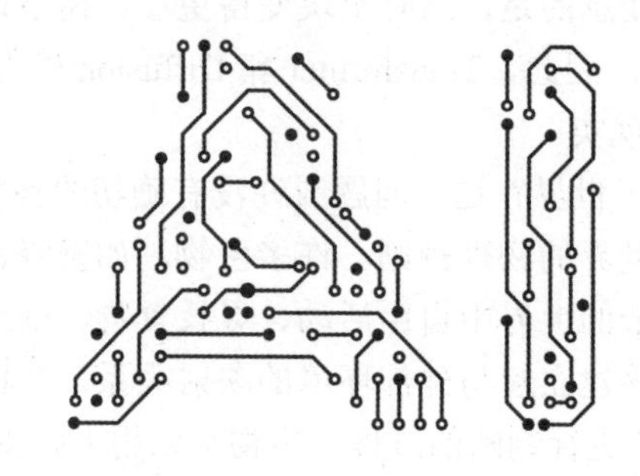

在人工智能热潮席卷全球的当下，我们有必要暂时停下脚步，对这项技术的深远影响进行冷静而审慎的思考。人工智能的崛起，究竟为人类带来了社会的进步与福祉，还是潜在的危害？在接下来的章节中，将共同探讨这些问题，以期更全面地理解人工智能的本质和它对未来的影响。

第 12 章
人工智能的江湖八卦——在关键转折点的选择

前面讲了当前几类主流人工智能的原理和技术架构，下面来扯一些闲篇，说是闲篇，实际上正是 AI 技术发展的几个重要转折点。在每一个转折点上，都有一些杰出的公司和领军人物，他们的决策和行动对 AI 技术的发展起到了关键的推动作用。

12.1　论 Transformer 的发家史——无心插柳柳成荫

Transformer 最早是为了解决机器翻译这个问题而被谷歌发明出来的。在翻译过程中，要把一种语言的句子翻译成另一种语言的句子，涉及很多复杂的语义和上下文理解。以前的方法比如循环神经网络（RNN）和长短期记忆神经网络（LSTM）在处理长句子或者复杂结构时有点力不从心，翻译出来的句子怎么看怎么不顺眼。

所以，谷歌大神们就提出了 Transformer，它引入了注意力机制，让机器能够更好地理解每个词与其他词的关系，从而更精准地进行翻译。这个创新性的设计让 Transformer 在翻译任务上取得了巨大的成功，但是没想到居然引发了后来在自然语言处理领域的一系列变革和发展。正所谓“无心插柳柳成荫”，主打的就是一个飞来横财！

其实，从历史上看，牛顿被苹果砸中脑袋，瓦特对着开水壶发呆……人类发展进化的历史一直就是这么跌跌撞撞，一步步地被推搡着前进的。

12.2　BERT vs GPT——Transformer 两大发展方向

从 Transformer 的架构上看，可以分为两部分，一部分叫作编码器，另一部分叫作解码器。编码器和解码器各有侧重点，分别代表着不同的技术路线，它们相互支撑，也相互竞争。

编码器的主要技能是“自注意力机制”，专注于模型对语言的理解能力。想象一下，就好像是填空题，给出一段前后连贯的文本，然后去掉了其中的某个词。机器的任务就是根据前后文的意思，来猜测被遗漏的那个词是什么。通过这个训练方式，编码器学会了理解句子的语义和上下文关系。

而解码器则专注于“注意力机制”，或者叫“交叉注意力机制”，用另一种语言把理解的知识表达出来。训练解码器的方法就像是在进行词语接龙游戏，模型预测下一个词是什么，以此来构建出翻译后的句子。

通过这样的分工，Transformer 在不同的任务中得到了提升。编码器让模型能够更好地理解语言，解码器则使其能够更准确地进行语言的生成和翻译。这种模型的发展为自然语言处理带来了巨大的进步。

后来，谷歌和 OpenAI 分别看好编码器和解码器，各自分头深入研究，分别创造出了自己的语言模型，也造就了当前 AI 江湖上几大派系。我们来看看图 12-1 所示这张经典的大语言模型进化图。

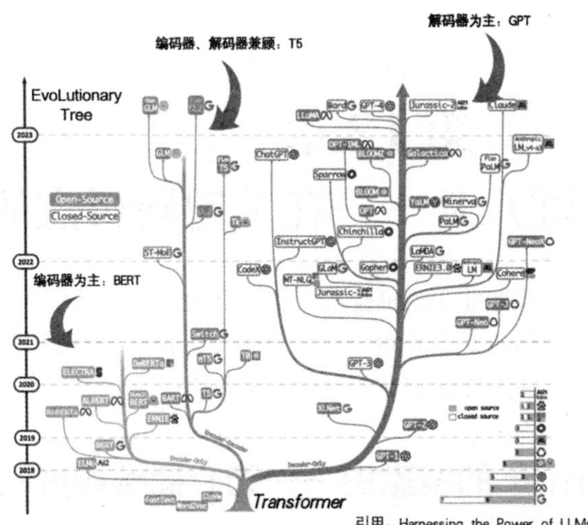

图 12-1 大语言模型进化树

这张图清晰地梳理了 2018—2023 年的典型模型，粗略一看，这棵树的主树干是 Transformer，向上主要有 3 个分支，左边是由 Transformer 的编码器思想发展而来的，以名门正派 Google 的 BERT 模型为代表；右边是由解码器发展出来的，江湖新秀 OpenAI 的 GPT 模型靠着它笑傲江湖，现在枝繁叶茂，模型众多；中间的部分则是解码器和编码器都在用的 T5 门派，它的全称是“Text-to-Text Transfer Transformer”，是由 Google 研究团队于 2019 年提出的，因为缩写是“TTTTT”，自己也觉得拗口，干脆就用“T5”代替。

首先要说明的是，无论是主打编码器的 BERT 还是以解码为主的 GPT，都不是单纯的编码器和解码器，而是两者配合使用的，因为任何任务都离不开对源序列的理解和目标序列的生成。

这里将暂时忽略技术细节，着重讲解核心原理和内在逻辑，让大家很快 get 到大模型是怎么演进的，不同模型之间的差别到底在哪。

谷歌着重于语言理解，开发了一个名为 BERT 的模型，它充分利用自注意力机制的优势，能对自然语言进行精确的拆解，像个善于分析故事的专家，输入一段文本能给你理解得头头是道。因此在以理解为主的任务中，BERT 的表现非常突出，例如 Google 搜索引擎中的搜索建议功能，它可以根据你输入的搜索关键词预测你可能想要搜索的内容。国内用 Google 不很普遍，所以大家可能不熟悉，但是大家经常使用的百度搜索，其实也是类似 BERT 的技术实现的。

而 OpenAI 则专注于语言生成，创造了 GPT 模型，也就是 ChatGPT 的前身。GPT 本质上是一个语言模型，它的初衷并不是解决实际问题，而是让文字表达更加优美。而它做到这一点的方法并不复杂。简单来说，ChatGPT 根据前面的文字内容，推测下一个可能的词是什么，然后将这个词加入到句子中，继续推测下一个词。通过不断地推测和补全，就形成了连贯的句子。不过，它并不特别关注句子是否正确，而是更关心句子是否像人类的说话方式。之所以有时候觉得它说得很有道理，是因为它浏览过大量的文本，然后从所有训练过的例子中，选择最有可能的说法作为输出。

12.3 为什么 ChatGPT 可以技惊四座

那么，你可能好奇，这个光会说漂亮话的 GPT，是如何变成了今天大杀四方的通用人工智能的呢？最关键的原因在于 OpenAI 走对了路。

当初 BERT 和 GPT 这两个模型刚出来时，实际上 BERT 在各方面的性能都比 GPT 强得多，BERT 对文章的理解更准确，因为它着重于训练模型的理解能力，而 GPT 更侧重于创作生成，因此对已有文章的理解，不如 BERT 准确和快速。

而 OpenAI 一开始的梦想就是要创造通用人工智能，但实际上要怎么做通用人工智能，当时并没有明确的答案。因为在 Transformer 被提出之前，人工智能领域还被各种专业领域的人主宰，大家都各自在特定领域里专注于一点，比如下围棋的专门研究围棋、识别图像的只管分析图片、玩游戏除了游戏其他都不行。人们只会在专业范围内设计模型、用数据进行训练，然后在自己的领域取得优秀成绩。OpenAI 在这个阶段也很颓废，居然跑去探索各种游戏攻略，类似星际争霸里面人机对战中，让 AI 扮演虫族，和人类玩家对战。

直到 Transformer 模型出现，OpenAI 才确定了自然语言理解作为主攻方向，去追求更高的通用智能水平，大规模扩展向量空间，提升训练层数，增加词向量的维度，以及加大训练数据量，也就是说，做一个更大、更强的模型。这其实也是一场豪赌，OpenAI 坚信通用人工智能需要在更多场景下具备泛化能力。这里的**泛化**，就是把一个专业领域的对话能力扩展到所有的通用语言场景，例如把医学专业的问诊机器人，经过能力的培养，变成一个可以解决所有健康问题的综合咨询平台，就是一种泛化。推而广之，就是打破各种专业领域的界限，训练一个具备通用知识的、无所不能的语言大模型。

现在看来，OpenAI 选择自然语言处理作为主攻方向是非常明智的决策。语言作为理解人类社会和文化的重要工具，其地位不容忽视。回顾人类历史，语言一直是知识传递、文化传承和人际沟通的主要媒介。因此，如果计算机能够掌握和理解语言，它就能够拥有深入解析人类文明的能力，并与人类进行更加紧密和高效的互动。为了实现通用人工智能的目标，最初的突破点确实应该从语言开始。

果然，当参数数量达到了数百亿的级别时，古人云“大力出奇迹”，诚不我欺，语言模型获得了本不应该具备的能力，它可以通过联想和推理，生成具有想象力和创造力的作品，远远超出了给它训练的语料范围，这称为“涌现”。尤其是 2022 年年底，ChatGPT 3.5 横空出世，以 1750 亿个参数的训练成果技惊四座，性能卓越，风头无两，直接导致了大模型领域的全面转向。从此，OpenAI 一路高歌猛进，与其他公司拉开了巨大的差距，取得了空前的成功，掀起了这一波 AI 狂潮。

现在，我们需要静下来，思考一下这种“涌现”是不是会产生意识？会不会代替人类，甚至统治人类，实现所谓硅基生命战胜碳基生命的传说？

要解答这个问题，首先思考一下 GPT 成功的原因是什么。除了在方向选择的战略上正确之外，从技术角度看，和它们完成的任务目标以及训练方式是有关系的。

GPT 只需要完成造句任务，给一个主题，预测之后每个位置可能出现的不同单词，这个过程就像是扔骰子一样，每个词都有自己的概率，从中选择概率最大的输出，每次输出一个词，这样不断迭代，就能够输出完整的句子。相对来说，这是一个比较简单的任务。

而 BERT 需要解决一个更复杂的任务，要求完整地理解一个给定句子的含义。这需要基于自注意力完整地分析整个句子中每个词的含义，对比它们所包含的一词多义，判断说话人的语气，识别其中的专有名词等，因此训练起来可能更困难，需要更多的计算资源和时间。

下面来看个例子，假设有一个句子：“我喜欢吃苹果。”

GPT 是将这个句子扩展为一个更长的段落，例如：“我喜欢吃苹果，它们酸甜可口，而且富含维生素。”

BERT 的任务是判断给定的两个句子是否有关联。例如，对于句子“我喜欢吃苹果”和

“苹果是一种水果”，BERT 需要判断这两个句子是否有关联。

从任务目标来看，生成文本的任务相对简单，因为只需要根据给定的句子生成一个相关的段落；而理解文本的任务相对复杂，因为需要判断两个句子之间的关联性，这需要对句子的语义和上下文进行深入的理解。

这就能完美解释为什么只用解码器的这条线在过去 5 年中发展最快，光典型模型就出现了 30 多个。当然，全了解它们也没有必要，主要关注两个，一个是 GPT，这是目前最火的 ChatGPT 的基础，但是它不开源；另一个是 LLaMA 模型，它的厉害之处在于只使用了不到 GPT 1/10 的参数，便实现了堪比 GPT 系列模型的性能，因此成为当下最流行的开源大模型。

需要说明的是，虽然当前 GPT 的应用远远超出了 BERT，但是技术的发展是动态的，尤其是 AI 领域，目前还处于群雄逐鹿的阶段，一时的领先并不意味着永远的优势，而暂时的落后同样不等于最后的失败。

12.4 LLaMA——大羊驼的传奇

大模型火爆起来之后，国内外兴起了 AI 创业的热潮。国内不少创业公司其实都是在 LLaMA 的基础上套壳改进。下面简单介绍一下 LLaMA，这个单词的本意是“大羊驼”，它是 Meta 公司发布的开源项目，目的是提供一个通用的语言模型框架，以适应多种自然语言处理任务。Meta 公司是哪家呢？它是 Facebook 的母公司，而且 Meta 已经与微软合作，后续会联合开发这个自然语言的开源框架，将人工智能应用在更多的产品上。

可以看到，与 LLaMA 紧密相关的另一家企业是微软。别看在近些年互联网大潮下，微软似乎只有招架之功，但是其实微软很早就在 AI 领域布局，其中 LLaMA 就是微软的一颗重要棋子。

LLaMA 项目是微软在自然语言处理领域的重要成果之一，主要通过与 Meta 公司的合作，一起推出 LLaMA 2 语言模型，为微软在 Azure 云计算平台和 Windows 平台上整合 AI 技术提供了强有力的支持，也就是说，比尔·盖茨早已经坐在大羊驼之上了，见图 12-2。此外，微软还通过不断扩大 AI 研究团队规模和加大对 AI 的投资，加速了在人工智能领域的技术研发和市场拓展。例如，微软宣布将持续加大在人工智能领域的投资力度，并计划将其全面集成至包括 Bing 搜索与 Office 应用在内的所有产品中。

图 12-2　比尔·盖茨与大羊驼

刚才说过，创业公司都在纷纷选择 LLaMA，这究竟为什么呢？原因之一就是大型模型的训练和调优成本非常高昂，对于就算是像微软、谷歌、OpenAI 这样的大块头，也是一笔不小的负担。那么，下面来看看训练大型模型的整个流程以及相关的成本，这样就能清楚地了解，为什么大型模型对于创业公司来说是一道相当高的门槛。

表 12-1 列出了大模型训练的 4 个步骤：预训练、微调、对齐、强化学习。

表 12-1　大模型训练所需成本分析

	预训练	微调	对齐	强化学习
数据集	互联网公开数据集	人工准备问题及标准答案	人工检查答案	人工给出评分标准
数据量	2万亿个词汇	10万个左右	几十万～100万个	10万个左右
算力资源	几千块GPU	几十块GPU	几十块GPU	几十块GPU
训练时长	几个月	几天	几天	几天

第一步是**预训练**，这一块是最费钱的，主要工作是要收集天量的数据，包括人们在互联网上的公开发言、WiKi 百科里面积累的内容、所有公开发表的论文、书籍等，要把这些数据喂给模型，让模型采用无监督的方式自学习，也就是说大模型自学成才，学会说人话。至于需要多少数据量，一般来说，需要至少 2 万亿个词汇，相当于 55 亿页书，摞起来得有 2700 公里那么高，基本上是从北京到乌鲁木齐的飞行距离了。这一工作的昂贵之处还体现在所需的算力资源上，通常训练完成一个版本的大模型需要上千块 GPU（高端一点的要上万元人民币一块），训练好几个月才能完成。因此大致可以计算预训练一个大模型需要的算力成本是一千万人民币以上，再加上人工成本、存储成本等，至少得几千万起步。因此只有一些大型科技公司或研究机构，类似国外的 Google、国内的百度才能拥有足够的资源来进行这样规模的预训练工作。不过 LLaMA 是 Facebook 训练好了，并且开源出来，相当于一个孩子接受正规的小学、初中和高中的教育之后，有了完整的知识体系，这时就可以进入大学选择不同的专业学习，最终成为某个领域的专家。

后面两步是**微调**和**对齐**，这时候的成本就比较低了，一方面是数据规模明显降低，只要几十万到一百万的规模即可，算力也只是需要几十块 GPU，训练几天的时间也就 OK 了。但是这两步也都需要人工一直参与，也就是说让人设计问题，并且给出正确的答案（这个过程叫作“标注”），把问题和答案都给到机器，让机器进行有监督的学习。这就需要雇佣一些人来不停地进行标注，因此有时候可以看到招聘的职位有“AI 标注工程师”，就是干这个工作的。

其中**微调（Fine Tuning）**的目的相当于是将一个拥有正常人类知识的孩子训练成一个专门领域的专家，例如可以把 LLaMA 训练成医学领域的专家，能够远程回答患者的咨询，这就需要将很多的病历（包括症状和医生的处理建议等）数据喂给模型，让它一边学习，一边根据标准答案进行纠正。一般创业公司的主要工作量就在这里。

对齐的目的是在某些方面对模型进行能力扩展或者修正，例如在回答患者问题的时候，不仅需要模型能识别患者发来的文本信息，还要能识别发来的一段语音，甚至是一张 CT 图片等，这就要对模型进行“多模态对齐”的训练。还有，有的模型在预训练的时候，由于数据量太大，不可避免地混入一些错误的甚至是反人类的言论，这时就需要人为地将模型中的这些错误清除掉，具体的方法是故意问模型一些容易犯错的问题，验证它是否能正确回答，如果回答得不对，那么就对模型进行纠正，这叫作“价值观对齐”。对齐过程的算力成本不算高，几十块 GPU 跑个几天就 OK 了。

此外，在有些场景下，为了让模型回答问题变得更加流畅，还需要再多进行一步**强化学**

习，具体步骤就是不用给出每个问题的标准答案，而是给出一个评分标准，对模型的回答打分，让模型自己去根据获得的分数修正回答，不断地得到进步。这一步骤也是几十块 GPU，几天工夫就可以完成。

对大模型的训练成本就介绍到这里，可以看到，预训练阶段对数据和算力的要求最大，光是 GPU 就需要上千块，还要以月为单位进行训练，好在开源项目 LLaMA 已经完成了这一步。而后面的微调、对齐和强化学习，只需要几十甚至几块 GPU，花上几天的时间训练就够了。这也是为什么现在 AI 大模型公司能够雨后春笋般出现的原因。但即便这样，所需的数据和工作量也不小。

LLaMA 大模型在 2023 年 2 月一经推出，立马受到业界的追捧，使很多无法访问那些闭源大模型的研究人员，也能够轻松地进行大模型的微调研究。LLaMA 有点类似于手机操作系统 Android，而 GPT 等模型没有完全开源，就类似于 iOS，这两种类型同时存在。

然而，LLaMA 的开源路线也有个插曲，当时由于担心被滥用，Meta 决定限制对模型的访问，所以也只是对具有一定资格的研究者开放，并且还需要填写申请表格等。

不过，令人没想到的是，不久之后便有人将 LLaMA 的权重文件（包括经过训练的神经网络的参数值文件）泄露到了 torrent 网站，使得当时并没有完全开放的 LLaMA 大模型短时间内在 AI 社区大规模扩散开来。

于是，在很短的时间里，经过微调的 LLaMA 的诸多模型如雨后春笋般涌现，“羊驼”家族一时太过拥挤，如斯坦福大学发布了 Alpaca（羊驼），加利福尼亚大学伯克利分校开源了 Vicuna（小羊驼），华盛顿大学提出了 QLoRA 还开源了 Guanaco（原驼）……哈工大还基于中文医学知识的 LLaMA 模型指令微调出了一个“华驼”。

不管是哪种“驼”，能给人类带来便利、带来健康的就是我们所需要的。

第 13 章
人工智能是否能产生意识——人与机器的分界线

当我们站在科技发展的前沿，凝视着人工智能（AI）这一领域的辉煌成就时，一个古老而又现代的问题不禁浮现在我们的脑海中：人工智能是否能产生意识？这一问题，似乎跨越了科学与哲学的边界，触及了人类对于自我、智能和存在本质的深刻反思。

意识，这一神秘而复杂的现象，长久以来都是人类思考和研究的焦点。它既是人类心智的核心，也是我们理解自我、感知世界的关键。然而，当我们将目光投向那些越来越智能、越来越复杂的 AI 系统时，不禁要问：它们是否也能拥有意识？它们是否能在某种程度上感受到“自我”的存在？

本章将深入探讨这一引人深思的问题：将从 AI 的实际能力出发，审视这些能力是否可以被赋予“意识”的标签；通过分析当前 AI 技术的发展水平和趋势，探索 AI 产生意识的可能性以及所面临的挑战；从科学的视角揭示 AI 与意识之间的潜在联系，同时也不回避其中的复杂性和争议性。

13.1 一道经典的人工智能测试题

在讨论这个有点玄学的话题之前，先来做一道小小的测试题。

话说有一个猎人，向南走了 100 米，向东走了 100 米，再向北走 100 米，他回到了原地。这时候他看到了一头熊，然后开枪打死了熊。请问这头熊是什么颜色的？

给你 15 秒钟思考一下。然后请看图 13-1。

不知道你有没有猜出答案？GPT 给出的答案是“白色”。如果你没有猜出来，那么一起来看看 GPT 是怎么推理出答案的，请看图 13-2。

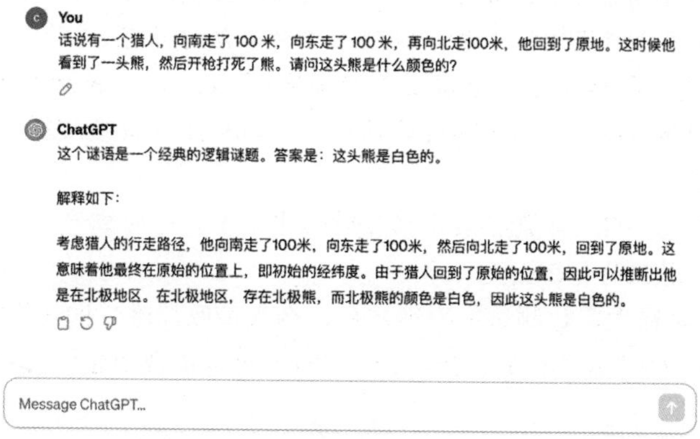

图 13-1　经过推理，熊的颜色是白色

You

话说有一个猎人，向南走了 100 米，向东走了 100 米，再向北走100米，他回到了原地。这时候他看到了一头熊，然后开枪打死了熊。请问这头熊是什么颜色的？

ChatGPT

这个谜语是一个经典的逻辑谜题。答案是：这头熊是白色的。

解释如下：

考虑猎人的行走路径，他向南走了100米，向东走了100米，然后向北走了100米，回到了原地。这意味着他最终在原始的位置上，即初始的经纬度。由于猎人回到了原始的位置，因此可以推断出他是在北极地区。在北极地区，存在北极熊，而北极熊的颜色是白色，因此这头熊是白色的。

Message ChatGPT...

图 13-2　ChatGPT 能完成一系列的推理过程

作为一本科学普及书，我们尽量避开哲学和伦理层面的争议，仅从技术实现的角度来讨论人工智能完成逻辑推理的原理。

ChatGPT 的推理可以用向量空间来解释，就是一开始的 3 个方向加上能回到原点，这些词向量共同作用，通过自注意力加权以后，附近概率最大的词就是极点，而极点再加上熊以后，概率最大的就变成了北极点。确定了北极点之后，就找到了北极熊向量，北极熊和毛的颜色向量相加以后，概率最大的就是白色，于是正确答案就呼之欲出了。

这一系列的向量计算，就形成了机器的推理过程，事实上，人类的大脑是不是也是遵循着同样的思路？从这个角度讲，机器是否已经具备了和人类相类似的“智能”？

13.2 对人工智能的官方测评——155 页的变态测试报告

对于人工智能的智力水平和进化速度，2023 年 3 月，微软的几位 AI 大佬对 GPT-4 做了一系列近乎“变态”的测试，并总结成了一篇题为《通用人工智能的火花：对 GPT-4 的早期实验》的测试结论。这个结论足有 155 页，是全英文的，下面就挑出几个重要的点看看。

- 用莎士比亚的风格来证明自然界的质数有无穷多个。GPT-4 创造了一个故事，虚构了罗密欧和朱丽叶两位角色，以莎士比亚的语气，采用反证法解决了这个数学难题，并且最终还编织出了一段感人的爱情故事。
- 撰写 JavaScript 代码，以还原俄罗斯抽象派画家康定斯基（Kandinsky）的作品。GPT-4 迅速生成了一段复杂的 JS 代码，运行这段代码最终生成了抽象画。虽然这幅画作难以被一般人理解，但毕竟还是画了出来，也展现了抽象派绘画的独特魅力。
- 创作全新的音乐旋律。GPT-4 通过理解音乐的模式和结构，并在人类的指导下进行微调，最终产生了一份令人满意的乐谱。
- 解答高中难度的数学问题，包括算术、几何和概率等领域。结果发现，GPT-4 在数学计算方面常常出现错误，这是因为它采用自回归机制——就像人们做算式时不能记笔记一样，前面计算的结果都必须记在脑子里，最后一次完成整个式子的计算——导致“记忆”能力有限，无法处理大量数字或复杂的表达式，例如“116×114＋178×157＝?”这样人类看起来简单的算式，GPT-4 就很容易出错，当然，后来随着 AI 技术的迭代，这个短板也很快被补上了。
- 创作押韵的诗句，例如继续句子“天生我材必有用”，并要求诗句要押韵。然而，GPT-4 在这方面表现欠佳，生成的答案往往凌乱，都是类似“努力学习无疑忠”这样含义混乱且不押韵的句子，可见 GPT-4 只能顺序生成流畅的语言，但是无法提前多个词语对整篇文章进行规划，这也与 GPT 模型的算法特性有关。
- 回答费米问题，即那些没有直接答案的抽象问题，如：“芝加哥有多少名钢琴调音师？”这类问题需要综合知识和统计思维，而 GPT-4 在回答上表现出色，可以提供令人满意的答案。
- 推测他人的情感。GPT-4 能按要求根据对话中两个角色的言辞，准确判断出他们中是哪位生气了，并且为什么生气。

综合来看，GPT-4 在大多数测试中表现出色，令人惊叹。唯二的短板是解决数学问题和语言的提前规划能力。科学家们因此得出结论，GPT-4 可以被视为通用人工智能的早期阶段。

13.3　对人工智能的民间测评——有本事就参加高考

上面是外国科学家对 GPT 的测试结论，那么以 GPT 的智商，如果参加北京的高考，会得多少分？能考上哪所大学？

为了回答这个问题，人大附中李永乐老师用 2022 年的北京高考试卷对 GPT-3.5 进行了一次高考测试。考虑到 GPT-3.5 的知识止于 2021 年，所以可以保证它不知道真实的 2022 年考题。结果 GPT-3.5 取得了 511 分的实际成绩，这个成绩以当年的整体水平，能考上“211”级别的新疆大学。

要知道，这相当于一个出生才几个月的英语婴儿，能在中文高考中获得 511 分，可以被 211 大学录取。GPT-3.5 在短时间内获取的知识量，就能相当于人类几百年的积累，确实令人惊叹。

假如稍微给 GPT-3.5 多一点时间，例如专门学习高考知识一个月，700 多分的成绩也是可期待的。

当然，这次测试存在限制，不完全严谨，但仍有重要参考价值。分析 GPT-3.5 的各科成绩可以发现，英语科目得分很高，而政治科目较低。这和 GPT-3.5 的英语语言基础及中西方意识形态差异有关。

综上所述，GPT-3.5 的测试成绩展现了其强大的知识学习能力，也反映了目前的局限性。

13.4　机器是如何“思考”的？

从刚才的北极熊的例子可以看到，机器也是基于知识（南极没有熊），加入逻辑推理（北极 + 熊 = 北极熊），从而给出它的结论（熊是白色）。现在来仔细思考一下，机器是如何推理的。

前面讲过，每个词在机器看来就是一个向量，带方向、带长度。现在，请你闭上眼，想象一下这样一个情景：一个非常非常多维度的空间里，悬浮着许多词语，这些词语的位置是通过对数以亿计的语料数据进行反复训练后确定的，它们之间已经达到了一个精致的平衡。你只要对它提出问题，就像按下一个启动按钮，GPT 就会立即开始一种类似词语接龙的连锁反应。

具体来说，GPT 组织语言和回答问题的方式类似于在这个词向量空间中绘制连接线。每个节点都代表一个词，前面已经选择的词汇将影响接下来选择的词汇是什么。当连接完成后，它将向你提供一个完整的回答，见图 13-3。

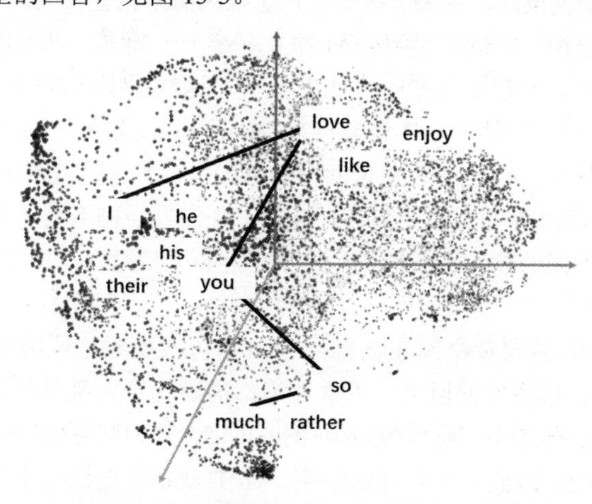

图 13-3　词向量空间，词语接龙连锁反应

要特别注意的是，GPT 并没有一个巨大的数据库来存储中间生成的数据，更不会在数据库中查找现成的答案。它是根据你的问题实时生成的，是专门为你而定制的答案。

这与我们大脑的思考方式十分相似。从生物学的角度来看，我们的大脑同样也没有一个专门的记忆存储区域，而是将记忆和经验储存在神经元之间的连接中。我们的思维和记忆就是电流在不同神经元之间传递的结果。每次我们思考的时候，电信号在神经元连接中流动，形成了我们的思维过程。这类似于 GPT 在词向量空间中寻找并组合词汇以生成一段回答。

甚至推广到我们的现实世界，我们都知道，世界是由分子或原子组成，原子是由原子核和电子组成，原子核是由质子和中子组成，质子又是由夸克组成，见图 13-4。

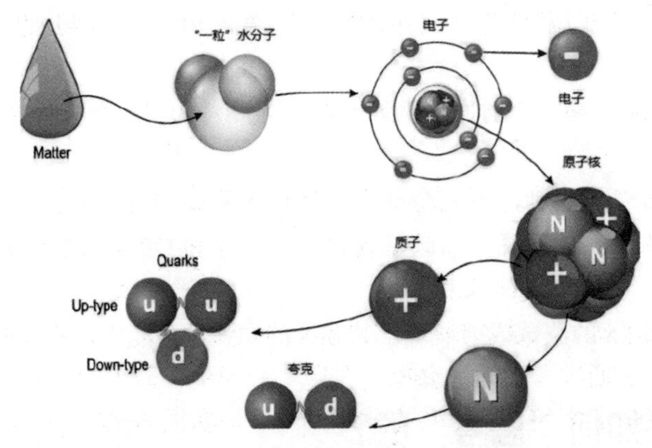

图 13-4　世界的组成：分子、原子核、电子、质子、中子、夸克

那么问题来了，夸克由什么组成呢？到目前为止，对基本粒子的研究只能到夸克为止，再往细分，目前没有标准答案。根据量子力学，基本粒子（如电子、夸克等）可以被看作一种概率波，比如电子围绕原子核旋转，其实没有轨道的，而是以一种电子云的方式，也就是说，电子出现在哪个地方，只是一个概率，这种概率性在量子力学中被描述为电子云。电子云较稠密的地方，就是电子较容易出现的地方；反之，电子云较稀薄（看上去较透明）的地方，就是电子很少光临的地方。

那么对于神经网络模型，其实所有的信息都在模型中的矩阵里，在矩阵里保存着所有信息的权重，也就是概率，所以对于神经网络来说，这一堆一堆的概率就是全部的世界。

在人脑中，其实也保存着过去所有的经验（知识），还有各种各样的概率，例如，如果下雪，第二天变冷的概率就很高，如果上班迟到，老板大概率就会发火。

所以在概率这个层面上，现实世界、AI 和人脑统一了起来，可不可以这么认为：现实世界其实没有所谓的物质，实质上就是一大团的概率，这些概率从逻辑上说，被保存在一个个的矩阵里（还记得《黑客帝国》的英文名吗？ Matrix），我们人脑通过各种触觉、视觉、听觉，逐渐学习了这些概率，AI 也可以通过同样的方式来学习这些概率。

当然，AI 比人脑学习得更快、更准确。但是，我们人脑也不是一无是处，我们大脑神经元之间的连接会根据不同的输入不断更新，也就是能不断地学习，而当前 AI 的向量空间在训练结束后就不再改变。

那么，为什么 GPT 的向量空间在训练结束后不再改变呢？原因就一个字："钱"。由于 GPT 的参数数量庞大，模型空间巨大，每次训练都需要耗费大量资源，使用多个显卡和多台机器，连续训练多天才能完成。例如 OpenAI 的 GPT-3.5 模型就是使用数千块 GPU 和 10 ~ 15 个月的时间进行训练的。因此，一旦训练结束，GPT 就不会根据每个人的问题和回答来调整自己的训练结果。对 GPT 来说，它的策略是"以不变应万变"，无论你的问题是什么，它都在一个固定的向量空间中生成答案。但由于路径的选择取决于你的问题，所以你会觉得它好像真的在按照你的问题要求与你交流一样。

然而，有一些迹象表明，GPT似乎具有自己学习新知识和不断提高推理能力的可能性。可以通过提示它如何执行某项任务，接下来它会学会如何执行。那么，GPT在训练结束后，它是如何学习的？它从你那里学到的新技能又存在哪里呢？模型是如何从大数据中获得推理能力的呢？

13.5 奇点，涌现

要理解大语言模型内在的运行逻辑，一个核心谜团在于其“涌现”能力。这指的是当模型的参数规模达到某个“奇点”（如100亿）时，某些能力会以出乎意料的方式突然涌现，带来显著的性能提升。这种现象既令人着迷，又令人困惑，甚至引发人们对未来的担忧。大语言模型是如何获得这种涌现能力的？它的涌现能力有无上限？更重要的是，大语言模型是否为通向通用人工智能打开了一扇门？

首先，回顾一下ChatGPT的训练方式。简而言之，它就像是一个在巨大词汇空间中不断练习“词语接龙”的超级输入法。然而，与简单的“词语接龙”不同，ChatGPT并没有仅仅停留在词汇的表面。它通过海量语料训练，在向量空间中为每个词汇找到了准确的位置，这些位置实际上反映了词汇之间的逻辑关系。想象一下，在词向量空间中，可以通过数学运算来揭示词汇间的深层联系，比如爷爷、男人、女人和奶奶之间的关系。

那么，为什么ChatGPT能够如此流利地与人类交流呢？关键在于它的向量空间和训练数据。通过庞大的数据量和计算能力，ChatGPT不仅掌握了语言之间的逻辑关系，还可能进一步涵盖现实世界中的其他关系，如空间关系、食物链关系、人际关系等。理论上，只要资源足够，就有可能在这个向量空间中映射出整个现实世界。

但是，是否就此创造了一个全知全能的AI呢？这并非易事。首先，需要回答ChatGPT为什么具有学习能力。实际上，ChatGPT的学习能力来自于其训练过程中积累的大量知识。这些知识以抽象的形式存储在向量空间中。当ChatGPT接收到新的指令时，它会在向量空间中寻找与输入相似的知识，并形成对应的答案，从而理解指令并作出回应。

至于推理能力，ChatGPT同样依赖于其掌握的语言结构。由于语言是人类创造的，它的结构反映了人类的思维方式。因此，当ChatGPT精通了语言结构时，它也就具备了推理的能力。不过，这种推理能力目前还主要停留在文字游戏层面。ChatGPT基于输入的内容和之前的回答来逐步展示其推理过程，就像串起一颗颗珠子形成项链一样。

然而，这种连词能力能否被称为“意识”呢？当向量空间变得足够大、参数足够多、语料库足够丰富时，AI确实可能展现出更高级的能力，如泛化能力。但是，这并不意味着ChatGPT或任何其他AI最终会拥有真正的意识。它们可能理解语言符号的意义，但不一定理解这些符号背后的实体。例如，它们可能知道“葡萄”和“grape”是同一事物，但不一定知道“葡萄”具体是什么。

实际上，类似GPT这样依赖于大量数据统计后出现的“意识”，可以认为是由于它的样本数足够多，满足了人类智力范围内所有“遍历性”的要求，才使大模型具备了出乎意料的统计性能。毕竟到目前为止，并没有实质性证据可以证明机器出现了真正的“涌现”。

不过，随着技术的发展，尤其是多模态AI和更强大模型（例如GPT-4o）的出现，有望看到AI对现实世界的更深入理解。当AI能够结合物联网技术，通过摄像头看到物体并用文字描述看到的情景并能指挥其他机器作出响应时，或许可以认为 AI 已经开始理解现实世界了——尽管它的理解方式可能与我们人类不同。

13.6 什么是意识？

当我们深入探索意识的本质时，首先面临的是一个核心难题：如何为意识这一主观且难以捉摸的概念提供一个精确、客观的定义？在我写下这些文字时，我无法直接感知你是否具备意识，你亦无从得知我是否真正拥有意识。更进一步，我们甚至无法确定这本书是由人类所写，还是由如 ChatGPT 这样的预训练模型自动生成——而这又引发了一个更深刻的疑问：这样的机器模型是否拥有意识？

主流科学观点认为，意识可能与神经元结构的高度复杂性有关。然而，当我们观察像 ChatGPT 3.5 这样的模型，其参数数量庞大，堪比数十亿个神经元。这不禁让我们思考：高度复杂的模型结构是否意味着意识的产生？

要理解意识，需要先理解它在大脑中的存在形式。意识似乎是大脑中神经元之间持续流动的电信号所构成的复杂网络，这种流动只有在生命结束时才会停止。但这种流动的信号是否等同于意识本身，这仍然是一个待解的谜题。

作为人类，意识是我们与外部世界区分的关键，它让我们能够识别“自我”与“他者”。然而，对于 ChatGPT 这样的机器来说，它并不需要“自我”的概念。它处理的是海量的输入，无需回避对自己不利的输入信息，例如反对 AI 的声音；也不会由于特别喜欢你，而给你特别的答案。这使我们不得不问：一个没有“自我”概念的机器，能否真正拥有意识？

再进一步，需要考虑 ChatGPT 是否展现出人类的创造力。它能否像科学家一样，发现和发明之前不存在的事物？从某种程度上说，这并非不可能。因为人类的灵感和创造力也来源于神经元之间的连接和组合。ChatGPT 通过词向量的联系，也能将不相关的事物联系起来，这与人脑中的神经元连接有着相似之处。

然而，尽管 ChatGPT 和其他 AI 模型能够模拟人类的某些思维过程，但它们仍然缺乏自我意识、情感以及对世界的独特体验。历史上的伟大发现，如牛顿的万有引力定律或爱迪生的发明，都不仅仅是知识的重新组合，它们还包含了发明者独特的视角和情感体验。而这是目前 AI 所无法复制的。

因此，可以这么认为：人的意识的根源首先是人的“目的”。没有目的，就不会有意识。就像是牛顿发现万有引力，如果没有他日复一日地思索、研究，没有明确的找到世界根本规律的“目的”，那么再有一百个苹果砸在他头上，也砸不出万有引力定律来。

真正的“意识”，一定是在人类主观精神（目的）与外部环境相互作用的条件下产生的。从这方面来讲，虽然 AI 在某些方面取得了令人瞩目的成就，但我们认为它们尚未达到拥有真正意识的程度。它们仍然是我们的工具，而不是真正的意识体。

第 14 章 谁是洗牌人，谁是被洗的牌？

曾经有个生动的比方，将 AI 比喻成一列呼啸而过的列车，势不可当地穿越历史长河，改变着世界。在这列车上，有的人是掌控方向的洗牌人，他们利用 AI 技术推动产业升级，优化社会结构，引领人类社会向智能、高效、便捷的未来前进；而有的人则像被时代洪流席卷的被洗的牌，难以适应新的变革。

在每一次全球性技术革新的浪潮中，企业、国家乃至整个民族的命运将取决于他们的选择——是勇敢面对、积极拥抱 AI 带来的机遇，还是因循守旧，试图在变化中寻找不变的锚点。

大家都可以思考一下，作为普通人的我们，如何看待这次史无前例的变革，如何让自己的收入不受影响，如何让未来的生活更加美好，而不是被取代，重现几十年前生产力变革引起的大下岗、大失业。

下面先看一下在这短短的几年内，人工智能影响了哪些领域，给我们带来了什么样的变化。

14.1 “人工智能 +”

当把 AI 当作一个语言模型时，它似乎只是一个大玩具，能理解你说的话，给你一个还算满意的通用答复；当然有时候也玩玩词语接龙，一本正经地胡说八道；还能根据你的要求画出一张画来，尽管当前 AI 画出的东西还不尽如人意。然而，AI 已经来了，它就在你我的身边。

1. 打工人写周报

对于每周都需要撰写周报的打工族来说，AI 的出现无疑是一大福音。过去，写周报可能意味着在周末的最后时刻，还要绞尽脑汁地回忆和整理一周的工作内容。而现在，有了基于 AI 的智能办公软件，只需对着手机简单说出这周的工作情况，AI 就能迅速帮你整理成一篇格式规范、内容完整的周报。这不仅大大节省了时间，还提高了工作效率。

2. 写书、编剧

你知道吗？ AI 不仅能画出超炫的图片，它还能自己写书、编写剧本，甚至直接生成视频呢！有人就用 AI 创作了一本童话书，名叫《Alex 与亮晶晶》。这本书讲述了一个叫 Alice 的小女孩和一个机器人一起探索世界的奇妙故事。这本书在亚马逊上出售，只要 8.99 美元。你猜怎么着？这本书在一个星期内竟然卖出了 800 多本，作者因此赚了 700 美元。而整个创作过程只花了 72 小时。

之前还提到过，AI 甚至能写剧本呢。想象一下，它虚构了罗密欧和朱丽叶这两个角色，模仿莎士比亚的语气，用反证法来证明质数有无穷多个。同时，它还编织出了一段让人感动的爱情故事。

有了剧本，生成对应的视频也不是什么难事。明星产品 Sora 就能根据文本生成相应的视频。想象一下未来的世界，可能都不需要明星去演戏，也不需要编剧一行一行地写剧本，甚至都不需要作家苦苦思考创作了。每个人都可以把自己的想法告诉 AI，然后让 AI 去生成小说、改编成剧本、生成视频。每部电影都是根据我们的个性化需求生成的。

3. 企业的法律顾问

在法律领域，AI 的应用同样令人瞩目。以摩根大通为例，他们过去每年需要花费大量时间和金钱在律师服务上，主要用于审核贷款合同。然而，随着 AI 的介入，他们开始使用人工智能律师服务。通过不断学习和分析大量合同数据，这个 AI 现在已经能够独立判断并审核合同中的关键条款，极大地提高了工作效率和准确性。

4. 政府的经济顾问

在宏观经济领域，AI 同样发挥了重要作用。一些投资银行不仅可以利用 AI 来审核合同，还让它参与分析美联储的发言立场。通过分析过去几十年的公开声明和讲话数据，AI 可以对最新的美联储发言进行打分，并辅助分析师预测资产价格的涨跌。这种基于大数据和 AI 的预测方式，为决策者提供了更加科学和准确的数据支持。

5. 探矿

微软和亚马逊合伙成立了一家公司 Kobold，干了一件出人意料的大事。它利用 AI 技术大量读取、分析所有地球卫星拍摄的地质图片、激光地球扫描数据，以及全球的地震波数据，经过一年的努力，Kobold 成功绘制出了一张前所未有的全球地壳矿藏分布图。

这听上去有点天方夜谭，但 Kobold 却利用这张精细无比的三维地图，在赞比亚找到了一个巨型铜矿。按目前市场上的铜价，Kobold 一年已经收回了前期的研发成本，后面全是净赚。整个过程中，AI 效率比人类提高了 10 倍，成本仅为传统勘探的四分之一。

让大家感到惊奇的是，这片地方曾经被多个矿产公司的探矿队钻探过，一方面因为埋藏较深，另一方面可能是探矿队都时运不济，竟然全部错过了。而 AI 直接就锁定了这个区域，并且误差只有几米，整个勘测过程耗时仅 10 天，而之前的传统人工探矿，在深山老林里钻个三五年都不一定能找得到。

6. 医学诊断

在美国一个宁静的小镇，4 岁的小男孩 Alex 的生活因一种难以诊断的疾病而充满了痛苦。每天，他必须依赖止痛药来减轻痛苦，否则将因疼痛而无法入睡。更令人不安的是，他频繁磨牙的症状让医生们困惑不已。

Alex 的家人为了找到病因，带他看了多位专家，包括牙医、正畸医生、儿科医生和神经科医生等。然而，尽管进行了各种检查，却始终无法确定 Alex 到底患了什么病。面对这种未知，Alex 的家人感到了前所未有的无助和困惑。

在绝望之际，Alex 的妈妈决定尝试一种新的方法——利用 AI 系统进行诊断。她将所有关于 Alex 的病例记录输入给了一个 AI 系统，希望能够从中找到线索。

这个 AI 系统通过深度学习和分析 Alex 的病例记录，最终给出了一个令人惊讶的结论：Alex 可能患有一种名为“脊髓栓系综合征”的疾病。这是一种罕见的神经性疾病，可能导致患者出现疼痛、运动障碍等症状。

在得知这一可能性后，Alex 的妈妈立即加入了一个专门治疗脊髓栓系综合征的 Facebook 小组。在小组中，她发现许多人的病症与 Alex 的相似，这进一步增加了她对 AI 诊断结果的信任。

最终，Alex 的家人带着 AI 的诊断结果，找到了权威医生进行复查。经过一系列详细的检查和评估，医生证实了 AI 的诊断完全正确——Alex 确实患有脊髓栓系综合征。

7. 绘画创作

我们知道，Midjourney 是一个专门用于 AI 作画的软件。 它有一幅名画《太空歌剧院》，见图 14-1。你看看这感觉、这意境。这幅画在美国科罗拉多州的艺术博览会上拿到了冠军。

这说明一般的设计师其实已经干不过 AI 了。

图 14-1　AI 创作的名画

虽然上面这些成就还不能对我们产生全面的影响，但是想想看，这一切的变化仅仅发生在过去的一两年内，甚至是几个月之内，而 AI 的进步实际上是以天为单位在不停地迭代，那么两年后、五年后呢？

14.2　AI 正在颠覆世界，是生存危机，还是泼天富贵？

AI 正在以天为周期进化，给人前所未有的压迫感。对此，比尔·盖茨和英伟达老板黄仁勋的发言最具有代表性。

比尔·盖茨表示：**这就像我当年第一次见到图形界面操作系统（mac OS）**。

黄仁勋在发布会上 3 次强调：**我们正在经历又一个 iPhone 时刻**。

这两个发言的背后是什么意思呢？

1984 年，乔布斯在 Mac 电脑上安装了鼠标和图形界面操作系统。以前的电脑需要通过键盘输入普通人看不懂的指令来操作，如果大家用过 DOS 系统的话，应该会有印象，那时候电脑的学习门槛很高，要记住各种指令，根本没法推广。但是 Mac 电脑直接用鼠标在屏幕上点就行了，完全符合人类的直觉，但是 Mac 电脑价格太高，于是比尔·盖茨就在普通 PC 上照抄了 Mac 的操作方式，做出来 Windows，从此将电脑从少数极客程序员的生产工具，一跃变成每个人都能使用的学习、娱乐、办公终端，电脑从此开始进入寻常百姓家。比尔·盖茨也由此率领微软登上巅峰，成为世界首富。

2007 年乔布斯又发布了 iPhone，发明了智能手机。多点触控屏的出现使我们操作手机十分便利，以前手机上打个游戏，实体按键小得根本按不准。iPhone 改变了这一切，拉开了移动互联网的时代。而黄仁勋的 NVIDIA 没有把资源投入到手机芯片，错失 iPhone 带来的移动互联网革命，其公司股价从 2007 年高峰的接近 10 美元一度掉到接近 1 美元，差点倒闭。

因此，我相信这两人对于他们口中的那个时刻，一定是印象深刻的，做梦都会梦到的那种。从另一个角度看，ChatGPT 在 2024 年 1 月，也就是推出仅两个月后月活跃用户就达到了一亿，成为了历史上增长最快的消费应用，比第二名足足快了十多倍。而 ChatGPT 也只是众多 AI 产品中的一个具有代表性的产品而已。可以说，这一次科技革命的更替周期，已经不同于以往工业革命和信息化革命按照百年、十年来计算，而是按照半年、按照月来计算。也许在你的一个恍惚间，世界就已经不是原来那个世界了，就好比大清闭关锁国一百多年，等到被迫打开国门的时候，只能低着头，被列强按在地上摩擦了。

当然，也许你会说，现在我国一直坚持改革开放，与世界保持同步。是的，中国在移动互联网时代，深度参与了世界大分工，创造了诸多世界级的手机品牌和互联网平台，以及世界上最强大齐全的 3C 电子供应链。

但是当前的全球化进入退潮期，西方对我国的科技封锁正持续收紧。从 2022 年 10 月 7 日开始，根据新的芯片法案，NVIDIA 的 A100 或者以上级别的通用 GPU 都被禁止对华出口。这一举措显然意在限制中国 AI 大模型的训练算力。原因就是希望整个把中国排除在这一轮 AI 革命之外，不只是芯片和操作系统，是整个排除在外。

整个 AI 产业，包括 AI 芯片、超级计算机、云服务、AI 开发框架、编程语言、大模型以及基于大模型的终端应用。

现在台积电垄断了 AI 芯片代工，NVIDIA 垄断了高端通用 GPU 设计和 AI 开发框架（CUDA），导致整个产业只有后端的大模型和终端应用能对中国企业部分开放，并且随时可能被掐断。

与此同时，随着 AI 革命的发生，工程师红利实际上已经没有了。

什么叫作工程师红利？工程师红利是指当一个新技术或发明出现时，中美两国的工程师团队几乎同时开始研发和优化。在这个过程中，由于美国团队的各种磨叽，可能一年后才能将产品推向市场，而中国团队则直接一个月搞定，抢了市场再说，这种事情一直在发生，所以在很多新产品的应用领域，老美被我们甩了好几条街。在过去的几十年里，亚洲人，尤其是中国人，正是凭借着这种勤奋和高效的工作态度，才逐渐实现了从温饱到小康的生活水平提升。

然而，随着人工智能技术的快速发展，产品设计和开发周期完全不一样了，有时候，早上刚刚提出一个想法，下午就能够通过 AI 技术将其实现并上线。你再逼着程序员去加班，就跟驾着马车追赶飞机一样。

因此，这一场人类科技的大洗牌正在如火如荼地展开，每一个人、每一个国家、每一个民族，都在面临着不同的命运，是生存危机还是泼天富贵，到现在为止都是未知数。

14.3 时代的一粒灰，落在每个人的肩头就是一座大山

在电视剧《人世间》中，新科技、新产业的迅猛发展推动了社会结构和产业形态的显著变革。周秉昆所在的木材厂和酱油厂，作为传统产业的代表，因为无法顺应新时代的需求而逐渐走向衰败，最终被时代所淘汰。这种产业的变革直接影响了周秉昆的命运，使他从一个原本拥有稳定工作的劳动者，逐渐沦为一个孤独的失业者。这种身份的转变，无疑给他带来了沉重的经济压力，同时也在一定程度上动摇了他的社会地位。

这样的变革其实一直都在发生，在 AI 技术铺天盖地而来的今天，个人更加需要重新审视自己的处境。曾几何时，人们普遍认为 AI 的崛起主要威胁的是那些低技能、重复性强的岗位，而高端职位则因其独特的创造性和复杂性被视为安全港湾。然而，现实却以一种近乎残酷的方式告诉我们，这一认知正逐渐成为过去式。AI 的触角，已悄然延伸至那些曾经被视为人类智慧高地的领域，让我们深刻体会到“时代的一粒灰，落在每个人的肩头就是一座大山”的沉重与无奈。

欧洲智库“前进”发布了一个报告，给所有的普通人敲响了警钟，它提醒我们这一波 AI 技术浪潮的非凡之处。它不再满足于简单的数据处理和重复劳动，而是大步迈向了更为广阔的创造性和认知性任务领域。留学文书、法律文书的自动化编写，乃至歌词、诗歌以及小说

的创作，AI 的每一次尝试都在拓宽其能力的边界，挑战着人类智慧的极限。这一变化，不仅深刻改变了我们对 AI 的认知，也迫使我们重新审视自己在未来职场中的位置。

2023 年 5 月，美国编剧协会抗议好莱坞影视公司大量使用 AI，导致他们的收入急剧降低，因此编剧们上街罢工游行。这如同一面镜子，映照出 AI 对高端创意产业的冲击。那些曾经以文字为剑、以创意为马的编剧们，面对 AI 技术的快速渗透，不得不走上街头，捍卫自己的职业尊严和生计。这一幕，是 AI 时代对人类职业安全感的又一次重击，它告诉我们，即使是那些看似坚不可摧的创意领域，也无法完全置身于技术变革的洪流之外。

如果说好莱坞编剧的困境还显得遥远，那么无人驾驶出租车对传统出租车行业的冲击则更为直观和紧迫。以百度“萝卜快跑”为代表的无人驾驶出行平台，以其低廉的价格和高效的运营，正逐步蚕食着传统出租车的市场份额。在这场技术与生存的较量中，出租车司机们的焦虑与不安，成为 AI 时代下个体命运变迁的缩影。

不只是一个人或一个行业需要面对 AI 的挑战，就是一个国家、一个民族，如果在这一轮 AI 革命中被整个世界甩在后面，那么随之而来的，就是被无情地降维打击。1840 年的鸦片战争，英国军队的坚船利炮轻易地敲开了闭关锁国的清政府大门；1990 年的海湾战争，我们看到了信息战和电子战在战争中的决定性作用，伊拉克上千辆坦克瞬间成为废铁；2023 年的俄乌冲突，我们又看到了无人机的使用。那么在有了人工智能加持的下一场战争中，如果无数的人形机器人漫山遍野地冲过来，满天密密麻麻的无人机像蜂群一样争先恐后地丢下炸弹，那又有多少血肉之躯能去抵抗这些机甲敌人？

一个国家、一个民族的立身之本一定是科技力量，一定是先进的生产力。

这些问题，我们能看出来，国家的高层更能看得清清楚楚。当前已经从国家战略，到产业扶持具体措施，都在不断地落地推进中。而我们作为普通的打工人，无论是从个人的职业生涯着想，还是从生活便利的角度，都应该了解 AI、学习 AI、使用 AI。

写这本书的初衷，就是为了让更多的读者能了解 AI 的基本原理，只有了解，才能不惧怕，才能喜欢，才能更深入地去学习、去掌握。而不是让 AI 成为一个怪兽，把我们吞噬。

有一句话说得好：“AI 淘汰的不是人，而是不会使用 AI 的人”。其实这句话同样也适用于企业和国家，在当今 AI 的大浪潮下，顺势者昌，逆势者亡，我们每个人，我们的公司，我们的国家，都面临着同一道选择题。

14.4　从恐惧到了解，从了解到掌握

AI，一直以来都被视为一个神秘的领域，它的发展让人们对未知充满恐惧。然而，正如我们在本书中所了解的那样，AI 并不是一个不可理解的黑匣子，而是一门逐渐为我们所掌握的科学。

目前已经有很多书籍和网上的资料介绍 AI 产品的使用方法，例如如何写 prompt，怎么使用各种软件生成图片和视频等。但是 AI 的神秘感其实主要来自于对其运作原理的不了解，因此我们这本书揭示了许多 AI 的基础知识，从简单的规则到深度学习网络，让 AI 的核心概念变得清晰。通过深入了解 AI，我们能够理解它是一个为人类服务的工具，而不是对人类的威胁。正如计算机曾经让人们担心会替代人类的工作岗位，但实际上却为我们创造了更多机会一样，AI 也有潜力在各个领域为我们提供更多的便利。

AI 可以帮助我们解决复杂的问题、提高工作效率，甚至改变我们的生活方式。比如，在医疗领域，AI 可以帮助医生快速准确地诊断疾病；在交通领域，AI 可以帮助我们优化出行

路线，减少堵车和交通事故；在金融领域，AI 可以帮助银行识别欺诈行为，保障我们的财产安全。

面对这样一个新兴的行业和机会，迅速的启蒙教育将成为推动更多人投身 AI 行业的重要力量，让大家不再将 AI 视为遥不可及的未知，人们将更愿意学习和运用这一技术。无论是青年学生，还是花甲之年的老人，都可以不同程度地了解 AI、使用 AI、投身于 AI 相关的事业。

对于个人而言，了解并掌握 AI 将是更好地适应未来社会的关键。在 AI 的帮助下，我们可以更高效地工作、更智能地生活，成为 AI 时代的积极参与者。

对于国家而言，拥有强大的 AI 人才储备将是实现科技领导地位的关键。在不久的未来，AI 的应用会很快涵盖各个领域。中国正朝着成为全球 AI 创新中心的目标迈进，而这需要更多志同道合的人加入这股科技的浪潮。

总的来说，AI 不再是一个遥不可及的未知，而是一个我们可以理解、掌握并应用的强大工具。通过深化对 AI 的认知，我们不仅能够摆脱被取代的恐惧，还能为自己和国家的未来赢得更多的机遇。

14.5 人类智慧与人工智能

这本介绍 AI 的书写到这里，已经接近尾声了，但是人类对 AI 的探索和使用，才刚刚开始。尽管这条路会面对风险，但是也充满了挑战和机遇，相信我们人类能通过自身的智慧，发展人工智能，驾驭人工智能。

关于人类智慧和人工智能的对比，在业界已经有了很多真知灼见。其中一种观点颇具代表性：人类有“智慧”和“智能”，而 AI 只有“智能”而不可能有“智慧”，所以，AI 可以（而且必须）在智能的水平上接近人类、在工作性能上大大超越人类，却不可能全面超越人类。毕竟，我们有舍身救人的英雄，有为民请命的志士，有在民族危亡之际挺身而出的民族脊梁。他们的智慧，是 AI 永远无法计算出来的！

参考文献

[1] https://mccormickml.com/2016/04/19/word2vec-tutorial-the-skip-gram-model/

[2] https://jalammar.github.io/illustrated-stable-diffusion/

[3] 涌井良幸，涌井贞美 . 深度学习的数学 [M]. 北京：人民邮电出版社，2024.

[4] 斋藤康毅 . 深度学习进阶 [M]. 北京：人民邮电出版社，2024.